做书的艺术家

ARTISTS WHO MAKE BOOKS

［英］安德鲁·罗思
［英］菲利普·阿伦斯
［英］克莱尔·莱曼 编著
何伊宁 译
条目由杰弗里·卡斯特纳与克莱尔·莱曼撰写

图书在版编目（CIP）数据

做书的艺术家 / (英) 安德鲁・罗思 (Andrew Roth),
(英) 菲利普・阿伦斯 (Philip E. Aarons), (英) 克莱
尔・莱曼 (Claire Lehmann) 编；何伊宁译. -- 北京：
中国摄影出版传媒有限责任公司, 2022.12
书名原文：ARTISTS WHO MAKE BOOKS
ISBN 978-7-5179-1278-1

Ⅰ. ①做… Ⅱ. ①安… ②菲… ③克… ④何… Ⅲ.
①书籍装帧—设计—作品集—世界—现代 Ⅳ. ① TS881

中国国家版本馆 CIP 数据核字 (2023) 第 035464 号

北京市版权局著作权合同登记章图字：01-2019-8120 号

做书的艺术家
编　　著：[英] 安德鲁・罗思
　　　　　[英] 菲利普・阿伦斯
　　　　　[英] 克莱尔・莱曼
条目撰写：[英] 杰弗里・卡斯特纳
　　　　　[英] 克莱尔・莱曼
译　　者：何伊宁
出 品 人：高　扬
责任编辑：刘　婷
版权编辑：黎旭欢　张韵
装帧设计：胡佳南
出　　版：中国摄影出版传媒有限责任公司（中国摄影出版社）
　　　　　地址：北京市东城区东四十二条 48 号　邮编：100007
　　　　　发行部：010-65136125　65280977
　　　　　网址：www.cpph.com
　　　　　邮箱：distribution@cpph.com
印　　刷：北京科信印刷有限公司
开　　本：12 开
印　　张：26.5
版　　次：2025 年 1 月第 1 版
印　　次：2025 年 1 月第 1 次印刷
ISBN　978-7-5179-1278-1
定　　价：498.00 元

做书的艺术家

ARTISTS WHO MAKE BOOKS

[英]安德鲁·罗思
[英]菲利普·阿伦斯
[英]克莱尔·莱曼 编著
何伊宁 译
条目由杰弗里·卡斯特纳与克莱尔·莱曼撰写

中国摄影出版传媒有限责任公司
China Photographic Publishing & Media Co., Ltd.
中国摄影出版社

《Z 螺旋》（*Z Helix*），细节

对话陶巴·奥尔巴赫

陶巴·奥尔巴赫（Tauba Auerbach）的艺术实践涉及不同媒介，且参与了许多有关意义与形式的主题研究，如符号系统、视觉感知，以及图案的结构意义。陶巴·奥尔巴赫的作品多种多样，包括彩虹色调的错视油画、手工锻造的玻璃螺旋体、优雅的手写体文本图纸和书籍，以及从杂志到技术先进的雕塑作品，再到展览画册中独一无二的作品。2013 年，她创立了对角线出版社（Diagonal Press），这是一个致力于出版大众出版物的机构，并以此避免典型的艺术市场机制（经销商、画廊、价格升值）的限制。2016 年 7 月，奥尔巴赫与菲利普·阿伦斯、克莱尔·莱曼进行了交流，讨论她的书籍作品，以及她在经营自己的出版社的过程中所遇到的挑战。

菲利普·阿伦斯：书籍创作显然已经成为贯穿你整个职业生涯的重要组成部分，你的这一兴趣是从什么时候开始的？

陶巴·奥尔巴赫：我的第一本书是在孩童时期，在父母的办公室里百无聊赖地等他们下班时完成的。我将办公用品——名片、便达飞（Pendanlex）文件夹的打孔机和贴纸当作自我消遣，制作了很多书。我的爸爸教我如何装订，并要在某一位置上签名。我至今依然留着这本书，它有一个画满了水果图案的硬皮纸包装和金属红色的书脊。爸爸向我做了很好的展示，但我却不记得是怎么做的了。然后，在我十几岁和二十出头的时候，周围的每个人都在制作和销售杂志，其内容大多是关于朋克音乐或涂鸦的，我制作杂志则是为了展示自己的绘画，因为我当时没有其他方法。我从来不满足于把影印件对折装订，所以对于我的 3 期“杂志”《26 #3》（*Twentysix #3, 2003—2004*），是以字母表中的字母总数命名的（当时我是一名招贴画家），且每一期使用了不同的装订方式：第 1 期是用巨大的橡皮筋装订而成；第 2 期则是在机器上缝制而成；第 3 期是用 Gocco（一种丝网印刷机套装）在厚重的木板上制作，还进行了手工裁切，并用一根印制的带子包装起来。如此努力最后却只卖了 5 美元，大多是被我给扔了。

我就这样度过了一段时日，接着当我开始举办展览时，我又开始以某种方式把书包括进去。我在旧金山的第一场展览中曾出过一本供出售的书，而在我的第一场纽约展览中则有一本按字母顺序排列的《圣经》。在 2007 年或 2008 年时，我开始创作一本名为《［2，3］》的巨型立体书，直到 2011 年才出版，花费了很长的时间。最初，我是将制作书作为在绘画时产生的一些想法的展示途径，以便让不同维度的艺术品之间能够更加容易地相互渗透。而后我又陷入了对纸的各种尝试，而我的乐趣便是将这些可能变为现实。

紧接着，我开始制作一些真正的雕塑作品，同时也为这些作品做了书，如《大理石》（*Marble*，

2011）、《木》（*Wood*，2011）和《弯曲的玛瑙》（*Bent Onx*，2012）。它们的制作方法是：取一块固体材料，将其扫描，接着将其打磨至一张纸的厚度；扫描另一块固体材料，再将其打磨成一张纸的厚度，一次又一次，将所有的扫描文件打印出来，并将它们装订在一起，以制作在打磨过程中消失的固体材料的三维副本。这些书的边缘都是手绘的，为的就是材料的纹理能与里面的印刷相匹配。从某种意义上来说，这些项目是成功的，但我并不满足于它们仅作为书籍的运作方式。书籍的一部分魅力就在于它的发行方式，即它在世界各地的传播方式，而这些特征并没有以一种我觉得合适的方式体现在我的书中。这些书显然无法被广泛地传播，因为其中涉及大量的手工作业。

克莱尔·莱曼：这些书的版本数是多少？

陶巴·奥尔巴赫：8 至 10 版，制作起来太费力了！仅是给《大理石》和《木》制作书脊就耗费了我一年半的时间。刚刚我才把这些书的最后一本寄给别人做手绘，因为还剩下的这些我没有时间自己完成。然而，把它交给别人让我很痛苦，也很矛盾。当时的一本名叫《RGB 色彩空间图谱》（*RGB Colorspace Atlas*，2011）的书版本更少，只有 3 本，而每个版本都是一个立方体，且对分割 RGB 颜色空间的各种方式进行了建模，即通过色彩理论模型将立方体的三个轴中的每个轴分别配以红光、绿光和蓝光以便在空间绘制出不同色调。这些书籍的页面均是数字印刷，需要用气枪来吹干封面和内页的边缘。对此，我必须非常小心地处理，以免它们因为潮湿而黏在一起或出现翘边的情况。

克莱尔·莱曼：你会和科学家或制造商一起合作吗？

陶巴·奥尔巴赫：会的，我会在某些阶段跟他们合作，但我仍试图尽我所能地自己在工作室里完成创作。比如，《大理石》的很多打磨工作，就是我的工作室经理和我的全能助理切尔西·德洛兹（Chelsea Deklotz）完成的。当时，我们买了一个平板振动器，可以在上面放上砂砾和水，然后压上石头让它随之振动，以石头自身的重量压制砂砾。我们在工作室里忙活了大约一个半月。我有一个非常具体的想法，就是把那本书装订起来，使它看起来更像一块石板，但我没有这方面的技能和设备，如热压机、非常大的裁切机，等等。最后，我和才华横溢的装订大师丹尼尔·凯尔姆（Daniel Kelm）取得了联系。这是一次很好的合作，因为我们志同道合——他曾经是一位化学老师，拥有一套科学玻璃（器皿）——我喜欢与他共度时光。我让他向我解释每一步操作，并就纸纹、黏合剂等进行了广泛讨论。在这个过程中，我从他那里学到了很多东西。

但就像我说的那样，我对那些作为书籍的作品并不完全满意。于是，我开始思考为什么，以及这意味着什么。大约在 2012 年或 2013 年，我一帆风顺的职业生涯迎来了没有预料到的挑战和道德冲突。我是在很年轻的时候就开始了艺术生涯，但对整个行业的运作方式却知之甚少——现在的年轻艺术家们见多识广，而我那时什么都不知道——所以我的职业生涯发展并没有建立在明确的意向性基础上。我一直在随心所欲地创作，全神贯注地画画，除此之外的世界对我而言不过是一些偶然事件。但我终于意识到，除非我游到上游，否则我最终只会与世界上最富有的人对话，甚至更糟糕的是，我会成为超级富豪藏家的雇员，他们买下我的作品只是为了转卖。我曾看到许多买我作品的人对这些作品本身一点也不关心。我发现自己变得愤世嫉俗，所以我花了很多时间思考我能做些什么来摆脱自己的困境。这就是对角线出版社创办的初衷，这些渴望对我来说变得越来越重要，我的注意力也越来越多地转移到出版领域。

菲利普·阿伦斯：从一个自己动手的书商到创办一家出版社，意味着发行量的增加，甚至有可能要出版别人的书。

陶巴·奥尔巴赫：是的，更多的版数。我加入出版界最大的目标之一，是把我不喜欢的艺术市场的某些东西从既定流程中去掉，并希望从与他人分享我的作品的交易中脱身。在对角线出版社，所有书都采用了开放版号，没有签名或编号，从而使我做的书不再有附加价值。我想，有人可以把这些出版物放到易趣网（eBay）上，但这些人只要愿意在网上搜索1秒钟，他们就会发现，他们可以以原价从我这里购买同样的东西。此外，没有人知道每本书的印量，也没有签名版，所以没有一本比另一本“更特别”的可能。我希望对这份工作的兴趣是真实的，所以我在努力为之创造条件。

当我第一次在脑海中浮现出成立一个出版社的想法时，我和詹姆斯·詹金（James Jenkin，纽约非营利性机构“印刷品”书店前主管）展开过交谈，他说：“如果你这么做，那应该是一项承诺。如果你想要有所建树，你应该致力于每年出版一定数量的书，而不是仅仅出版一本为纽约艺术书展制作的出版物。”起初，这番谈话让我感到害怕，但这确实是一个很好的建议。我想，是的，我确实想做出承诺；我有很多想法，可以采用出版物的形式。我不知道该怎样处理所有这些我正在进行的项目，就像多年来我为朋友的专辑或日历设计的所有字体，我每年都会进行创作，作为礼物予以赠送。我一直想以某种方式收集和呈现它们，但没有想出恰当的方式。比如，我不想把它们作为供人们使用的字体来销售，但现在，我通过出版社出版了这些字体的海报，从而使它们更像是关于字母逻辑的档案，而不是你可以为包装或其他目的实现的设计。同时，对角线出版社同样制作其他东西，如数学模型、符号徽章，我还在制作一些旗帜。出版社是这些想法的集大成者，我认为多版数比独一无二的形式更有意义。

克莱尔·莱曼：众所周知，迪特尔·罗斯（Dieter Roth）曾说过，他从事艺术仅仅是为了资助自己的书籍创作——他希望把自己的书推向世界，但他必须有另一个生产领域来支持这一点。考虑到投入到对角线出版社书籍制作所需的所有材料、劳动力，以及在工作室里付出的时间，它是否能够独立运作？

陶巴·奥尔巴赫：不，这是个钱坑，我不在乎。我只差一点就收支平衡了，但这并没有包括我的时间。但我可以花这些时间，因为我也卖画，所以我认为这是相似的。而出版社的经营并不是当务之急，我想向自己证明有可能存在一个不需要妥协且具有可行性的生意，而且我现在看到完全按照自己的要求来做一些事情是非常困难的。我很幸运能和两位优秀的艺术品经销商合作，但我依然希望出版社能够实现运行的完全自主，当然，我发现经销商的存在有一个很大的优势，即能够有效地将花费大量时间和精力制造的某种东西推向世界。此外，我还有一个很棒的兼职员工爱达·波特（Ada Potter），她帮助我完成了出版社大部分的制作工作，如装订和橡胶冲压。我刚买了一台裁纸机，所以我为2016年纽约艺术书展制作的书是一本形状怪异的裁纸机切片书。此书虽然采用了专业印刷，但每一本都是由我自行裁切的。当我在做裁切测试时，我意识到不可能让它们完全一样，所以我决定让这些书保持这种不同的特性。这是我第一次以“开放且独一无二”的形式出版一本书。在此之前，我使所有的书都保持一样，所以没有一本比另一本更有价值的可能。现在，我希望虽然这些书都是不同的，但它们仍然能发挥同样的功能。

论及版本变化的问题，我目前的处境有点困难。最近，我在葆拉·库珀画廊（Paula Cooper）举办的展览“投影仪”（Projective Instrument，2016）上展出的两本书以乙烯基作为封面。书是我在冬天做的，可现在到了夏天，乙烯基表面变得凹凸不平，封面也显得有些奇怪！所以我现在必须改变这两本书的制作方式。此外，我们还有一本一直用黄色胶带装订的书，但商家已不再生产这种黄色胶带，所以这本书也需要修改。

菲利普·阿伦斯：所以说，它们实际上变成了限量版的出版物。

陶巴·奥尔巴赫：是的，我无法控制这些状况，只能和它们一起应对。这是“开放”版本的一部分意义，但同时，它使我处在了一个两难的境地。对于乙烯基封面卷翘的版本，如果我继续更改封面材料，那么原来有缺陷的版本，在我看来很糟糕的——

克莱尔·莱曼：——却成了收藏品。

陶巴·奥尔巴赫：是的，这太烦人了！我还没想好该怎么处理。我的意思是，有时候现实情况使你必须改变。我又想，如果我为了在某些方面有所改进，自愿地做出改变呢？这种改变能够而且应该继续发生。然而，我最不希望的是，我对价值和发行的思考阻碍创造性的发挥，或者阻止我提高出版质量，那将是另一种妥协。

克莱尔·莱曼：对角线出版社至今出版了多少本书？

陶巴·奥尔巴赫：目前有9本，下一本将在2016年9月出版。最后两套出版物中，有一套是配合“投影仪”展览制作的乙烯基封面书，也是对角线出版社出版的第一本并非我本人作品的书。这套书是建筑师和神学家克劳德·布拉登（Claude Bragdon）的《投影装饰》（*Projective Ornament*，1915）和《高等空间入门》（*Primer of Higher Space*，1913）的再版，其中他就四维空间进行了广泛论述。我觉得自己与他志趣相投，希望他会接受我重新制作他的书的方式。布拉登也是一位出版商，他的书籍设计非常出色。

菲利普·阿伦斯：克劳德·布拉登是位了不起的人物。你重新出版他的现有书籍是为了给更多的人一个去理解这部作品的机会吗？

陶巴·奥尔巴赫：没错。我想和更多人分享他的作品并支持他，因为我认为他在很多方面都没有得到应有的回报。当我几年前开始寻找他的书时，发现很难。你可以买到一本《投影装饰》的原版，但当我第一次找到一本时，它的售价大约在50—100美元。鉴于这本书没有版权，所以如果你想买到便宜的版本，那么你能找到的只有那些差强人意、贴着随意封面的按需印刷的版本，我怀疑布拉登会讨厌它们。所以，我想或许我可以制作一个至少是漂亮的影印版本，一本布拉登会赞同并觉得这符合他的工作精神且读者可以负担得起的书。我不知道我是否达成了目标——我没有办法问他！但我做了很多研究。我去了罗切斯特，参观了他设计的几栋建筑，包括他的老房子。我还去了存有他的档案的图书馆，并与管理那批收藏的图书管理员进行了交谈。我看了他的原始画作，也读了他的一些信件。我用尽各种方式，花了很多时间和“他”在一起，所以我希望自己做了一件好事，也希望很多以前从没有听说过布拉登的人买这些书，这就是我的目的。

克莱尔·莱曼：你在许多书中表达了你在正常的空间或时间里通常无法获得的视觉体验。比如，在《［2，3］》中展示的从二维到三维的形状转换；在《RGB色彩空间图谱》中进入了数字色彩空间的内部；在《大理石》《木》和《弯曲的玛瑙》中展现了固体材料的内部；在《扫视1，2，

3》（*Saccade 1，2，and 3*，2013）中揭示了视频的过渡。我很好奇，你是否先设想出了一个概念，或者你最初的兴趣是去探索一个特定的想法，然后再去决定是否采用一本书的形式来展示它？

陶巴·奥尔巴赫：我认为这种因果关系是双向的。通常会有一些想法让我着迷，而且我似乎总是在学习新的生产技术，所以当这两样东西融合时，通常会出现一本书。我喜欢在“有什么可能”的范围内迎接工作的挑战，因为通常答案是“很多”。对于我目前正在创作的这本《过去将来都会有许多旧金山人》（*There Have Been and Will Be Many San Franciscos*，2016），我一直在思考可以利用的所有消费级出版设备，当时我正好从佩拉达姆（Peradam，一家小型艺术家书出版社）那里得到了一台裁纸机，所以我集思广益地讨论了使用它的不同方法。我也喜欢莱科（LINCO）打印机，但它们的最小打印量是任意印版的1000份，对我来说通常太多了。所以我决定做一本书，它有175页，每一页都是同样的图片——旧金山的一堵墙。印刷之后选取一叠印刷品，在裁纸机上按不同角度裁切。结果就形成了这些伸展的、怪异的形状，仿佛旧金山过去的魂魄在时间上被扭曲了。我现在为我的家乡感到难过，这是给她的一封小情书。而且，这本形状怪异的书也表达了我发现时间在一般情况下是多么令人难以捉摸且充满弹性，以及我认为我们所经历的只是更复杂的事物的一部分。

菲利普·阿伦斯：我喜爱你的书的其中一个原因是，你总在更新我们对书的看法，尤其是对它的线性和维度的改变。在我看来，《所有真实的1号》（*All True No.1*，2005）就同时兼顾了线性和圆形。在某种意义上来说，它属于杂志书（zine-y）一类，这种理解正确吗？

陶巴·奥尔巴赫：是的，我把每一张胶带都贴好，按相同的距离做上标记，用Gocco机器印刷封面和所有内容。我把它的逻辑结构看作一条莫比乌斯带（Mobius strip）[1]：如果你从头到尾都遵循这条路径，那么你到达的位置在概念上与开始时相反，但实际上你在到达那里的过程中从来没有离开过这个表面。然后，当你再次沿着这条路径循环前进，那么你会在第一个表面结束。我喜欢这一点，一般来说，一本书是一个文本集合，每行文字排列成平面后再被装订成册，因此，一本书就具备了一维、二维和三维的特性，你可以移动并与之互动，这个过程中有很多可能性。这就是我经常介入排版和装订环节的原因。

菲利普·阿伦斯：我很想听你谈谈你早期的另一本书——《50/50》（2006）。

陶巴·奥尔巴赫：《50/50》的第一个版本是我为旧金山的一个展览所制作的。我有一张桌子，桌子上放着50—100本书，有一个标注说明你可以拿一本书，并留下一些你认为是公平交易的东西。在书中，也写明它不被出售，只能以物换物。

1　莫比乌斯带是一种只有一个面（表面）和一条边界的曲面，也是一种重要的拓扑学结构。它是由德国数学家、天文学家莫比乌斯和约翰·李斯丁在1858年发现的。这个结构可以用一个纸带旋转半圈再把两端粘上后制作出来。——译者注

句话的语境效果会让人想起结构主义理论，这也是巴尔代萨里的浓厚兴趣所在。如果像费迪南德·德·索绪尔（Ferdinand de Saussure）[3] 把单词的排列比作棋类游戏——棋子的价值取决于它们在棋盘上的位置，正如每一个语言术语的价值都是从它的对立词中派生出来的——那么《一段以寓言结尾的 13 个部分的句子（有十二个可替代动词）》可以被视为一种形式上的创造性游戏，读者则可以在其中创造他或她自己的程序和意义，即使它们仍然有些荒谬[6]。

当然，语言游戏是 20 世纪许多艺术的核心，对巴尔代萨里的作品也至关重要。然而，当其他艺术家在观念艺术的早期尝试以更理智的方式进行语言实践的时候，巴尔代萨里的作品避免了沉闷，这要归功于他一贯的幽默和视觉上的活泼。1988 年以后，他不再以同样的频率来创作艺术家书，但他在过去 20 年中创作的 9 本独立书籍作品则反映了他在媒介创作中所共有的关注。事实上，书籍作为艺术媒介对于巴尔代萨里具有持久的吸引力。他曾经承认，“每次我都期望着出版一本画册”以配合一个展览，但也总会问，“我能用预算做一本艺术家书吗？”[7]

——克莱尔·莱曼

[1] 库西·范·布鲁根（Coosje van Bruggen）著，《约翰·巴尔代萨里》（*John Baldessari*），展览画册。纽约：里佐利出版社（Rizzoli），1990 年，第 75 页。

[2] 帕特里克·帕多（Patrick Pardo）、罗伯特·迪恩（Robert Dean）编，《约翰·巴尔代萨里》，画册目录，第一卷，1956—1974，康涅狄格州纽黑文：耶鲁大学出版社（CT：Yale University Press），2012 年，第 377 页。

[3] 约翰·巴尔代萨里的访谈，于 1992 年 4 月 4 日及 5 日完成，史密森学会（Smithsonian Institution），美国艺术档案馆（Archives of American Art），https://www.aaa.si.edu /collections/ interviews/oral-history -interview-john-baldessari-11806.

[4] 梅格·克兰斯顿（Meg Cranston）著，《约翰·巴尔德萨里：许多有价值的方面》（*John Baldessari: Many Worthwhile Aspects*），摘自托马斯·韦斯基（Thomas Weski）、梅格·克兰斯顿和迪德里奇·迪德里克森（Diedrich Diederichsen）编，《巴尔德萨里：这里发生了一些事情，那里也发生了一些事情，1988—1999》（*Baldessari: While Something Is Happening Here, Something Else Is Happening There, Works 1988—1999*），展览画册。德国汉诺威：斯普伦格尔博物馆（Sprengel Museum），1999 年，第 24 页。

[5] 正如约翰娜·德鲁克在书中所指出的，《艺术家书的世纪》（*The Century of Artists' Books*），纽约：粮仓出版社（Granary Press），2004 年，第 223 页。

[6] 引自卡罗尔·桑德斯（Carol Sanders）编，《索绪尔剑桥指南》（*The Cambridge Companion to Saussure*），剑桥：剑桥大学出版社（Cambridge University Press），2004 年，第 94 页。

[7] 约翰·巴尔代萨里的访谈，史密森学会。

3 费尔迪南·德·索绪尔，瑞士作家、语言学家，是后世学者公认的结构主义的创始人，现代语言学理论的奠基者。索绪尔是现代语言学之父，他使语言学成为一门影响巨大的独立学科。从 1907 年开始他先后三次讲授“普通语言学”课程。语言是基于符号及意义的一门科学，现在一般通称为符号学。——译者注

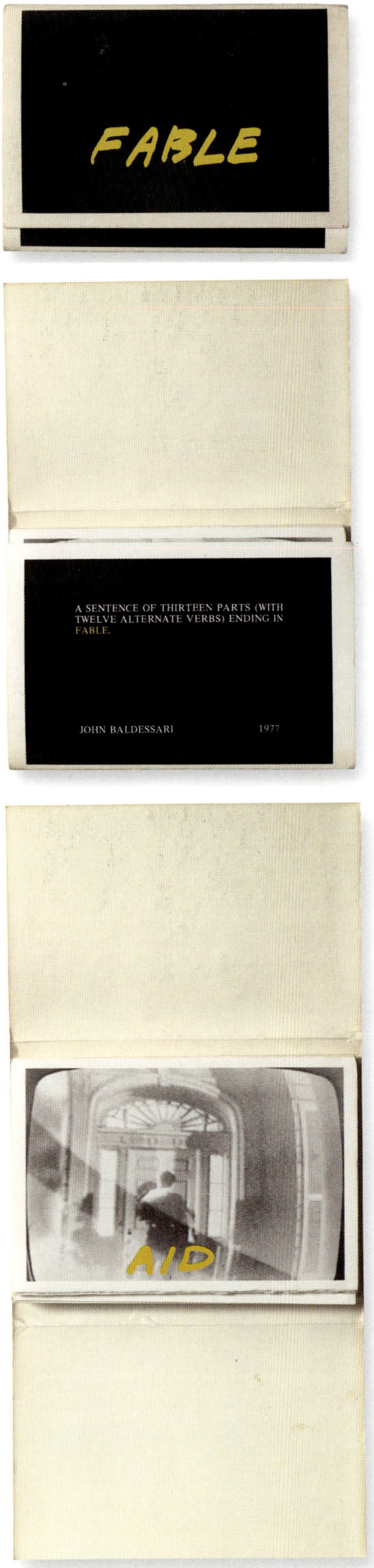

《一段以寓言结尾的十三个部分组成的句子（有十二个可替代动词）》

约翰·巴尔代萨里

CONFRONT
ENTER
EXASPERATE
EXPOSE
INTENSE
FRIENDS
GROW
SAD
DETERMINED
LEAVE
RECALL
REJECT
SCHEME
SEE

阿里吉耶罗·博埃蒂

（1940 年生于意大利都灵，1994 年逝于罗马）

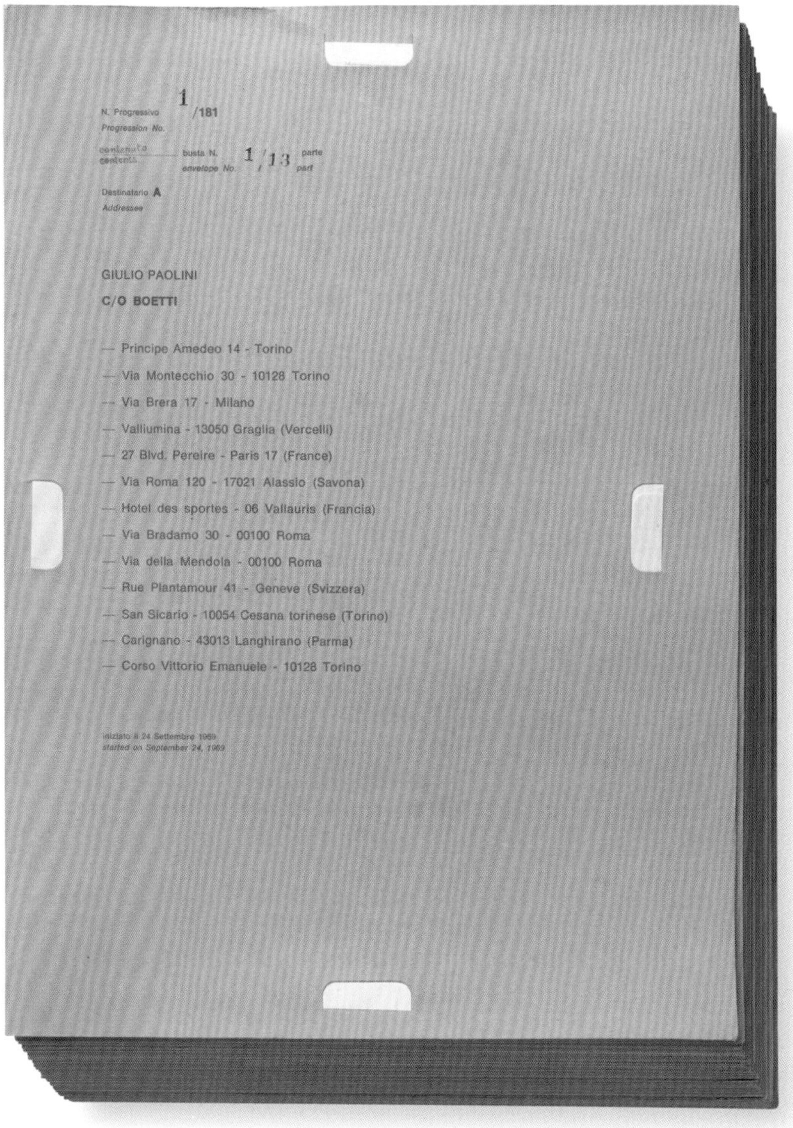

《邮递档案》

阿里吉耶罗·法布里齐奥·博埃蒂（Alighiero Fabrizio Boetti）生于 1940 年，但这位以“萨满祭司”自称的艺术家用阿里吉耶罗·e. 博埃蒂（Alighiero e. Boetti）进入人们的视线是在 20 世纪 60 年代后期。这种身份的分裂——他在名字和姓氏之间加上了意大利语的“e”（和）这个词——第一次是通过一张他寄给 50 位朋友且印有艺术家双重肖像的名为《双生子》（*Gemelli*，1968）的明信片而公之于众的（同年，为了配合画廊的展览，博埃蒂在米兰的大街小巷张贴了萨满祭司——他将自己伪装成魔兽世界塔罗牌中的人物——的海报）。博埃蒂的愿望是把自我的两个最主要部分构建为互补状态，而不是交战状态，他的解释是：“如果自我有两个世界，那就太好了，一个是完全有意识的，另一个是完全无意识的，可以彼此握手而不会感到困惑。”[1] 也正是这种在有意识的野心家和无意识的召唤者之间、在深刻和肤浅之间、在造型和语言之间、在制作和构思之间的振荡成了博埃蒂工作室创作的特征，而这一特征在艺术家短暂的职业生涯中所制作的几十本艺术家书中表现得同样生动[2]。

博埃蒂出版的第一本图书是他第二次个展的画册，该展览于 1967 年在热那亚的贝尔塔斯卡画廊（Galleria La Bertesca）举行[3]。这本画册从博埃蒂在理发店剃胡子的一系列照片开始，提炼出了这位艺术家敏锐的贫穷艺术（Arte Povera）[4] 意识和对制度的不屑。读者期待在接下来的篇章中看到艺术家所展览作品的照片，但这本书只包括了作品的平面图、草图，以及实现这些作品所用的纸板、木材、铁、纸、砖等材料的技术效果图。

如果说这一处女版艺术家书仍然在贫穷艺术的概念范畴内，兴趣也更多地在于对制作物质的选择和体现本质的制作方法，那么博埃蒂的下一本书就暗示了他已经开始将自己和这种从属关系拉开距离。他最复杂的出版物之一——《邮递档案》（*Dossier Postale*，1969—1970）就是艺术家对系统化及其局限性研究的早期标志性例证。他后来说：“结构（系统）已经取

4　“贫穷艺术”，观念艺术的一个流派，由意大利艺术评论家杰尔马诺·切兰特（Germano Celant）于 1967 年提出，以用最廉价、最朴素的废弃材料，如树枝、金属、玻璃、织布、石头等进行艺术创作。这类艺术家被称为“贫穷艺术家”。——译者注

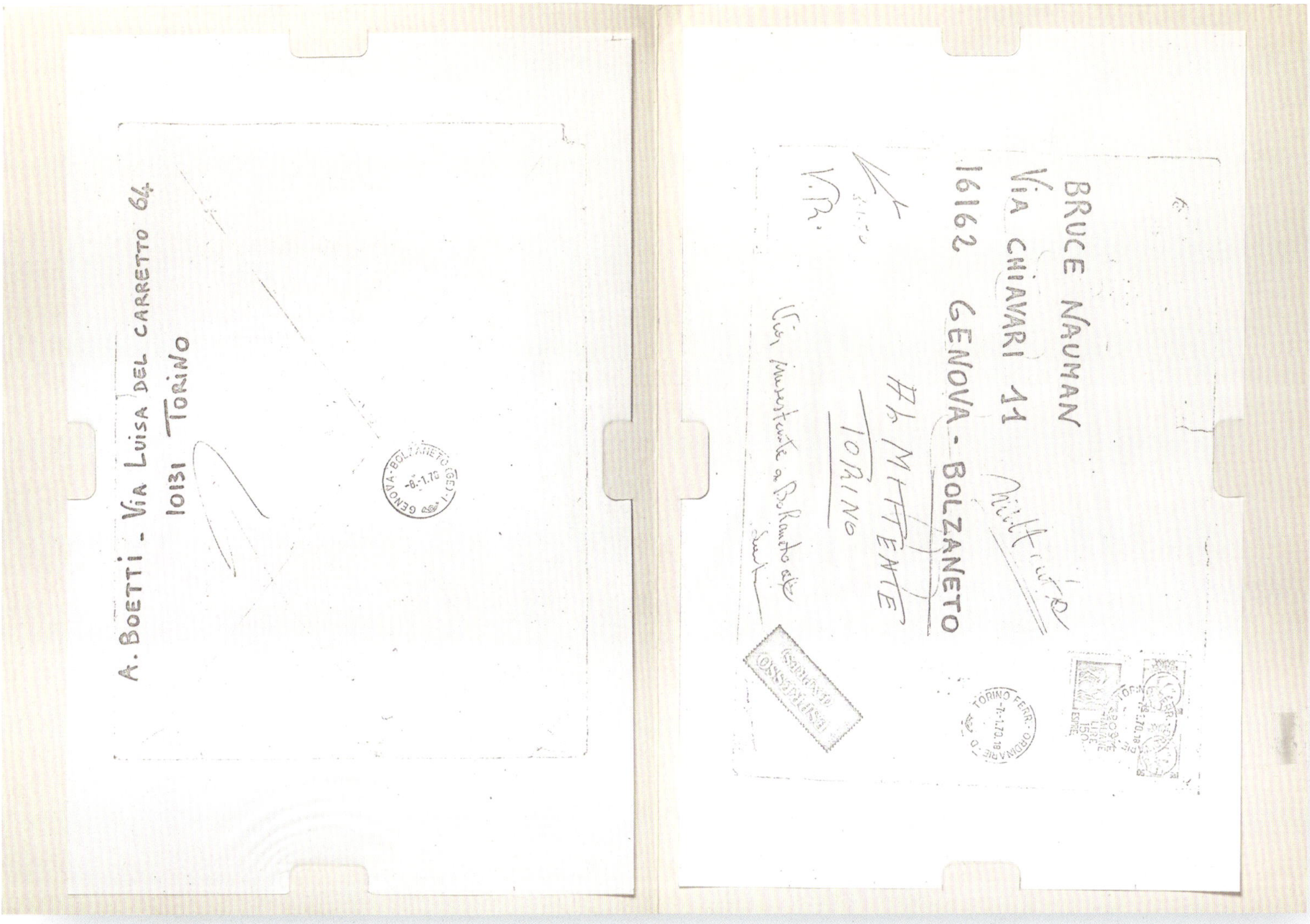

代了图片及其他，图片则从结构（系统）中获得它们的意义。这本书的目的是通过不断地重新发现结构（系统）来传达结构。”[4]这本书最初只是一个邮件艺术项目，也是博埃蒂在其整个职业生涯中最喜欢的一种形式。这位艺术家挑选了25位朋友和同事（他们有些属于艺术界，有些在艺术界之外），并给他们每个人发了一封地址不存在的挂号信，当它不可避免地被退回后，艺术家又会将这封信重新发到另一个虚构的地址，当然这封信还是会被退回，依此类推。比如，一封寄给艺术商人赛思・西格尔劳布（Seth Siegelaub）的信就曾被“寄”到波河下游的12座不同的城镇——从都灵郊区开始，到亚得里亚海支流的河口结束；而寄给艺术家劳伦斯・韦纳（Lawrence Weiner）的信则是根据1967年意大利邮政总目录中列出的最后7个地名来安排行程的。这是一次冒险，从皮德蒙特北部山麓的祖马格里亚（Zumaglia）到萨勒诺附近的祖皮诺（Zuppino），然后返回靠近奥地利边境的兹维斯青瓦瑟-朗格（Zwischenwasser-Longega）。最后，这些信件的样本，连同它们的邮戳，被复印并放进灰色的文件夹中，如政府文件或医疗图表那样归档，它们每一个都在封面上印有运输路径的细节，通常还附有地图图像。这些档案被完整地制作了99版，也反映了博埃蒂对此浓厚的兴趣，这一点（数据收集和地图）在他所有书籍作品中都很明显，它们被认为是人类信息掌握程度的例子，也是对荒谬的干预和恶意警告的讽刺。

在整个20世纪70年代，博埃蒂持续进行出版实践，尤其是对展览画册进行了创造性的二次构建。在一本1974年配合瑞士卢塞恩艺术博物馆的展览制作的画册中，他完全去除了评论家的文本，转而呈现了各式各样的作品片段。它们通常是手绘的，并对标题进行了类型学修饰。这些构思都被印在了26页的小册子上，且刻意做成笔记本的感觉，还包含了几页网格纸。

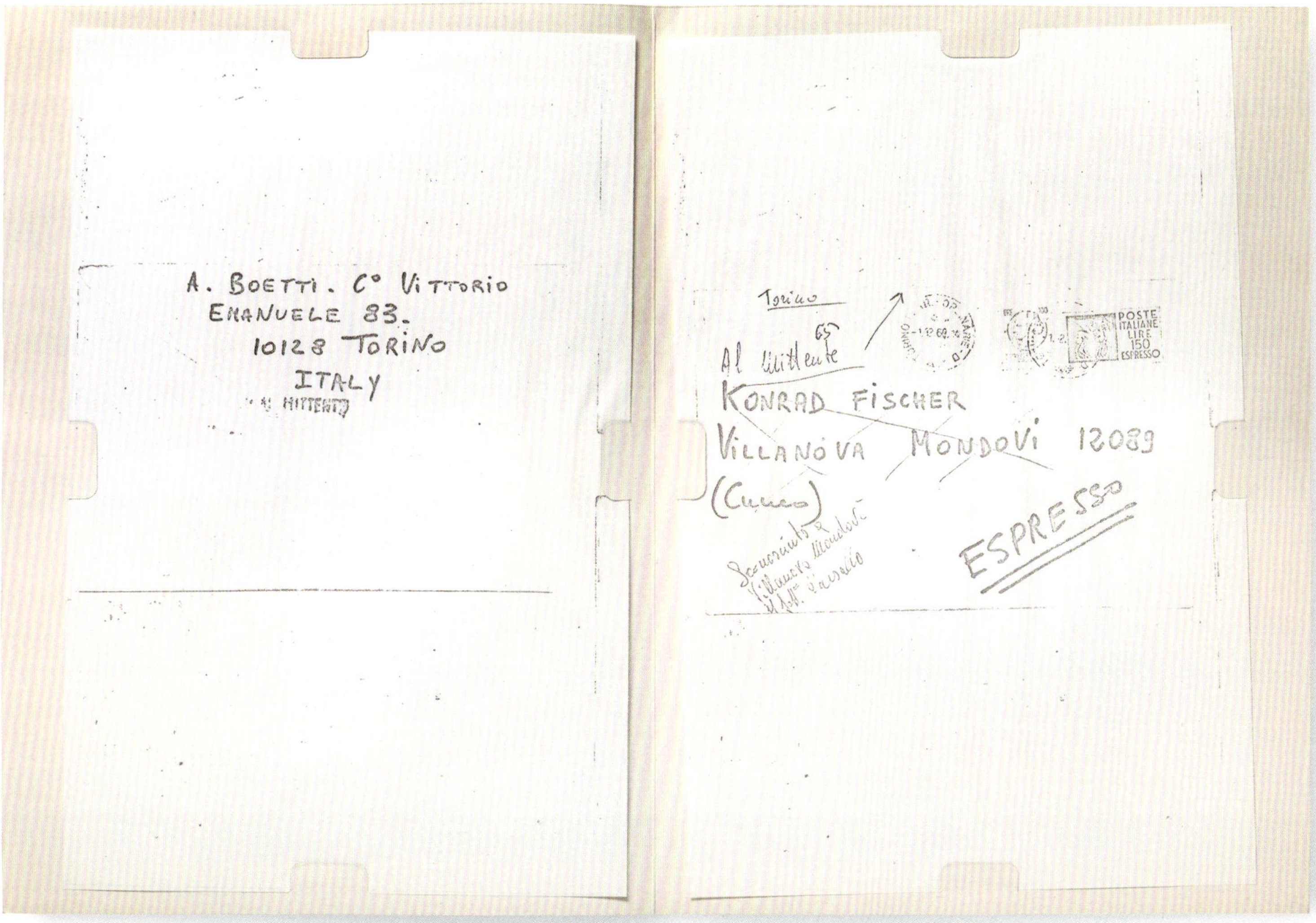

博埃蒂的《两个》（*Zwei*）是为1975年在慕尼黑区域画廊（Galerie Area）举办的一场展览制作的，标志着其“配对”项目的开始：48页的序列将摄影和绘画结合在一起，从而构成一系列成对的图像。比如，其中一个跨页上就展现了与“萨满祭司”素描对应的《双生子》照片。

1977年，博埃蒂出版了一本可能是他最著名的书《全球上千条长河的分类》（*Classifying the Thousand Longest Rivers in the World*）。这本书由博埃蒂与他的妻子安妮—玛丽·索佐—博埃蒂（Anne-Marie Sauzeau-Boetti）共同完成，目的是探索此前在《邮递档案》中所看到的数据。该书共出版了500册，除了索佐—博埃蒂的简短介绍外，还简单地罗列出了1000条长河的清单：每一页一条，按长度降序排列，每条河流都有其源头和出海口[5]。此外，数据清单有时有支流的通俗名称，有时有特定区段的长度，但河流长度总和往往与页面上其他地方给出的长度总和不一致[6]。如同《邮递档案》一样，《全球上千条长河的分类》调动的信息，一是一种因为分类所带来的纯粹的快乐，二是一种为了展示其延展性和不稳定性的方式。

在接下来的10年里，博埃蒂的书籍制作在形式和创意上都有了很大的变化。他的儿童读物，一本名为《一月到十月》（*Da uno a dieci*，1980）的数字着色书，表达了艺术家在职业生涯中对游戏和娱乐的长期兴趣。他的绘画则是各类日记体著作的特色，如《1984》《1986》和《1988》三部曲：每一本都在其各自的年份出版，由数百张杂志封面构成，并在给定的12个月份里包含了从《疯狂》（*Mad*）杂志到《经济学家》（*The Economics*），再到《闪光艺术》（*Flash Art*）的封面，最终形成了一本关于大众文化的画册。在同一时期，博埃蒂还与评论家、作家及其他艺术家一起开发了合作项目，如《无保障的粗心》（*Insicuro Noncurante*，1986）。这本书是将他的作品与批评家乔凡·巴蒂斯塔·萨勒诺（Giovan Battista Salerno）的文本和《接近万神殿》（*Accanto al Pantheon*，1989）的文本进行配对，

《全球上千条长河的分类》

限量版绣花封面

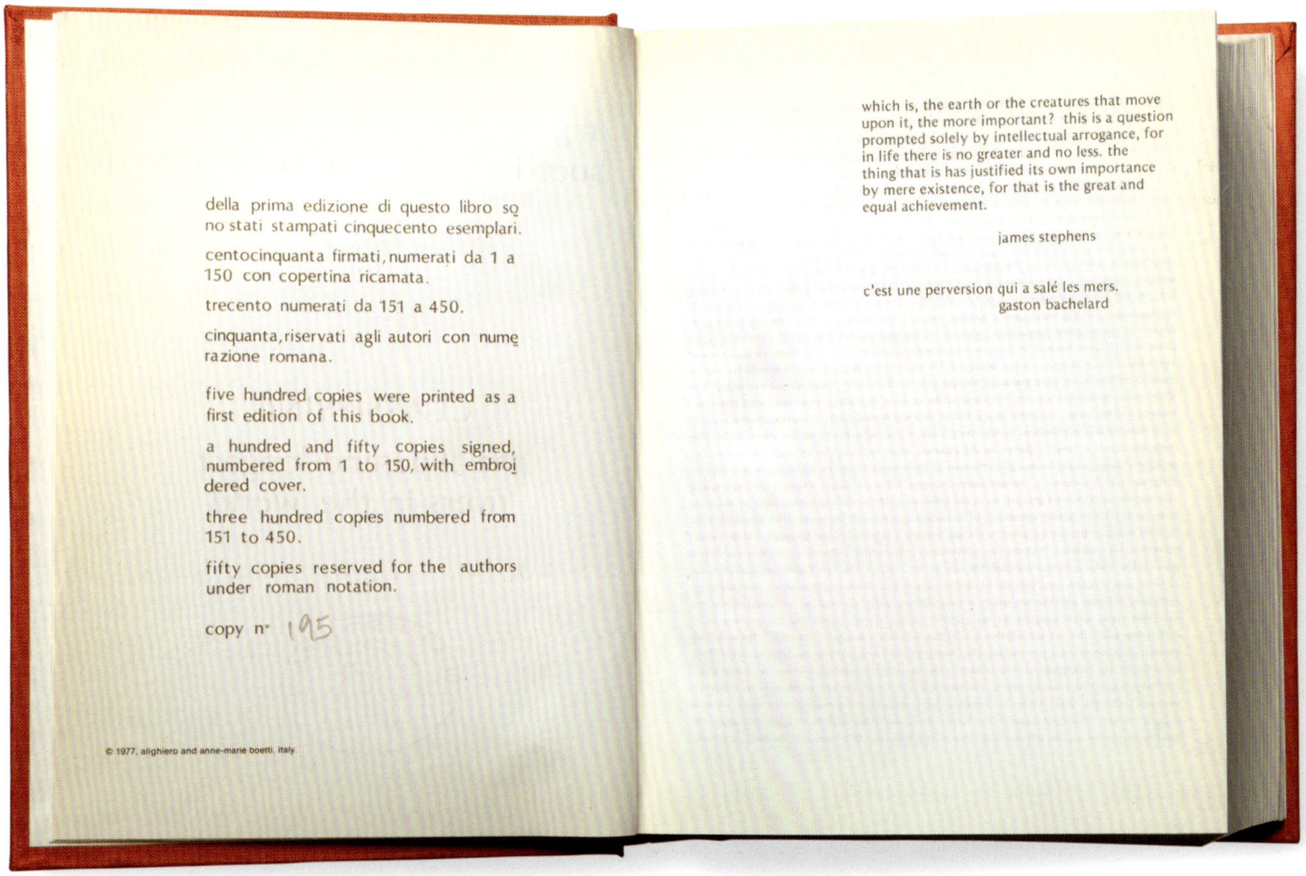

della prima edizione di questo libro so
no stati stampati cinquecento esemplari.
centocinquanta firmati, numerati da 1 a
150 con copertina ricamata.
trecento numerati da 151 a 450.
cinquanta, riservati agli autori con nume
razione romana.
five hundred copies were printed as a
first edition of this book.
a hundred and fifty copies signed,
numbered from 1 to 150, with embroi
dered cover.
three hundred copies numbered from
151 to 450.
fifty copies reserved for the authors
under roman notation.
copy n° 195
© 1977, alighiero and anne-marie boetti, italy.
which is, the earth or the creatures that move
upon it, the more important? this is a question
prompted solely by intellectual arrogance, for
in life there is no greater and no less. the
thing that is has justified its own importance
by mere existence, for that is the great and
equal achievement.
james stephens
c'est une perversion qui a salé les mers.
gaston bachelard

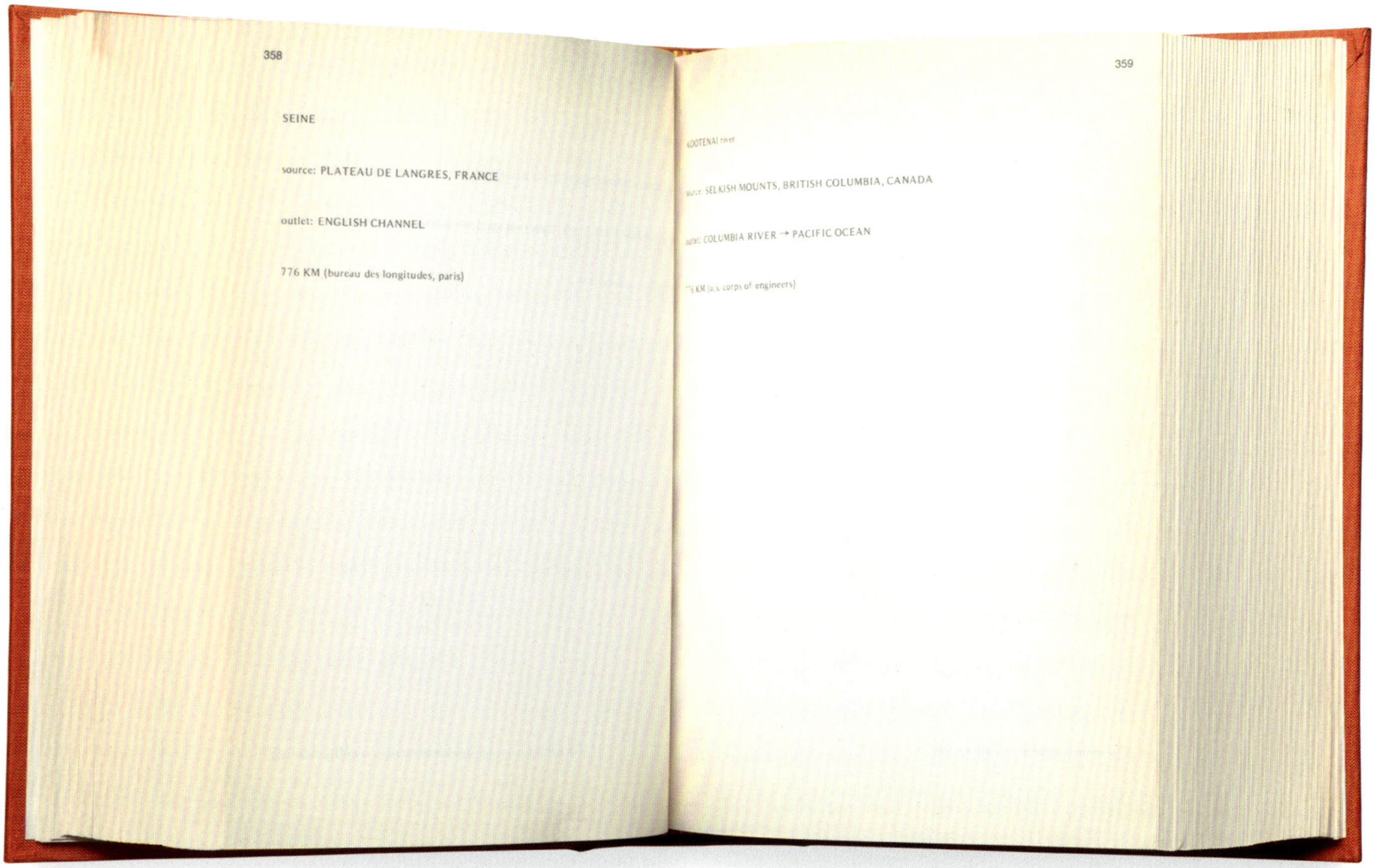

358
SEINE
source: PLATEAU DE LANGRES, FRANCE
outlet: ENGLISH CHANNEL
776 KM (bureau des longitudes, paris)
359
SELKISH MOUNTS, BRITISH COLUMBIA, CANADA
COLUMBIA RIVER → PACIFIC OCEAN

后者是利用摄影师兰迪·马尔金（Randi Malkin）的影像来唤起博埃蒂在工作室中 8 天的工作记忆。

在博埃蒂生命的最后几年，这些模式继续出现在他的作品中：文本和图片之间既联系又对抗，绘画则作为表达时间和图表经验的一种方式而存在。在这段时间里，博埃蒂偶尔会把作品转向更抒情的风格和主题。在他 1990 年出版的一本 14 页的书上，他将无题的动物寓言集画在一条横幅上，形成一套华丽而淡雅的绘画系列，与色彩丰富的《在自我与自我之间》（*Between Self and Self*）有着形式上的鲜明的呼应，后者是 1987 年以书籍形式出版的一系列类似罗夏墨迹测验（Rorschach-like）[5] 的图像[7]。作品《十幅挂毯》（*Dieci Arazzi*，1992）则是一部奢华的著作，它围绕着由阿富汗织物形成的一系列纺织品建构而成，也是对博埃蒂与艺术家米莫·帕拉迪诺（Mimmo Paladino）友谊长存的庆祝。博埃蒂的最后一本书回到了他早期出版物中所关注的问题。《邮递作品：

[1]《1972 年，阿里吉耶罗·博埃蒂接受了米雷拉·班迪尼的采访》（*Alighiero Boetti interviewed by Mirella Bandini in 1972*），摘自弗里德曼·马尔希（Friedmann Malsch）、克里斯蒂娜·梅尔斯 - 托尔（Christiane Meyer-Stoll）与瓦伦蒂娜·佩罗（Valentina Pero）编，《怎么办？贫穷艺术的历史岁月》（*Che Fare?Arte Povera—The Historic Years*），展览画册。德国海德堡：凯勒出版社（Kehrer）；列支敦士登瓦杜兹：列支敦士登博物馆（Kunstmuseum Liechtenstein），2010 年，第 86 页。1968 年的明信片展示的是他和自己手牵手。参见林恩·库克（Lynne Cooke）著，《博埃蒂的游戏计划》（*Boetti' s Game Plan*），摘自林恩·库克、马克·戈弗雷（Mark Godfrey）与克里斯蒂安·拉特梅耶（Christian Rattemeyer）编，《阿里吉耶罗·博埃蒂：游戏计划》（*Alighiero Boetti: Game Plan*），展览画册。纽约：现代艺术博物馆，2012 年，第 17—18 页，分析了博埃蒂的"配对"方案，特别是关于他对马塞尔·杜尚的兴趣和该艺术家的许多别名。

[2] 博埃蒂的书籍作品一直是重要的策展人和学者关注的主题。乔治·马菲（Giorgio Maffei）、毛拉·皮西奥（Maura Picciau）编，《超越书籍》（*Oltre il Libro / Beyond Books*），曼图亚：科林尼出版社（Corraini Edizioni），2011 年。该书最初是在 2004 年为配合罗马国家现代美术馆"阿里吉耶罗·博埃蒂：所有的书"（Alighiero Boetti Tuttolibro）的展览所制作的画册。

[3] 同年早些时候，贝尔塔斯卡画廊主办了第一次有关贫穷艺术的展览，由杰尔马诺·切兰特策划，并为博埃蒂的画册撰写了一篇论文。

[4] 博埃蒂引用了让 - 克里斯托夫·安曼（Jean-Christophe Ammann）的文章：《对一部难以把握的作品的评论》（*Anmerkungen zu einem Werk, das schwer in den Griff zu bekommen ist*），摘自《阿里吉耶罗·博埃蒂》，展览画册。巴塞尔：巴塞尔美术馆，1978 年，无页码。转引自林恩·库克、马克·戈弗雷与克里斯蒂安·拉特梅耶编，《阿里吉耶罗·博埃蒂：游戏计划》，第 15 页。

[5] 这本书中的 300 册封面采用了阿拉伯数字编号；50 册封面采用了罗马数字编号；150 册封面有"Millenovecento settantotto"（1978 年）的刺绣字样，这是该书首次在巴塞尔面世的年份。刺绣也是博埃蒂出版图书的核心工艺。20 世纪 70 年代，他在喀布尔逗留期间，与阿富汗工匠的接触，激发了他对挂毯这一媒介的兴趣。

[6] 乔治·马菲、毛拉·皮西奥编，《超越书籍》，第 131 页。

[7] 前一本书是由那不勒斯的卢西奥·阿梅里奥（Lucio Amelio）出版的系列丛书中的一部。

5　罗夏墨迹测验是由瑞士精神科医生、精神病学家罗夏（Lermann Rorschach）创立的，是著名的投射法人格测验，在临床心理学中得到广泛应用。该测验是通过向被测试者展示由墨渍偶然形成的模样刺激图版，让被测试者自由地看并说出由此所联想到的事物，然后将这些反应用符号进行分类记录和分析，进而对被测试者人格的各种特征进行诊断。——译者注

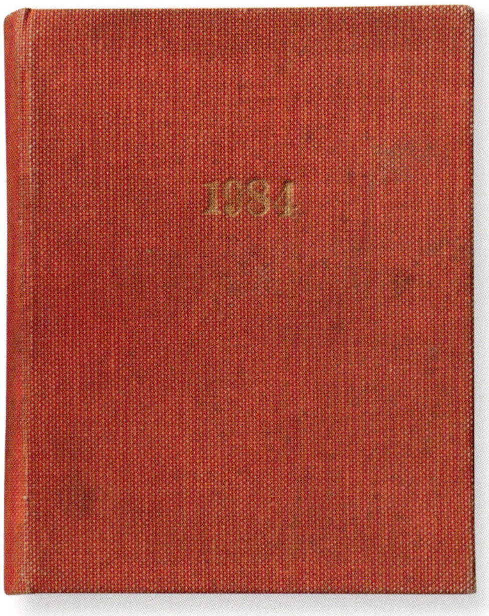

1993》（*Oeuvre Postale：1993*）是为了配合他在法国格勒诺布尔（Grenoble）举办的展览而设计出版的，采用了艺术家、作家和思想家——包括马塞尔·杜尚（Marcel Duchamp）、查尔斯·波德莱尔（Charles Baudelaire）、沃尔夫冈·阿马迪斯·莫扎特（Wolfgang Amadeus Mozart）和安东宁·阿尔塔德（Antonin Artaud）撰写的书信，并以插图简编的形式进行了排列。这本于博埃蒂逝世后出版的书是一本跨越时空的著作，也是艺术家沉迷于与自我及其他人对话的例子，更是博埃蒂艺术尝试的核心所在。

——杰弗里·卡斯特纳

《1984》

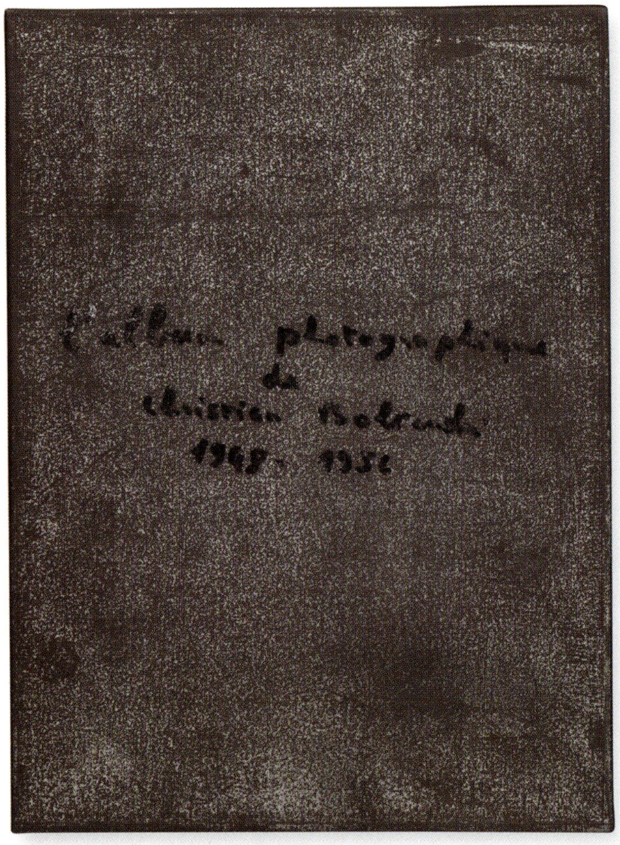

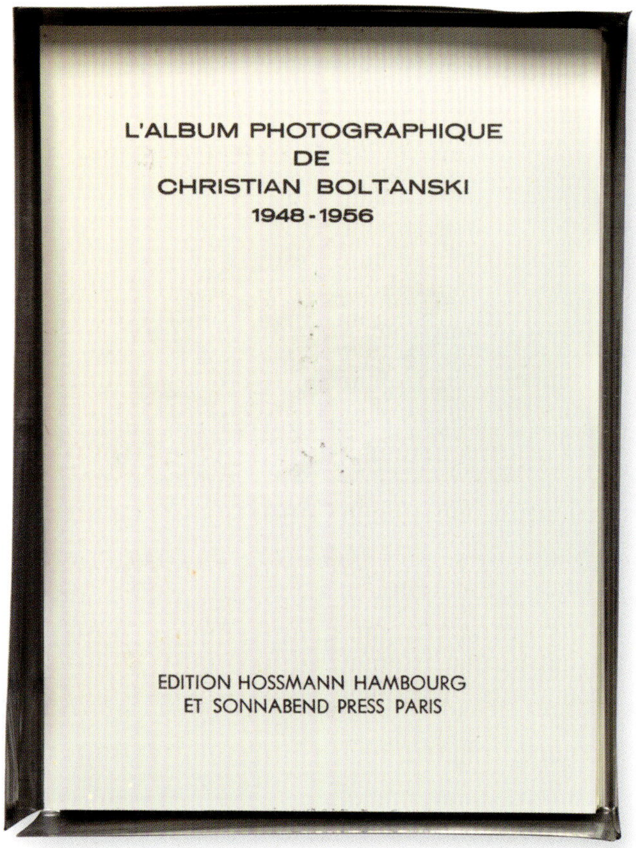

《克里斯蒂安·波尔坦斯基摄影集，1948—1956》

IMAGE I
Cette photographie a été prise en 1948, j'avais 4 ans et
ma mère m'amenait chaque après-midi au parc Mont-
souris. J'adorais me rouler dans la poussière.

年时的一些情节，且以刻板的描述形成图像特征，就好像它们展示的是一个真实的孩子[7]。“我是一个非常可爱的小男孩”，这是艺术家坐在游乐场中荡秋千的一张照片下的标题；还有一张他手捧猫咪的照片，上面写着：“我的6岁生日是在1950年。我得到了一只小猫，给它取名叫朱迪。我非常高兴。”这些时刻可能属于波尔坦斯基的童年时代，也可能是虚构的，但他只是在温和地嘲笑我们是如何向一位彬彬有礼的旁观者讲述自己旧相册中的琐事。

波尔坦斯基的另一本书则弥漫着黑色幽默。在这本书中，他自己掌控时间再次回到了他死亡的主题。在《欢乐中的死亡》（*Deaths in Fun*，1974）这本书每一页的右边，都有一幅黑白肖像照描绘了艺术家所表现出的某种形式的自我伤害，如一把刀抵在胸前，一条绞索套在脖子上，大口大口地喝着一瓶毒药，等等。当你翻到下一页时，文字旁又会展示一幅画面——波尔坦斯基带着滑稽的笑容，仿佛在向我们表示自杀都是“开玩笑的”，比如他手中的刀是橡胶的，套索没有系在天花板上，毒药瓶上的盖子被牢牢地拧紧着。

在经过这些早期的自我探索之后，波尔坦斯基转向了代表他人生命和死亡的问题，以及一个人一生中

IMAGE XXVI
Toujours pendant l'été de 1955. J'aimais monter aux arbres.

《欢乐中的死亡》

财产的自然积累。1973 年，波尔坦斯基创造了第一件在日后被多次展出的财产清单。在这些清单中，他展示了某个特定城镇的某位居民的所有财产，这些财产有些是在他们还活着的时候得到的，有些则是在其死后获得的。该项目是艺术家与多家机构合作完成的，以他最初在德国巴登巴登国立美术馆（Staatliche Kunsthalle Baden-Baden）展出的版本为基础。几十年来，波尔坦斯基一直在做这个项目，并将装置的方方面面记录在书籍中，包括他与博物馆馆长们的信件往来（包括他收到的针对该方案最初设计的大量拒绝信），和最终获得展示的复制品。正如全世界有关犹太大屠杀的纪念馆都包含了那些失去生命的普通人的个人物品一样，波尔坦斯基的清单也在提醒着我们一个人的死亡，及其个人财产的损失。

这些书中的辛酸之处可以从波尔坦斯基早期的一本书——《属于布瓦科隆布女人的物品清单》（*Inventaire des objets ayant appartenua une femme de bois-Colombes*，1974）中表现出来。在这本书中，波尔坦斯基展示了一位来自法国小镇女人的财产照片——媚俗的绘画、内衣、药品、信件、书籍，甚至家具，都是以一张皱巴巴的床单为背景笨拙地拍摄而成，床单的边缘也一再地出现在画面中。照片的随意性，以及那些被拼凑在一起的物件所具有的朴实性，使画面产生了惊人的沉重感。在这些微不足道的物品中，让人更尖锐、更痛苦地感受到女人自身真正所缺乏的那种坚强。虽然这本书中的标题波尔坦斯基使用的都是过去式，但它仍在提醒我们，最终排成照片的这些物件将是她存在的全部。然而，正如他的早期出版物一样，波尔坦斯基收录了一些属于其他人（包括他的父母）的物件照片，从而颠覆了这些财产清单表面上的“客观性”。

我们无法识别波尔坦斯基那些真实的纪实影像和用于小说虚构式的影像之间的区别，根据这位艺术家的说法，摄影“不说真话，只是文化代码”，是一种陈词滥调和用于集体记忆的语言[8]。如果说文字和照片代表着两种重要的历史信息，波尔坦斯基就在其书中对这些形式进行了巧妙的运用。这既反映了艺术家的一种贯穿于整个实践过程的态度，也表明了一种对历史记录充满怀疑的姿态。书籍在历史的长河中就像一个权威场所，一种用来传播信息的档案。这一观点在艺术家的实践中占有重要地位，从而使他的书籍保存了自己不可靠的历史，也提醒我们事实可能并非如此。

——克莱尔·莱曼

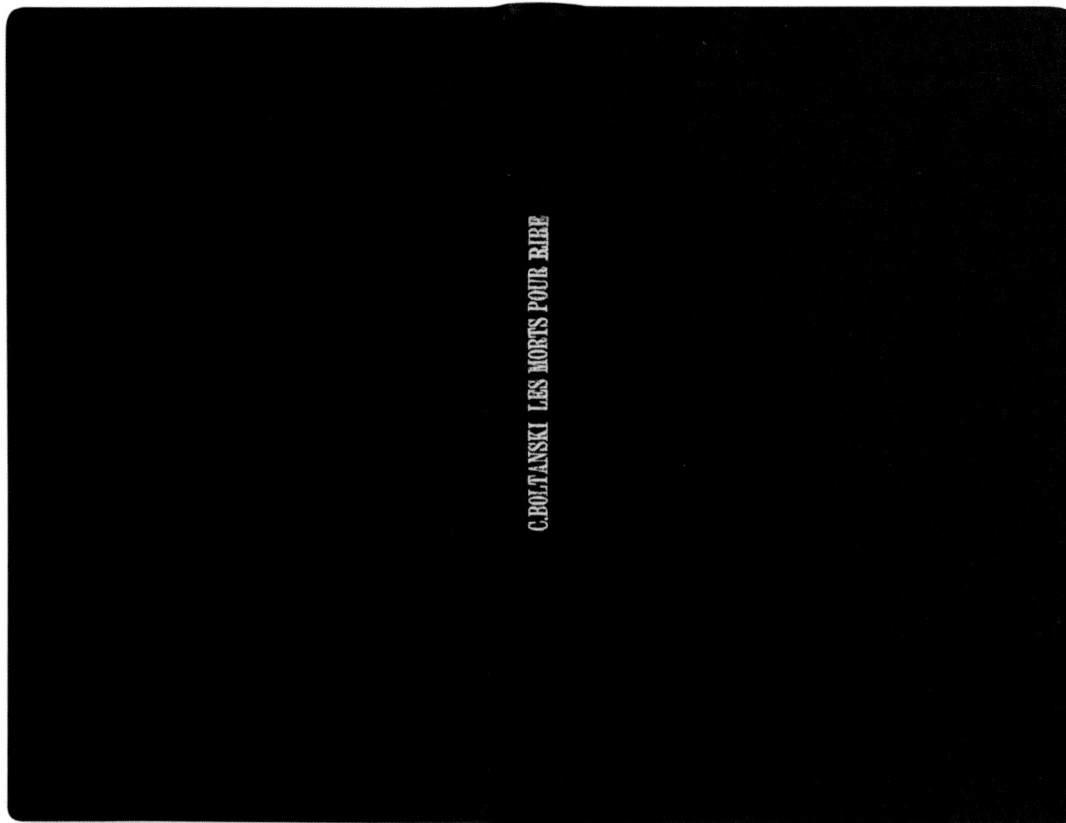

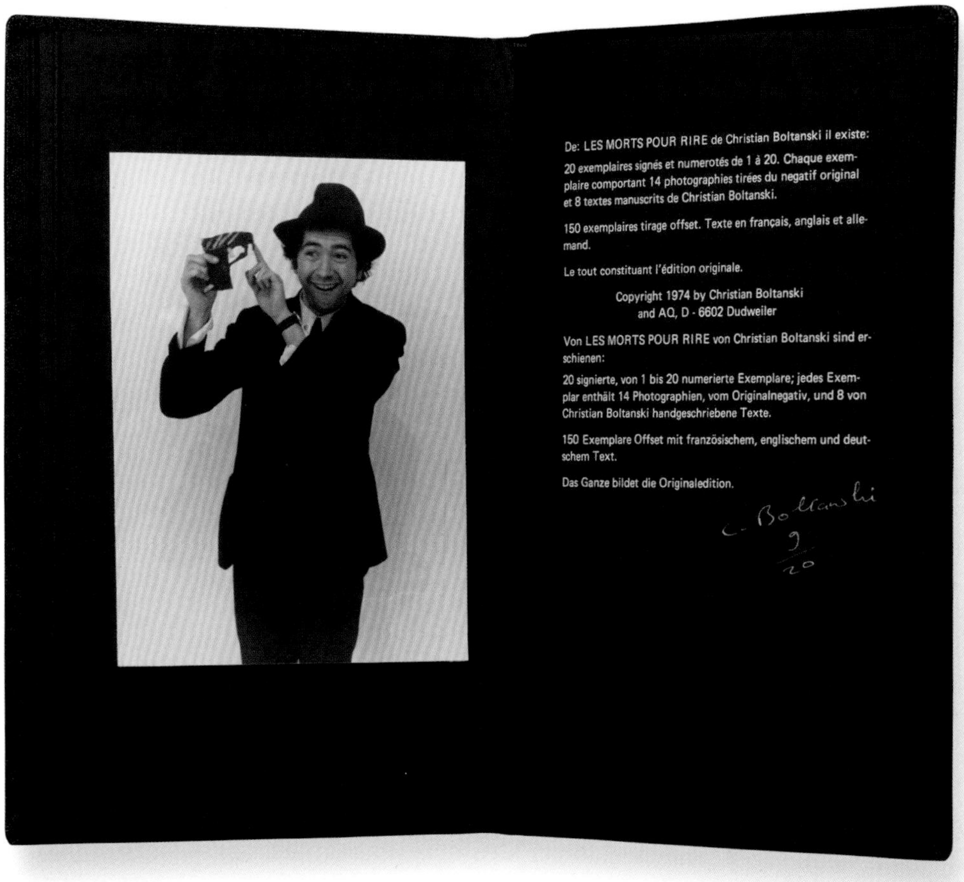
De: LES MORTS POUR RIRE de Christian Boltanski il existe:
20 exemplaires signés et numerotés de 1 à 20. Chaque exemplaire comportant 14 photographies tirées du negatif original et 8 textes manuscrits de Christian Boltanski.
150 exemplaires tirage offset. Texte en français, anglais et allemand.
Le tout constituant l'édition originale.
Copyright 1974 by Christian Boltanski
and AQ, D - 6602 Dudweiler
Von LES MORTS POUR RIRE von Christian Boltanski sind erschienen:
20 signierte, von 1 bis 20 numerierte Exemplare; jedes Exemplar enthält 14 Photographien, vom Originalnegativ, und 8 von Christian Boltanski handgeschriebene Texte.
150 Exemplare Offset mit französischem, englischem und deutschem Text.
Das Ganze bildet die Originaledition.
C. Boltanski
9/20

LE POISON

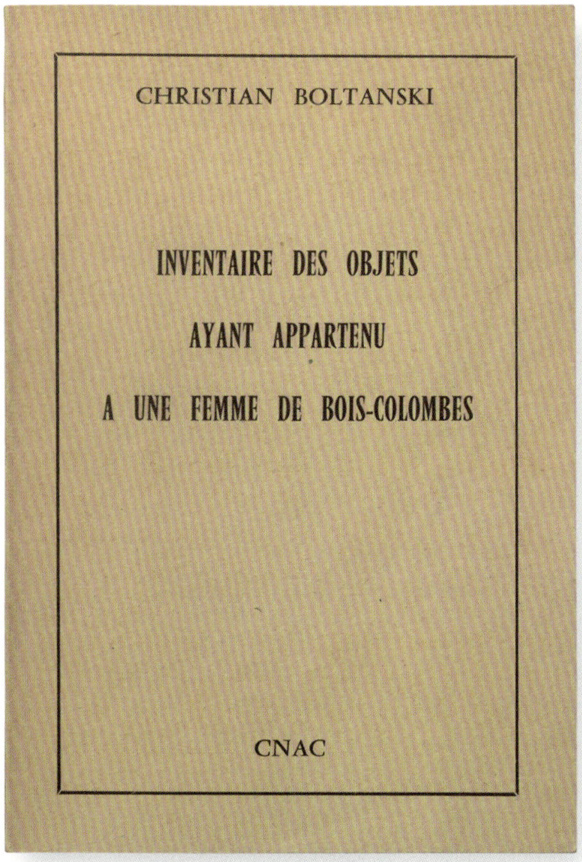

《属于布瓦科隆布女人的物品清单》

［1］《克里斯蒂安·波尔坦斯基：乔治亚·马什的一次访谈》（*Christian Boltanski: An Interview with Georgia Marsh*），摘自《重构》（Reconstitution），展览画册。伦敦：白教堂画廊（Whitechapel Gallery）；荷兰埃因霍温：范·艾伯美术馆（Van Abbemuseum）；法国格勒诺布尔：格勒诺布尔博物馆（Musée de Grenoble），1990年，第2—3页。

［2］同上，第5页。

［3］同上，第9页。

［4］珍妮弗·弗莱（Jennifer Flay）编，《克里斯蒂安·波尔坦斯基：目录：书籍、印刷品、其他短暂出现的印刷物，1966—1991》（*Christian Boltanski: Catalogue: Books, Printed Matter, Ephemera*，1966—1991），德国科隆：瓦尔特·柯尼格出版（Walther König），1992年，第11页。

［5］波尔坦斯基对话雅克·克莱森（Jacques Clayssen），载于《身份认同》（*Identité/Identification*），法国波尔多：当代艺术雕塑中心（Centre d' arts plastiques contemporains），1976年，第23—25页。

［6］其他波尔坦斯基出版的平装版和精装版书籍，包括《欢乐中的死亡》（1974）、《切斯高中：切斯高中1931年毕业班，卡斯特尔加斯，维也纳》（*Le Lycée Chases: Classe terminale du Lycée Chases en 1931, Castelgasse, Vienne*，1987）、《米奇俱乐部》（*Le Club Mickey*，1990）、《卡内基国际档案，1896—1991》（*Archive of the Carnegie International*，1896—1991，1991）、《这些孩子正在寻找他们的父母》（*Diese Kinder suchen ihre Eltern*，1994）、《人》（Menschlich，1994）、《美第奇别墅住户名单：画家和雕塑家，1803—1995》（*Liste des pensionnaires de la Villa Médicis: Peintres et sculpteurs*，1803—1995，1995）、《集合》（*Ensembles*，1997）、《如此之快》（*So Schnell*，1999），以及《后天》（*Der Tag danach*，2000）。有关详细版本信息，参见鲍勃·卡尔（Bob Calle）编，《克里斯蒂安·波尔坦斯基：艺术家书》（*Christian Boltanski: Artist' s Books*），法国巴黎：591出版社（Éditions 591），2008年。

［7］照片由艺术家阿妮特·梅萨热（Annette Messager）所拍摄。

［8］引自马乔里·佩洛夫（Marjorie Perloff）著，《只发生过一次：巴特的冬季花园／波尔坦斯基的死者档案》（*What has occurred only once: Barthes' s Winter Garden / Boltanski's Archives of the Dead*），摘自让-米歇尔·拉伯蒂尔（Jean-Michel Rabaté）编，《在罗兰·巴特之后书写影像》（*Writing the Image After Roland Barthes*），美国费城：宾夕法尼亚大学出版社（University of Pennsylvania Press），1997年，第42页。

马塞尔·布达埃尔

（1924 年生于比利时布鲁塞尔，1976 年逝于德国科隆）

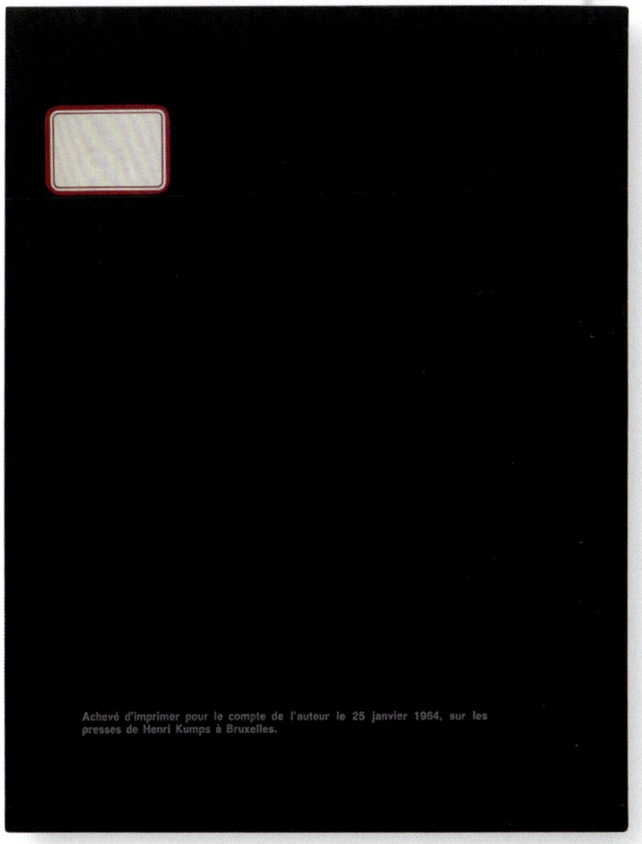

《提醒》

贻贝
这个聪明的东西避免了社会模式的通化，
她用自己的方式锻造了自身，
其他酷似她长相的东西也与其共享着海的负空间，
她很完美。[1]

这首颂扬贻贝的诗作是马塞尔·布达埃尔（Marcel Broodthaers）于 1963 年至 1964 年在其诗人生涯的最后几年间写的。然而，在他迈入 40 岁后不久，布达埃尔又开启了作为一名视觉艺术家的生涯。也是在这一时期，他对低等的双壳类动物同样着迷。贻贝，即法语中的“moule”，也就是“模子”，布达埃尔的艺术作品和诗句中创造了人物的多重负空间，比如以蓝黑色贝壳铸造的铁壶为特征的雕塑，这种被改造的艺术成品使人们想起了艺术家的故乡——比利时。在那里，贻贝是一种菜。但正如他的诗中所暗示的，贻贝在自己的“模子”里“锻造了自己”，因为它看起来总像一个空壳，一个没有经过铸造的“模子”，一个空的容器，所以它在布达埃尔这里变成了一种象征，一种带有空洞外壳或重铸内容的形式，反复出现。

作为一名诗人，布达埃尔长期以来感受到的是孤独。他在 1964 年第一次画廊展览的邀请函中，用一种讽刺性的自我描述，解释了自己职业生涯的转变：“我也想知道自己能不能卖出一幅作品，能否成为人生赢家。”[2] 虽然他可能仍然对文字有着深刻的情感，但他的第一个艺术行为就是把文字掩盖起来。1964 年，布达埃尔修改了他的诗集《提醒》（*Pense-Bête*），在诗歌的各个部分放置了一条条高光泽彩色纸条和矩形，并用这些覆盖物重新修饰了他的文字。在他拿着剩余

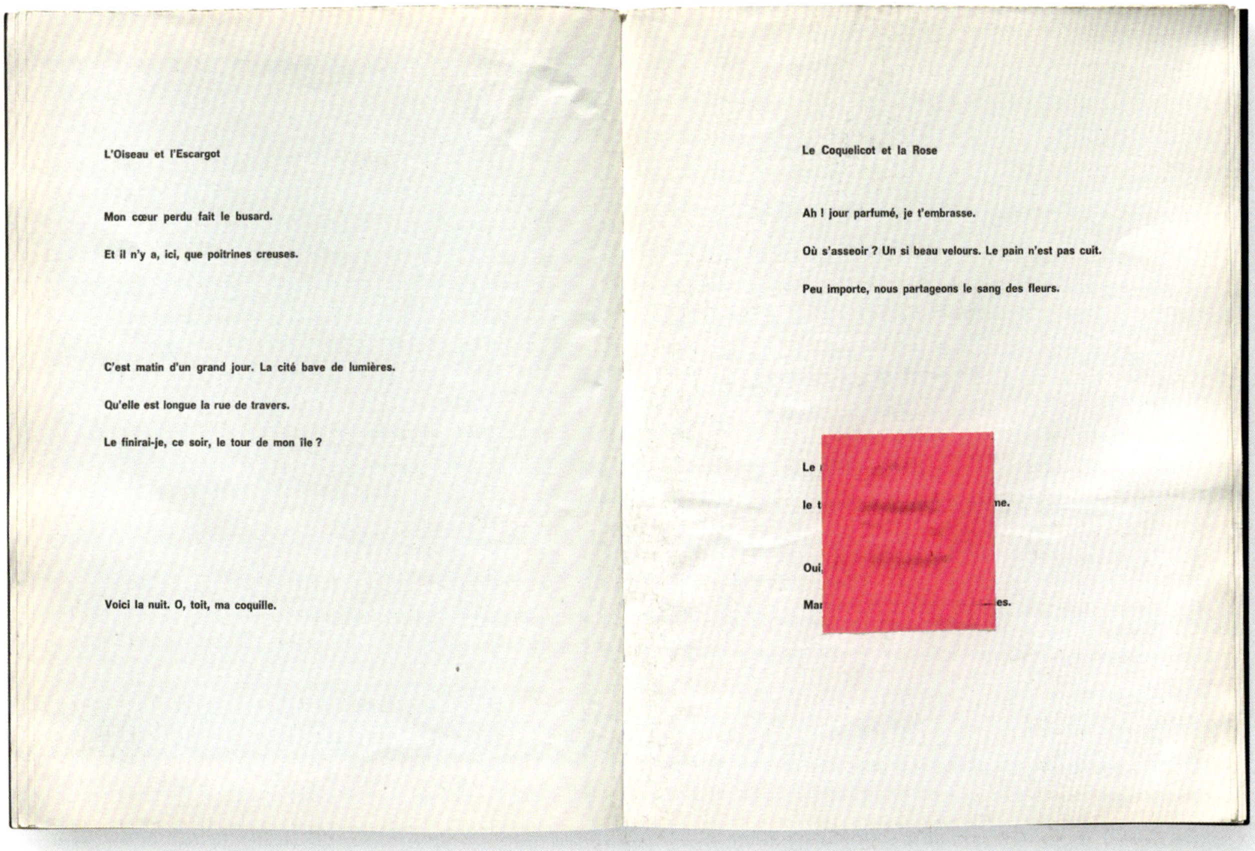

L'Oiseau et l'Escargot

Mon cœur perdu fait le busard.

Et il n'y a, ici, que poitrines creuses.

C'est matin d'un grand jour. La cité bave de lumières.

Qu'elle est longue la rue de travers.

Le finirai-je, ce soir, le tour de mon île ?

Voici la nuit. O, toit, ma coquille.

Le Coquelicot et la Rose

Ah ! jour parfumé, je t'embrasse.

Où s'asseoir ? Un si beau velours. Le pain n'est pas cuit.

Peu importe, nous partageons le sang des fleurs.

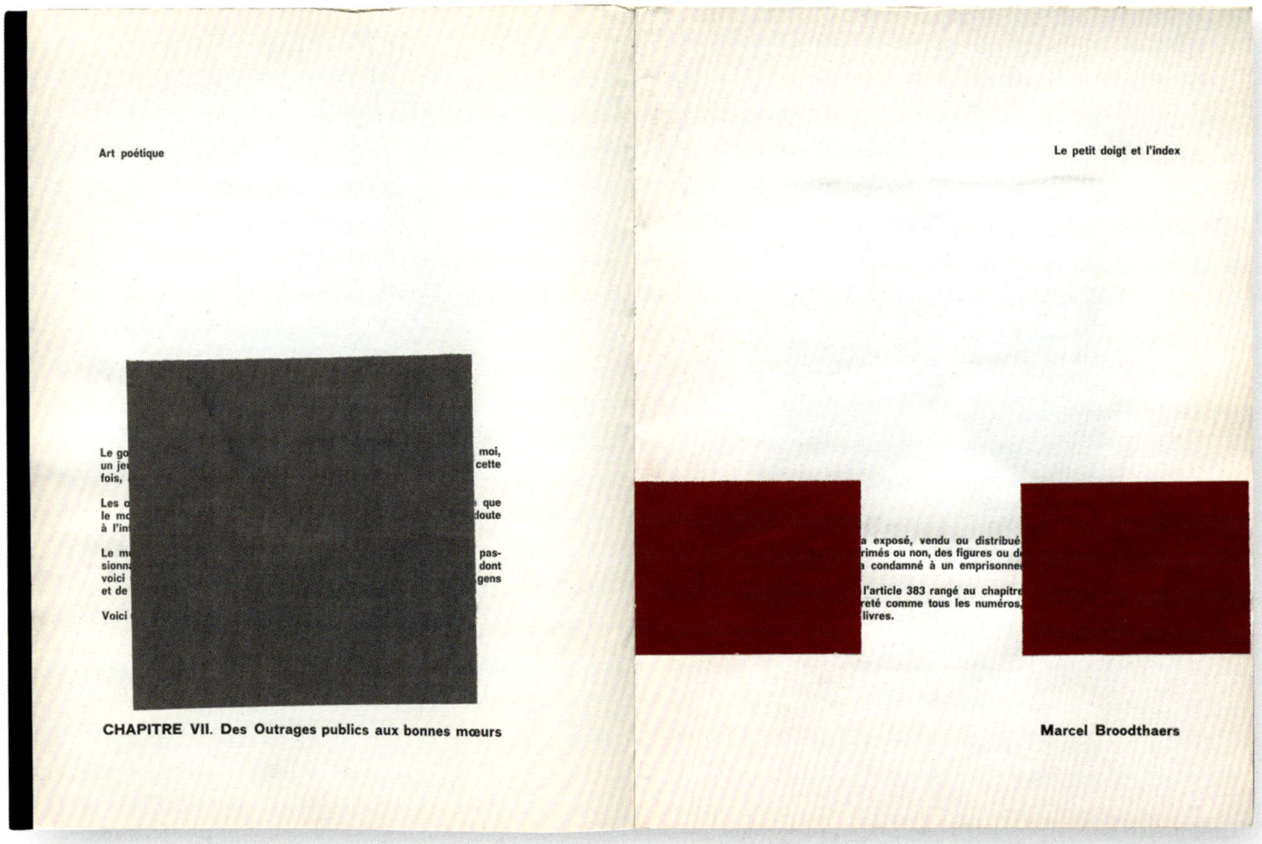

Le

le me.

Oui

Mar es.

Art poétique

Le petit doigt et l'index

Le go moi,
un je cette
fois,

Les o que
le m doute
à l'in

Le m pas-
sionna dont
voici gens
et de

Voici

CHAPITRE VII. Des Outrages publics aux bonnes mœurs

a exposé, vendu ou distribué
rimés ou non, des figures ou de
a condamné à un emprisonne

l'article 383 rangé au chapitre
reté comme tous les numéros,
livres.

Marcel Broodthaers

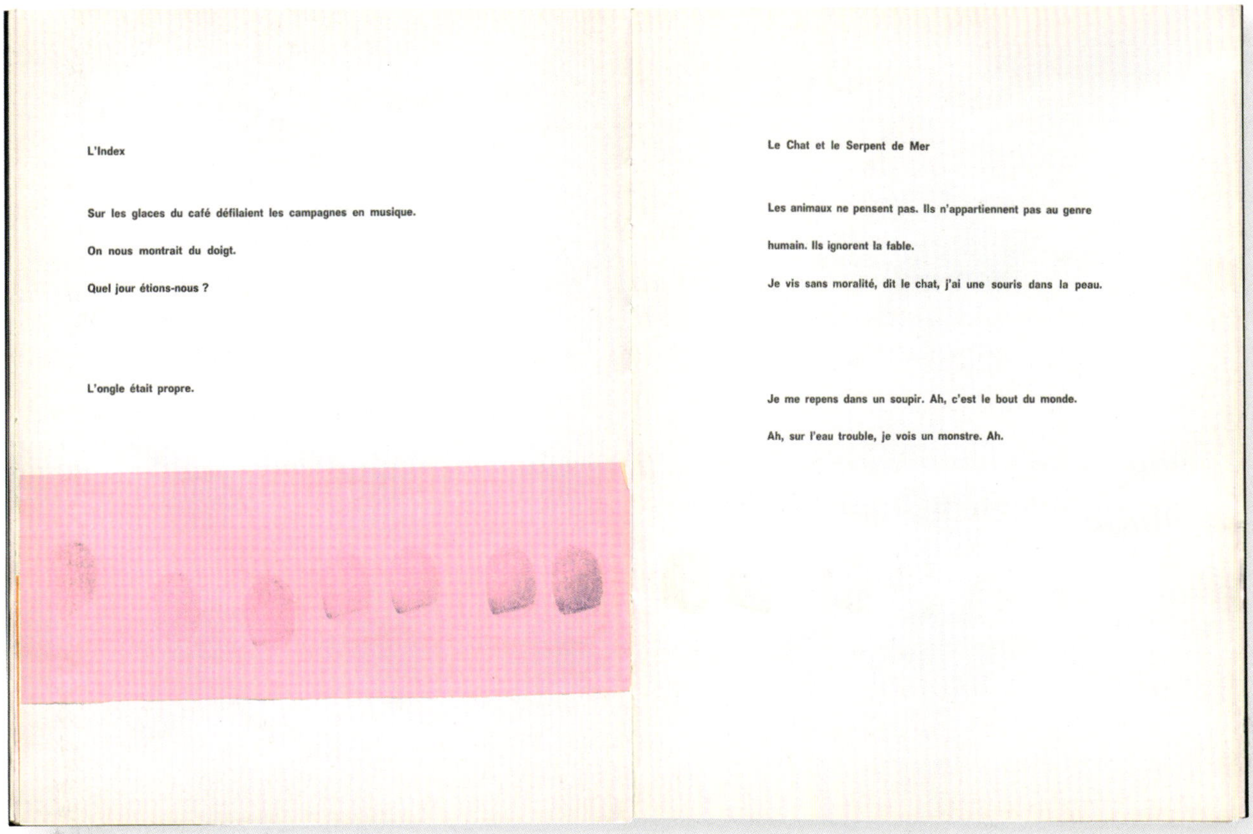

L'Index

Sur les glaces du café défilaient les campagnes en musique.

On nous montrait du doigt.

Quel jour étions-nous ?

L'ongle était propre.

Le Chat et le Serpent de Mer

Les animaux ne pensent pas. Ils n'appartiennent pas au genre humain. Ils ignorent la fable.

Je vis sans moralité, dit le chat, j'ai une souris dans la peau.

Je me repens dans un soupir. Ah, c'est le bout du monde.

Ah, sur l'eau trouble, je vois un monstre. Ah.

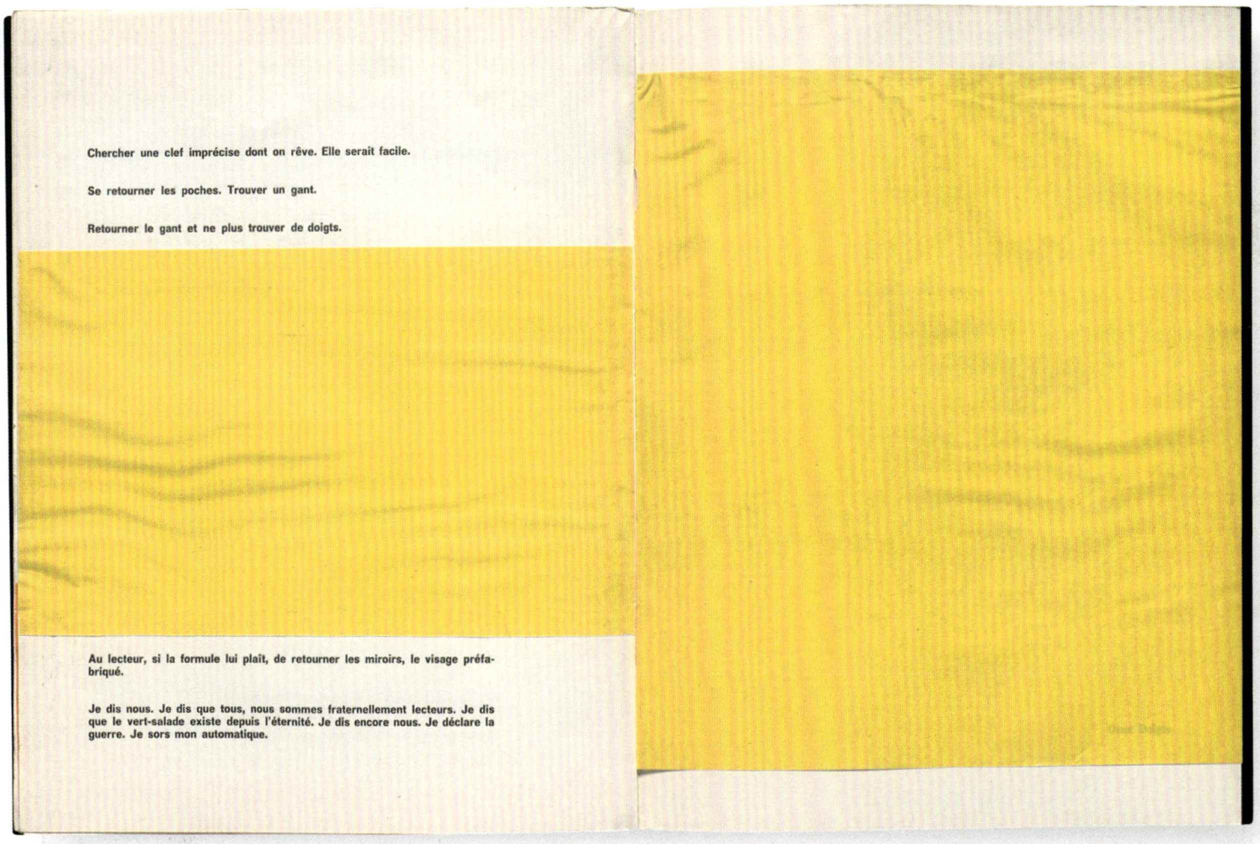

Chercher une clef imprécise dont on rêve. Elle serait facile.

Se retourner les poches. Trouver un gant.

Retourner le gant et ne plus trouver de doigts.

Au lecteur, si la formule lui plaît, de retourner les miroirs, le visage préfabriqué.

Je dis nous. Je dis que tous, nous sommes fraternellement lecteurs. Je dis que le vert-salade existe depuis l'éternité. Je dis encore nous. Je déclare la guerre. Je sors mon automatique.

《二十年后》（第一、二辑）

第一辑（封底）

的《提醒》的复制品来到巴黎，并将其半埋在石膏底座上时，这种最初的涂改行为得到升级。布达埃尔的行为让书无法打开，彻底将其与观众隔绝。正如本雅明・布赫洛（H. D. Buchloh）所描述的，这是一个“文学的埋葬”[3]。在布达埃尔讲述的那一刻，他把那本书做成了一部“禁书”，使他着迷的是“没有人知道这本书是否还能令人产生好奇心，没有人知道这是不是最后一次埋葬悲伤或快乐的散文或诗歌，没有人知道将受到禁令的何种影响”[4]。作为一名诗人，他所面对的徒劳感在某种程度上得到了证实，并最终抹去了其诗作封面上的内容——他的读者不在乎这些书再也不能被阅读。正如布赫洛所言：“正是在禁止阅读或暂停阅读的替换过程中，他的一些重要作品（在书籍封面的掩护下进行）陆续完成。”[5]

尽管书籍在布达埃尔的艺术生涯开始时就成为一个“禁令”，他仍然努力参与其中。在宣布放弃诗歌从事艺术之后，布达埃尔出版了17本艺术家书。他的第一本官方出版物是亚历山大・杜马斯（Alexandre Dumas）的两卷本《二十年后》（*Vingt ans après*，1969）的改编本，他用的原书则是这套书面向大众市场的平装本。布达埃尔在每本书的封面上都套上了一个宽大的红色腰封，上部用大写字母书写了自己的姓氏，下部则将“R. 卢卡斯”注明为编辑。除了这一标示艺术家身份的腰封之外，对杜马斯原书唯一的改动是增加了一段理查德・卢卡斯（Richard Lucas）与自己的简短访谈，并被贴在了第一章节。其中，他们讨论了两人对杜马斯作品的兴趣，以及20年前他们各自的创作活动。如果说，布达埃尔想知道他是否“不用卖出任何作品，也能够成为人生赢家”，那么《二十年后》似乎就是这样一种尝试。他避免使用雕塑或删除任何其他文字，只是简单地打包挪用了杜马斯的文本，只在引人瞩目的红色腰封上用布达埃尔的名字重新标记了作品，而杜马斯的作者属性被抽离，其文字也被铸造成一种新形式——一件艺术品。

与《提醒》和《二十年后》类似，布达埃尔的另一出版物《骰子一掷，不会改变偶然》（*Vingt ans après*，*Un coup de dés jamais n'abolira le hasard*，1969）也涉及了擦除和转移，尽管是用另一种方式。在比利时，受同行勒内・马格利特（René Magritte）的影响，布达埃尔对斯特凡・马拉梅（Stéphane Mallarmé）[6]具有开创性意义的现代主义诗歌“痴迷”了20年后，这位艺术家终于决定“重掷骰子”[6]了。随后，布达埃尔以1914年加里马尔德出版社（Gallimard edition）出

6　斯特凡・马拉梅（1842—1898），原名艾提安・马拉梅（Etienne Mallarmé），19世纪法国诗人、文学评论家，与阿蒂尔・兰波、保尔・魏尔伦同为早期象征主义诗歌的代表人物。——译者注

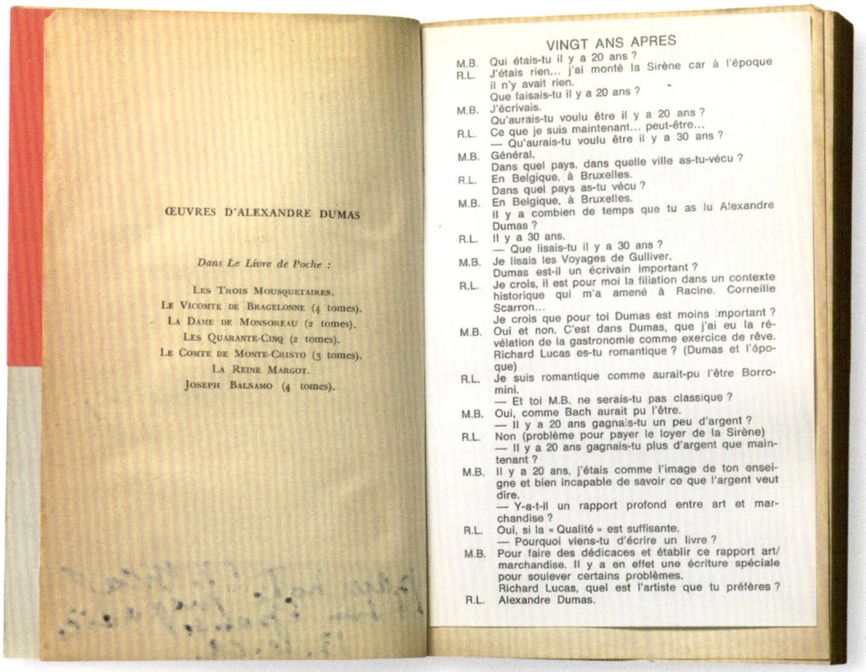

第一卷

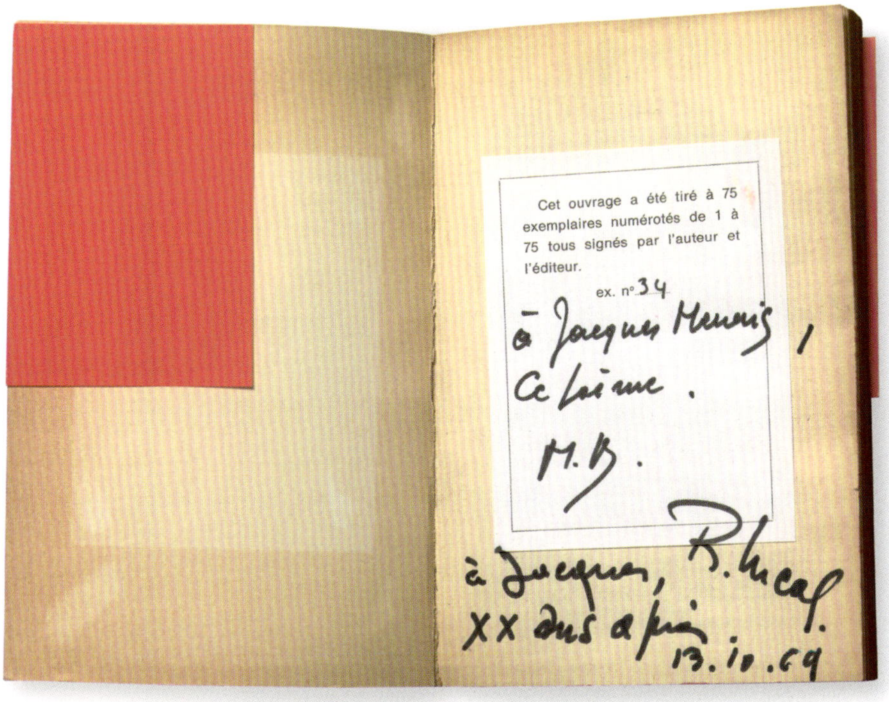

第二卷

版的 1897 年的马拉梅作品为基础，用具有不同重量感的黑色矩形在页面上精心排布，将其作为一个整体再次编辑，从而将诗人的文字表达全部改写。1969 年，在安特卫普举行的布达埃尔“围绕马拉梅的文学展览”（Literary Exhibition around Mallarmé）中，就在墙上展示了十几首经过艺术再处理的诗歌跨页，以此拍成的照片也被复制在一份随附的目录中，该目录有三个印刷版本：不透明的白纸、半透明的牛皮纸和锡纸。

在《可怜的比利时》（*Pauvre Belgique*，1974）中，一篇更加完整的文本被彻底地抹去了。在这件作品中，布达埃尔以他对比利时的厌恶为中心，将夏尔·波德莱尔一首未完成的诗歌进行了改装，将印有“ABCABCABCABCABC”斜体大写字母的一个半透明封套罩在《夏尔·波德莱尔全集》（*Oeuvres Complètes*）上，以遮挡原书标题。在这个封套上，我们还看到，原书是于 1974 年在巴黎出版的，而封套的封底则把出版地换成了纽约。在其内页（从第 1315 页到 1457 页）上，布达埃尔仅保留了原本印在页面顶部的波德莱尔的标题，如“论比利时”“可悲的比利时”，但他的诗被完全抹去了。最后一页则是布达埃尔的一句话：“我们不能把这本书称为盗版书，它与浪漫主义时期的布鲁塞尔出版商的习惯做法一样。如果存在盗版，那它就是一个参考文献性质的存在，用其特定形式反映当前的争议，而这些争议并没有精确的地理范围限制。这至少是我的目标。”[7] 在这里，布达埃尔参考了比利时当年一段特殊的盗版历史：由于 19 世纪初欧洲各国之间缺乏版权协议，比利时出版商可以在不支付任何版税的情况下重印法国书籍，导致最新的法国作品可以在那里以很高的折扣价买到。但布达埃尔认为，他的书在封套上不能被称为仿制品，因为其上几乎没有波德莱尔原著的任何痕迹。这一删改代表着这本书的实际内容，这一观点使人们对传统的原创概念和知识产权概念产生了思考。

《征服空间：艺术家和军队的地图集》（*La Conquête de l' espace*，*Atlas à l' usage des artistes et des militaires*）是布达埃尔最后一本艺术家书，于 1975 年出版，让我们对他的理念有了一个截然不同的认识。这本书非常小，只有 1.5 英寸（3.81 厘米）高，似乎是为了塞进口袋或藏于掌心而设计的。这本书是便携版的，还配有一个黑色的保护套。白色的封面上用黑色大写字母刻着“地图集”，封底则附有一幅仿古展台上雕刻的地球仪图像。书中有 35 页带编号的书页，这些书页

《征服空间：艺术家和军队的地图集》

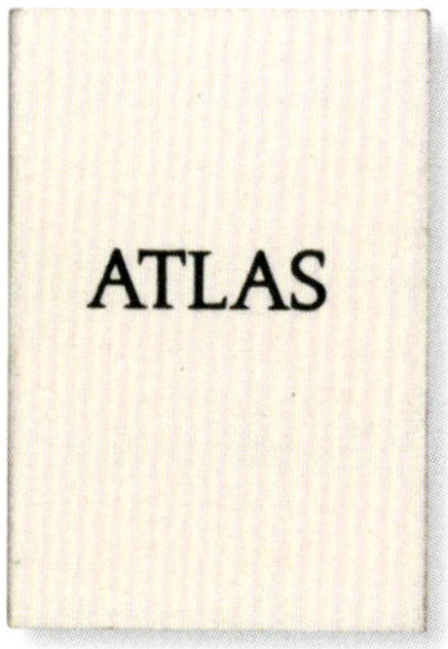

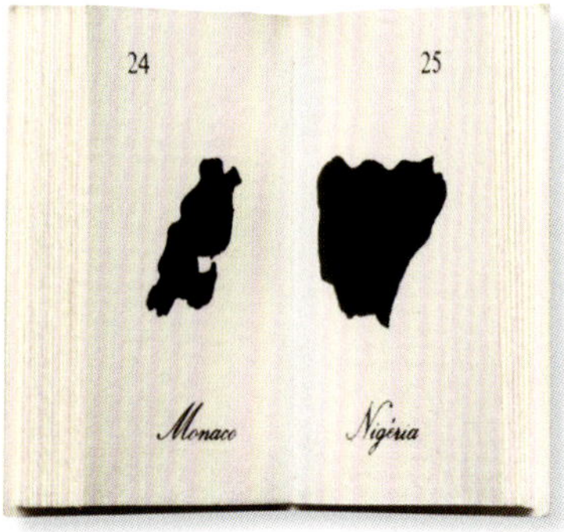

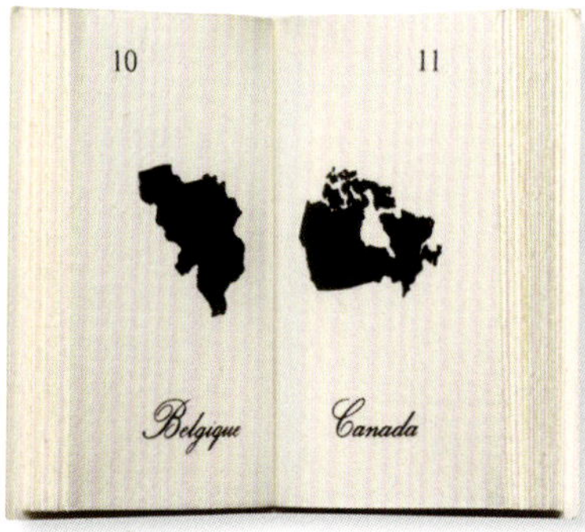

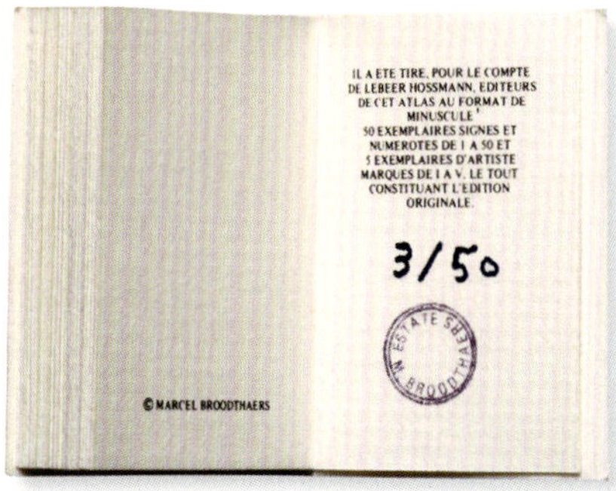

IL A ETE TIRE, POUR LE COMPTE DE LEBEER HOSSMANN, EDITEURS DE CET ATLAS AU FORMAT DE MINUSCULE
50 EXEMPLAIRES SIGNES ET NUMEROTES DE 1 A 50 ET 5 EXEMPLAIRES D'ARTISTE MARQUES DE I A V, LE TOUT CONSTITUANT L'EDITION ORIGINALE.
3/50
ESTATE M. BROODTHAERS
© MARCEL BROODTHAERS

斯坦利·布朗

（1935 年生于苏里南，2017 年逝世于荷兰阿姆斯特丹）

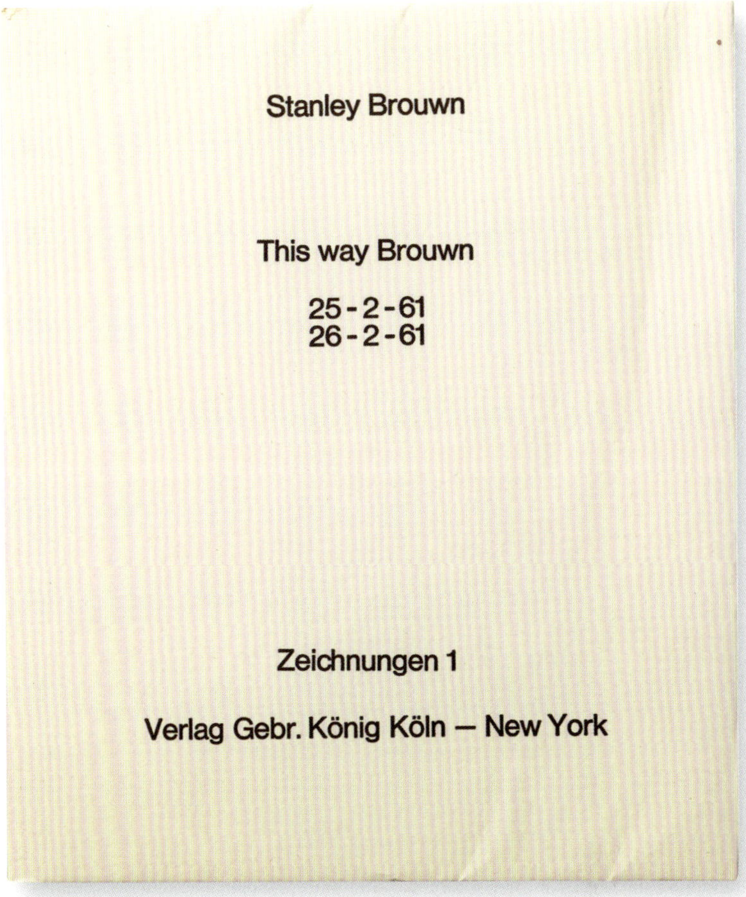

《这边走，布朗》

斯坦利·布朗（Stanley Brouwn）用了半个多世纪的时间来研究运动的概念，并于 1957 年移居阿姆斯特丹后创作了自己的早期作品。比如，在 1960 年，这位艺术家就曾发出邀请，并敦促接受者在指定时间参观城市内的各种鞋店。这部作品看似围绕的是一个特殊要求，事实上却包含了布朗的一些持续的关注点：精心策划的一些旁观者不一定能看得见的安静的行为；引导人在空间中运动；而足迹本身，当然是由一只鞋子来完成，这些都有助于推进他的创作。布朗的另一个早期项目同样包括类似调查，如在《这边走，布朗》（*This way Brouwn*，1960—1964）这部作品中，这位艺术家在阿姆斯特丹的街道上随机拦住路人，请他们画一张简单的地图，标明自己从现在的地点到第二个指定地点的路线。然后，布朗保留了这些街边的草图，并用橡皮章在草图上印上“这边走，布朗”的字样，有时还会并排展示同一方向的两种路线。后来，他在一本艺术家书中复制了许多这样的作品，书中还附有一个简短的序言：“人们走到布朗面前，问他：‘布朗，你想去哪里？’没有好或坏的路线。我已成为方向。”

布朗策划的行动，往往不重要，也是短暂的，但他长期以来都用书籍形式为这些行为提供了一个空间，使其成为可视的思想实验，并用度量和观念练习来佐证他的行动。作品《布朗玩具，公元 4000 年》（*Brouwntoys 4000 AD*，1964）是一本很小的艺术家书，内有未经裁切的书帖[7]；书页上则重复着一个相同的布局，包括一个圆圈和艺术家自己键入的指令，如“将圆圈中的微生物或病毒放大 500 万倍”；然后是附录，标题“交给你的孩子玩”，内容则是艺术家的引语：在公元 4000 年之前不要使用这些布朗玩具。在《这边走，布朗》中，艺术家将读者的注意力集中在人体的运动上；而《布朗玩具，公元 4000 年》却告诉读者，在任何既定度量范围内，无论其与人类规范的关系如何，都具有丰富且运动着的生命。布朗的圆圈既让我们联想到地球的形状，又能唤起读者注意显微镜下的景象。

布朗在 20 世纪 60 年代的作品似乎根植于对激浪派（Fluxus）[8] 运动的参与式关注，但接下来的 10 年，

---

7 书帖（signature），就是对折后合为一组作为书稿正文纸叠后的印张，线订书就是由书帖做成的。——译者注

8 激浪派是一个由艺术家、作曲家、设计师和诗人组成的国际性跨学科团体，形成于 20 世纪六七十年代。荷兰艺术评论家哈里·鲁厄（Harry Ruhe）将激浪派描述为“20 世纪 60 年代最激进且具实验性的艺术运动”。激浪派以对不同艺术媒体和学科的实验贡献而闻名，代表人物有乔治·麦素纳斯（George Maciunas ）、迪克·希金斯（Dick Higgins）、白南准等。——译者注

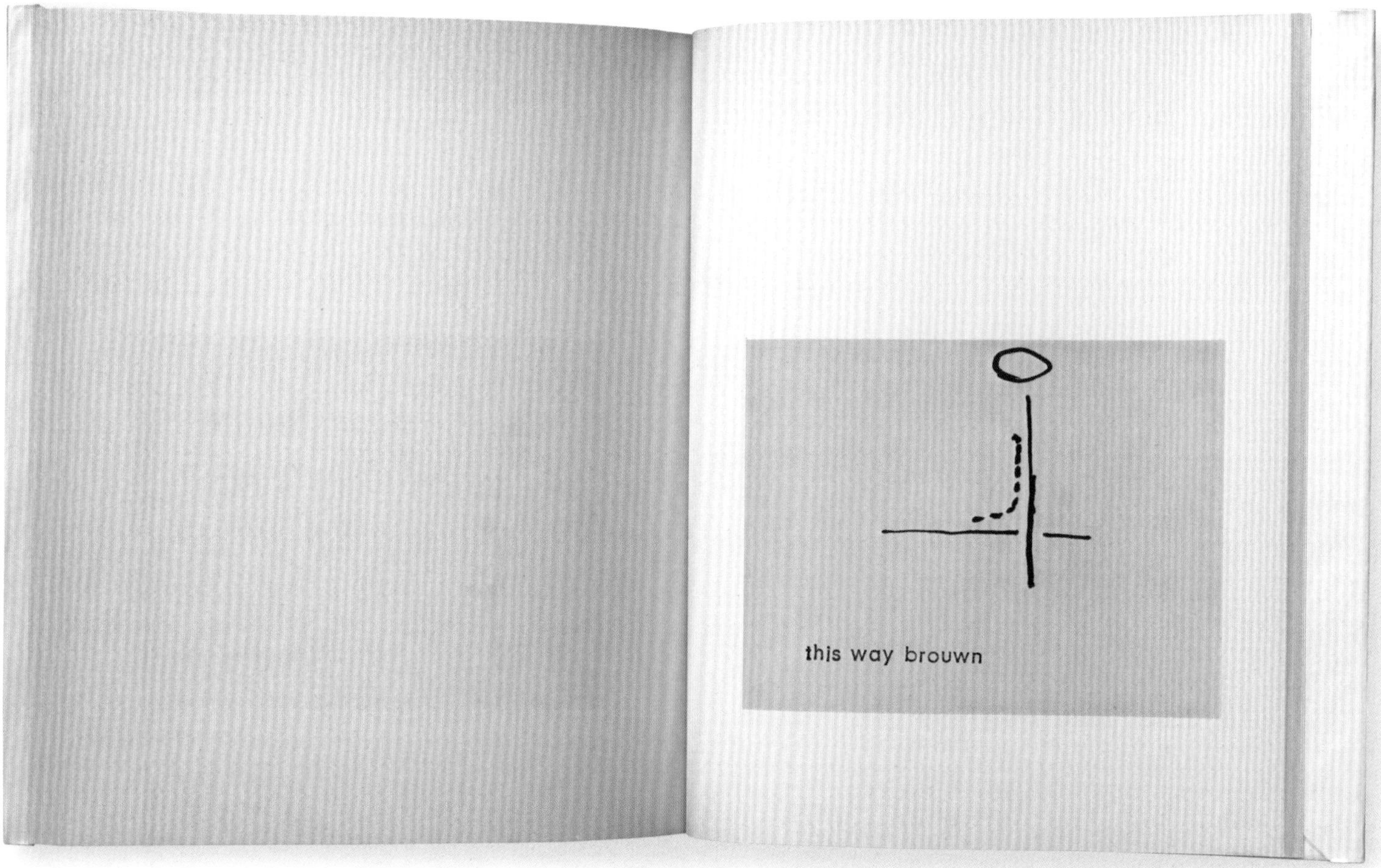
this way brouwn

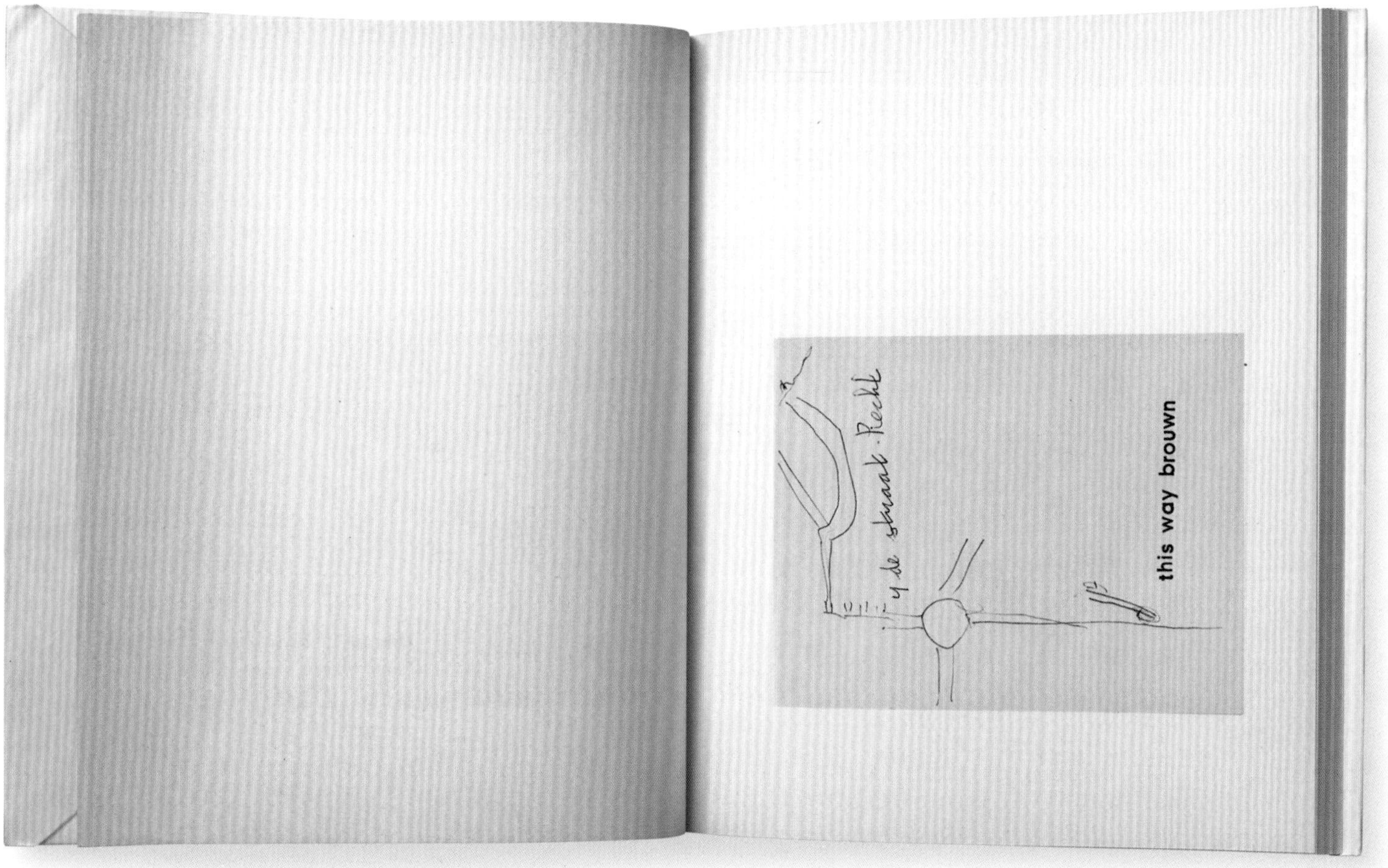
this way brouwn

《布朗玩具，公元 4000 年》

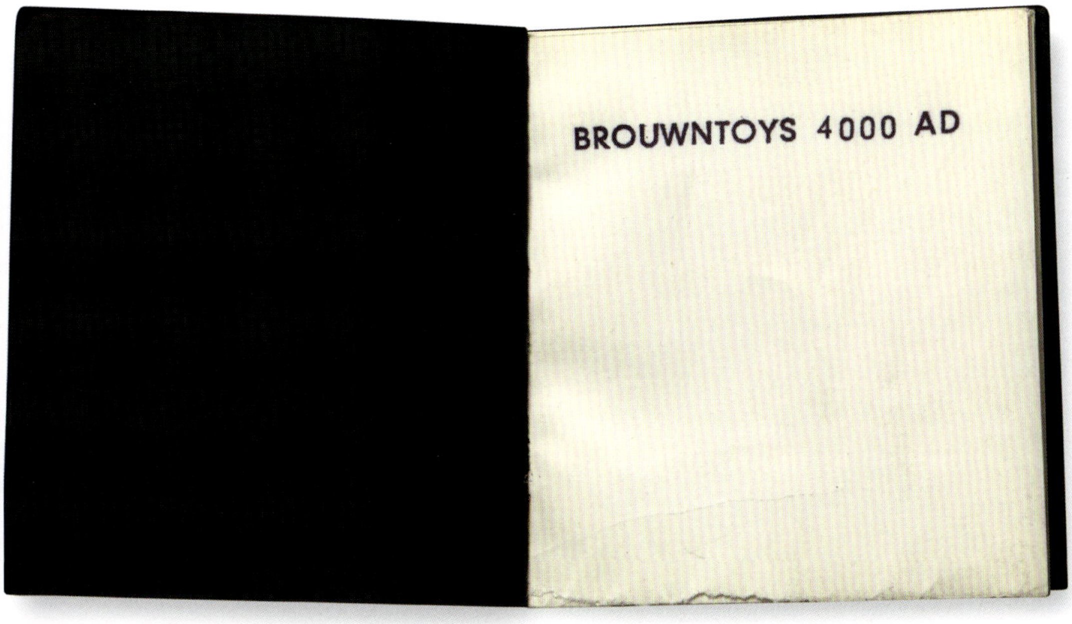
BROUWNTOYS 4000 AD

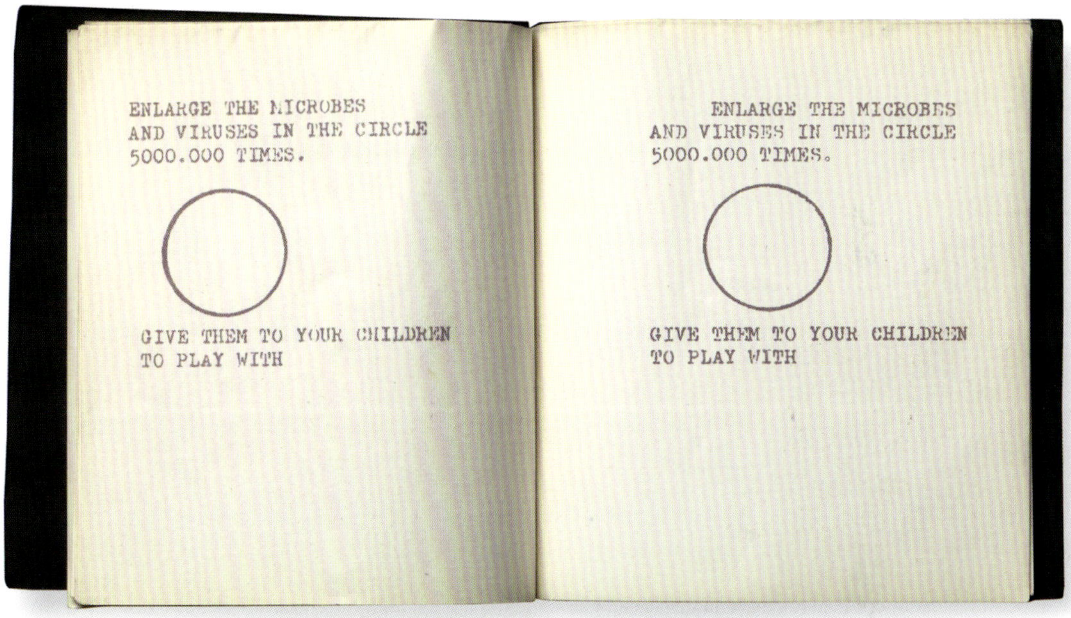
ENLARGE THE MICROBES
AND VIRUSES IN THE CIRCLE
5000.000 TIMES.
GIVE THEM TO YOUR CHILDREN
TO PLAY WITH
ENLARGE THE MICROBES
AND VIRUSES IN THE CIRCLE
5000.000 TIMES.
GIVE THEM TO YOUR CHILDREN
TO PLAY WITH

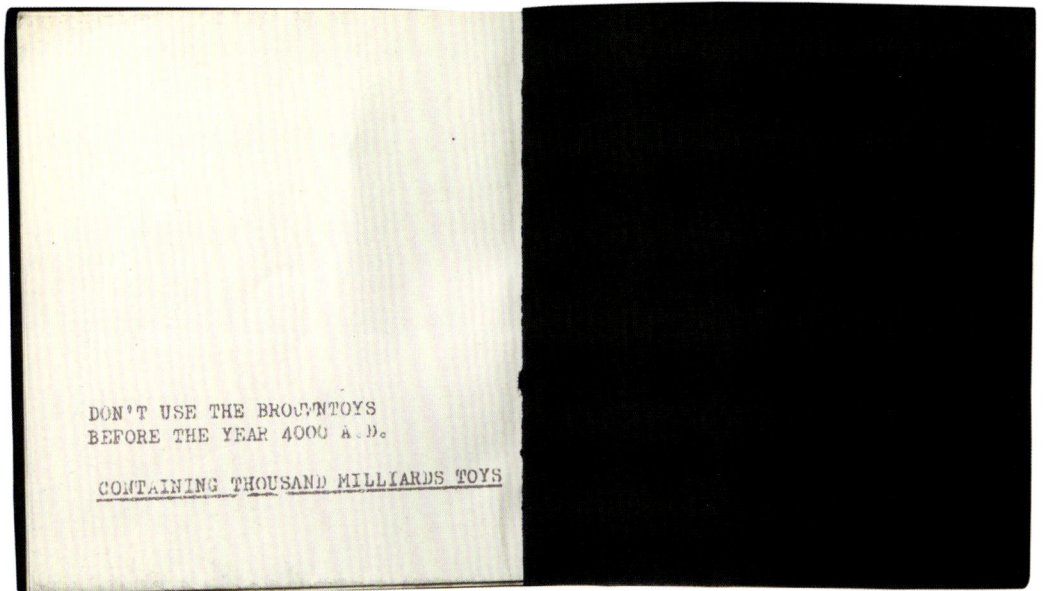

DON'T USE THE BROUWNTOYS
BEFORE THE YEAR 4000 A.D.
CONTAINING THOUSAND MILLIARDS TOYS

其项目的严谨性和其观念的深刻愈见清晰。1971年，这位艺术家徒步从荷兰来到北非，为阿姆斯特丹市立现代美术馆（Stedelijk Museum）的展览创作了一件名为《步数》（*Steps*）的作品。这件作品没有采用任何照片、视频或其他文件证据来表明其旅行的视觉体验。相反，他每天都在计步。每天晚上，布朗还会给在阿姆斯特丹的策展人打电话，按时报告他所走的步数。博物馆的工作人员将记录当天的步数、他行走的国家和日期，并将这些信息添加到展览空间的地图上。在阿姆斯特丹市立现代美术馆，观众只能通过布朗运动的数据来追踪他的项目进展；而艺术家身体上所承受的艰辛、旅途中的所见所闻，或是值得注意的特殊路况都没有被记录下来。这一切正如艺术家在《这边走，布朗》的文字中所暗示的那样，既然没有什么“好”或“坏”的路线，那么《步数》就采用了这种不偏不倚的做法。布朗仅仅通过数据上的不断增加来定义他的旅程，而不是通过身体感受所获得的经验来表达。当市立现代美术馆的展览结束5天后，一本关于“步数”项目的图书随之出版，书中的信息也被按照每页一天步行量的方式重新展示出来。

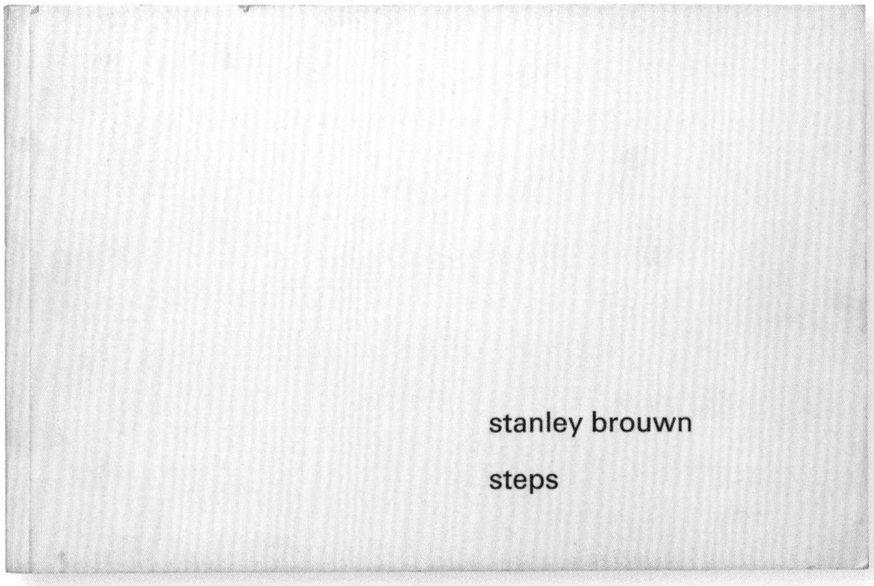

《步数》

《步数》暗示了布朗对度量行为，以及在这些度量计算中使用的各种单位，如米、埃尔（ell）[9]，甚至是对各个城市自定义的古老的“度量”方式的痴迷。这种度量通常由政府机构进行标准化规范和维护，但实际上，许多度量方式最初来自身体实际，如做鞋时对一只脚的平均长度的度量。布朗的书几乎都是印刷在普通的白色纸张上，并以小写、无衬线字体书写，通常节奏重复，以引导读者进行一系列连续的度量，它们或真实，或虚构，或极富逻辑性，或蕴含深奥的意义。在《x-塔特万》（*x-Tatvan*，1970）一书中，还出现了以下几行文字：

x-塔特万 1000公里
x-塔特万 1公里
x-塔特万 1000 000公里

在第3个“x-塔特万”重复之后，公里数开始以数量级的形式增长，零最终在两页之间的空白处蔓延，直到跨页的右侧，达到1072公里。这本书是布朗在到达土耳其一个有铁路终点站的湖边城市塔特万（Tatvan）旅行之后制作的。它与《步数》类似，表达了艺术家在当地旅行的体验是无法描述的，而“x-塔特万”的意思则是指x点与塔特万市之间的距离，由此读者被要求想象这个x地点与既定地点之间的距离，最后根据书的结论将光年延伸到外太空。

在布朗出版《x-塔特万》两年后，他开始要求展览画册包括以下句子：“应艺术家要求，画册中不出现照片和生物文献信息。”[1] 布朗对度量有浓厚的兴趣，但他并不赞成以画册形式复制自己的作品，因为这样的复制品总会与实际尺寸有所偏差。因此，艺术家的展览画册经常是与展览一起制作，以便自己的想法在展览场馆外能够有效流通。“斯坦利·布朗就是指他在展览中的作品”，这是另一个用来代替画册插图的句子。换句话说，他的作品可以被理解为自己与人类之间的联系。

他的许多关于度量的艺术家书直接在书页中表达了他的观点。在《100,000毫米》（*100,000mm*，1975）中，每一页包含10条垂直线，每条垂直线的长度为100毫米，100页书的总长度与其标题所示长度相等。在《1×1皇家腕尺》（*1×1 Royal Cubit*，1999）中，则有一个不寻常的52.5厘米的修剪尺寸，而这一尺寸与人的肘部到中指的平均距离一样。这本

9 旧时测量布的长度单位，相当于45英寸或115厘米。——译者注

6-4-71
7370
algeria (0-6201)
morocco (6202-7370)

22-3-71
19163
france (0-332)
spain * (333-19163)
*my first visit to this country

书的封面上有一张折叠后未黏合的纸，上面写着“1×1皇家腕尺/皇家腕尺：古埃及/长度度量值（原文如此）±2500 b.c.”。这张纸展开后是一平方皇家腕尺的大小，只是它已不太可能被作为一种度量手段来使用。这不仅仅是因为皇家腕尺作为度量单位已经完全过时，而且纸是非常容易变形的物体，它会随着环境的变化而变形、卷曲或收缩。

2005年，布朗在配合荷兰埃因霍温的范·艾伯美术馆展览一同出版的一本艺术家书中，设计了一个未经装订的插页，并在插页上传递了一个非现场场景：“在斯坦利·布朗展览期间，位于埃因霍温斯特拉蒂姆赛恩德大街17号的‘钉子’五金店为人们提供用旧埃因霍恩计量工具购买如粗绳、细绳和链子等的机会。”在此，布朗想提醒读者，我们对物质世界的体验多么随意，又是多么容易被影响，甚至在商业领域也是如此。而这本书的其余部分则在每一页都提供了以下句子的一种变化：“312英尺的距离与587英尺的假想距离相交，其交叉口在2005年1月24日星期一13时18分将每一距离分成两个相等的距离。”每一页的每个条目在日期、时间和地点上各不相同，从而带领每一个心甘情愿的读者去七大洲的任一虚构地点进行概念旅行。看着这些句子我们不禁想知道，在那个时间点的指定交叉点发生了什么？每一位读者的答案都是不同的，因为书中的每一页都包含了个人的心理练习，允许读者进行各种各样的想象旅行。在布朗的作品中，位移和个体的概念常会出现，仿佛是以人为中心的对周围环境的体验，也好像一个小身体与一个大世界之间的不断思考。

——克莱尔·莱曼

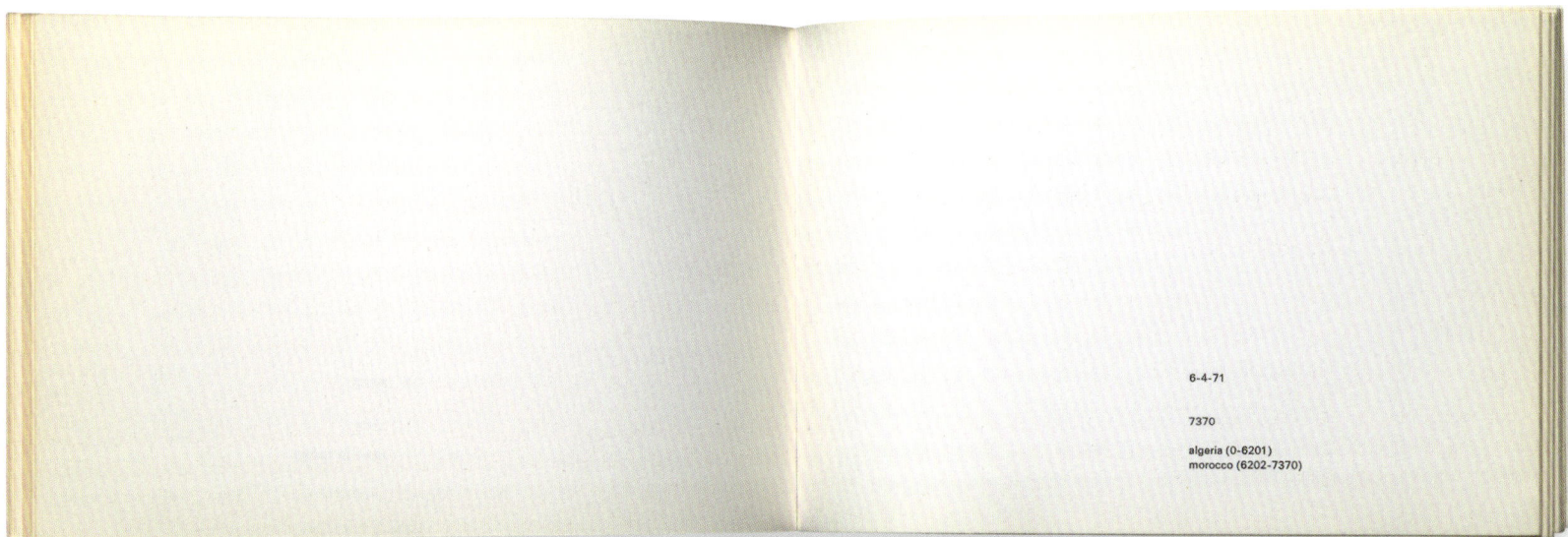

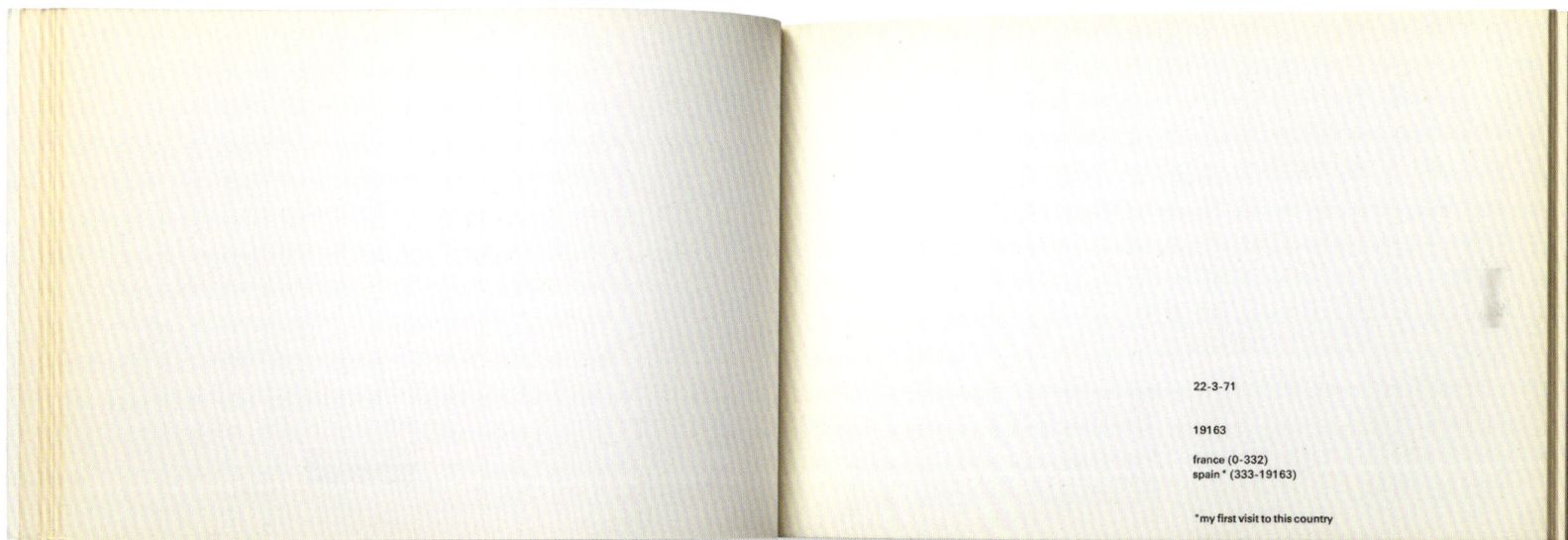

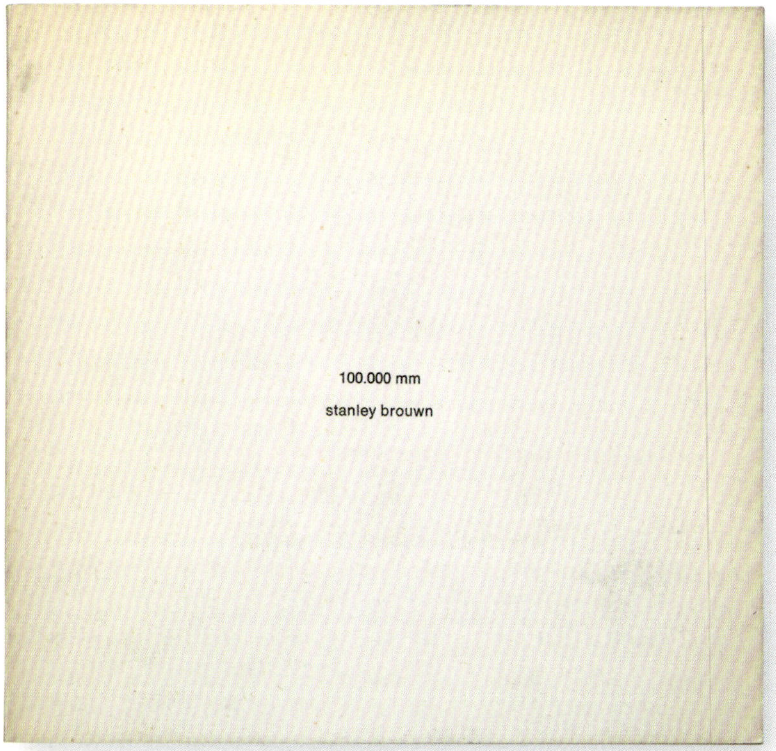

[1] 哈里 · 鲁厄著，《斯坦利 · 布朗：纪年表》（*Stanley Brouwn: A Chronology*）前言，阿姆斯特丹：图雅出版（Tuja Books），2005 年，无页码。

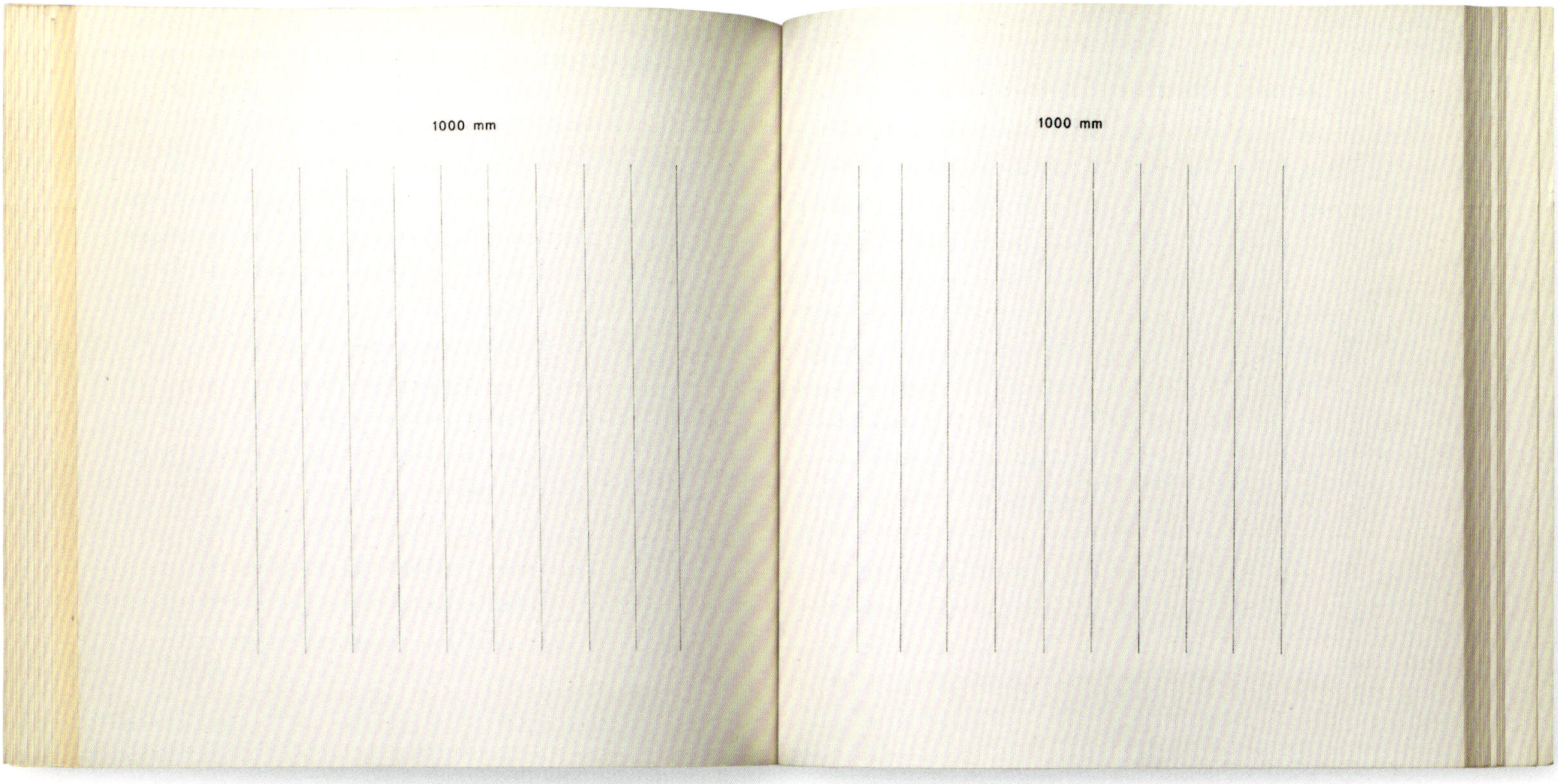

回顾书籍

本雅明·H. D. 布赫洛

回顾观念艺术家创作艺术家书的历史，我们可以发现，如果从现有数字技术全面应用的角度来看，这在一定程度上已经颠覆了对于观念艺术实践的传统观看方式，对由此衍生的艺术家的制作，更是如此。事实上，正是在20世纪60年代初期到中期，即观念艺术形成的最初10年，人们才开始关注书籍的承载方式和发行方式。当时，书籍在一系列关于冲突的理论中占据了中心位置，它在权威者与旁观者、读者与作者的交流关系中，以及在新技术对艺术作品的创作产生的影响中更新了人们对其所处地位的认识。也因此，20世纪60年代从事这一媒介实践的艺术家声称，他们的书将作为纯粹的交流工具被使用。这些工具制作成本低廉，且容易获得，完全可以与最先进、最常见的复制形式，如复印机和标准黑白摄影技术不相上下。此外，它们与“由画家设计的书”（livres d' artiste）[10]，或20世纪以前艺术家参与的任何其他书籍形式都有天壤之别[1]。

现在重述观念艺术家关于一小批艺术家书的传统历史和批评叙事时，我们不可避免地要面对他们显而易见的乐观主义及其对制作技术的狂热。两者都迫使我们现在提出疑问，如果说这不是彻头彻尾的诡计或讽刺的娱乐，那这些理念是艺术家基于真正的信念提出的，还是因一开始就有的某种程度的怀疑而提出的。

毕竟，从1963年开始，像埃德·鲁沙（Ed Ruscha）等艺术家制作的出版物不仅将书这种媒介重新引入艺术界，也使人们对观念主义的一些其他重要特征有了初步的了解。首先，在那时，书籍的廉价媒介功能性已经超过了波普艺术，其目标是真正的大众文化传播形式。而且，鲁沙的第一本书《二十六个加油站》（*Twentysix Gasoline Stations*，1963，第251—252页）就是将自己1962年6月在欧文·布鲁姆（Irving Blum）的费罗斯画廊（Ferus Gallery）偶然参观了安迪·沃霍尔（Andy Warhol）“金宝汤罐头”（Campbell' s Soup Cans）展览的事件作为其中心线索来展开的[2]。在一次谈话中，鲁沙提起了沃霍尔的展览，那次相遇促使他和另外3位顾客，其中包括收藏家蒙特·费尔特（Monte Factor），演员、导演兼摄影师丹尼斯·霍珀（Dennis Hopper），以350美元购买了其中一幅画[3]。然而，当布鲁姆发现这4位是唯一的客户时，他决定取消销售，以保住全套作品[4]。

然而，鲁沙这一时期的著作不仅开启了他从波普艺术到观念主义的转变，还对艺术实践提出了日益困难的挑战。首先，他通过把照片印在书页上来重新定位安迪·沃霍尔将丝印和网络图像

10　法语“由画家设计的书”（livres d'artiste）在英文中作为专有名词，特指19世纪末、20世纪初由艺术家和出版商合作出版的精装书籍。——译者注

转印到画布上的做法，这种反绘画策略在那时还非常模糊。其次，就是鲁沙对摄影本身的彻底颠覆。毕竟，沃霍尔的影像是奇异碎片的集合，是由专业摄影师拍摄的，而鲁沙现在使用的则是最简单的设备和最常用的方式来拍摄自己的照片[5]。最后，令人注目，同时也难以辨认的是，鲁沙转向了一个以前不常见的影像类别，即本土建筑，这种影像与当时波普艺术所定义的普通消费对象——广告、品牌标识、漫画——形成了直接的对立[6]。

照片的去技术化

鲁沙在自己的第一本书中提出，一组简单制作且未经加工的建筑照片集，现在应该被视为与波普艺术的作品具有同等地位的艺术品，并成为当代艺术作品理想的图像、媒介和发行形式。罗伯特·劳森伯格（Robert Rauschenberg）在20世纪50年代中期再次将摄影引入美国绘画。沃霍尔与鲁沙一样，他在1962年首次将照片插入自己的绘画作品，亲自实现了这种转变，然而也像鲁沙一样，不得不应对摄影表象存在的隐忧。但有几个因素却将鲁沙的《二十六个加油站》中看似业余的照片与这种隐患区分开来，从而确定了观念主义的真正开始。

首先，鲁沙对其图像的数字编号选择既是任性的又是系统的，就像取自英文字母表中的字母数的加油站编号一样，“随机”顺序被矛盾地确定了。毕竟，在俄克拉荷马和洛杉矶之间的66号公路上有很多加油站，那时的鲁沙经常往返其间，但在被制作出版时它们的数量是由艺术家预先确定的语言框架所限定的（尽管字母表中有26个字母，但鲁沙记录的加油站数量实际上只有15个）。相比之下，在接下来的两本书《各种小火和牛奶》（*Various Small Fires and Milk*，1964）和《洛杉矶公寓》（*Some Los Angeles Apartments*，1965）中，鲁沙对虽有可比性但又截然不同的事物进行了严格的量化计算。不过，鲁沙后来的著作，如《洛杉矶的三十四个停车场》（*Thirtyfour Parking Lots in Los angeles*，1967）和《九个游泳池和一块碎玻璃》（*Nine Swimming Pools and a Broken Glass*，1968）又再次使用随机数编号，延续了以前对作品数字编号的原则。在鲁沙的第四本书《日落大道上的每幢建筑》（*Every Building on the Sunset Strip*，1966）中，一个看似随机的数字和一个预先确定的数字矩阵之间构成了一种矛盾冲突，其书籍标题既预示着一种完整性，却又不是一个具体的数值，最终在这种矛盾中详尽地记录了一个完整的作品。

《日落大道上的每幢建筑》继续逾越了艺术正统性的限度。区别于《二十六个加油站》中对相机的随意使用，鲁沙在这里进一步强化了摄影的去技术化。为了确保洛杉机最繁忙的交通要道没有车，他选择了一个周日的上午，并让一位朋友开着一辆皮卡沿着日落大道行驶，他自己则操作着安装在车上的电动摄影机。在这样的拍摄过程中，鲁沙又一次构建了一个与表象悖论的艺术实践：他不仅发挥了摄影固有的纪实潜能，对任何与主题有关的信息进行了详尽描述，同时也提供了一幅完全疏散的公共空间全景图。此外，鲁沙还选择用放大的23.5英尺的风琴式折叠页来呈现照片，从而构成了一种独特的混合——书页和全景图的组合，且这个组合的面积与所描绘空间成反比，就好像是从广告牌那样的二维影像跨越到建筑空间本身[7]。不出意料的是，最令沃霍尔感兴趣的，是鲁沙对公共空间主体的掌控，即他是如何设法将所有人排除在视线之外的。

如果建筑曾经被定义为是对“公共空间”的设计和建造，那么当它出现在鲁沙的摄影作品中时，仅仅是一种雷姆·库哈斯（Rem Koolhaas）所说的“垃圾空间”[11]。这种建筑曾经被定义为公共领域的参与者，而现在只是一种永久性的劝告：不要在政治上进行交流或社交，这只

11　源自荷兰建筑师雷姆·库哈斯于2006年出版的《垃圾空间》（*Junk Space*）一书，他在书中讲到：“如果说太空垃圾是人类遗弃于宇宙的残骸，那么建成的现代化空间不是现代建筑，而是废弃空间。垃圾空间是现代化进程结束后留下的东西，或者更确切地说，是现代化进程中凝结的东西及其余波。——译者注

会产生消费符号的交换价值。这种对晚期资本主义建筑空间的组织和控制的关注，也界定了鲁沙后来两本书的中心内容：即在《洛杉矶的三十四个停车场》和《九个游泳池和一块碎玻璃》中都以其独特的方式详细论述了公共空间与私人空间之间的辩证关系。《洛杉矶的三十四个停车场》提供的是一个关于公共空间萎缩的近乎悲剧性的描述，尤其是在停车场每天的使用者离开后再现废弃、空旷状态下的停车场建筑时。如果说《洛杉矶的三十四个停车场》记录了一个被循环使用的城市建筑，其唯一的功能是维持和控制劳动力和消费的流动，那么《九个游泳池和一块碎玻璃》就展现出一种互补的魅力。在这个互补关系中，快乐的休闲空间被证明已经疏散，甚至说变得平淡无奇。它们似乎比欲望更令人垂涎欲滴，仿佛已被冻结在标准化的建筑设计和人工蓝天的色彩控制之中。讽刺的是，这是鲁沙第一本——1972 年《有色人种》除外，且唯一一本使用彩色照片的书[8]。

也是在这本书中，鲁沙构建了一个令人不安的印刷页面与空白页面的交替，就好像将现实中空间疏散的过程转移到书中的页面上，就好像他终于发现了《骰子一掷，不会改变偶然》这首诗的深刻内涵。由此，艺术家对照片（空白）页面的掌控和对其不成比例的突出方式（54 页空白页面对比 10 页彩色照片），也使人们自然而然地把他和马拉梅做比较，无论这本书乍一看多么令人惊讶[9]。在这里，沃霍尔也提供了一个类似的，甚至可能更接近的参考，因为在他 1965 年以后创作的双联画中的单色画板（沃霍尔称之为“空白”）明确地为艺术中的图示性或词汇性表达设定了标准。很明显，图示和虚无之间的符号学对立也激发了鲁沙的灵感，他似乎想将其放在一本不断增加书页的书中，以进一步加剧这种对立。

在这一语境下，很难确定我们讨论的阈值，它可能从一个令人费解的自我参照策略——有计划地利用大量空白页面与少量彩色照片页面的并置——到各种推测性阐释。尽管如此，一方面，正如马拉梅在字体及其大小方面的文本和技术支持方面的辩证展示；另一方面，在《骰子一掷，不会改变偶然》中次要页面的空白区域，鲁沙对这本书基本页面炫耀性、表现性的展示，不可避免地使我们开始阅读更多关于意义是否在这类页面解读无效的问题。如果是这样，它还将使我们进一步思考，这种空白页面可能与疏散的社会空间中意义的无效性相对应，当然也可能不相对应。

由此可见，在句法组织上，鲁沙对明喻的一系列重复，既是将其与 20 世纪的两个重要的知识——客体展示和影像收集的融合，又使自己与其拉开距离。一方面，以劳森伯格的随机顺序的照片蒙太奇的极端的分散和偶然的并置仍有着广泛的影响，现在面临着鲁沙的非组合型、连续图像的重复和数字量化的策略[10]。另一方面，正是这种连续的量化，即对工业物件的摄影再现的列举，才将书籍与批量生产物件的接触与杜尚派的现成品遗产区分开来。毕竟，奇异性是认识论在其最初的例证中的一个组成特征，为模仿这件艺术品迄今为止毫无争议的独到之处，且为了嘲讽其对原创性的伪装，只能提出一个《喷泉》（*Fountain*），而不是 32 个便池。

鲁沙不断将自己的著作定位在杜尚派的艺术作品中。但是，它们从实物到照片的还原，及其作为印刷品的复制，都证明了这些技术手段现在已经普遍渗透到人们的认知中，为当前的艺术生产提供了一个重要的途径。然而，矛盾的是，鲁沙的书，也因其过时的设计和发行形式远离了马塞尔·杜尚原始工业对象的激进本质。因此，面对不断延展的技术影像文化，以及在加利福尼亚新兴数字技术世界的曙光到来之际，鲁沙的理念是求助于书籍，将摄影去技术化并转向洛杉矶的城市建筑。在那一刻，他可能还没有意识到自己正面临着一种特殊的过时。

伯恩和希拉·贝歇：《匿名雕塑》

像 20 世纪 60 年代末 70 年代初的所有重要作品（至少是那些采用书籍作为载体和发行形式的作品）一样，伯恩和希拉·贝歇（Bernd and Hilla Becher）的第一本目录式的书籍《匿名雕塑》

（*Anonyme Skulpturen*，1970）在他们开启终生合作的12年后出版。这本书位于多重交叉点上，既与时代同步，也与历史发生碰撞。但与鲁沙不同的是，贝歇夫妇在摄影交流过程中，从劳森伯格、沃霍尔到沃克·埃文斯（Walker Evans）和罗伯特·弗兰克（Robert Frank），完全借鉴了魏玛文化中的摄影前辈，特别是奥古斯特·桑德（August Sander）和阿尔伯特·伦格-帕奇（Albert Renger-Patzsch）明显矛盾的作品风格。然而，《匿名雕塑》与鲁沙的书也有一个相似之处，即突然向公共空间和建筑结构领域的转变。人们必须提醒自己，在纽约画派和巴黎画派交锋的20年里，建筑思想及其设计实践，甚至任何关于公共空间生活结构的问题，都在很大程度上被排除在了艺术反思之外，就像所有其他欧洲形式的重建文化一样。如果说建筑是一门学科，那么它被认为是一门完全专业化的学科，与所有其他形式的艺术生产相分离。相比之下，俄罗斯的先锋派，以及“二战”前德国的包豪斯流派，则认为建筑在艺术中占有重要地位，因为公共空间是根据集体差异化的经验和新的社会平等来设计完成的。鲁沙的本土建筑与贝歇夫妇的建筑类型学有着鲜明的后乌托邦式建筑空间观和公共集体观念。然而，鲁沙书中的“公共空间”其条件是基于它们的衰败和无序状态所描绘出来的，贝歇夫妇与建筑之间的关系却既受到媒介潜力的驱动，也受到建立摄影档案的影响。

另一方面，贝歇夫妇和鲁沙在摄影认识论上有着本质的不同。贝歇夫妇从作品创作的开始就坚持将摄影技巧作为其创作理念之一，并试图在20世纪20年代至30年代将魏玛文化与战后德国的重建文化之间建立一种连续性。仅从这一点来说，贝歇夫妇的项目就与20世纪60年代艺术家的摄影实践（劳森伯格、沃霍尔、鲁沙）不同，尤其是自20世纪50年代中期重新发展的杜尚派，当时艺术的去技术化已经定义了艺术生产，让·丁格利（Jean Tinguely）的反机械学、勒德分子[12]的浪漫主义活动，都构成了这一时期贝歇夫妇所面对和挑战的去技术化作品的一个例子。

与此同时，贝歇夫妇的第一本摄影画册也脱离了基于魏玛摄影文化所制作的作品集的方法。比如，桑德的类型学涵盖了各种各样的社会角色和类型，伦格-帕奇的《世界是美丽的》（*Die Welt ist schön*）则收集了一组完全不同的事物，包括植物、类似机械形态和生物形态的碎片、被影像画的机械和建筑细节，甚至也有纯粹的摄影装饰品。相比之下，贝歇夫妇则从一开始就宣称只会拍摄一种建筑类型——19世纪末20世纪初工业大时代所设计的建筑结构。因此，《匿名雕塑》的建筑类型学与魏玛摄影文化所生成的作品集几乎没有什么共同之处[11]。但其书名和内容又极大地帮助了观众在国际语境（20世纪50年代末60年代初，德国专业摄影的彻底失败使得这项任务变得更加必要，因为它没有认识到贝歇夫妇摄影作品的全部内涵）下理解和定位贝歇夫妇为项目所做的努力。

无论贝歇夫妇的思考是否与自己的新建构主义者的精神和美学相融合，美国极简主义雕塑家卡尔·安德烈（Carl Andre）都发表了针对这些作品最早也最有趣的解读。安德烈对贝歇夫妇作品的误读，一方面是由书名引起的，一方面是源自他所崇尚的后极简观念（Postminimal-Conceptual）美学。他声称，与贝歇夫妇一样，我们实际上面临着一种高度混乱的艺术生产形式。自20世纪60年代初激浪派兴起以来，这种潜在的无作者集体创作就一直困扰着艺术实践，并在观念主义的形成中达到了顶点。我们仍然很难理解这种去个体性的激进思想是否应该成为贝歇夫妇作品的独有特征，尽管它与鲁沙的摄影作品有许多明显的不同之处，但又矛盾地与之共通：在建筑场所对所有人类主题的严格排斥。不出所料，追随马克思主义的批评家们则指责贝歇夫妇通过抹去无产阶级劳工的存在来盲目崇拜工业生产场所的形象和建筑。他们扩展了瓦尔特·本雅明从贝尔托·布

12　勒德分子（Luddite）是指19世纪英国工业革命时期，因为机器代替了人力而失业的技术工人。现在引申为持有反机械化和反自动化观点的人。——中译者著

莱希特（Bertolt Brecht）那里得出的告诫，即仅仅拍摄克虏伯和AEG工厂的照片毫无意义，除非附有一组文字说明，来阐释影像所无法提供的内容，如对政治、经济、无产阶级劳动力和生产资料所有权的相关内容。但无论如何，鲁沙和贝歇夫妇都不应该因为记录了战后世界的不同情况而受到指责。

事实上，贝歇夫妇作品的魅力恰恰源自其极度的模凌两可。一方面，在崇尚科技现代性的现代主义美学（从构成主义到勒·柯布西耶）之间的悬浮；另一方面，则如乔治·德·基里科（Giorgo de Chirico）所反复表达的那样，它与技术狂热派形成了一种无奈的对立。贝歇夫妇在德国战后重建文化中所处的地缘政治地位，使他们即使不是被迫的，也足以令其反思20世纪上半叶包括死亡在内的所有因工业化所造成的分裂。

劳伦斯·韦纳：《陈述》

劳伦斯·韦纳的《陈述》（*Statements*，1968，第291—292页）并不是这位观念艺术的中心人物第一次创作的艺术家书，但它可能是他最具纲领性的作品，就如他和他的出版商赛思·西格尔劳布所预期的那样。这是一本小而薄的简装书，通过封面上几乎令人惊叹的价格印记，以及招摇的中等字体所书写的1.95美元，进一步宣传了它的普及性。

再一次，近50年的经验使我们能够发现观念主义关于各个方面最激进的表述，而《陈述》显然也值得被重新评价。韦纳的这本书引起人们注意的，首先是它的冒昧，即使不是怪诞的，也保证从现在起，书籍形式的艺术品从现在开始将以实体形式（比如与绘画或雕塑相对）普及，非常容易就可以欣赏或者买到它。正如在鲁沙的书中已经出现的那样，韦纳的作品中也出现了一个悖论，且因其标题的命名而倍增：尽管书籍的价格和形式诱人，但因其内容原因，除了在国际艺术舞台上以专注和敏锐的态度将每一步都高度专业化的人群（在这个刚刚兴起的后现代美学时代，它是一个由艺术家和狂热爱好者组成的极少数群体）外，很难吸引任何读者[12]。举例来说，当我们面对韦纳为第一本书确定1.95美元的价格时，我们有必要想象一下，作为韦纳作品最重要且最早的收藏家之一——意大利伯爵朱塞佩·潘扎·迪·比乌莫（Giuseppe Panza di Biumo）的反应是什么？如果不是艺术创作，销售和发行的实际决定性条件与小册子对通用性和普及性的伪装之间的悖论。如果不是完全的讽刺，那不是很有趣吗？

显然，即使在与观念主义书籍冲突的早期，（韦纳的作品）也为观者提供了两种解读方式。其中一个可能是，这本书的形式及其平民化的定价是对与1968年那个时候相一致的政治主张的肯定。在这种理解下，这本书所阐述的理念在乌托邦式的思考体系中留下印记，其发行方式也指导了整个20世纪激进派的艺术实践。这种理念声称，艺术作品的地位已经从独特的、权威的、客观的转变为总体来说可用的、可操作的和可交流的，且可供读者参与。沿着这条1968年的轨迹，观念主义书籍将被解读为有助于结构主义和后结构主义用来解构作者—读者、艺术家—读者关系的一种等级形式。但从另一个相反的角度来理解，它将引领我们去思考，谦虚的《陈述》或许还没有对这些天真的信念和“1968年精神”保持一定距离进行反思，即从现在起，艺术“将由所有人来创造”，正如当时经常被引用的伊西多尔－吕西安·迪卡斯（Isidore-Lucien Ducasse，又名劳特勒阿蒙伯爵）在19世纪下半叶所说的那样。

将1968年的极简主义者与后极简主义者区分开来的一个标志性命题是，激进派的雕塑和绘画在多大程度上可以或应该通过工业材料的使用以及常见的制造工艺来定义。比如，在唐纳德·贾德（Donald Judd）对阳极氧化铝、涂漆钢和有色有机玻璃的大力推崇中，最令其臭名昭著的就是这一点。在1968年，是什么构成了雕塑的最佳材料及其制作流程问题，这对于韦纳在《陈述》中对其表演行为效果的构想来说，是至关重要的。当时韦纳的朋友卡尔·安德烈和理查德·塞拉

（Richard Serra）无疑是他最重要的对话者和反对者，因为两人都认为雕塑实际上更依赖于传统的手工制作，它与工业生产是矛盾的辩证关系。根据韦纳的“陈述”，工业材料和手工制作技术所声称的拥有界定雕塑载体或形式的专属权利已经不复存在。事实上，正是韦纳刻意回避了在雕塑实践中的具体材料和制作流程，才使得他的作品不得不作为一本书来出版。艺术家现在只能以文字作为载体利用书籍的发行形式进行表演性的雕塑创作，但至少，他想有意义地干预材料、流程、空间、旁观者和经济惯例等构成雕塑结构的各个环节。

安德烈对雕塑的定义相对传统，这也导致他对韦纳把文字形式的书籍作品视为属于雕塑创作范畴的合理性提出争议。而且，安德烈认为韦纳（仅仅？）是一位诗人，绝对不是雕塑家，尽管安德烈本人也采取了许多方式在诗歌领域为自己划定领地。但正是在这种对流派和类别的重新审视（包括一种独立的语言实践，即“诗歌”在目前是可能且可取的）中，安德烈显露出了自己根深蒂固的因循守旧。当一种语言的模式转变和对表演性言语行为的普遍获取作为一种历史视野被打开时，就会像韦纳的《陈述》所引发的那样，人们该如何保持对“诗歌”的主张，即对文字表达和接受的特权该以何种形式存在？这种矛盾也决定了韦纳的书的复杂性，也由此使其地位和阅读功能最终和鲁沙书中的影像与页面的地位一样令人困惑。

1968 年，围绕雕塑争论的第二个最重要的问题是作者和观者 / 读者的身份。人们只需想一想 20 世纪 60 年代中后期，安德烈和丹・弗拉文（Dan Flavin）所面临的问题，即是否只需要按照艺术家的规定，购置和安装一个金属方框或荧光灯管就能在事实上获得该艺术家的作品。当然，这只是众多参与模式后生产美学中的一个例子。在这种美学理念中，极简主义和后极简主义的精髓被清晰捕捉。最终他们只能用一个妥协且带有贬义的建议来回答这一问题：在这样的交易中完成的工作实际上必须被获得并执行安装的人视为一项工作，该声明无意或有意破坏了任何进一步的主张，将继续并扩展杜卡斯（Ducasse）和杜尚的革命性愿景及其参与性和表演性美学。

相比之下，在致力于更新和加强杜卡斯和杜尚作品的过程中，观念主义取得了一个成功，即最终将材料和制作纳入日常艺术实践的实际工作流程中。正是在这一层面上，韦纳的《陈述》在其语言表达中执行了生产的姿态和过程，而这正是书中所逐字复制的：他所讨论的所有材料和他提出的制作流程都位于一个共性的混合空间（一个非常类似于鲁沙为他的照片所选择和比喻的空间）。韦纳向读者提出的所有表演性的主张，不仅使表演者处于匿名状态，使他们能够共同接触制作材料和实际操作，还使表演者处于一个几乎在任何时间和地点都可以获得和实践的空间，他们不需要有任何对地点、自我或现有情况的特殊偏好。因此，生产本身就处于普及的条件之下。事实上，如果读者想要执行一个建议的任务，结果既不会超越环境，也不会超越那个精确建议的命题的实质结果。这个项目的反美学命题是建立在材料、流程和操作过程中的。在这方面，韦纳的《陈述》就支持和扩大了激浪派艺术家的反审美激进主义，而观念主义者则不惜一切代价努力与他们划清界限。

《施乐书》

赛思・西格尔劳布 1968 年出版的第二本著作就是如今知名的《施乐书》（*Xerox Book*, 1968）。该项目的构思是一种书籍形式的展览，或以书籍这种形式来取代展览，它以程序化的方式浓缩了当时所有的美学理念，从对普遍使用的生产技术（更确切地说，是复制技术）的炫耀，到《施乐书》这件艺术作品经济上的可行性的再现，更不用说后来的艺术家将其神话化了。复印机——当时仍然是即时复制的主导技术（即使它是起源于 20 世纪 30 年代的技术，即将被数字领域的新兴技术所取代），比宝丽来相机拍摄的影像更及时且更容易被传播。

此外，复印机还可以作为一种吸引艺术家和观者 / 读者的设备，将艺术生产的过程更加的去技术化（当我们将复印技术与沃霍尔的丝网印刷技术，甚至与鲁沙廉价生产的黑白照片进行比较时，这一点显而易见）。复印技术就好像复印机是在独自完成工作一样，即使操作时可能需要有人在场，但任何一名办公室职员都可以被信任来操作机器并完成工作，就如索尔·勒维特不久前的建议“日常生活中的权威干预可以被视为艺术能力的消退”。

如果由观念艺术的伟大导师策划和出版的《施乐书》实现了技术与去技术的特殊融合，那么，如果我们将这些承诺与之前关于该主题的立场进行比较，现在这些令人困惑的自欺欺人的说法就显得更加合理了。激浪派和沃霍尔都探索了去技术的辩证关系和观众参与的可能性。如果说前者试图以歌舞杂耍的方式来平衡制作者和接受者之间的关系，那么沃霍尔 1962 年的作品似乎在通过自己的绘画《自己做》中隐含的理念来鼓励集体参与[13]。沃霍尔的理念表现出他对社会对于绘画技巧永不停歇的追求的鄙视。同时，这也意味着对任何主体通过当前文化实践得到实现的可能性的怀疑，就像激浪派激进理念的可行性中也包括关于参与性和表演性的去技术化。

沃霍尔似乎认为，在消费文化中，去技术化源于欲望的消解、身份认同的消解，以及旨在废除等级制度的激浪派模式，由此也使我们不得不区分西格尔劳布在《施乐书》出版时的技术性、概念性与去技术化的尝试。来自极简主义雕塑领域的三位艺术家——卡尔·安德烈、索尔·勒维特和罗伯特·莫里斯（Robert Morris），都使得这种差异得到体现，而且更重要的是，与他们的波普艺术的前辈相比，极简主义艺术的去技术化理念，借鉴了抽象主义和建构主义作品的假设。西格尔劳布之所以把这些艺术家纳入《施乐书》中，是因为极简主义与工业技术的材料和工艺之间存在着明显的冲突，而极简主义美学与新观念主义美学之间也存在着明显的冲突。

然而，在安德烈对《施乐书》的贡献中，艺术家对工业生产的崇拜已经消失，取而代之的是一种特殊的、非自愿的、机器造成的被动接受。在分配给安德烈（就像书中所有的同龄人一样）的 25 页纸上，黑色方块的随机分布又似乎遵循着零散的雕塑原则。然而，在画廊或博物馆地板的建筑表面，这些零散的正方形印记，现在仅仅被复印在一本书的纸张表面上，而不是雕塑元素。在这里，我们看到了一个极简主义雕塑家的运动，从现象学观察者代表人物的参与，到强调生产过程和材料本身去技术化的人物，这一运动是由工业对象到官僚主义管理下的世界中媒介和材料的转变而得到加强的。在这本书中，我们可以发现观念主义艺术家书中一些令人惊叹的美学含义。你甚至怀疑它仅仅是一个将艺术创作同化为日常生活中流水线上所生产的乌托邦结果，然而我们必须假定它的起源更接近于一种洞察力：这些既不是技术上对复制新技术的技术——未来主义（techno-futuristic）的拥抱，也不是为面对模仿程序的读者 / 观众提供任何实际的代理机构，这些程序在书籍的艺术再现形式和发行形式内部组织和控制了他们每一秒的存在。

同样明显的是，《施乐书》现在可以用信息价值这一新概念来代替展览价值。这种对纯粹信息的强调显然是由通信和复制技术提供的若干因素所驱动的。当卡尼斯顿·麦克夏恩（Kynaston Mcshine）[13]——几乎是以一种新未来主义者的姿态——认为传播的迅速性、全球流通性和有效性是新的技术媒介的最大优点时[14]，我们也可以肯定西格尔劳布在《施乐书》中对信息价值的概念是以社会、政治、经济领域而非技术爱好者的术语来定义的。这本书不仅着眼于艺术作品的客体以及作为商品其地位的消解，还设想了在最终的文化遗存中解放审美的可能性。当然，这种审美体验在作品的展览价值中仍然有效。

这种艺术作品与物质生产及其相关的空间展示都密不可分的观念一直到 20 世纪下半叶才受到质疑。而且，随着观念艺术的终结，它已被重新定义，将所有审美经验的基础认为是对艺术对

---

13 卡尼斯顿·麦克夏恩（1935 年 2 月 20 日—2018 年 1 月 8 日）出生于特立尼达，曾作为纽约现代艺术博物馆策展人组织了 20 世纪晚期一些很有影响力的当代艺术展览。麦克夏恩被认为是第一位任职于美国大型博物馆的非白人策展人。

象的展示，可能是一个错误的假设，因为一件艺术作品首先要获得其作为艺术对象的地位，而不是简单地通过信息价值来诱导交流，最终把观众从艺术对象的展览价值的陷阱中抽离出来，即现有条件下的主要媒介[15]。

随着鲁沙和贝歇夫妇对建筑的重新定位，西格尔劳布走上了一条与夫妇俩相似的路，他有计划地重新定位艺术实践，让其重新面向那些实际支配技术交流形式的空间和手段，一方面，他让艺术实践关注由这些形式引起的自决，以及由形式引起的观者或读者的代理模式，也许更好的是另一方面，即在不断推进的行政命令和制度约束的环境下，他让艺术实践转而关注于这些形式显而易见的缺席。西格尔劳布的观念主义使硬件技术本身成为艺术铭文的生产者，而不仅仅是扩展了机器和工业产品所引起的集体参与美学的极简主义形象。这似乎也是描述去技术化的一种可能的方式，对此我们可以追溯到从极简主义到观念主义转变的时期。

而且，观念主义的转变具有历史意义，因为这代表的是它们接受乌托邦式承诺（从激浪派到极简主义）和质疑，甚至嘲讽（从沃霍尔和鲁沙）的程度。此外，还有一个事实就是，它们将实际存在与不存在的视角结合起来，形成了另一种与物质世界中的各个事物、包含和展示这些艺术对象的建筑空间，以及发生在其中的主体间的交流形式有关的感知模式。

马塞尔·布达埃尔：《骰子一掷，不会改变偶然》（1969）

最后一个例子则是阐述马塞尔·布达埃尔的两本书。到目前为止，这两本书都已被确定其对观念艺术的艺术家书做出了重要贡献。然而，尽管这些书已经被单独讨论过，但将其与 1968 年前后的其他艺术家书在设计和制作方面进行对比还从来没有过，从而使他们对于观念主义的一些评论方式被忽视了。

布达埃尔对于观念主义中的某些定论持怀疑态度，但有人考虑到布达埃尔是当年观念主义运动中最具探索性的批评家之一，即使在事实上不是最彻底的批评家，但也被纳入了观念艺术家的行列。于是，他将不得不在自己的领域中，用自己的工具解构观念主义的主张。直到 1964 年，他还是一名诗人，然而作为一名艺术家，他又参与了充满矛盾性的书籍制作，而且因为他开始了艺术家书的创作，致使其埋葬了自己的身份，其作为诗人的事业也凋零了。事实上，布达埃尔的诗作和他的艺术家书在充满神秘感的复杂性方面有着相同的特点，在此我会列举两个例子并对其进行语境分析。

第一部作品是他对 1969 年出版的斯特凡·马拉梅的《骰子一掷，不会改变偶然》的诠释，这本书对我们理解布达埃尔的整个项目至关重要。第二本书则是布达埃尔在 1976 年去世前不久构思并出版的最后一本书，书名是《征服空间：艺术家和军队的地图集》（第 54 页）。这两本书几乎没有语言，更像是在对抗观念主义的两个原则：一个是将以语言作为主要内容的表达替换为艺术生产的物质对象，一个是将这些语言的框架和表现以书籍的形式进行干预（在这一点上，它与我们在劳伦斯·韦纳的《陈述》中所遇到的情况类似，而《陈述》发表于布达埃尔《骰子一掷，不会改变偶然》的前一年）。

从表面上看，布达埃尔似乎把注意力转向了 19 世纪，即马拉梅对现代性中的一个关键问题的阐述：当意识形态致使新的大众文化形式（如新闻产业和文化产业）在语言上受到影响时，诗歌和语言实践在多大程度上可以在面对日益增长的阅读和语言交流被控制的情况下获得自主权？布达埃尔的反应是将自己的名字放在作者的位置上以模拟作者属性的被收回和移位，从而发出一种双重信号。首先，他通过将最激进的主张转变为可能的语言学转向的解放，向 19 世纪末期提出挑战，并彻底相对化了 1968 年的假说，即这种转变可以立即进行，更不用说激进了。其次，布达埃尔的神秘姿态，将马拉梅诗中的诗作文本划掉，用黑条代替了这些单词，从字面上将其空间化。

经过近50年的观察，这一行为在现在看来表达了一种对观念艺术的神话及其主张潜在且更具批判性的否定。我认为，人们应该将马拉梅诗歌的删改解读成对观念艺术家转向语言干预这一主张的蔑视。它对语言和阅读视野的文字限制，是对艺术作品的语言定义，其目的是彻底消除作品作为商品的地位，以及一种把它作为投资和投机工具的行为的贬低。

马塞尔·布达埃尔：《征服空间：艺术家和军队的地图集》（1975）

布达埃尔最后一本书的标题标志着艺术家在其创作的最后一刻，仍然保持着一种具有历史性和社会性的艺术身份，这种身份是他1976年去世前，在艺术生产的国际化环境中生活了将近10年的感悟[16]。全球化经济领域的不断扩大及其伴生的日益庞大的文化产业，在布达埃尔的作品中都被逆转，像一则寓言般地包含在一本被称为《征服空间：艺术家和军队的地图集》的小册子中。这本地图集包含了35个随机选择的国家的地理剪影，从安道尔到扎伊尔（Zaire），按字母顺序排列。所有这些地缘政治剪影不仅都用法语标注（除了用英语拼写的“美利坚合众国”），而且所有国家的轮廓被按不同比例缩小到同样大小（摩纳哥的面积为2平方公里，加拿大为1000万平方公里，但在页面上呈现的大小相同）。地图集本身的尺寸是38mm × 25mm。

布达埃尔的地缘政治剪影，在视觉上会让人联想到艺术家对马拉梅空间化诗歌的寓言化干预，即对文本及其意义的抹去。布达埃尔非常谨慎地选择了这些过时的特征（剪影和微型化），它们都是19世纪表达忧郁的常见做法，以体现革命失败后所产生的那种封闭感和失落感。然而，在地图集中，由于其格式和主题极其精简，他戏剧性地颠倒了这些可能过时的记忆隐喻。在安静、过时的剪影形式中，布达埃尔绘制了一种古雅的，甚至可能是陈旧的视觉表现形式，这是一种与先锋派完全不同的形式，尽管它在与现代绘画相反的例子中，从德·奇里科（de Chirico）、弗朗西斯·皮卡比亚（Francis Picabia）到勒内·马格利特，很少有人见过。这两种观点现在已被添加到艺术家的符号学擦除和异轨（détournement）[14]中，且功能都具有不稳定性。

没有哪一种技术能比他用微缩模型和剪影更简洁地表达出布达埃尔的嘲笑，他对20世纪60年代末的乌托邦理想的觉醒，促使他用微缩模型和剪影对观念艺术的虚假激进、大地艺术的扩张主义进行批判，并对其向全球范围的扩展进行了破坏。没有任何一种形式能比这本微型书中怪诞的解释，更能贬低这些运动所谓雄心勃勃的主张和借口。在传统意义上，微型书是一种秘密、专有且具归属感的对象。为了再次反驳“关于艺术实践可能导致政治或文化制度变革”的错误说法，布达埃尔在他的最后一次采访中提出了对他的《征服空间：艺术家和军队的地图集》这种神秘性的解释：

> 要改变观念，人们必须承认，过时的语言框架中的造型艺术只是一个实践领域，只能用于军事演练而非科学实验。从本质上讲，这一主题被当作征服空间的一种操作手段而加以否定，即使人们声称自己只是在从事语义研究。如果仅仅从思维层面来考虑，大多数艺术评论家都没有注意到这个事实，因为他们花时间思考的是对空间定义的无止境探索，是为了隐藏艺术的本质结构及对其重新认识的过程。任何感知到空间功能的个体，尤其是令人信服的个体，在精神上或经济上都会利用空间功能[17]。

---

14 “异轨”一词源自法语détournement，是当代媒体作品的变体，也是一种“将旧有作品以颠倒的方式重新创作”的手法，但被选为重新创作的原作品（détourned）必须被大众所熟悉，以便能够有效且迅速地传达与原作品相反的意图和信息。该词由情境主义国际提出，还可以被解释为“反转”。——译者注

[1] 俄罗斯先锋派著作，尽管没有明确的宣传性，但与主流的交流性书籍一样，在那一刻还不为人所知。对主张先锋文化及其传播形式的俄罗斯和苏联艺术家书的第一次调查，不早于 20 世纪 70 年代末。参见苏珊 · P. 康普顿（Susan P. Compton）著，《世界倒退：俄罗斯未来主义书籍，1912—1916》（*The World Backwards: Russian Futurist Books*，1912—1916），伦敦：大英博物馆出版，1978 年。

[2] 虽然 1962 年这一时间词出现在该书的扉页上，但事实上该书直到 1963 年才被印刷，就如引言所表述的那样。

[3] 埃德 · 鲁沙与作者的对话，马萨诸塞州剑桥市：哈佛大学，2005 年 11 月。

[4] 欧文 · 布鲁姆本人对这个故事的另一种描述。参见亨特 · 德罗霍霍斯卡 - 菲尔普（Hunter Drohojowska-Philp）著，《安迪 · 沃霍尔的艺术经销商欧文 · 布鲁姆和 20 世纪 60 年代洛杉矶艺术场景（问答）》[*Art Dealer Irving Blum on Andy Warhol and the 1960s LA Art Scene*（*Q&A*）]，选自《好莱坞记者》（*Hollywood Reporter*），2013 年 11 月 4 日："我卖出了四五张，但大部分仍在画廊里，我想把它们都放在一起。他（沃霍尔）说：'我很乐意，它们被构思成一个系列。'我给藏家打了电话，希望能把它们放在一起。我说：'安迪，这 32 幅画你要多少钱？'他说：'1000 美元。'我说，'我要付你多长时间？'他说：'一年。'于是，我每个月给他寄 100 美元，共 10 个月。"1996 年，纽约现代艺术博物馆以 1500 万美元的价格从布鲁姆手中购得 32 幅《金宝汤罐头》，部分为出售，部分为捐赠。

[5] 只有《洛杉矶的三十四个停车场》的航拍照片是由专业摄影师阿特 · 阿拉尼斯（Art Alanis）拍摄的。

[6] 1962 年 9 月，瓦尔特 · 霍普斯（Walter Hopps）在帕萨迪纳艺术博物馆（Pasadena Art Museum）策划了当时西海岸最重要的波普艺术展，名为"常见物品的新绘画"（New Painting of Common Objects）。参加展览的鲁沙甚至以克拉斯 · 奥尔登堡（Claes Oldenburg）1961 年为商店设计的海报创意为蓝本，设计了极具诱惑力的普通印刷店海报。奥尔登堡曾要求纽约的排字工以低成本的拳击比赛或摇滚音乐会的方式组装印刷店的字体。

[7] 这本书与 1953 年由一位建筑师和一位摄影师制作的日本东京银座地区地形地图集的模型相类似，但艺术家可能不知道。参见铃木义（Yoshikazu Suzuki）、木村荘八（Kimura Shohachi）著，《银座界隈 / 银座八丁》（*Ginza Kaiwai / Ginza Haccho*），东京：Toho-Shuppan 出版社，1954 年。

[8] 直到 2005 年，鲁沙才再次回到彩色摄影领域，在《日落大道上的每幢建筑》中都制作出了一种不可否认又稍显刻意的变体，名为"那时和现在"，它是一份关于 1973 年和 2004 年两个时期好莱坞大道的记录。

[9] 自 20 世纪 60 年代初以来，美国对马拉梅的接受主要体现在音乐杂志的发表上，如英文版的《序列》（*Die Reihe*，1967 年第 5 期）和《阿斯彭》（*Aspen*，1967 年第 6 期）杂志，都在重要位置发表了布莱恩 · 奥多尔蒂（Brian O' Doherty）专门为马拉梅所写的文章。此外，丹 · 格雷厄姆（Dan Graham）在 1969 年出版的《结束时刻》（*End Moments*）一书中还有关于马拉梅的文章。

[10] 早在 1954 年，沃霍尔就在他的出版物《25 只叫"山姆"的猫咪和 1 只蓝色猫咪》（*25 Cat Name Sam and One Blue Pussy*，1954）中运用了看似随机的计数原理，从而清楚地解释了他自己（和鲁沙）关于数字有序累加的反构成原则。但当我们进一步探讨时不禁会问，计数和量化是否被引入了书籍中的照片排序。比如，20 世纪最著名的摄影书籍之一，阿尔伯特 · 伦格 - 帕奇 1928 年出版的《世界是美丽的》的封面，就在扉页上用很大的字体写着"100 张伦格的照片"，这一设计有效地将摄影师的名字变成了一个品牌。

[11] 贝歇夫妇的书与伦格 - 帕奇的书有一个共同的特点：书名都是出版商起的，而不是他们自己，这一事实也不断困扰着贝歇夫妇和伦格 - 帕奇。

[12] 1963 年 10 月 2 日，在美国国会图书馆交流和礼品处处长詹宁斯 · 伍德（Jennings Wood）的一封信中，他把鲁沙的《二十六个加油站》一书退还给作者，并告诉鲁沙，这样一本不可归类的书很难在图书馆的藏书中找到合适的摆放位置。

[13] 沃霍尔的《自己动手》（*Do It Yourself*，1962）画作是一种完全人为制造的精致图像，即使他们运用了传统的绘画风格和肖像画法，如田园、静物和休闲景观这些常规选择，画作对经过制造和把控的欲望满足也表现得淋漓尽致。

[14] "在一个更容易了解当前作品的艺术世界中，通过复制技术、期刊、电视、电影以及卫星技术对信息的广泛传播进行着改变，艺术家现在可以真正走向国际，与同行们的交流也日趋便捷，艺术史学家关于谁先做了什么的问题几乎到了必须按小时计算日期的地步。越来越多的艺术家使用邮件、电报、电传等方式来传输作品（文档、照片、电影）及其活动的相关信息。对艺术家和公众来说，这是一种刺激又开放的局面，而且相比 5 年前肯定不再那么狭隘。那些远离'艺术中心'的人似乎更容易做出贡献，因为他们不需要那些曾被认为是获得认可所必需的人为的协议"。卡尼斯顿 · 麦克夏恩著，《信息》前言，载于卡尼斯顿 · 麦克夏恩编，《信息》（*Information*），展览画册，纽约：现代艺术博物馆，1970 年，第 140 页。

[15] 随着观念艺术的兴起，从 20 世纪 60 年代的河原温（On Kawara）、伊恩 · 威尔逊（Ian Wilson）、斯坦利 · 布朗，到现在的蒂诺 · 塞加尔（Tino Sehgal），艺术家们实现了一种基于纯粹的信息价值的审美。

[16] 布达埃尔对先锋派最初的军事定义进行了反驳，认为它们是战场上的先遣部队，通常也是第一批牺牲的。只有在 19 世纪的圣西蒙尼乌托邦思想的背景下，这个说法才获得了一项文化任务，即艺术家已经成为发起最激进的社会政治和经济变革的先遣部队。

[17] 如果能在快速变化的地形图记录中对《征服空间：艺术家和军队的地图集》进行比较，其前提可能是这种比较必须位于一个谱系中，从《超现实主义的世界地图》（*The Surrealist Map of the World*，1929）到罗伯特 · 劳森伯格 1950 年的《上帝之母》（*Mother of God*，绘制于 21 座美国城市的地图上），从居伊 · 德波（Guy Debord）的《巴黎心理地理指南》（*Psychogeographic Guide of Paris*，1957）到皮耶罗 · 曼佐尼（Piero Manzoni）的两幅描绘爱尔兰和冰岛轮廓的版画《8 部验证作品》（*8 Works of Verification*）。与《征服空间：艺术家和军队的地图集》一样，所有这些实例都使人们越来越意识到，传统媒介的表现形式与如今新地缘政治重新介入的要求之间的差异越来越明显。

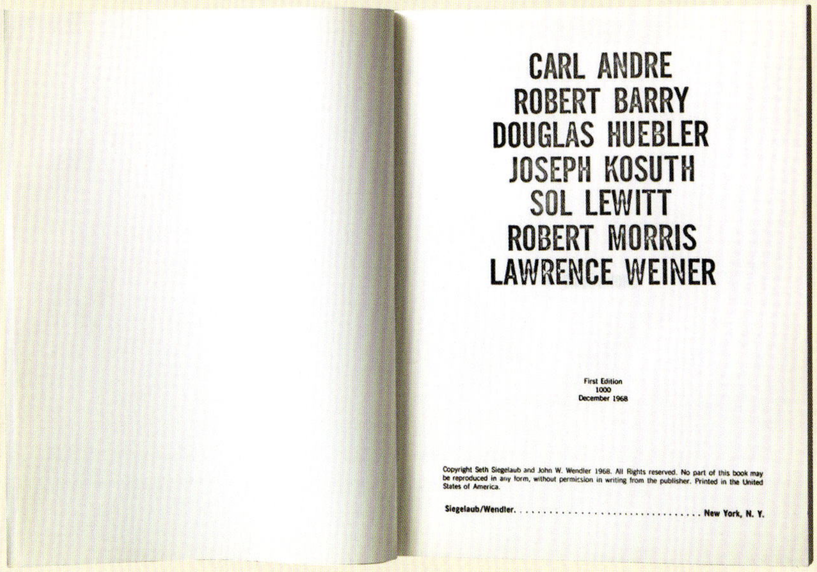

赛思 · 西格尔劳布，**《施乐书》**（1968）

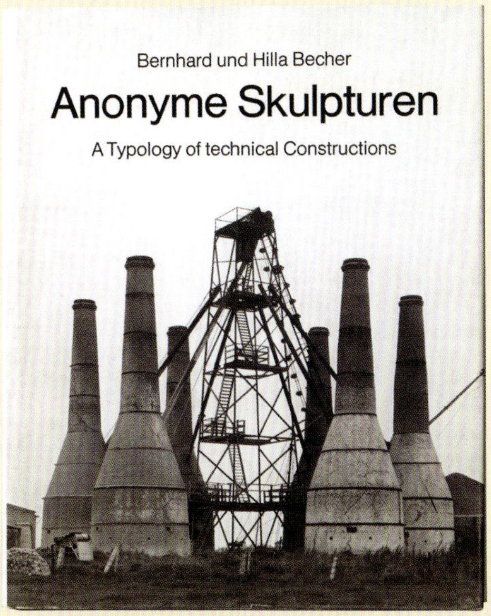

伯恩和希拉 · 贝歇，**《匿名雕塑》**（1970）

埃德 · 鲁沙，**《九个游泳池和一块碎玻璃》**（1968）

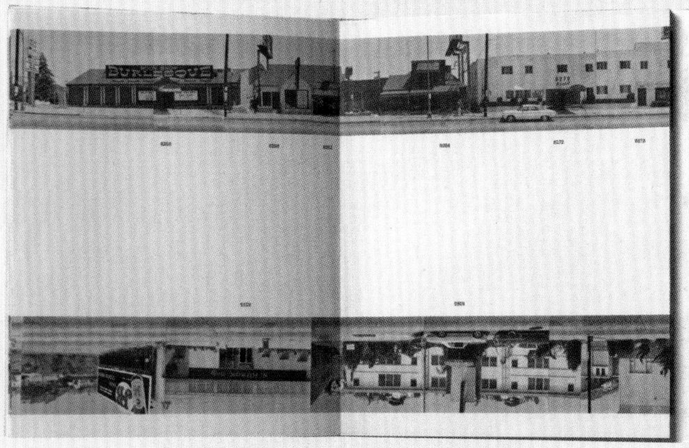

埃德·鲁沙，**《日落大道上的每幢建筑》**（1966）

马塞尔·布达埃尔，**《征服空间：艺术家和军队的地图集》**（1975）

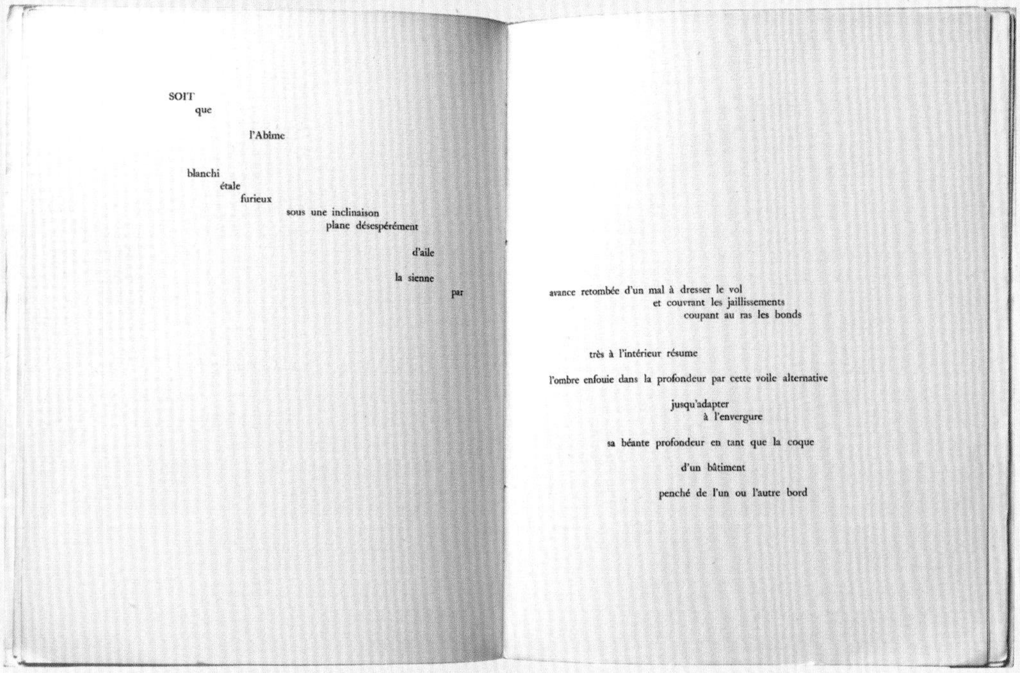

SOIT
que
l'Abîme
blanchi
étale
furieux
sous une inclinaison
plane désespérément
d'aile
la sienne
par

avance retombée d'un mal à dresser le vol
et couvrant les jaillissements
coupant au ras les bonds

très à l'intérieur résume

l'ombre enfouie dans la profondeur par cette voile alternative

jusqu'adapter
à l'envergure

sa béante profondeur en tant que la coque

d'un bâtiment

penché de l'un ou l'autre bord

斯特凡·马拉梅，**《骰子一掷，不会改变偶然》**（诗，1897）

马塞尔·布达埃尔，**《骰子一掷，不会改变偶然》**（图像，1969）

詹姆斯·李·拜厄斯

（1932年生于美国密歇根州底特律市，1997年逝于埃及开罗）

《100,000分钟，或拜厄斯的大样本，或1/2自传，或第一篇哲学论文》
（*100,000 Minutes, or The Big Sample of Byars, or 1/2 an Autobiography, or The First Paper of Philosophy*），1969年

“什么是施了魔法的匿名之谜？静止比运动更重要？为什么简单从来不简单？我们是怎么知道以前从未见过的美丽的、崭新的事物的？”这是20世纪60年代初，詹姆斯·李·拜厄斯（James Lee Byars）在写给纽约现代艺术博物馆馆长多萝西·米勒（Dorothy Miller）的一封充满哲理的信中，向她提出的一系列问题[1]。拜厄斯的艺术生涯始于1957年，当他从家乡底特律来到纽约现代艺术博物馆时，在那里幸运地结识了米勒，从此后者成了他的朋友、导师和拥护者。拜厄斯信中的问句强调了他对艺术的关注点——价值、意义、魅力、完美——这些在他的信件中经常出现，不仅是写给米勒的，也包括写给其他策展人、朋友和艺术家的。

拜厄斯的信件通常会用特别的载体，如手写在卫生纸、牛皮纸或柔软的碎纸上，有时还剪成星星、蛇形或圆形，甚至团成一个皱巴巴的球体，阅读时它们通常需要被展开或破译，而且这种对纸张和印刷品创造性地使用并不仅仅限于他的信件。拜厄斯在行为作品、雕塑和装置艺术中还会使用卷轴、散页和抄本，也制作了不同格式的独立书籍：1页或1000多页，封面富于想象，甚至难以辨认。就连他的展览画册也不同寻常：他时常在这些书卷中使用独特的排版、引语和格言作为片段来替代策展论文和时间线。对拜厄斯来说，书可以是一个变形的结构，也可以是一个用来表演或沉思的场所。

拜厄斯的作品在制作时似乎有点刻意，但他的内心是真诚的，尽管有时会引起一些批评家的怀疑（一位作家将其作品描述为“博伊斯与沃霍尔、萨满大师与表演者之间的第三者”[2]）。作为理想主义者的拜厄斯还就人类最紧迫的问题对主流思想家进行了民意调查，但作为行为表演者的拜厄斯则申请将曼哈顿第五大道封锁起来，以便他坐出租车以每小时100英里的速度驶过古根海姆博物馆。一种戏剧性的神秘主义渗透在拜厄斯的诸多作品当中，其中包括行动艺术、大理石或金箔雕像、装置艺术、绘画，以及数十乃至数百人同时穿着的“复式连衣裙”。他喜欢从一系列独特且反复出现的美学表达中汲取灵感，如金、红、黑色，球体、圆形、石柱、星星状，以及书的许多物理形式。

在拜厄斯制作他的第一本艺术家书之前，就将印刷品和纸制品看作行为艺术作品的组成部分。在匹兹堡卡内基学院（现在的卡内基艺术博物馆）的两场早期作品展示中，拜厄斯就强调了其对纸张的仪式性使用。

在《1×50足绘》（*1×50 Foot Drawings*，1964）和《1000英尺中国纸》（*A 1000-Foot Chinese Paper*，1965）中，一位本笃会的修女手持一件复杂的纸制

100,000 minutes

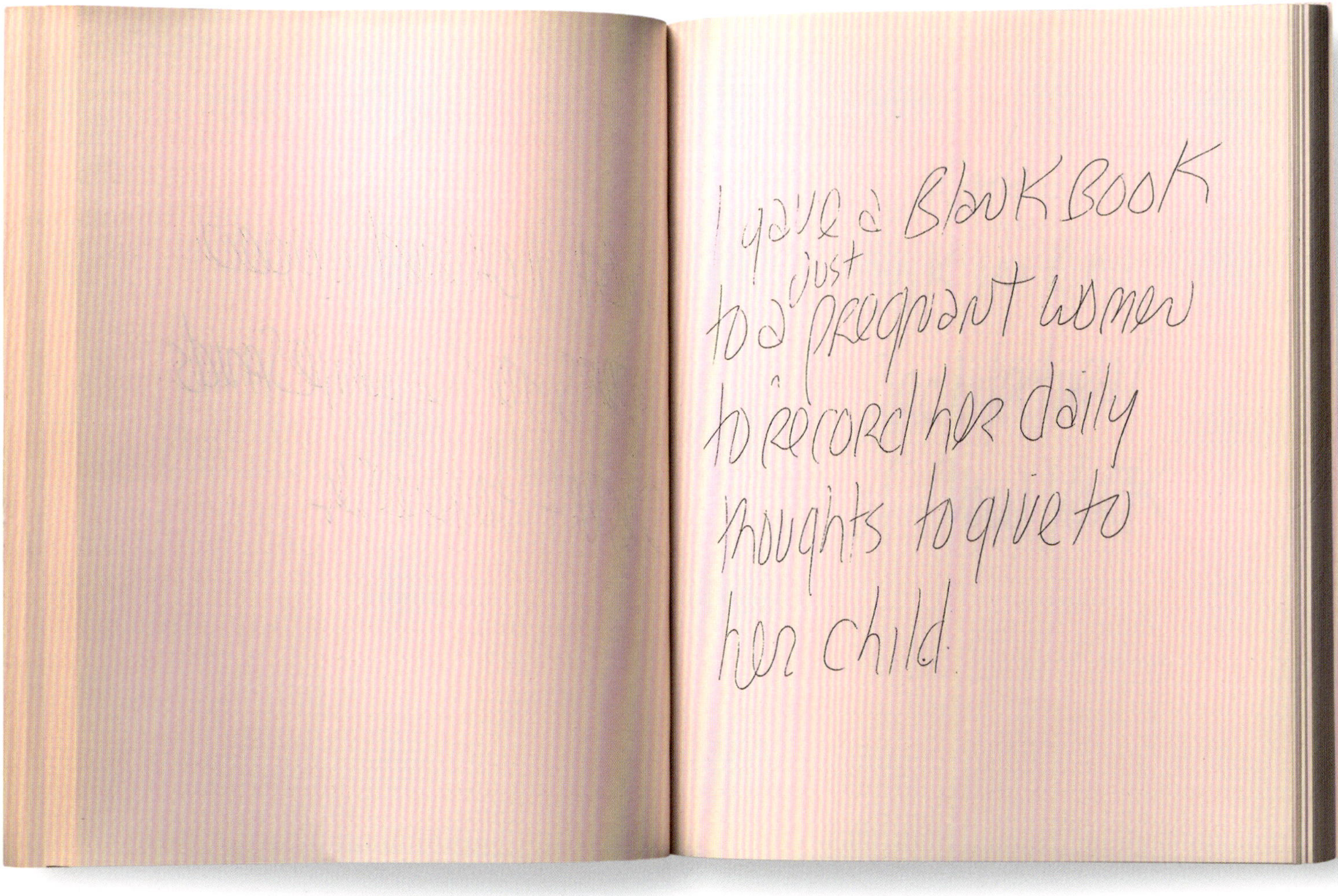
I gave a Blank Book
to a just pregnant women
to record her daily
thoughts to give to
her child.

品——装订样式类似于竖版的风琴式折叠——被抬进卡耐基雕塑大厅的大理石中庭。在那里，它那长长的风琴式折叠书页被展开后穿过中庭，后又被小心翼翼地重新折叠起来。这是一种沉思又安静的行为艺术，其中的“书页”也被布置成思考或学习的样子，是用神职人员来体现拜厄斯的精神崇拜的，展览结束后被移走以备将来使用。早期的另一个行为艺术作品《一张白纸将吹过街道》（*A White Paper Will Blow through the Streets*，1967），则表达了一种相当有趣的言外之意。在这件作品中，艺术家向街上的行人分发了一张直径为两英尺的易碎白纸，且上面印着具有象征意义的短语，以突出行为的短暂性。

在1971年，在拜厄斯为诗人、教师林德利·威廉姆斯·哈贝尔（Lindley Williams Hubbell）策划的一场行为艺术中，一张小纸片起到了关键作用。后来，哈贝尔还在一封信中描述了这一事件。

昨晚……我听见有人敲了我的窗户。我走到门前，打开门，花园昏暗的灯光透过窗户照亮了她，一位女士（吉姆可爱的日本未婚妻）站在那里，全身裹着长袍，从脖子到地面，全身都是白色的羽毛……她递给我一张小纸片，一言不发。我接过来，她向我鞠了一躬就离开了，慢慢消失在阴影中……那是一张小圆纸片，差不多有一角银币那么大，上面几乎是用微缩的字母写着“和平”一词。就这样……所有的时间、准备和努力（或费用！）可能只会被一个人在一瞬间看到[3]。

许多不同的艺术创作方法——个人的或公众的、公开的或私密的——都收录在拜厄斯的第一本艺术家书《100,000分钟，或拜厄斯的大样本，或1/2自传，或第一篇哲学论文》中，该书是拜厄斯当年在比利时安特卫普的宽白空间（Wide White Space）举办个人展览后出版的。它采用了粉红色的纸影印，与画廊墙面的颜色，以及他为展览“粉红色丝绸飞机”（The Pink Silk Airplane，1969）制作的一件复式连衣裙相匹配，书中用他独特的笔记陈述了艺术家的作品和信仰。在整个展览过程中，拜厄斯创作了这部自传中的“一半”，并将星状卡片上的文字片段传达给画廊的观众。《100,000分钟，或拜厄斯的大样本，或1/2自传，或第一篇哲学论文》中的句子看似不连贯，但实际上反映的是思想的复杂性，既直截了当又令人费解。

我是一位住在纽约的艺术家
我创作了很多只为一个人观看的表演
我展示了三个人并将其编辑成公众信息

在《100,000分钟，或拜厄斯的大样本，或1/2自传，或第一篇哲学论文》中，令人费解的情绪却符合艺术家保持神秘感的兴趣。他经常在自己的书和书名中使用缩略词，尤其是需要在作品中反复出现的词，如“Q”代表“问题”、“PH”代表“哲学”、“P”代表“完美”。拜厄斯在作品形式上的选择往往是为了迷惑观众。他的画廊邀请函、短期使用的印刷品和书籍上的文字通常是用高度不到一毫米的大写字母打印的，似乎是在挑战读者的注意力，尽管它们通常只有用放大镜才能清晰辨认。《黑书》（*The Black Book*，1971），根据艺术家的说法，是一张带有“想象”封面的超大黑色薄纸，用金色墨水以近乎微缩的比例打印出了100个问题。由于闪烁的金色油墨与黑色的封面融合在一起，即使使用高倍放大镜，文字仍然难以辨认，从而使“书”成为谜语般的存在。对于像“问与说有什么区别”“问题就是答案”之类的语句，拜厄斯的作品可能为了寻求深刻，就像许多包含深奥内容的书一样，通过保持神秘性来保护自己的知识。

拜厄斯在1983年荷兰埃因霍温的范·艾伯美术馆的展览目录中选取了一个更为典型的形式，即外观严肃且符合当时艺术家的出版风格：一个空白的白色封面，没有任何可识别的细节，页面中心则是大写的黑体文本。《金色的尘埃是我的藏书》（*Gold Dust Is My Ex libris*）是一本1800页的大部头著作，其大小相当于一个完美的立方体。这本书所呈现的厚度不是因为它的内容，而是因为其前1/3和后1/3都是空白页。但书的中心部分，则印刷在明显较厚的材质上，且包含有图像和简洁的线条。与《100,000分钟，或拜厄斯的大样本，或1/2自传，或第一篇哲学论文》一样，这些词是由作者自己和他人的文字混合而成，包括对维特根斯坦（Wittgenstein）的《逻辑哲学原理》（*Tractatus Logico-Philosophicus*）中许多章节的假设，以及如“蝴蝶绕兰飞，惹得一身香”“我是一个在晨曦中吃早餐的人”“蝉的声音穿透岩石”之类充满神秘感的语句。即使读者不在空白页面寻找零散的信息，这本书的分量和体积仍会让人觉得一本厚重的历史教科书，与一本家庭版《圣经》或官方登记册没有什么不同，都带有庄严的仪式感。

《黑书》

然而，拜厄斯最具文字分量的书是那些用石头做成的书。这些书没有页面，仅有书名。他 1989 年出版的雕塑《立体书》（*Cube Book*）就是一个没有标记的白色大理石小立方体，其中心有一条水平裂纹，就像同年出版的《球面石书》（*The Spherical Stone Book*）一样，似乎在表明它仍然可以像一本书那样被打开。在这里，形状代表着一种象征，也暗示着一个无法检索信息的世界。这本无声的大部头书是拜厄斯作品的象征，弥漫着难以穿透的气息，也类似神话中的图腾，暗示着艺术家只有独享的神秘知识，而这些知识却永远地将观众排除在外。

——克莱尔·莱曼

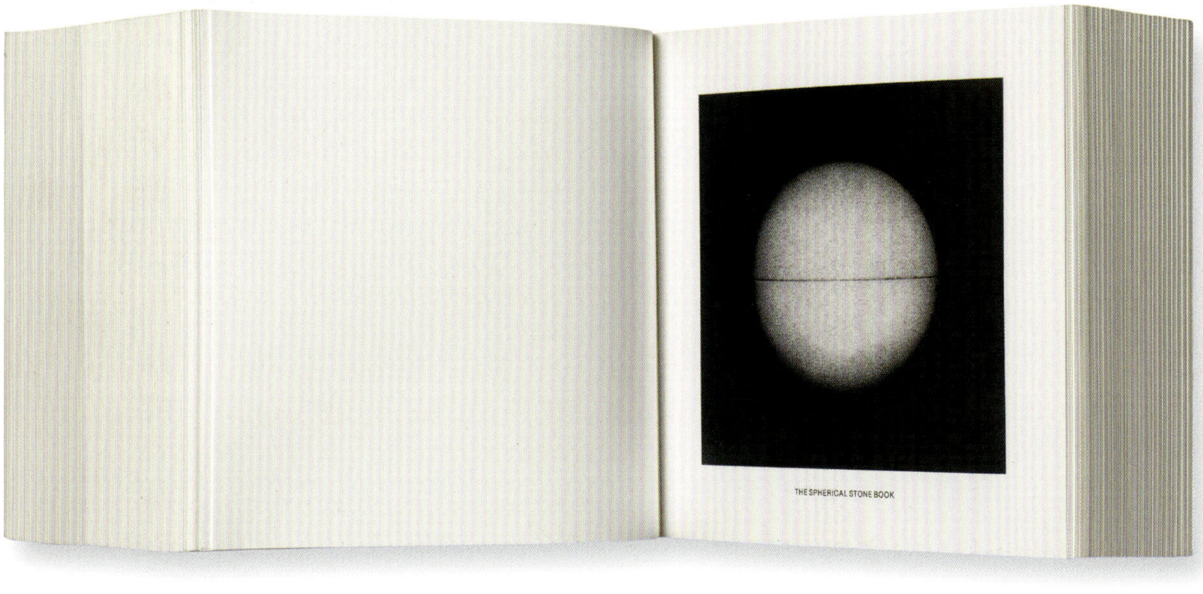

［1］詹姆斯·李·拜厄斯通信，第一辑，文件夹 1，现代艺术博物馆档案馆，纽约。

［2］凯文·鲍尔（Kevin Power）著，《聚会：詹姆斯·李·拜厄斯的圈子》（*Gatherings: Of and Around James Lee Byars*），摘自《詹姆斯·李·拜厄斯：完美的宫殿》（*James Lee Byars: The Palace of Perfect*），展览画册。葡萄牙波尔图：塞拉尔夫基金会（Fundação de Serralves），1997 年，第 44 页。

［3］詹姆斯·李·拜厄斯作品集，第一辑，文件夹 6，现代艺术博物馆档案馆，纽约。

索菲·卡莱

（1953 年生于法国巴黎）

《请跟踪我》

几个月来，我一直在街上跟踪陌生人。我以跟踪他们为乐，但不是因为他们特别让我感兴趣。我在他们不知道的情况下拍摄他们的照片，记下他们的一举一动，之后当他们消失在视线之中，忘记他们。1980 年 1 月底，在巴黎的大街上，我尾随了一名男子，几分钟后，他在人群中消失了。当天晚上，他很偶然地在一个开幕式上被介绍给我。在我们谈话的过程中，他告诉我他计划去威尼斯旅行。于是，我决定跟踪他[1]。

索菲·卡莱（Sophie Calle）的《请跟踪我》（*Suite vénitienne*，1983）在引语中坦白了一种声音和一种观点，既亲密又冷漠，却为这位坦率又颇具挑衅的法国观念艺术家的作品提供了一个启示性的窗口。凭借侦探对细节的关注和小说家的叙事天赋，卡莱采用了侵入和依附的行为方案，这种方案以照片和文本相结合为基础，并通过一种日记体的方式进行传播。因此，它们完全符合出版物的要求。卡莱的书籍实践已经超过 20 本，这些书经常会借鉴或重新构思其他作品，再以非常适合的页面形式展现出来。

卡莱生在巴黎长在巴黎，是一名医生的女儿，19 岁时离开家，开始了自己的旅行。卡莱在黎巴嫩、克里特岛（Crete）和加利福尼亚等地生活了 7 年后，回到了自己的家乡，据她自己所说，在这个地方她不认识任何人。而她尾随陌生人的习惯，起初不是一种艺术行为，而是一种心理地理上的定向过程（这是一种通过把自己置身于他人的活动之下，来矛盾地重新定位自我存在的一种方式）。

虽然《请跟踪我》有时被认为是卡莱在艺术家书上最早的尝试，但事实上，在这之前她出版过一本限量版的书《铁托》（*Tito*，1980），这本书共出版了 10 版（另有 10 个艺术家版）。这是一本小册子，约 15.2 × 11.4 厘米，仿佛预示了艺术家后期作品的方向。这本书的主角是南斯拉夫领袖约瑟普·布罗兹·铁托（Josip Broz Tito），于图书出版当年 5 月去世，艺术家使其成为自己表现艺术魅力的主题。这本书以翻拍的关于铁托的剪报和 120 页精装杂志上的少量宝丽来照片为特色，是卡莱的艺术家书中形式上较为复杂的一本，而她的其他艺术家书则倾向于将印刷图像和文字相对直接地并置在一起[2]。然而，尽管《铁托》包含了卡莱多年来所探索的各种形式的窥视，但在这个项目中缺少了艺术家自己的声音（这是她后期作品中常见的激情与冷静之间达到微妙平衡的关键），故而使它有些与众不同，也是卡莱走向更成熟的艺术实践的一个发展阶段[3]。

另一方面，《请跟踪我》具有卡莱作品成熟期所具有的所有品质。卡莱曾跟随让·鲍德里亚（Jean

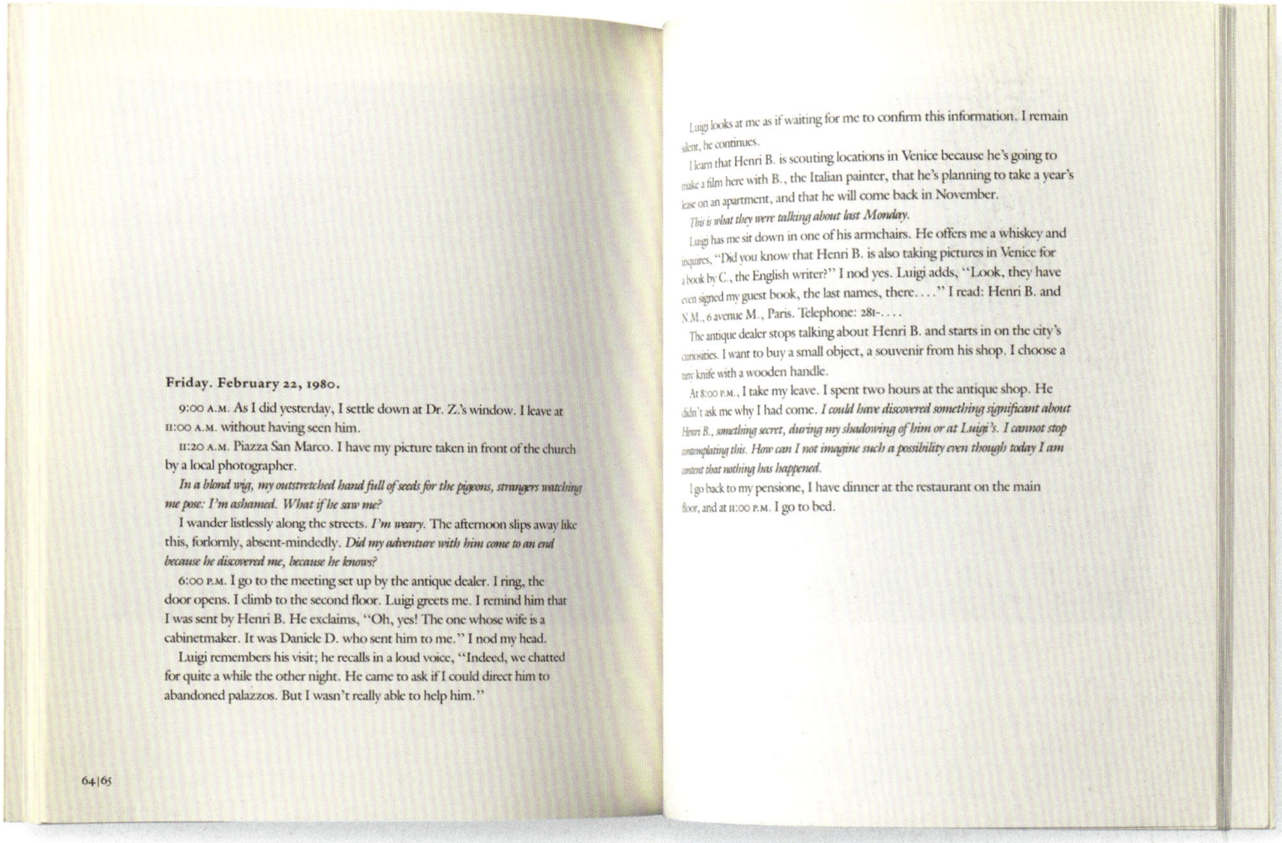

Friday. February 22, 1980.

9:00 A.M. As I did yesterday, I settle down at Dr. Z.'s window. I leave at 11:00 A.M. without having seen him.

11:20 A.M. Piazza San Marco. I have my picture taken in front of the church by a local photographer.

In a blond wig, my outstretched hand full of seeds for the pigeons, strangers watching me pose: I'm ashamed. What if he saw me?

I wander listlessly along the streets. *I'm weary.* The afternoon slips away like this, forlornly, absent-mindedly. *Did my adventure with him come to an end because he discovered me, because he knows?*

6:00 P.M. I go to the meeting set up by the antique dealer. I ring, the door opens. I climb to the second floor. Luigi greets me. I remind him that I was sent by Henri B. He exclaims, "Oh, yes! The one whose wife is a cabinetmaker. It was Daniele D. who sent him to me." I nod my head.

Luigi remembers his visit; he recalls in a loud voice, "Indeed, we chatted for quite a while the other night. He came to ask if I could direct him to abandoned palazzos. But I wasn't really able to help him."

64|65

Luigi looks at me as if waiting for me to confirm this information. I remain silent, he continues.

I learn that Henri B. is scouting locations in Venice because he's going to make a film here with B., the Italian painter, that he's planning to take a year's lease on an apartment, and that he will come back in November.

This is what they were talking about last Monday.

Luigi has me sit down in one of his armchairs. He offers me a whiskey and inquires, "Did you know that Henri B. is also taking pictures in Venice for a book by C., the English writer?" I nod yes. Luigi adds, "Look, they have even signed my guest book, the last names, there. . . ." I read: Henri B. and N.M., 6 avenue M., Paris. Telephone: 281-. . . .

The antique dealer stops talking about Henri B. and starts in on the city's curiosities. I want to buy a small object, a souvenir from his shop. I choose a tiny knife with a wooden handle.

At 8:00 P.M., I take my leave. I spent two hours at the antique shop. He didn't ask me why I had come. *I could have discovered something significant about Henri B., something secret, during my shadowing of him or at Luigi's. I cannot stop contemplating this. How can I not imagine such a possibility even though today I am content that nothing has happened.*

I go back to my pensione, I have dinner at the restaurant on the main floor, and at 11:00 P.M. I go to bed.

《铁托》

Baudrillard）[15]学习，《请跟踪我》即取材于鲍德里亚的一篇文章。在这篇文章中，鲍德里亚认为，“一种奇怪的傲慢不仅迫使我们占有它，还吸引我们探索它的秘密，这不仅是它想要的，对它而言也是致命的。幕后力量会迫使其他力量消失，而这需要一个完整的仪式。”[4]《请跟踪我》中被仪式化的“他”被确认为亨利·B.（Henri B.）——一位摄影师和电影制片人。在他们短暂的相遇后，卡莱决定在他逗留意大利期间跟踪他，而这本96页的软皮书其实是一本日记，内容是她实施跟踪的文字和图像（通常是卡莱在古老的街道上尾随亨利·B.，多从“猎物”的背后拍摄而成）。这本书涵盖了卡莱在12天内对亨利·B.的每一次跟踪，并以一个私人侦探报告的方式将其分解成有时间标记的线索。然而，这位艺术家在第一次找到，并最终开始对住在威尼斯小旅馆中的亨利·B.进行跟踪时，会戴着墨镜和围巾，偶尔还会戴金色假发来伪装自己。在书中，她亦通过斜体文字冷静地对其跟踪行为进行了叙述，并用内心独白的方式来展现自己充满焦虑的自我反省。当卡莱终于面对面地遇到亨利·B.时，她无法掩饰自己的失望，她写道：“我是怎么想的？他要带我一起去挑战我、利用我吗？他好像没做什么，我也什么都没发现，这真是一个平庸故事的平庸结局。”当然，卡莱追求的“平庸”对她的艺术实践至关重要。她并不真正关心亨利·B.，而是把自己交给了狩猎带来的激情：她所钟情的不是男人，而是跟踪本身。

卡莱偶尔会将观察和分析的兴趣集中在物件上，就像《真实的故事》（*Des histoires vraies*，1994）中那样，在对人和地方的沉思中穿插着自己的家庭物件，如一幅弗兰德斯肖像画、一双偷来的红鞋、一件情人的浴袍等，并将这种令人痛心的怀旧以自传体的方式加以呈现，这种窥视的脉络贯穿于她的整个艺术实践中。1979年的《入睡者》（*Les Dormeurs*）是卡莱的第一件艺术作品，2001年被制作成了一本优雅的书。她拍摄并采访了20多位她邀请来睡在她床上的朋友和陌生人[5]。在《酒店》（*L' Hôtel*，1981—1983，1984年以书籍的形式出版）系列中，卡莱以服务员的身份

《真实的故事》

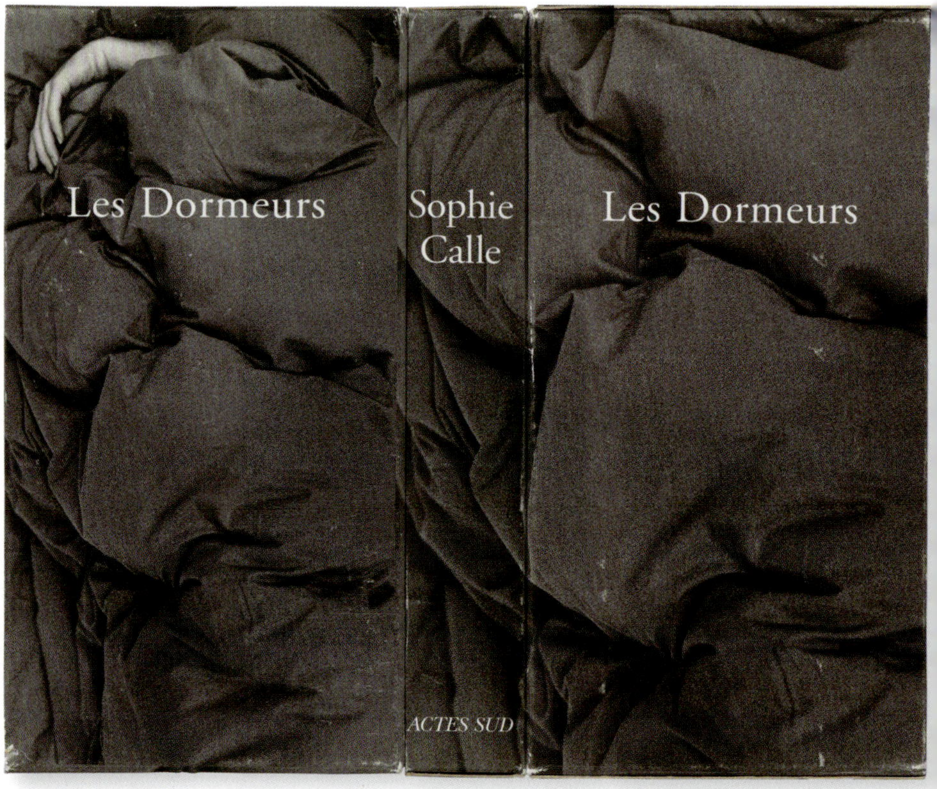

《入睡者》（书套）

15 让·鲍德里亚（1929—2007），法国哲学家、现代社会思想大师、后现代理论家。他在巴黎获得社会学博士学位，从1968年出版《物体系》开始，撰写了一系列分析当代社会文化现象、批判当代资本主义的著作。——译者注

Le portrait

J'avais neuf ans. En fouillant dans le courrier de ma mère, j'ai trouvé une lettre qui lui était adressée et qui commençait ainsi : "Chérie, j'espère que tu songes sérieusement à mettre notre Sophie en pension..." La lettre était signée du nom d'un ami de ma mère. J'en ai conclu que c'était lui mon vrai père. Lorsqu'il nous rendait visite, je m'asseyais sur ses genoux et, mes yeux dans les siens, j'attendais des aveux. Devant son indifférence et son mutisme il m'arrivait de douter. Alors je relisais la lettre volée. Je l'avais cachée derrière le tableau de la salle à manger, une peinture de l'école flamande, datant de la fin du XVe siècle, intitulée *Luce de Montfort*, représentant une jeune femme en buste, légèrement de profil à gauche, le regard de face, le visage pris dans une coiffe blanche et empesée, vêtue d'un pourpoint rose.

11

Le talon aiguille

J'avais vingt-sept ans. Engagée comme strip-teaseuse dans une baraque foraine installée pour les fêtes de Noël au carrefour du boulevard de Clichy et de la rue des Martyrs, je devais me déshabiller dix-huit fois par jour entre seize heures et une heure du matin. Le 8 janvier 1981, une de mes "collègues", à qui je refusais de céder ma place sur l'unique chaise de la roulotte, me ficha son talon aiguille dans le crâne après avoir tenté de me crever les yeux avec. Je perdis connaissance. Au cours de la bagarre, elle avait, ultime effeuillage, arraché ma perruque blonde. Ce fut mon dernier strip-tease.

20

21

《入睡者》（第一卷）

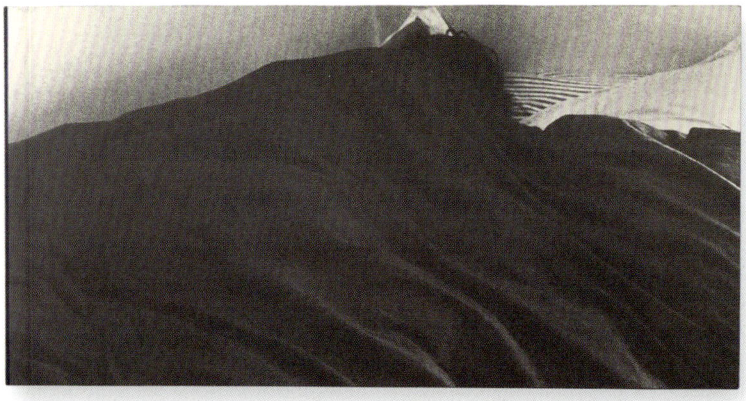

Raphaël Brossard, dix-huitième dormeur
J'ai rencontré Raphaël Brossard il y a une semaine. Il accepte de venir dormir sans demander de détails. Il ne m'accorde toutefois que trois heures. Il viendra, accompagné de son chien Jismound, le vendredi 6 avril de 14 heures à 17 heures.
Ils trouvent une chambre vide, j'ai quitté le lit quelques minutes plus tôt. Raphaël B. se déshabille et se couche sans changer les draps. Il garde sa chemise. Il propose à son chien de le rejoindre dans le lit. Raphaël B. monologue longuement. Il ne veut pas dormir, mais Jismound dort pour lui ; une heure environ. Raphaël Brossard reçoit à 17 heures Daniel D., qui prend la relève. Ils ne se connaissent pas. Je n'assiste pas à leur rencontre mais il semble qu'elle se passe dans de bonnes conditions. Quand je les rejoins, Raphaël est debout, habillé, et Daniel a pris sa place dans le lit. Je raccompagne Raphaël Brossard à 17 h 40. Il précise qu'il a trouvé Daniel charmant.

《入睡者》（第二卷）

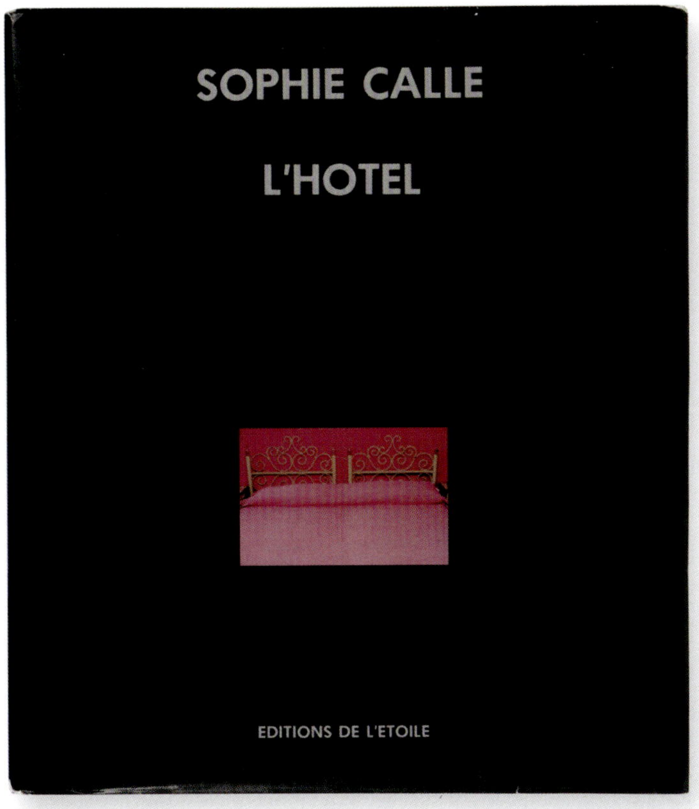

《酒店》

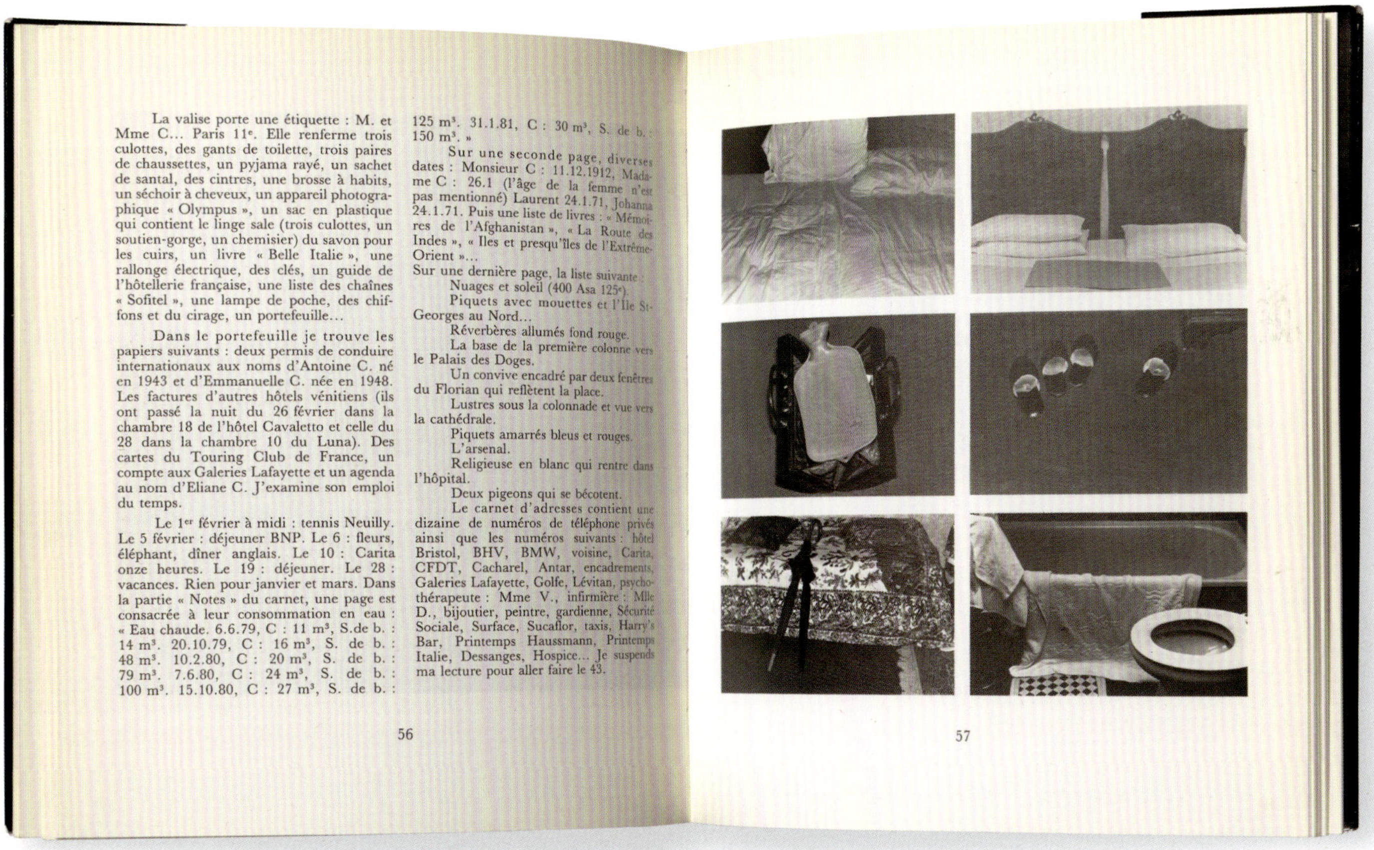

La valise porte une étiquette : M. et Mme C... Paris 11ᵉ. Elle renferme trois culottes, des gants de toilette, trois paires de chaussettes, un pyjama rayé, un sachet de santal, des cintres, une brosse à habits, un séchoir à cheveux, un appareil photographique « Olympus », un sac en plastique qui contient le linge sale (trois culottes, un soutien-gorge, un chemisier) du savon pour les cuirs, un livre « Belle Italie », une rallonge électrique, des clés, un guide de l'hôtellerie française, une liste des chaînes « Sofitel », une lampe de poche, des chiffons et du cirage, un portefeuille...

Dans le portefeuille je trouve les papiers suivants : deux permis de conduire internationaux aux noms d'Antoine C. né en 1943 et d'Emmanuelle C. née en 1948. Les factures d'autres hôtels vénitiens (ils ont passé la nuit du 26 février dans la chambre 18 de l'hôtel Cavaletto et celle du 28 dans la chambre 10 du Luna). Des cartes du Touring Club de France, un compte aux Galeries Lafayette et un agenda au nom d'Eliane C. J'examine son emploi du temps.

Le 1er février à midi : tennis Neuilly. Le 5 février : déjeuner BNP. Le 6 : fleurs, éléphant, dîner anglais. Le 10 : Carita onze heures. Le 19 : déjeuner. Le 28 : vacances. Rien pour janvier et mars. Dans la partie « Notes » du carnet, une page est consacrée à leur consommation en eau : « Eau chaude. 6.6.79, C : 11 m^3, S.de b. : 14 m^3. 20.10.79, C : 16 m^3, S. de b. : 48 m^3. 10.2.80, C : 20 m^3, S. de b. : 79 m^3. 7.6.80, C : 24 m^3, S. de b. : 100 m^3. 15.10.80, C : 27 m^3, S. de b. : 125 m^3. 31.1.81, C : 30 m^3, S. de b. : 150 m^3. »

Sur une seconde page, diverses dates : Monsieur C : 11.12.1912, Madame C : 26.1 (l'âge de la femme n'est pas mentionné) Laurent 24.1.71, Johanna 24.1.71. Puis une liste de livres : « Mémoires de l'Afghanistan », « La Route des Indes », « Iles et presqu'îles de l'Extrême-Orient »...

Sur une dernière page, la liste suivante :

Nuages et soleil (400 Asa 125ᵉ).

Piquets avec mouettes et l'Ile St-Georges au Nord...

Réverbères allumés fond rouge.

La base de la première colonne vers le Palais des Doges.

Un convive encadré par deux fenêtres du Florian qui reflètent la place.

Lustres sous la colonnade et vue vers la cathédrale.

Piquets amarrés bleus et rouges.

L'arsenal.

Religieuse en blanc qui rentre dans l'hôpital.

Deux pigeons qui se bécotent.

Le carnet d'adresses contient une dizaine de numéros de téléphone privés ainsi que les numéros suivants : hôtel Bristol, BHV, BMW, voisine, Carita, CFDT, Cacharel, Antar, encadrements, Galeries Lafayette, Golfe, Lévitan, psychothérapeute : Mme V., infirmière : Mlle D., bijoutier, peintre, gardienne, Sécurité Sociale, Surface, Sucaflor, taxis, Harry's Bar, Printemps Haussmann, Printemps Italie, Dessanges, Hospice... Je suspends ma lecture pour aller faire le 43.

56

57

在酒店工作了3周，以记录过夜客人的空间和私人物品。而她在《影子》（*La Filature*，1998）这本书中则把窥视者的目光转向自己，且没有表现出丝毫内疚。书中记录了1981年的一次表演，在那次表演中，她有意成为私家侦探窥视的对象。在《医生的女儿》（*La Fille du docteur*，1991）中，卡莱将作为脱衣舞娘的艺术照片与父亲祝贺女儿出生的小贺卡并置。

在她最著名也最有争议的作品中，卡莱将她偶然发现的一本丢失的通讯录变成了一个公开审视陌生人生活的机会。作品《地址簿》（*Le Carnet d' adresses*）最初于1983年8月初到9月初在《解放》（*Libération*）杂志以连载形式出版了28个条目，构建了一幅皮埃尔·D.的形象。虽然艺术家最后将这本地址簿还给了失主，但在此之前复印了其中的内容，并对地址簿中所列的丢失者的朋友和同事进行了采访（当事人发现卡莱所为之后，威胁要采取法律行动，致使卡莱最终同意在他去世前不会再版法语原文）[6]。尽管卡莱在对皮埃尔·D.的窥视中并没有惊天动地的发现，但即便是在我们这个几乎所有东西都能够瞬时搜索的时代，这本书看起来也是一份令人不安的档案。我们从中获知他三四十岁，头发过早白了；他热衷于电影，并撰写了大量电影理论方面的文章；他热爱食物和抽雪茄。强迫症般将自己的欲望发挥到一个毫无戒心的人物身上，却奇怪地没有受到艺术家自己真实情感的影响，是典型的卡莱式的创作——它在紧张中持有对接触的渴望和拒绝、永不满足的好奇心以及近乎病态的对界限的漠视，总是充满矛盾和怀疑——狂热地关注他人，永远无法完全掩盖这样一个事实：艺术家最想知道的其实是她自己。

——杰弗里·卡斯特纳

《布朗克斯》

[1] 自1983年星星出版社（Éditions de l' Étoile）首次发行了《请跟踪我》的法语版本以来，这本书以多种版本形式出版。该版本包含哲学家让·鲍德里亚的介绍文字，后来被翻译成英语，由美国西雅图海湾出版社（Bay Press）于1988年出版。西格利奥出版社（Siglio Press）则于2015年与艺术家合作出版了一个新的英文版本。该引用形式遵循西格利奥出版社，而非海湾出版社的版本。

[2] 卡莱1998年出版的《双人游戏》（*Doubles-Jeux*），由南方文献出版社（Actes Sud）以一个书匣装的7本小书的系列形式首次出版，并与小说家保罗·奥斯特（Paul Auster）合作再版了一系列卡莱的早期作品。这些书随后被合并并以英文重新出版，由紫罗兰出版社（Violette Editions）精心设计后于1999年出版，然后在2007年以精简版再次出版。紫罗兰出版社的版本包括一本奥斯丁小说的复印件，封面上还系着勃艮第绸带，以及一张艺术家精心设计的照片——画面看起来像是一只被剥了皮的猫趴在她的肩上。该版本是一种有价值的可收入选集的资源，遗憾的是书中有数个打印错误。

[3] 在艺术家创作的早期，特别需要提到的是《布朗克斯》（*The Bronx*）。这是卡莱于1980年创作的另一部作品，最早是作为纽约第147街附近著名的时尚摩登（Fashion Moda）画廊的展览展出的，之后收集了一系列与文字匹配的8张照片，详细描述了艺术家的遭遇——她让当地人带她去他们想让她去的任何地方。在展览开幕的前一天晚上，有人闯入画廊，将她的作品用涂鸦标记覆盖：这本书复制了这些标记，因为它们出现在了装裱好的作品上。

[4] 卡莱在2009年的一次报纸采访中谈到了她与这位哲学家的关系："我当时正跟着让·鲍德里亚学习，我父亲和我达成协议，如果我拿到文凭，他会付给我一笔钱。但我不想完成学业，我把这个想法告诉了鲍德里亚。他说：'别担心，我会把其他学生的试卷传给你，你会拿到文凭的。'"斯图尔特·杰弗里斯（Stuart Jeffries）著，《索菲·卡莱：跟踪者，脱衣舞娘，入睡者，侦探》（*Sophie Calle: Stalker, Stripper, Sleeper, Spy*），载于《卫报》（*The Guardian*），2009年9月23日刊，http://www.theguardian.com/artand design/2009/sep/23/sophie-calle. 卡莱把她的艺术项目的发展称为一种精心的"勾引"父亲的企图。"我成为一名艺术家是因为我想取悦我的父亲——一个业余艺术收藏家。我看了他挂在墙上的作品，我想我可能会在不知不觉中想到我可以模仿杜安·迈克尔斯（Duane Michals）。或者，在我看来，我的照片永远不够，我的文字也不够。"珍娜·索尔斯（Jenna Sauers）著，《采访索菲·卡莱》，http://www.essayprize.org/winners-2/sophie-calle/sophie-calle-interview.

[5] 南方文献出版的《入睡者》包含了装在一个封套中的两本书：一本书的图像以横向排列，一本书的文本文档以纵向处理。

[6]《地址簿》的编辑历史有些复杂。最后可能的原因是，卡莱和地址簿的所有者——一位名叫皮埃尔·鲍德利（Pierre Baudry）的法国电影制作人——达成协议，在鲍德利去世（他于2005年去世）之前，不会用原版的法语重印该书的内容。在1998年出版的7本《双人游戏》中，南方文献出版的版本这部分是空白的。该项目的2009年版本，由西格利奥出版社以45本的限量版出版，包括最初出现在《解放》上的所有材料，2012年西格利奥出版社的英文版也是如此。

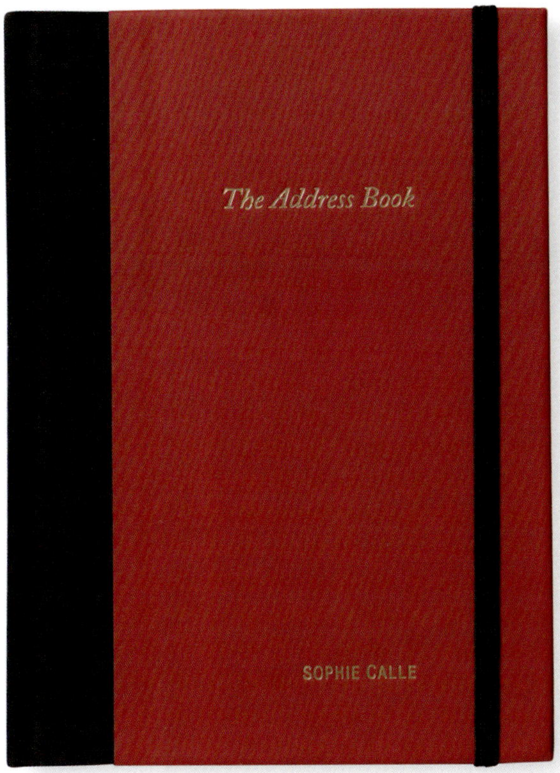
The Address Book
SOPHIE CALLE

《地址簿》

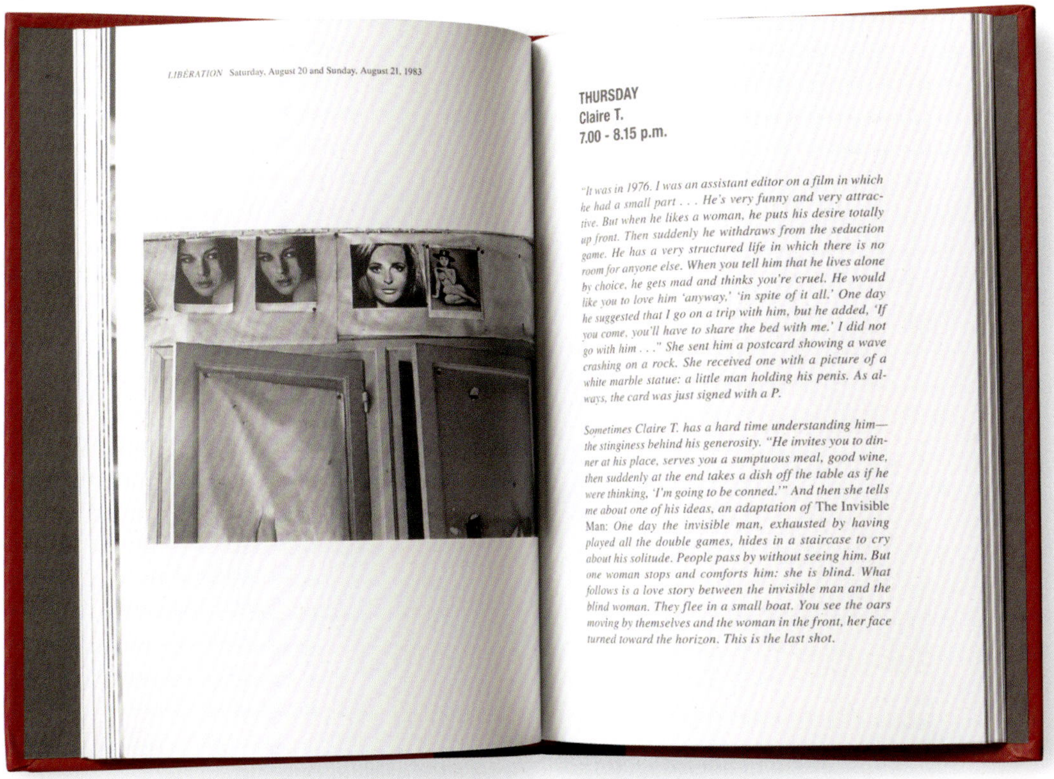
LIBÉRATION Saturday, August 20 and Sunday, August 21, 1983
THURSDAY
Claire T.
7.00 - 8.15 p.m.
"It was in 1976. I was an assistant editor on a film in which he had a small part . . . He's very funny and very attractive. But when he likes a woman, he puts his desire totally up front. Then suddenly he withdraws from the seduction game. He has a very structured life in which there is no room for anyone else. When you tell him that he lives alone by choice, he gets mad and thinks you're cruel. He would like you to love him 'anyway,' 'in spite of it all.' One day he suggested that I go on a trip with him, but he added, 'If you come, you'll have to share the bed with me.' I did not go with him . . ." She sent him a postcard showing a wave crashing on a rock. She received one with a picture of a white marble statue: a little man holding his penis. As always, the card was just signed with a P.
Sometimes Claire T. has a hard time understanding him—the stinginess behind his generosity. "He invites you to dinner at his place, serves you a sumptuous meal, good wine, then suddenly at the end takes a dish off the table as if he were thinking, 'I'm going to be conned.'" And then she tells me about one of his ideas, an adaptation of The Invisible Man: One day the invisible man, exhausted by having played all the double games, hides in a staircase to cry about his solitude. People pass by without seeing him. But one woman stops and comforts him: she is blind. What follows is a love story between the invisible man and the blind woman. They flee in a small boat. You see the oars moving by themselves and the woman in the front, her face turned toward the horizon. This is the last shot.

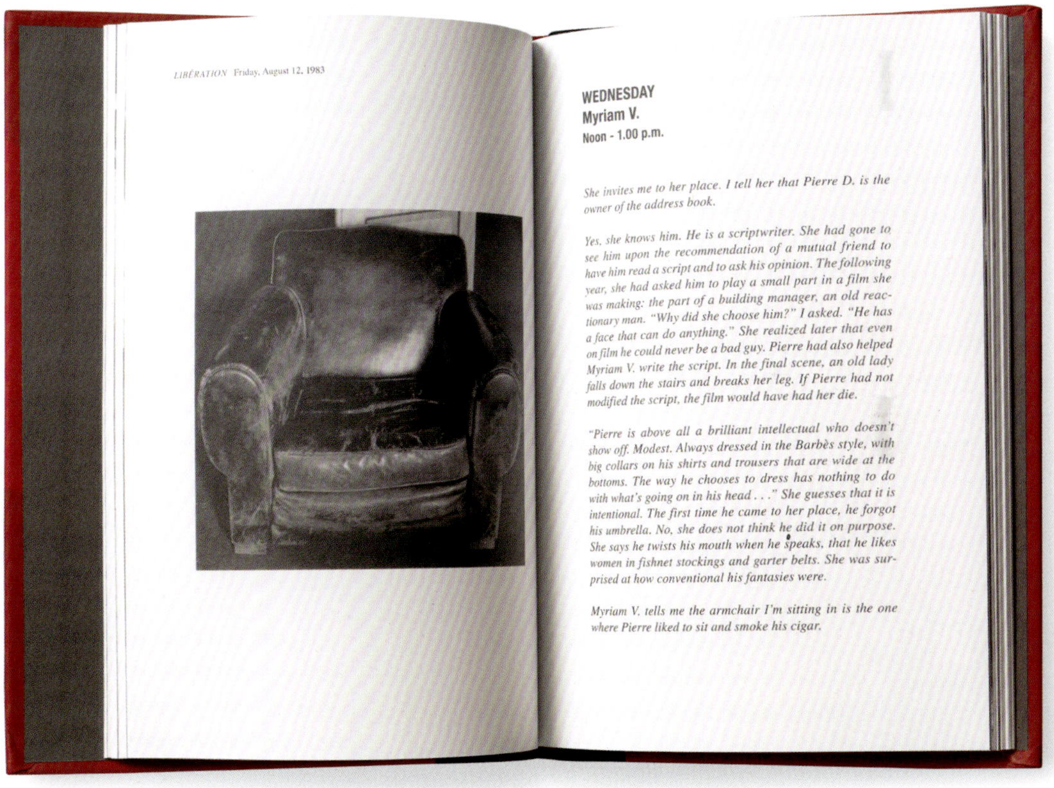
LIBÉRATION Friday, August 12, 1983
WEDNESDAY
Myriam V.
Noon - 1.00 p.m.
She invites me to her place. I tell her that Pierre D. is the owner of the address book.
Yes, she knows him. He is a scriptwriter. She had gone to see him upon the recommendation of a mutual friend to have him read a script and to ask his opinion. The following year, she had asked him to play a small part in a film she was making: the part of a building manager, an old reactionary man. "Why did she choose him?" I asked. "He has a face that can do anything." She realized later that even on film he could never be a bad guy. Pierre had also helped Myriam V. write the script. In the final scene, an old lady falls down the stairs and breaks her leg. If Pierre had not modified the script, the film would have had her die.
"Pierre is above all a brilliant intellectual who doesn't show off. Modest. Always dressed in the Barbès style, with big collars on his shirts and trousers that are wide at the bottoms. The way he chooses to dress has nothing to do with what's going on in his head . . ." She guesses that it is intentional. The first time he came to her place, he forgot his umbrella. No, she does not think he did it on purpose. She says he twists his mouth when he speaks, that he likes women in fishnet stockings and garter belts. She was surprised at how conventional his fantasies were.
Myriam V. tells me the armchair I'm sitting in is the one where Pierre liked to sit and smoke his cigar.

毛里齐奥·卡泰兰

（1960 年生于意大利帕多瓦）

《永久食品》第 4 期

1990 年，意大利首屈一指的艺术杂志《闪光艺术》在其封面上刊登了毛里齐奥·卡泰兰（Maurizio Cattelan）的一件雕塑作品——《策略》（*Strategie*，1990）。这件作品是一个 7 层的三角形结构，完全由《闪光艺术》杂志本身支撑，将期刊，也许是整个艺术世界，比喻成金字塔或是脆弱的纸牌屋，只靠内部结构狡猾而危险地结合在一起。这个世界里充斥着精心设计的等级结构，而在这之中，年轻的局外人卡泰兰显然不是一个小心翼翼踮着脚走路想将其绕过的人。事实上，卡泰兰的《闪光艺术》封面是这位艺术家精心策划的恶作剧，他思考了"制度的规则"，并得出结论——"如果杂志不把我放在封面，我也可以自己去做"[1]。卡泰兰设法购买了 1000 本即将发行却仍未装订的杂志，然后将他的"特技表演"、设计、印刷，并将自己的封面装订到杂志上，接着在意大利的几个城市展示。"不敬""好笑""顽皮"和"幼稚"等描述字眼，似乎都是在提到艺术家时会出现的韵律感，这并不是毫无意义的。这种早期干预显示了卡泰兰对设计复杂的视觉障碍的偏好，但这也表明了他对艺术世界中图像流通力量的敏锐理解，以及杂志和其他印刷品在这一过程中所扮演的重要作用。

作为一名观念艺术家，卡泰兰的作品主要采用雕塑的形式，结合人类形象（教皇约翰·保罗二世、阿道夫·希特勒和艺术家本人）、动物（驴、大象、鸵鸟）、墓碑、骷髅、桌上足球、床板、广告牌和课桌，并使用意想不到的尺寸变化，通过夸张的比例和偶尔引发的暴力来创造离奇的，往往是滑稽的场景。如果他的著名作品《第九个小时》（*La Nona ora*，1999）以其观众亲眼看到教皇被一颗天降流星钉在地上，将他的双腿砸碎而感到震惊，那么它通过照片传播的就是一个增加解读雕塑的机会，其模拟的标记也在复制中消失。这位艺术家曾将这幅作品描述为"一个不存在的雕塑：一个融入纯粹交流的三维图像——一个在信息、新闻、评论、头条、复制品、报纸和其他传播中消失的物体"[2]。与《闪光艺术》的封面一样，《第九个小时》指出了卡泰兰对图像复制的深刻理解，或者就像策展人南希·斯佩克特（Nancy Spector）所说的"对摄影的战略强调"，对她来说，"这是一个事实，即我们都在一个不可避免的中介社会中运作"[3]。

20 世纪 90 年代初期至中期，当卡泰兰作为一名艺术家崭露头角的时候，期刊印刷品在很大程度上对社会矛盾起着推波助澜的作用。在他参与《闪光艺术》封面改革的 5 年后，他与艺术家多米尼克·冈萨雷斯—福尔斯特（Dominique Gonzalez-Foerster）共同创办了《永久食品》（*Permanent Food*）杂志，这本"关于杂志的杂志"在 1996 年到 2007 年间共出版 14 期。《永久食品》"吞噬"了其他出版物，从法国的《时尚》（*Vogue*）到《格斗》（*Combat*），再到《生存》（*Survival*；在"去报刊亭，买下吸引我们眼球的所有

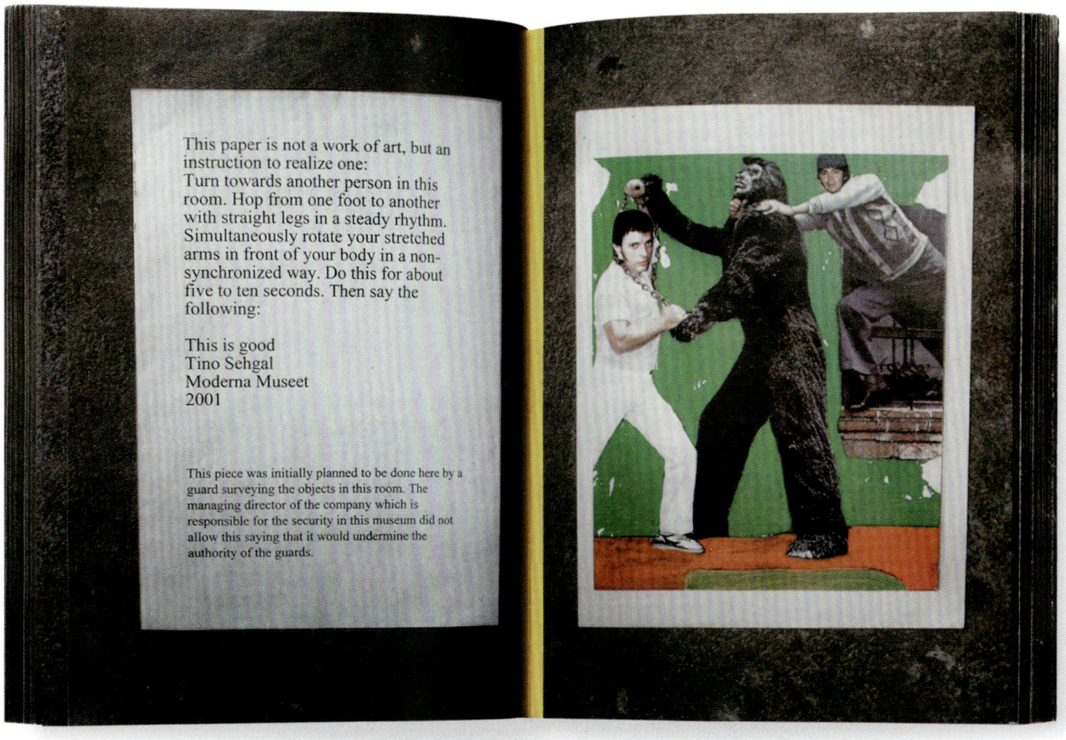

This paper is not a work of art, but an instruction to realize one:
Turn towards another person in this room. Hop from one foot to another with straight legs in a steady rhythm. Simultaneously rotate your stretched arms in front of your body in a non-synchronized way. Do this for about five to ten seconds. Then say the following:
This is good
Tino Sehgal
Moderna Museet
2001
This piece was initially planned to be done here by a guard surveying the objects in this room. The managing director of the company which is responsible for the security in this museum did not allow this saying that it would undermine the authority of the guards.

《查理》第 1 期

刊物”之后），撕下很多原有页面，并把它们反刍为充满挑衅材料和奇特并置的新出版物，主要以黑白形式复制，偶尔会出现彩色页面[4]。出版物中的所有内容都被艺术家同等对待和利用，无论它们是广告、专题照片还是目录。

在《永久食品》第 4 期中，有一篇挪用来的题为《哪个 AK？》的文章解释了不同型号卡拉什尼科夫步枪的复杂性。在其他版面中，一个键盘上的回车按钮的特写似乎是公司工作无聊的写照。在第 7 期中，一张广告将礼堂里挤满了西装革履的中年白人男子的照片与一位商人的照片进行了对比，商人傲慢得不可一世，已经昂首天外，只留下他的领带笨拙地晃荡在他的肩膀上。在其他页面里，一块桌布悬在半空中，从一张摆着晚餐的桌子上猛拉出来，而飞舞的陶器、沙拉、面包碗和玻璃杯都在强烈的闪光灯聚焦下熠熠发光。正如卡泰兰要求对出版物拥有某种所有权，强迫更改《闪光艺术》的杂志封面一样[5]。《永久食品》的创立就源于他想“拥有自己的杂志”（通过更改其他杂志的方式）的愿望。在《永久食品》中，卡泰兰表明了他对“图像及其权力”，以及这种力量所能产生的扁平化效果的迷恋[6]。无论是高雅还是低俗，出版物中的图像都微妙地颠覆了主流媒体文化，迫使观众思考卡泰兰编辑的意图、利益及其奇特的品位。

《永久食品》侧重于从大众感兴趣的出版物中摘取文本和图像，卡泰兰的下一种出版物《查理》（*Charley*，2002—2007），则是由艺术家、策展人阿里·苏博特尼克（Ali Subotnic）和马西米利亚诺·焦尼（Massimiliano Gioni）合作创办的，并用同样的方式消化了已经存在的图像，而且这次是通过挪用艺术世界已有的出版物来完成的。第 1 期《查理》杂志于 2002 年发行，全部由画册、简报、传单等纸媒中撕下来的照片所组成，这些照片均来自其他艺术家、作家和策展人提交给编辑的各位新兴艺术家的作品。接下来的一期《查理》杂志通过宣传当年的展览的明信片和公告，展示了从 2001 年秋季到 2002 年夏季艺术世界的各个“展览季”。接下来的杂志中还出版了以 20 世纪 80 年代和 90 年代的艺术家为特色的杂志撕下来的页面，这些艺术家在这些年来一直被忽视，这也意味着第 2 期中提到的许多艺术家也将被视为过时了。《查理》杂志的功能，对于它的制作者来说，是“一个朋友，一种爱好，一个你用来消磨时间的游戏”，或者它可能在揭露一些内幕，也可能是一份为知情人士准备的出版物[7]。

对于卡泰兰最新出版的一部作品《厕纸》（*Toilet Paper*，2010—）来说，内幕身份无疑是没有必要的。这本杂志光鲜亮丽的印刷掩盖了其存在的奇特性。

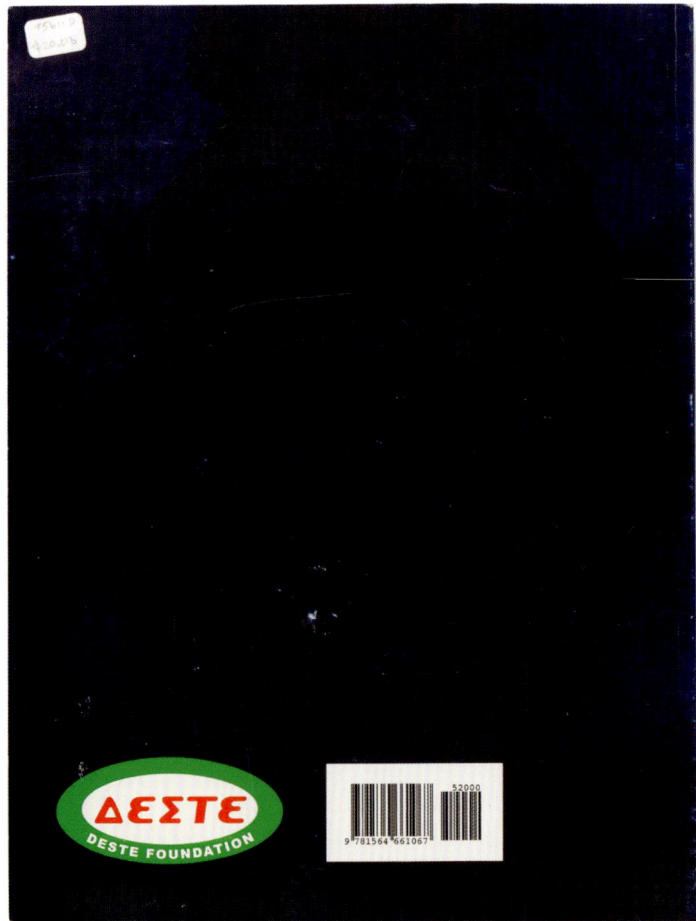

《查理》第 3 期

ALLEN RUPPERSBERG
Allen Ruppersberg: Books, Inc. (Limousin, France: Fonds Régional d'Art Contemporain, 2001)
Are the
SHOCKING
STORIES
JUST
MUCH
concerning . . .
assumptions,
values,
wishes and need?
TRUTH
STAND?
SEE
the Mean and
the Meaningful
THE SKY ABOVE THE MUD BELOW!
ALLEN RUPPERSBERG
Art in Los Angeles, 1960—1997 (Humlebaek, Denmark:
Louisiana Museum of Modern Art)

《厕纸》由卡泰兰与时尚摄影师皮埃尔保罗·费拉里（Pierpaolo Ferrari）合作制作，并通过由两人构思和制作的照片，来演绎一个个诡异的视觉故事。这本杂志没有广告，其精心构建的图像呈现了广告的视觉效果，（目的）却是为了削弱广告。卡泰兰表示，《厕纸》项目的部分吸引力在于一种反商业立场：“（它）避开了市场，即没有什么要去出售，没有什么东西要收集，它只是一本杂志。”[8]

《厕纸》杂志的图片是怪诞、美丽，又过度饱和和可怕的，这与卡泰兰的很多以物件为基础的作品没有什么不同。以2010年6月刊的封面为例，画面上展现了从老式床的正上方拍摄的一个身着修女服装的男子。在2011年6月刊的一张照片中几只胳膊和腿从镜子上凿出的圆孔中伸出，最终形成奇怪却又自成一体的“豆荚”。巴洛克式的舞台背景感觉像是被从狂热的梦想和前卫的戏剧作品中撕裂的。四个人静静地把头靠在一个房间里的会议桌上，被一大块塑料包裹在一个收缩的房间里。两个女人头上戴着枕套（有挖好的眼洞），周围是盆栽植物：一个女人抱着一只羽毛鲜艳的鸟，另一个女人提着一串玉米棒子。一个人走来走去，脚上套着的却是被砍下来的剑鱼头，一只手还握着气势汹汹的剑鱼长矛般的长颌。在一间华丽的房间里，两个孩子恶作剧般地戏弄着一个女人，也许是他们的母亲：女孩遮住了女人的眼睛，对着镜头微笑，而男孩则玩弄这把戏。一大堆青豆被放置在一张铺着蓝色床单的床上。一个女孩状若痴狂地在乙烯基沙发上打滚，周围是一大堆炸薯条。

观者可能很容易想象其中的一些场景被转化为卡泰兰标志性的雕塑作品，只是这位艺术家在2011年作品回顾之后就退出了艺术创作，我们可能永远不会在三维空间看到这些场景。然而，即使卡泰兰对通过摄影来传播他的作品感兴趣，也像他对其雕塑作品一样，可能只是通过出版实践来提高他的艺术创作效率。对他来说，客体可以是一种暂时的状态：它的图像，只要足够强大，将会通过在页面上的传播而延续和扩展。正如卡泰兰所说，“一个没有内容的图像将很快退化，也注定会消失，你不需要成为一个专家才能来理解这一点。”但他也表示，“我的一些作品，在10年、15年之后，仍然会存在，我们仍然会看着它们（我也是），并说：该死！”[9]

——克莱尔·莱曼

《厕纸》第6期

《厕纸》第9期

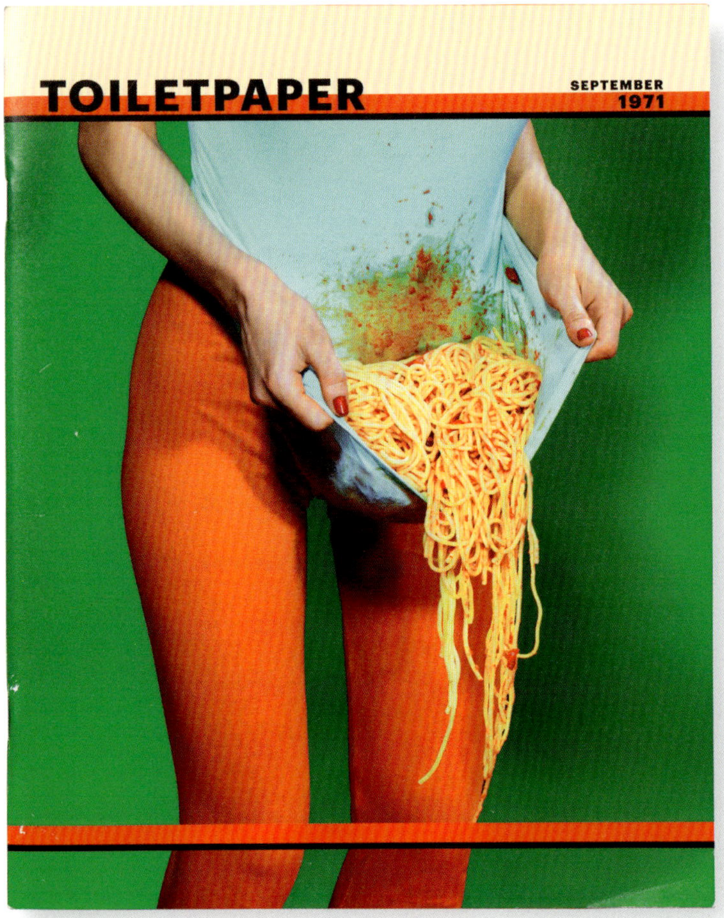

《厕纸》第 8 期

[1] 引自卡罗琳·科贝塔（Caroline Corbetta）著，《毛里齐奥·卡泰兰》（*Maurizio Cattelan*），摘自《话谈》（*klat*），2010 年春季刊，http://www .klatmagazine.com/art/maurizio-cattelan -interview-back-to-the-future-02/7857.

[2] 引自艾丽西亚·博纳（Alicia Bona）的一次采访，“每个人都必须被石头砸死”（Everybody Must Get Stoned），佳士得当代艺术画册条目（晚间拍卖），纽约，2001 年 5 月 17 日，http://www .christies.com/LotFinder/lot_details.aspx ?intObjectID=2051684.

[3] 凯瑟琳格·勒尼耶（Catherine Grenier）著，《毛里齐奥·卡泰兰全集》（*Maurizio Cattelan:All*），引自《艺术报》（*artpress*），2011 年 11 月刊，第 43 页。

[4] 引自玛丽亚·洛克（Maria Lokke）著，《毛里齐奥·卡泰兰的〈厕纸〉》（*Maurizio Cattelan' s Toilet Paper*），NewYorker.com，2011 年 11 月 18 日，http://www.newyorker.com/culture/photo-booth/maurizio-cattelans-toilet-paper.

[5] 凯瑟琳格·勒尼耶著，《毛里齐奥·卡泰兰全集》，引自《艺术报》，2011 年 11 月刊，第 118 页。

[6] 米歇尔·罗伯奇（Michele Robecchi）著，《毛里齐奥·卡泰兰：合为一体》（*Maurizio Cattelan, All in One*），载于《美国艺术》（*Art in America*），2011 年 11 月，第 116 页。

[7] 亚伦·莫尔顿（Aaron Moulton）著，《走错误的路去柏林》（*Taking the Wrong' s Way to Berlin*），载于《闪光艺术国际》（*Flash Art International*），2006 年 3 月—4 月刊，第 47 页。

[8] 凯瑟琳格·勒尼耶著，《毛里齐奥·卡泰兰全集》，引自《艺术报》，2011 年 11 月刊，第 43 页。

[9] 科尔贝塔（Corbetta）著，《毛里齐奥·卡泰兰》（*Maurizio Cattelan*）。

对话陈佩之

陈佩之（Paul Chan）个性张扬，有深刻的洞见、怪诞的幽默感以及辨别是非的能力。他最著名的作品可能是他的视频和投影。但从陈佩之艺术生涯一开始，他的创作就与文本密切相关——从以语言为能指的艺术作品，到通常被用来扩展和阐述其哲学思想的写作实践，这些文本的创作都为他的作品注入了活力。

陈佩之一直努力在书籍和其他方面的实践之间建立起间接或直接的联系，创作出了一些出版物，这些出版物可以交替用作清晰的话语辅助手段，以及与博物馆展览和独立项目无关的表面补充。但无论陈佩之的艺术作品采取什么形式，语言问题——以及交流和传播问题——都离他不远，因此，当他在2009年中断艺术创作（此后又重新开始）时，他将自己的创作精力转向了出版。

他于2010年创立荒原无限出版社（Badlands Unlimited），现在与帕克·布鲁斯（Parker Bruce）、伊恩·程（Ian Cheng）、米凯拉·杜兰德（Micaela Durand）和安比卡·苏布拉马尼安（Ambika Subramaniam）一起运营，推出了印刷版和电子版的各种出版物，包含艺术家书、理论书籍、文学和诗歌、历史资料。对于陈佩之来说，这份清单与其他类型的艺术品相似，这是一个通道，将各种明显的对立面——审慎与欲望、诗意与现实、无忧无虑与乏味的严肃——想象成辩证法；在关键的交叉点上，这些对立可以产生必要的摩擦，以消除既定结构中带有启示性的漏洞。2016年2月，陈佩之在曼哈顿下东区的荒原无限出版社办公室与杰弗里·卡斯特纳进行了对谈。

杰弗里·卡斯特纳：在我们开始谈论荒原无限出版社之前，我想问你关于出版作品在你的艺术创作中的作用。10多年前，当时我就美国《共和党全国代表大会公众指南》（*The People's Guide to the Republican National Convention*）[16]撰写了文章，那是我们第一次接触，这本指南是你在2004年和"威廉·布莱克的朋友们"（Friends of William Blake）团体共同绘制的纽约市的另类地图。在为我们今天的谈话做准备的时候，我意识到我的图书馆里还有你的其他几本书，包括《影子与她的万达》（*The Shadow and Her Wanda*），一本非比寻常又非常精致的儿童读物，它是你在2007年为新博物馆（New Museum）的展览制作的。此外，还有一本漂亮的书，是你当年在新奥尔良为"创作时间"（Creative Time）拍摄的《等待戈多》（*Waiting for Godot*）所

16　美国《共和党全国代表大会公众指南》是艺术家为2004年发生的迈克尔·布朗枪击事件的抗议者设计的纽约市地图，在纽约各处分发，用于帮助抗议者进入或退出共和党。

制作的。在你的艺术实践中，书籍作品一直都是一条贯穿始终的线索。

陈佩之：就我而言，出版工作是媒介作品的延伸。我是在媒体人制作杂志和单频视频的时代长大的，这也是我在学校里学的。我总是在纸上发表与文章不同的其他类型的作品。我的一个想法是，不管是在页面上还是在屏幕上，我可能首先是一个文件制造者。我们知道，这些文件可以通过不同的物理、概念和美学形式表现出来。而作为一个文件制造者，问题就变成了什么是最适合这个文件的形式。比如，当我们制作美国《共和党全国代表大会公众指南》时，我们曾就“它是否应该仅仅是一个网站”进行了长时间的讨论，整个网络将是开放的、免费的，但我们也意识到它不是我们想要的样子，在智能手机出现之前，人们可以在街上看到和使用这本指南。不同媒介的阅读体验是不同的。当人们开始越来越多地在屏幕上阅读时，移动影像作品似乎与其他使用屏幕的作品无缝融合在了一起。我不会说它是一个完全的连接体，但我认为屏幕基本上是我们在21世纪的生活和呼吸方式。

杰弗里·卡斯特纳：在页面和屏幕之间，比如说读一本纸质书和在某种设备上看书之间有什么不同？

陈佩之：这关乎注意力的质量。对我来说，一本书并不是由它的物理存在来定义的，而是由一定的注意力质量所定义的。一本书是一种吸引注意力的空间。碰巧，印刷的书以某种方式使我们处于思绪或思维方式中，甚至使我们能够把注意力集中在页面上。它的物理属性为我们提供了一种特殊的注意力，一种我第一次通过视频作品真正理解的注意力——某些视频作品会让我处于一种特定注意力模式中，就像我在阅读一样，虽然我并没有阅读，只是在体验。比如，看克里斯·马克（Chris Marker）的电影就让我有这样的心情：我不无聊，但我也不是不无聊，我只是处于这种状态下的流动注意力中。这是非常独特的感受，也是我理解伟大作品的方式。伟大作品与其他作品的不同之处就在于它们帮助我集中注意力的方式，甚至不一定集中在作品本身，而仅仅是它们统领和引导我注意力的方式。

杰弗里·卡斯特纳：这是形式在起作用吗？还是内容？

陈佩之：这很难说。我们只知道，当我们读到一本好书的时候，我们的注意力自然而然就被吸引过去了，对吧？现在的年轻一代即使没有实体书也能有这种感觉，这也是我们做电子书的原因之一。它不一定是基于形式，而是基于受众。我们有一个出版项目，就是针对二三十岁的年轻人的。我们的目标是出版能让他们更方便地接触到文化的书籍，让他们从学校之外的其他方面可能得到一些启示，但不是我认为有趣的批评观点。比如，在马塞尔·杜尚的书《马塞尔·杜尚：下午访谈》（*Marcel Duchamp, The Afternoon Interviews*，2013）中，所有关于杜尚的信息都包括了，但是我们想将这本书用一种便于年轻人吸收的形式，而且这种方式可以使它与年轻人今天的生活有所联系。

杰弗里·卡斯特纳：这是“荒原无限”出版的一本以印刷书籍和电子书形式同时存在的出版物。

陈佩之：这两种形式都很不错。我来自奥马哈，在我成长的过程中，我的家乡最好的书店在机场。我不知道现在是否仍然是这样，但我知道一个14岁的孩子是可能有一部智能手机的，他们可以在 Kindle、iTunes 或亚马逊上下载我们的书，也可以随时阅读。我们选择做电子书有很多原因——它很便宜，也便于发行，甚至可以帮我接触到身在蒙大拿州巴特市的孩子。对我来说，这很重要。

杰弗里·卡斯特纳：说到发行，今天早上我就遇到一个有趣的经历：我想看看从 iTunes 上买的“荒原无限”出的电子书，但网上商店被关闭了两个小时，因此我无法从云端进行下载。

陈佩之：（笑）这时有发生。有时它们会无缘无故地下线，有时书会被无缘无故地审查，有时还会无缘无故被取消上架资格。

杰弗里·卡斯特纳：它们有没有因为一些原因而被限制或审查？

陈佩之：当然。

杰弗里·卡斯特纳：比如说？

陈佩之：性！

杰弗里·卡斯特纳：《新情人》（*New Lover*）这本书不是在 iTunes 的书架上吗？

陈佩之：是的。不过，仅是唤起性的词语没什么问题，影像则会受到审查。这一规定也是导致苹果公司拒绝将性视觉化而只停留在语义上的性的原因。我们和《新情人》相处很愉快，而被下架的一些艺术家书更多的是因为图像，有时也因为我们的制作方式。有些机构会检查系统中的每一本书。这是什么？为什么这个图像被裁掉了？你确定页码就在这里吗？我认为制作电子书的乐趣之一就是使电子书平台的图书形式多样化。我不知道是谁一直在分销电子书系统中的艺术家书。我的意思是，首先，这很荒谬。做这件事需要人力物力，而且利润很多吗？但我认为对我来说，就像贝尔托·布莱希特的名言——我不知道是从哪里看来的——他说：“你不应该从好的旧事物开始，而应该从坏的新事物开始。”没有什么比电子书更坏的了，特别是在当代艺术中。所以我想，为什么不从那里开始呢？我已经有足够的时间让人们知道我会继续做实验书。至于苹果公司，他们经常不得不面对这样一个事实：他们得到了这些他们不理解的电子书。

杰弗里·卡斯特纳：那你们有对话吗？

陈佩之：你按照出版流程把书上传。一周后，你再检查一下，如果还没有上线，就去帐户查看，那里通常会有一个标识或类似旗标的图示。通常，我们的每本书有 5 至 7 个旗标。

杰弗里·卡斯特纳：他们会标示具体意见，并要求你们去修改吗？

陈佩之：他们会问我们为什么要用这种方式做书？为什么这里有乳头？为什么页码错了？我们曾再版了伯纳黛特公司（Bernadette Corporation）的《美国制造》（*Made in USA*，2012）。这本书基本上是对实体书的扫描，但以电子书的形式出版，所以你可以在网上访问它们。苹果公司说：“页码全错了。”事实上，苹果公司给我们添加的标识基本都在问：“难道你不知道你做的都是错的吗？”

杰弗里·卡斯特纳：“你知道你把封面上的‘What’拼错了吗？”“你这样做的目的是什么？”“你确定要这样吗？”

陈佩之：就是这样。我不觉得它很烦人，反而觉得它很迷人。而且，在很多方面，这和我在其他媒体上了解的分销系统没有什么不同。

杰弗里·卡斯特纳：有没有亚马逊或苹果以外的独立电子书分销平台？

陈佩之：当然，这像所有技术平台一样。你知道 O/R 出版社吗？它的经营者约翰·奥克斯（John Oakes）是我在出版领域的导师。O/R 是独立运作的，它不通过苹果或亚马逊来销售。你可以直接从平台下载电子书文件，平台还会告诉你如何把它加载到你的 Kindle 或 iPad 上。这个机构表现出的原则性，我很欣赏。

杰弗里·卡斯特纳：你如何决定哪些书适合哪种特定的出版方式？或者两种出版方式都适合？

陈佩之：这一季我们正在做一些关于艺术家的电子书。它们仅是电子书，而不是纸质书，其中一个乐趣就是我们可以快速、廉价地完成它。当荒原无限出版社刚成立时，我们的想法是花一年或一年半的时间来做一本书，就像杜尚的书、克劳蒂亚·拉·罗科（Claudia La Rocco）的书。但因为我们最初主要是作为一家电子书出版社而存在，就需要加速生产周期——在一天内完成一本书。在 2011 年，机构开始调整自己的时间，比如我们能在两个小时内完成一本书吗？这真是一种乐趣。于是，艺术家们的电子书成为一种方式，让人们重新认识到电子书格式的无限可能。今年春天，我们出版了七八本关于艺术家的电子书，包括陈旭峰（Howie Chen）、瑞秋·罗斯（Rachel Rose）、乔治娅·萨格里（Georgia Sagri）、马格纳斯·谢弗（Magnus Schaefer）——纽约现代艺术博物馆的一位策展人，曾与约翰·米勒（John Miller）和克拉丽莎·罗德里格斯（Clarissa Rodriguez）一起挑选图像——以及一位来自洛杉矶的时装设计师伯恩哈德·威廉（Bernhard Willhelm）。

杰弗里·卡斯特纳：艺术家会把作品带来给你看吗？还是你委托作者创作？

陈佩之：对于上面这些书，我们会首先询问艺术家自己的意见。比如，我们想和乔治娅一起做点什么，但一直到现在都没有结果。于是，我们又主动找到了瑞秋。我们的想法是，彼此的合作时间越长，其信誉就越值得信赖。也许这是游戏，但只要继续下去，人们会意识到你是真实可靠的。这可能需要一辈子的时间，但我认为值得尝试。《新情人》就是如此，最初是我们想办法去接触作家，但现在作家会主动来找我们。

杰弗里·卡斯特纳：说到《新情人》，其中的作者都是女性吧。在这方面是否有什么选择原则，或者这是自然形成的？

陈佩之：这是自然而然的结果，但现在我们意识到了，这可能是我们需要保持的一种方式。

最初，我们收到了各种人的项目书，但写得好的往往是女性。然后当我们在出版第二套的 3 本书时，我们认为也许应该保持所有作者都是女性的事实，因为这一命题历来都是女性作家写得更好。

杰弗里·卡斯特纳：在情色小说这一语境中，“更好”意味着什么？

陈佩之：这意味着读者可能更喜欢阅读它们。奇怪的是，我们虽然出版了情色文学，却并不读情色文学。为我们写作的作家以前也从未写过情色小说，所以每个人都是初学者。这对我来说也有一种尝试的乐趣。

杰弗里·卡斯特纳：嗯，这是否代表了它与你创作中长期以来对欲望的思考间相吻合的问题？

陈佩之：我同意你的说法，也认为是时候了。世界上有太多事情，常常会让我们觉得是一场悲剧，同时也是一场闹剧。《新情人》是我参与谈话的一种方式，因为它可以成为年轻作家谈论新时代年轻人喜欢或不喜欢什么的一个平台。我们出版的作品也倾向于用关联的方式来对待欲望和快乐。我指的不是丈夫和妻子，或者男朋友和女朋友，或者女朋友和女朋友，而是关于“欲望是什么”的拉康主义观念，因为欲望可以和很多事情结合在一起。我的意思是，我想出版一本尽可能火爆的书，让每个人都想阅读。事实也证明，和我们一起工作的作家在描写情欲场面的时候还想表达其他观点，这种方式令人感觉很棒。我们从书所得到的评论来看，作者真正领悟的一个事实是，它不仅是一种欲望幻想，而且是对监视行为的批判。我们没有让作者这样做，而是她们想这样做。我认为这更加令人感到愉快，坦率地说，也是通过一种现代方式来反思什么会令人不愉快，而这就是我想要的。

杰弗里·卡斯特纳：以一种能揭示其他问题的方式来对待欲望，当然不是传统意义上的情色文学。

陈佩之：说得没错。我们知道欲望就是这样。如果情色文学是一种幻想，那么也许幻想的东西可以扩大一点、加深一点，即通过它来表达其他东西。而我从中学到了很多。

杰弗里·卡斯特纳：到目前为止，你的名单上并没有多少属性明确的出版物，我知道你曾说过，在你自己的生活中存在激进主义和艺术创作的鸿沟。我可以想象，像“荒原无限”这样的出版社会有很多人来接洽，这些人都想写一些属性明确的书籍。

陈佩之：但事实并非如此，目前我还没有一个明确的书籍出版方案，倒是有很多人想出版街头摄影类书籍。此外，还有年迈的音乐家或摇滚明星想接洽出书。

杰弗里·卡斯特纳：是来自老牌摇滚明星的书，还是出版关于他们的书？

陈佩之：关于他们和他们的照片。也许我应该成立一家“空壳”公司，来实施所有的不那么正面的建议。（笑）其实我们可以设置一个自动电子邮件，每周集体发送一次，内容为“我们正在考虑你的提议”，这样他们就不会把提议发送给其他人。而它可能只是一个机器人，我认为这实施起来并不困难。

陈佩之：我们认为它们是书。从某种意义上说，一本书除非被阅读和传播，否则就不是一本书。对我来说，除了我所提到的吸引注意力之外，还有一个问题就是书的发行能力。没有什么比一本存在库房中的书更可悲了。书应该在书店，或者在某人的书架上。如果它不能流通，那就不能称之为一本书。书的社会化是建立在形式的基础上的，因此当它存在于一个电子书发行系统中时，它是一本书。

杰弗里·卡斯特纳：到目前为止，传统出版商似乎都在推出看起来像纸质书的电子书，他们并没有试图探索一本书可能是什么，它是如何运作的，它是如何被使用、阅读和分享的，它可能会向读者提出什么。

陈佩之：那是因为他们对自己的位置还没有一个清晰的了解。我认为出版历史就在告诉你，你需要注意书籍阅读和使用的所有方面。不久前，我读了一本很棒的书——安德鲁·佩特格里（Andrew Pettegree）的《文艺复兴时期的书籍》（*The Book in the Renaissance*，2010）。这本书讲述了出版业的历史，阅后简直令人难以置信。你会从中了解到书籍是如何随着时间的推移而发展的，看到字体制造者与书籍的相关性，了解欧洲印刷中心与宗教中心的关系；你会看到是什么在起作用，什么东西被销售出去，人们真正读了什么并记住了什么，这真是令人惊叹。我是说，它谈到了关系美学和社会实践。自古腾堡（西方活字印刷术的发明者）以来，没有什么比出版业的社会实践更有趣了。佩特格里给了我关于电子书的看法，因为古腾堡首次公开演示他的印刷机时，人们非常愤怒。他们不信任他，因为他们说人们可以使用比印刷机更灵巧、错误更少的手工制作书籍。他们对印刷书籍的恐惧和现在人们对电子书的恐惧有着惊人的相似。

杰弗里·卡斯特纳：你出版的哪本书商业反响最好？

陈佩之：杜尚那本。

杰弗里·卡斯特纳：这本书在某些方面是相当传统的。

陈佩之：确实如此，但是它为年轻读者介绍了一些已经存在的，容易理解的，又具有标志性的内容。而且，我觉得这本书很漂亮。

杰弗里·卡斯特纳：你的书大部分在哪里销售？

陈佩之：印刷书通过 D.A.P. 公司来分销，电子书通过苹果应用商店和亚马逊。

杰弗里·卡斯特纳：D.A.P. 会把书放在什么地方？

陈佩之：这取决于购书者——我们必须花一点时间，让它们在像巴恩斯 & 诺布尔书店（Barnes & Noble）这样的地方与购书者产生共鸣。我们也会自己联系书店，这是苦差事，但也是生意的一部分。我们面临的挑战是要足够机智，使我们能在任何环境下都能生存下来。

杰弗里·卡斯特纳：作为一名出版商，你是否会重新激发自己制作书籍的兴趣？

陈佩之：可以说，制作书籍给了我自己以及想和我一起制作书籍和展览的机构之间更多的机会。荒原无限出版社的另一个模式就是 20 世纪 90 年代独立出来的嘻哈厂牌。我以前也谈到过这一点，我和其他人一样，是伴随着说唱音乐一起长大的，并且意识到说唱歌手已经开始制作厂牌，而这是一个很有经济效益的决定。他们想拥有自己的出版权，拥有自己歌曲的所有权，因为在那之前他们都没有。所以在某种程度上可以说，"荒原无限"是我给自己的标签，以使我可以控制自己的出版。

我为绍拉格博物馆制作的书就是这样一个千载难逢的机会，但协议的一部分是，如果他们要做一本书，我们就必须出版它，而我想在书籍的制作和销售的各个方面都拥有发言权。令人欣喜的是，他们信任像我这样的一个业余出版商来出版这本书。这使我不仅对文字、图片的选择有发言权，而且对发行策略、拷贝数量以及它们的去向也有了发言权。这些都属于出版，都需要我们密切关注，也只有这样我们制作的书才不会被滞留在库房里。

我认识很多艺术家，他们为自己的书感到骄傲，但这些书只是放在库房或博物馆的储藏室里。你懂我的意思吧？与我谈过的每一位才华横溢的艺术家都有过这样的经历。这并不是说博物馆不关心这些书，可能只是因为他们没有财力或资源来像艺术家希望的那样对待它们。通过创办一家出版社，我为艺术家和作家提供了一个平台，并以我希望的方式来保护它们免受可能没有发行资源或销售意识的机构（非故意）的侵害。有些艺术家不想展示作品，有些不想出售作品，有些则不想让其他人评论自己的作品，但这都没关系。我不知道有谁不想要一本属于自己的书。而问题的关键是，这本书该如何出版，它是否会拥有它应该有的待遇。也就是说，你会相信，只有拥有社交生命，一本书才会成为一本真正的书，而不是一本很酷炫、很古怪的艺术家书——当然这也很有特色，我也已经做了，但那不是我的初心。我并不是伴随着艺术家书成长的，而是在图书馆或机场书店阅读的时候长大的。

杰弗里·卡斯特纳："荒原无限"出版的艺术家书，如《什么是一本书？》（*Wht is a Book?*）、《什么是违法？》（*Wht is Lawlessness?*）、《什么是欲望？》（*Wht Is Lust? A*），它们只是作为电子书的形式存在吗？

陈佩之：不，它们都有印刷版本，同时还有无限量的电子版。我不想限制自己，我想做能够在史传德书店（Strand）或巴恩斯 & 诺布尔书店也能买到的书。它们有国际标准书号，也有简介和广告推广。我那身在奥马哈的表弟可以在亚马逊订阅，边读边想："他到底在干什么？"

杰弗里·卡斯特纳：是的——无论是在实体书上还是在话语权上，它们都是流通的书籍。读过书的人总是想谈论他们读过的东西。我个人最喜欢的出版物，是那些在智力上对我来说不可或缺的出版物，如《纽约书评》（*New York Review of Books*）和《伦敦书评》（*London Review of Books*），都是书评类杂志。此外，就是那种关于书籍写作和讨论的真正的文化类书籍。

陈佩之：人们都渴望得到它们。对于我们这些当代艺术工作者来说，我们渴望跨文化对话。艺术家不应该仅仅与其他艺术家聚集在一起，他们应该和诗人、编辑及其他人聚集在一起。要想与那些我们预先确定或可预测圈子外的人交谈，需要付出很大的努力。但在荒原无限出版社，这正是我们对待它的方式。

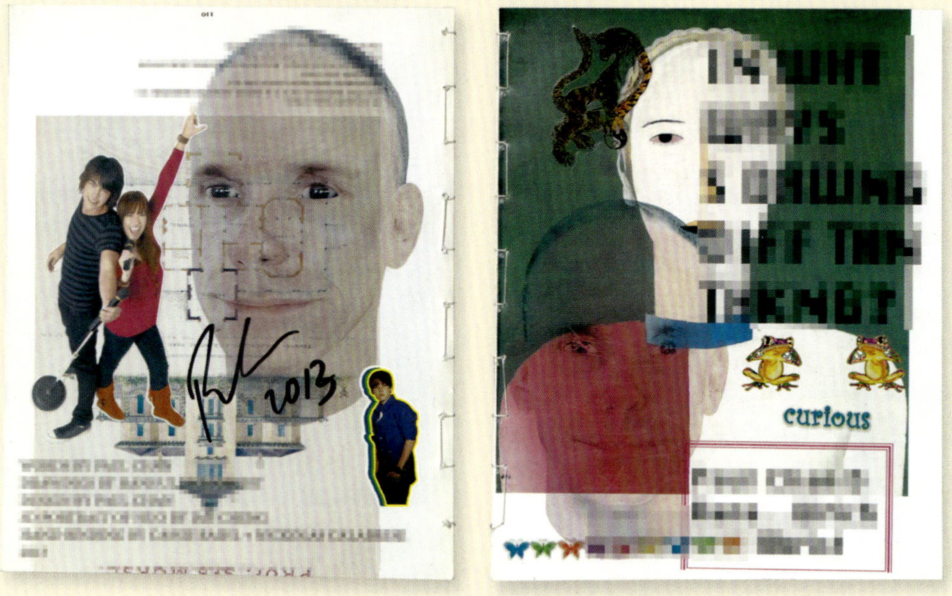

《绘画和思考有什么不同？》（*In Wht Ways S Drwng Diff Thn Thkng?*），2013 年

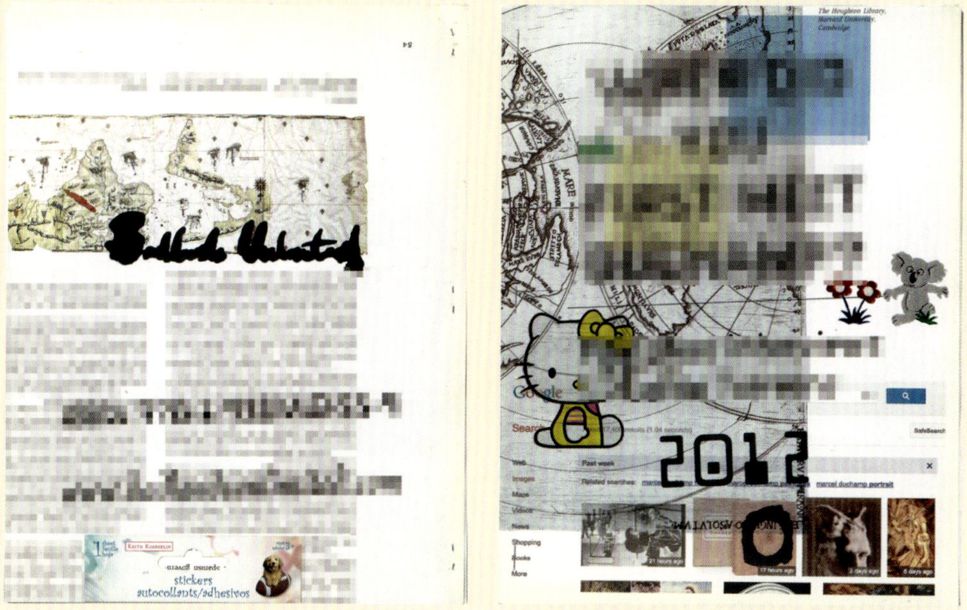

《你第一次遇见杜尚是什么时候？》（*When Did You First Meet Duchamp?*），2012 年

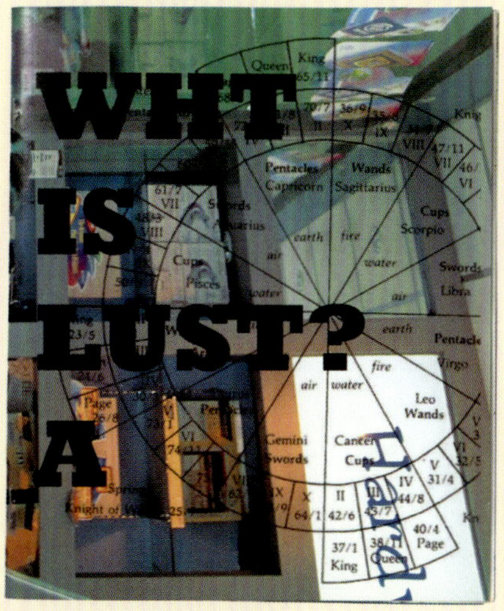

《什么是欲望？》（2011）

《新新约全书》（2014）

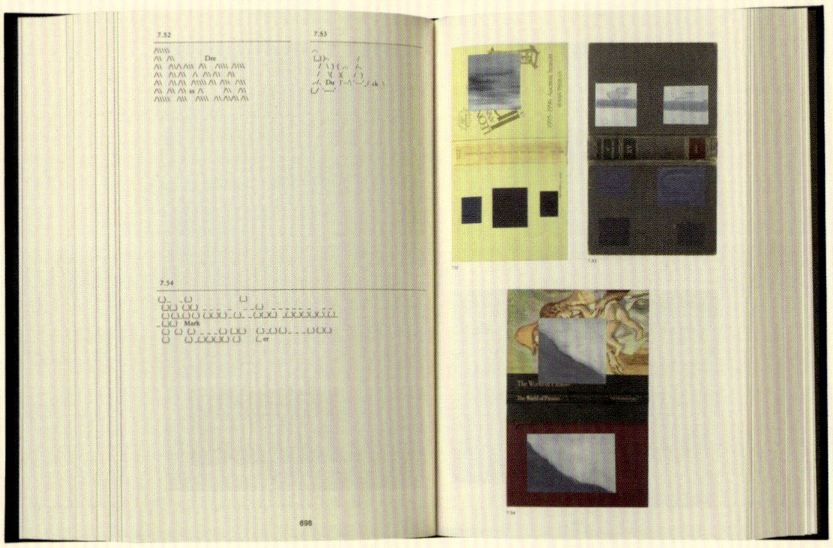

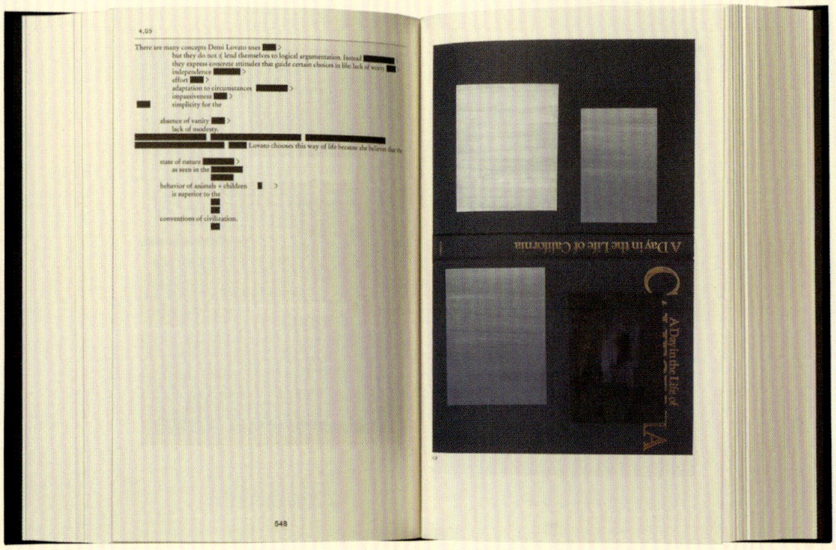

汉纳·达尔博文

（1941 年生于德国慕尼黑，2009 年逝于汉堡）

《00→99，1 个世纪，I→XII，1 加 1 等于 2，2 等于 2，等等》

“汉纳·达尔博文（Hanne Darboven）讨厌阅读，但喜欢写作”，露西·利帕德坚持道[1]。的确，写作，以及用写作来标识时间的流逝是汉纳·达尔博文艺术实践的核心，也是 20 世纪 60 年代后期观念主义产生的最具挑战性的实践之一。她创作的基本单位是书页，无论是悬挂在装置中还是收集在书本上，她都用编码文字来书写，如从日历上的日期计算的总数，用散文拼写的升序数字块，手写草书形成的波浪式抽象画，用手写或打字机誊写的历史段落、诗歌及其他曾经出版过的文章。达尔博文的每一个书页项目都是事先经过精心策划的，她通常会亲自执行她的计划，但偶尔也会根据项目的范围在几个月或几年内雇用打字员。尽管存在用于解释其作品的策划方案，但达尔博文似乎不太可能期望受众能完全理解她的创作理念，甚至很难解读她经常从地板到天花板所展示的网格纸上的每个字或数字[2]。尤其是她的书常会使读者体验到每一页展开的连续性，从而提供了一种非常物质的视觉感受，即艺术家的“身体（视觉）所经历的时间跨度”[3]。

时间存在于达尔博文项目的每一个层面，也构成了她的作品结构（Konstruktionen）或 K 数的基础，以及这些数字所构成的她的符号系统的主要部分。这一结构是根据日历上的日期，通过将给定月份和日期的数字以及年份的最后两个数字相加而创建的。在 20 世纪 60 年代中期，艺术家于纽约度过的对其成长有深远影响的两年间，她将索尔·勒维特、卡尔·安德烈和劳伦斯·韦纳视为自己的好朋友。1969 年，在勒维特将“序列艺术家”定义为一个不想“试图创造一个或美丽或神秘的物体，但功能仅仅是作为一个记录结果的职员”[4]之后不久，她就开始在自己的图书实践项目中加入了 K 数。然而，尽管她的工作看起来像是机械劳动，但达尔博文把它描述为一种高度个人化的活动。事实上，她那无可挑剔的书法极具辨认度，甚至主要的文字页往往都有手写的痕迹。而她抽象化的花体线条，也成为另一种反复出现的图形符号，让我们想起了移动着的笔。每一个笔画的起点和弯曲都类似于一系列相连的 U 型，却在中心有一条贯穿线，仿佛暗示着人类脉搏的跳动。

在达尔博文的职业生涯中，她出版了 30 多本艺术家书，其中既有自己独立完成的，也有通过艺术机构出版的，但都制作了具有高度指向性的展览目录。然而，目录中不包括评论性和策展性文章，而是提取了所展示页面的特定内容。虽然她经常向德国同乡寻求素材，但 1976 年出版的那本书却是向一位美国作家致敬，以表达对这位作家的深厚感情。作品《00→99，1 个世纪，I→XII，1 加 1 等于 2，2 等于 2，等等》（*00→99，Ein Jahrhundert，I→XII，eins plus eins ist einszwei，zwei ist einszwei，e.t.c.*）是一本精装书，封面是浅蓝色，上面有白色字体，开头一行引用了格特鲁德·斯坦因（Gertrude Stein）的一句话“花儿凋谢，

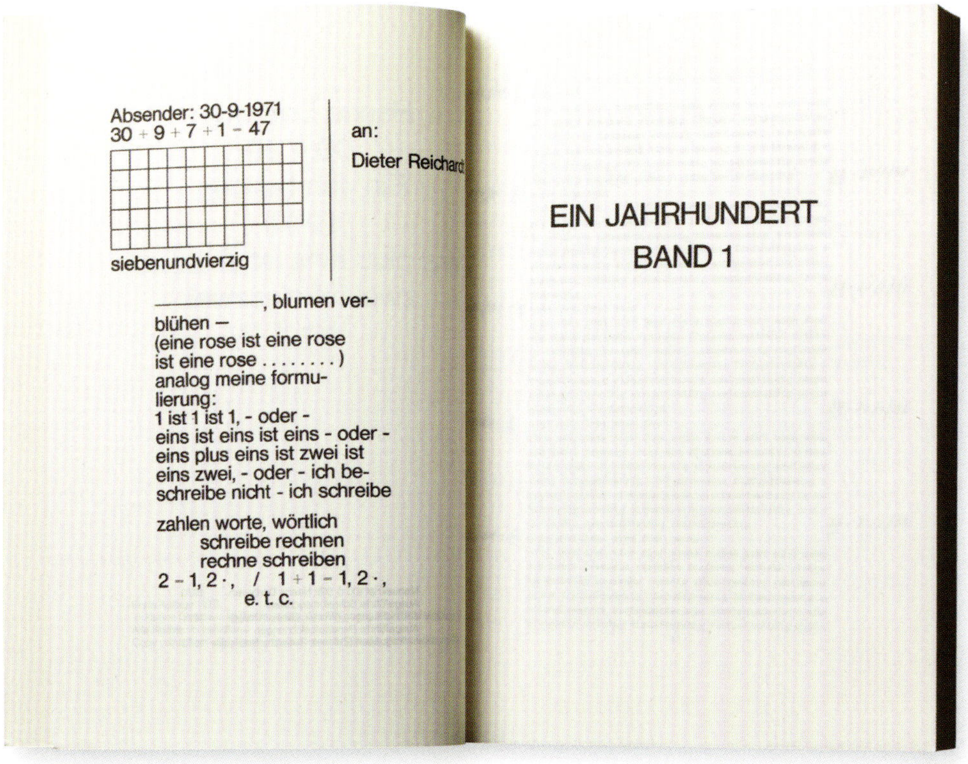

Absender: 30-9-1971
30 + 9 + 7 + 1 = 47

siebenundvierzig

————, blumen ver-
blühen —
(eine rose ist eine rose
ist eine rose)
analog meine formu-
lierung:
1 ist 1 ist 1, - oder -
eins ist eins ist eins - oder -
eins plus eins ist zwei ist
eins zwei, - oder - ich be-
schreibe nicht - ich schreibe

zahlen worte, wörtlich
 schreibe rechnen
 rechne schreiben
2 - 1, 2 ·, / 1 + 1 - 1, 2 ·,
 e. t. c.

an:
Dieter Reichard

EIN JAHRHUNDERT
BAND 1

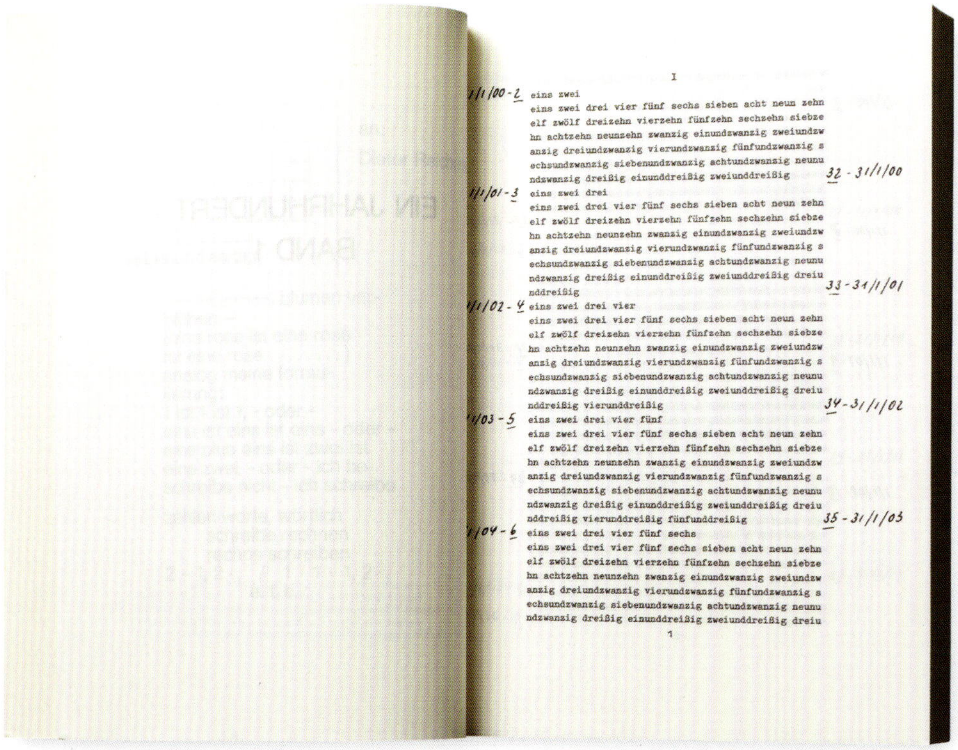

1

eins zwei
eins zwei drei vier fünf sechs sieben acht neun zehn
elf zwölf dreizehn vierzehn fünfzehn sechzehn siebze
hn achtzehn neunzehn zwanzig einundzwanzig zweiundzw
anzig dreiundzwanzig vierundzwanzig fünfundzwanzig s
echsundzwanzig siebenundzwanzig achtundzwanzig neunu
ndzwanzig dreißig einunddreißig zweiunddreißig 32 - 31/1/00

eins zwei drei
eins zwei drei vier fünf sechs sieben acht neun zehn
elf zwölf dreizehn vierzehn fünfzehn sechzehn siebze
hn achtzehn neunzehn zwanzig einundzwanzig zweiundzw
anzig dreiundzwanzig vierundzwanzig fünfundzwanzig s
echsundzwanzig siebenundzwanzig achtundzwanzig neunu
ndzwanzig dreißig einunddreißig zweiunddreißig drei
unddreißig 33 - 31/1/01

eins zwei drei vier
eins zwei drei vier fünf sechs sieben acht neun zehn
elf zwölf dreizehn vierzehn fünfzehn sechzehn siebze
hn achtzehn neunzehn zwanzig einundzwanzig zweiundzw
anzig dreiundzwanzig vierundzwanzig fünfundzwanzig s
echsundzwanzig siebenundzwanzig achtundzwanzig neunu
ndzwanzig dreißig einunddreißig zweiunddreißig drei
unddreißig vierunddreißig 34 - 31/1/02

eins zwei drei vier fünf
eins zwei drei vier fünf sechs sieben acht neun zehn
elf zwölf dreizehn vierzehn fünfzehn sechzehn siebze
hn achtzehn neunzehn zwanzig einundzwanzig zweiundzw
anzig dreiundzwanzig vierundzwanzig fünfundzwanzig s
echsundzwanzig siebenundzwanzig achtundzwanzig neunu
ndzwanzig dreißig einunddreißig zweiunddreißig drei
unddreißig vierunddreißig fünfunddreißig 35 - 31/1/03

eins zwei drei vier fünf sechs
eins zwei drei vier fünf sechs sieben acht neun zehn
elf zwölf dreizehn vierzehn fünfzehn sechzehn siebze
hn achtzehn neunzehn zwanzig einundzwanzig zweiundzw
anzig dreiundzwanzig vierundzwanzig fünfundzwanzig s
echsundzwanzig siebenundzwanzig achtundzwanzig neunu
ndzwanzig dreißig einunddreißig zweiunddreißig drei

1

Absender: 30-9-1971
30 + 9 + 7 + 1 = 47

siebenundvierzig

————, blumen ver-
blühen —
(eine rose ist eine rose
ist eine rose)
analog meine formu-
lierung:
1 ist 1 ist 1, - oder -
eins ist eins ist eins - oder -
eins plus eins ist zwei ist
eins zwei, - oder - ich be-
schreibe nicht - ich schreibe

zahlen worte, wörtlich
 schreibe rechnen
 rechne schreiben
2 1, 2 ·, / 1 1 1, 2 ·,
 e. t. c.

an:
Jedermann

玫瑰就是玫瑰就是玫瑰就是玫瑰”。接下来则是达尔博文对斯坦因格式的名言“1是1是1”的公式化表述。斯坦因和达尔博文的这种联系显而易见，他们都是以不断重复来作为美学工具。这本书的大部分内容是达尔博文为整个20世纪所创作的结构性排字。每个月开始和结束的K数都是在文本的空白处计算和手写的，而在这两个数字之间会有两个键入的、拼写出来的数字块，每个数字都计算到这个月开始和结束的K数[5]。在她的斯坦因式的公式之后，达尔博文对自己的实践做出了如下评述：“我不描述——我写/我用文字计算，我写字母，我写数字，我计算写作。”在提醒我们“花会随着时间的流逝而凋谢”的同时，达尔博文自己对自己日子的“计算”也是相当真实的：她通过数字计算来标记自己的生活，这是一种日常的写作实践，却不是日记式的。

达尔博文同年出版的另一本书《2=1，2；1+1=1，2；等》（*2=1, 2; 1+1=1, 2; e.t.c.*）则表明她在努力进行大量的手工抄录文本。这本由艺术家自行出版的书以她的一页抽象化的波浪线为开始，并将其介绍为“引用和评论的选定文本”。后面几页的左侧是一个手写的短波浪线的标题，右侧则是“印刷品”（Drucksache）——一个通常印在有特殊费率的邮件上的短语。然后就是摘自查尔斯·波德莱尔的《恶之花》（*Les Fleurs du mal*，1857）、亚瑟·叔本华（Arthur Schopenhauer）的《附录和补遗》（*Parerga and Paralipomena*，1851），以及海因里希·海涅（Heinrich Heine）的《阿塔·特罗尔》（*Atta Troll*，1846）中的段落，并由方程式转换成K数及其手写的相应数字的段落，同时结合了许多其他文本、计算和类似图表。在1976年出版的这两本书之间，达尔博文的策划范围被描绘得更为宽泛：一方面，以连续列举1个世纪的日期为例所形成的客观性；另一方面，记录这些内容的带有高度主观性的方法，以及日期与个人重要文本之间谜一般的联系。

20世纪70年代末，达尔博文开始用图像装饰她的书，这一类别最终扩展到了明信片、肖像照、海报等。比如，她365页的《世界剧场 >79<》（*Welttheater >79<*，1979），就是水平方向设计的可以放在档案盒中的未装订的厚纸，整体是以一个舞台的重复图形为特征。在书页的左边，黑色的窗帘是关闭的；右边，它们却被分开，露出一个鲜明的白色三角形，以突出一系列单独在舞台上出现的插图形象，其中包括一个骑在马上头戴羽毛头饰的美洲原住民、一只羔

《2=1，2；1+1=1，2；等》

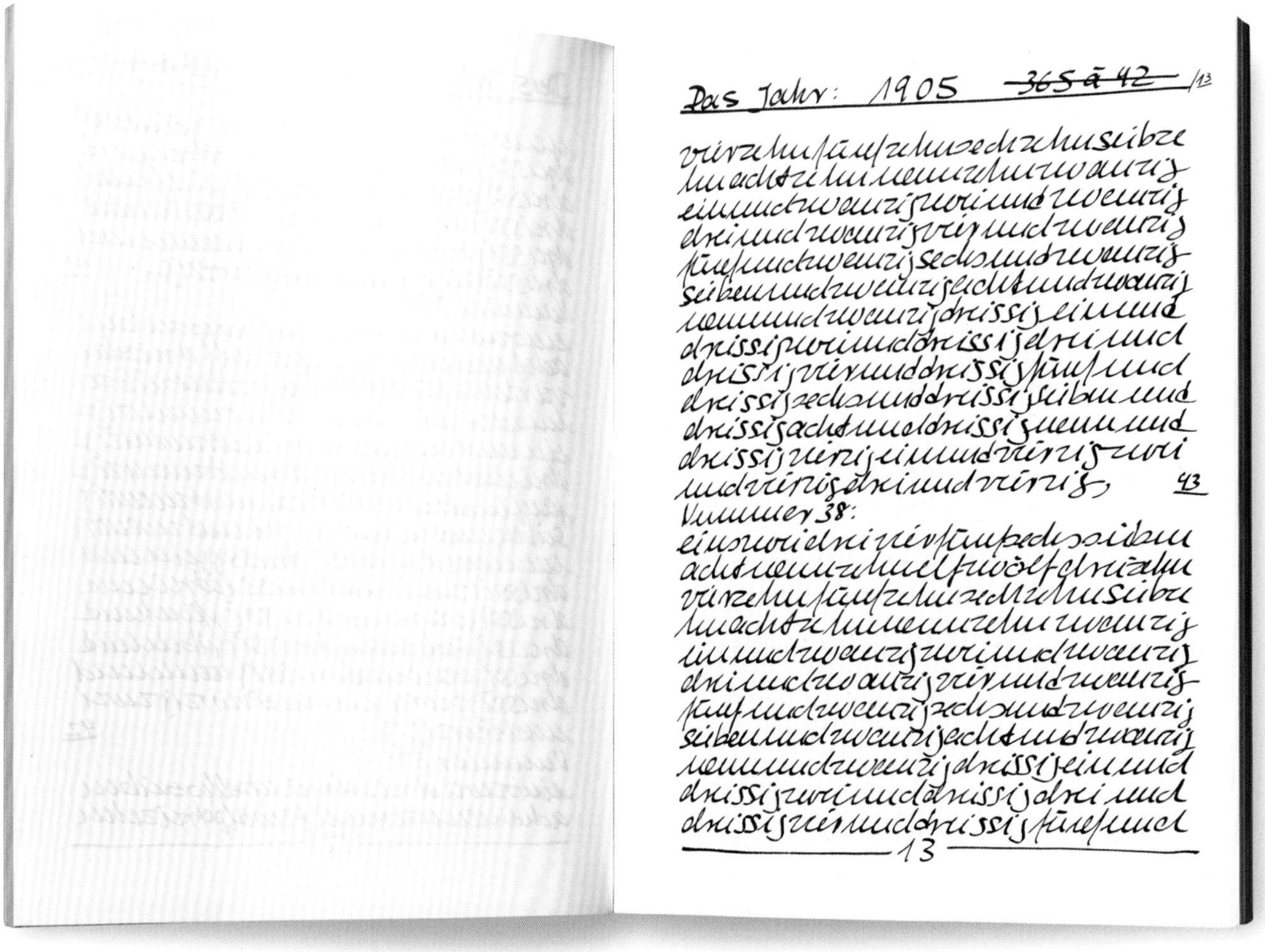
Das Jahr: 1905
365 à 42
13

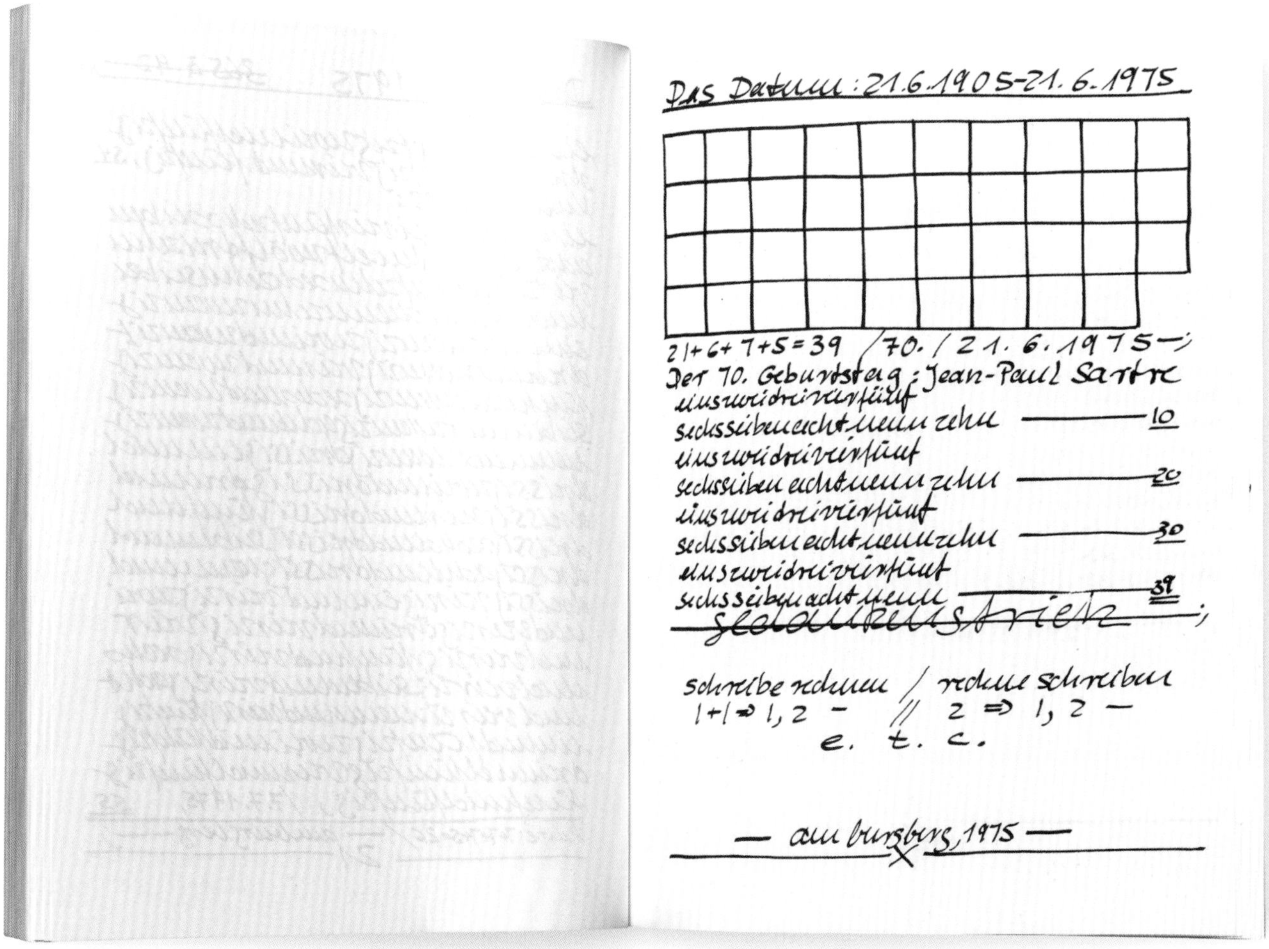
Das Datum: 21.6.1905-21.6.1975
21+6+7+5=39 / 70. / 21.6.1975 —;
Der 70. Geburtstag: Jean-Paul Sartre
schreibe rechnen / rechne schreiben
1+1 ⇒ 1, 2 — // 2 ⇒ 1, 2 —
e. t. c.
— am burgberg, 1975 —

羊、一只系着围裙在看书的猫，以及一头马戏团的大象。而这些角色最初出现在达尔博文家族企业（JWE Darboven，一家咖啡烘焙公司，成立于1895年）的促销赠品中。当时，它们被制作成印在厚纸上的模切小雕像，然后被插进小木架中，艺术家在二维空间中也再现了这个细节。而且，这本书的核心部分近100页，由手工计算的K数字栏组成。因此，《世界剧场>79<》这一书名，可能是艺术家自己的生活写照，参考了她的家庭和当下这个时代，也给她看似理智却又有所偏颇的方法增添了一种独特的个人色彩，甚至有点感伤。

达尔博文在《四重奏>88<》（*Quartett >88<*，1990）一书中又回到格特鲁德·斯坦因的格式，这本纪念4位女性的大部头书，其书名中的“四重奏”指的是斯坦因、玛丽·居里（Marie Curie）、罗莎·卢森堡（Rosa Luxemburg）和弗吉尼亚·伍尔夫（Virginia Woolf）[6]。本书的主体部分为745页，被红色边框环绕，布局一致，内容包括一张肖像照片、波浪线、K数字（基于这几位女性的出生和死亡日期），以及来自《布洛克哈斯百科全书》（*Brockhaus Enzyklopädie*，一本流行于德国的百科全书）的传记信息，以及维尔纳·斯坦因（Werner Stein）的《文化时间表》（*Kulturfahrplan*，一份世界大事年表）中记录的每位女性出生年份和死亡年份的重大事件。这张引人注目的封面图片描绘了一个没有手臂的人体模型，穿着一件端庄的长至膝下的连衣裙，她的一只脚微微抬起，站在一个非常靠近她的速记机旁边。这张照片最初可能暗示了达尔博文自己的形象，以说明自己在忠实地记录这4位杰出女性的成就，但当它再次出现在开篇的第一页（其中解释了书籍主体部分的布局）时，旁边是一行手写的垂直铭文“社会痛苦：贫穷、焦虑、无知”。这句话是为了向19世纪末达尔博文的研究对象出生时被苛待的女性致敬。正如布里吉德·多尔蒂（Brigid Doherty）所指出的那样，“在居里夫人成为物理学家和化学家、卢森堡成为政治理论家和革命家，以及斯坦因和伍尔夫被称为那个时代的作家时，大量妇女也被作为经济、政治、科学和文化信息的转录者而加入劳动力队伍”[7]。居里夫人、

《世界剧场>79<》

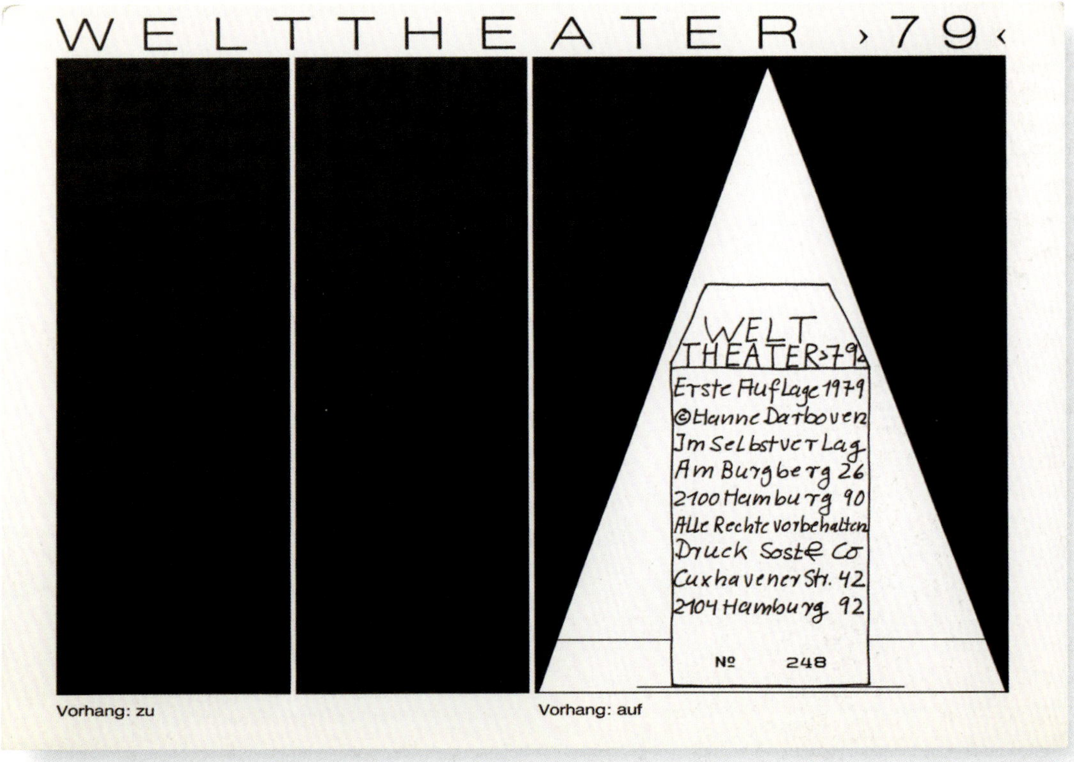
WELTTHEATER ›79‹
WELT THEATER›79‹
Erste Auflage 1979
©Hanne Darboven
Im Selbstverlag
Am Burgberg 26
2100 Hamburg 90
Alle Rechte vorbehalten
Druck Soste Co
Cuxhavener Str. 42
2104 Hamburg 92
№ 248
Vorhang: zu
Vorhang: auf

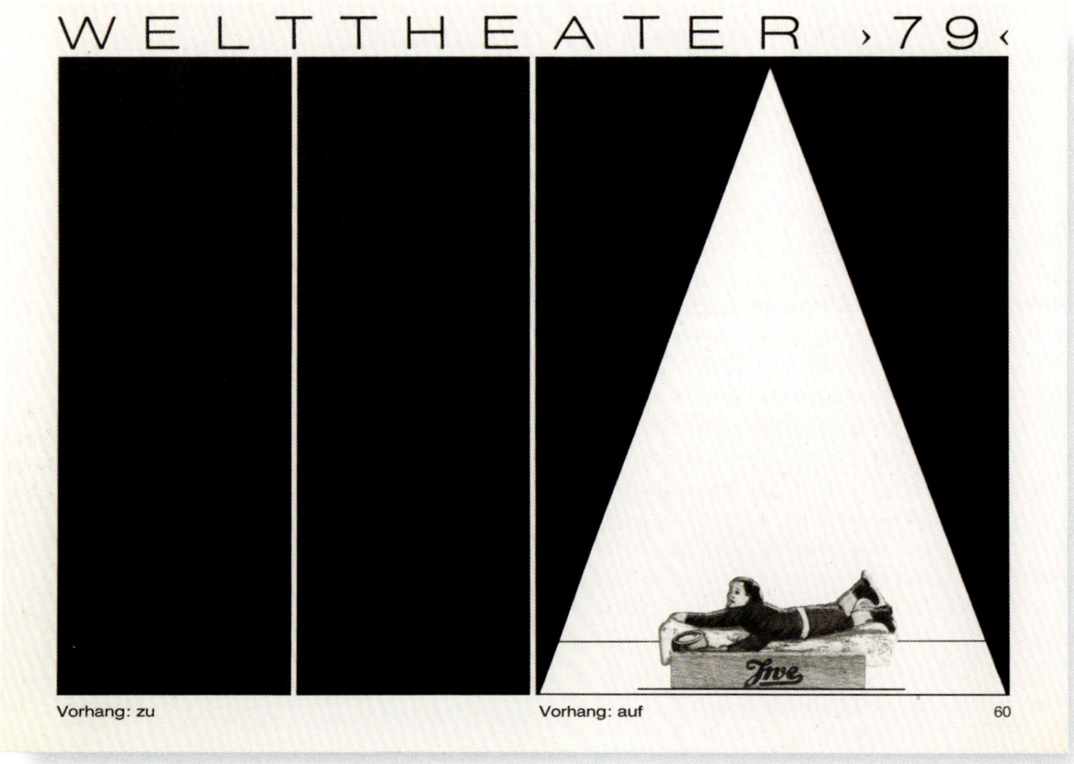
WELTTHEATER ›79‹
Vorhang: zu
Vorhang: auf
60

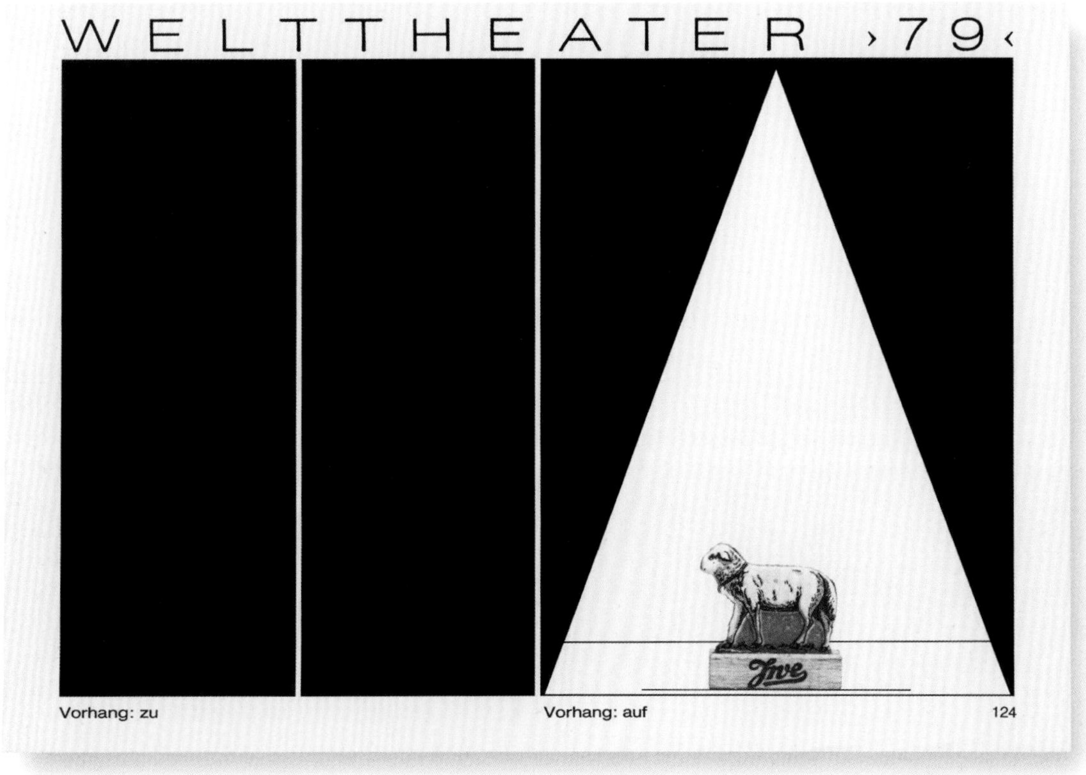
WELTTHEATER ›79‹
Vorhang: zu
Vorhang: auf
124

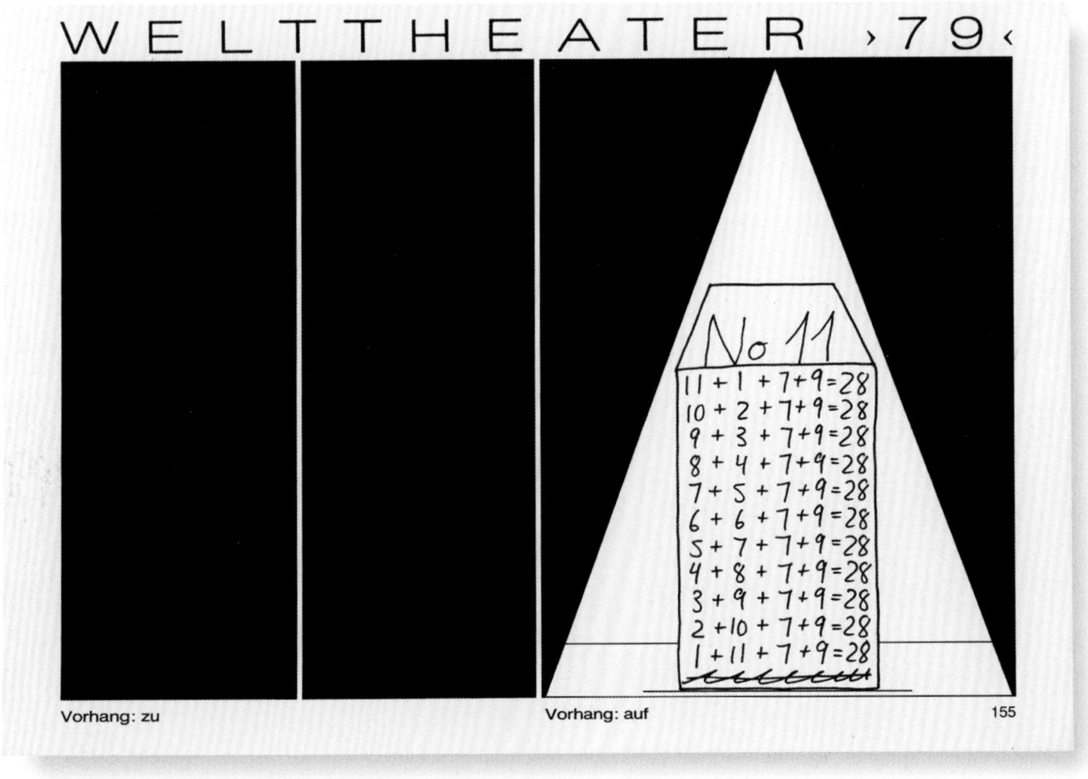
WELTTHEATER ›79‹
No 11
11 + 1 + 7 + 9 = 28
10 + 2 + 7 + 9 = 28
9 + 3 + 7 + 9 = 28
8 + 4 + 7 + 9 = 28
7 + 5 + 7 + 9 = 28
6 + 6 + 7 + 9 = 28
5 + 7 + 7 + 9 = 28
4 + 8 + 7 + 9 = 28
3 + 9 + 7 + 9 = 28
2 + 10 + 7 + 9 = 28
1 + 11 + 7 + 9 = 28
Vorhang: zu
Vorhang: auf
155

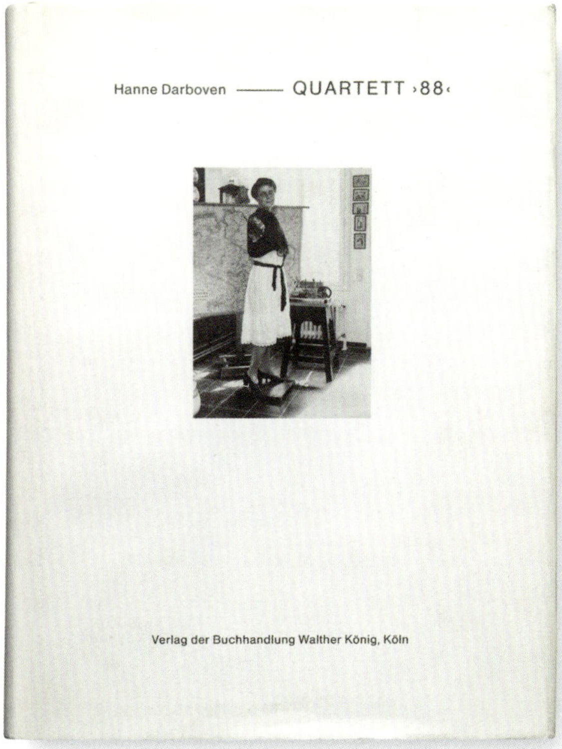
Hanne Darboven —— QUARTETT ›88‹
Verlag der Buchhandlung Walther König, Köln

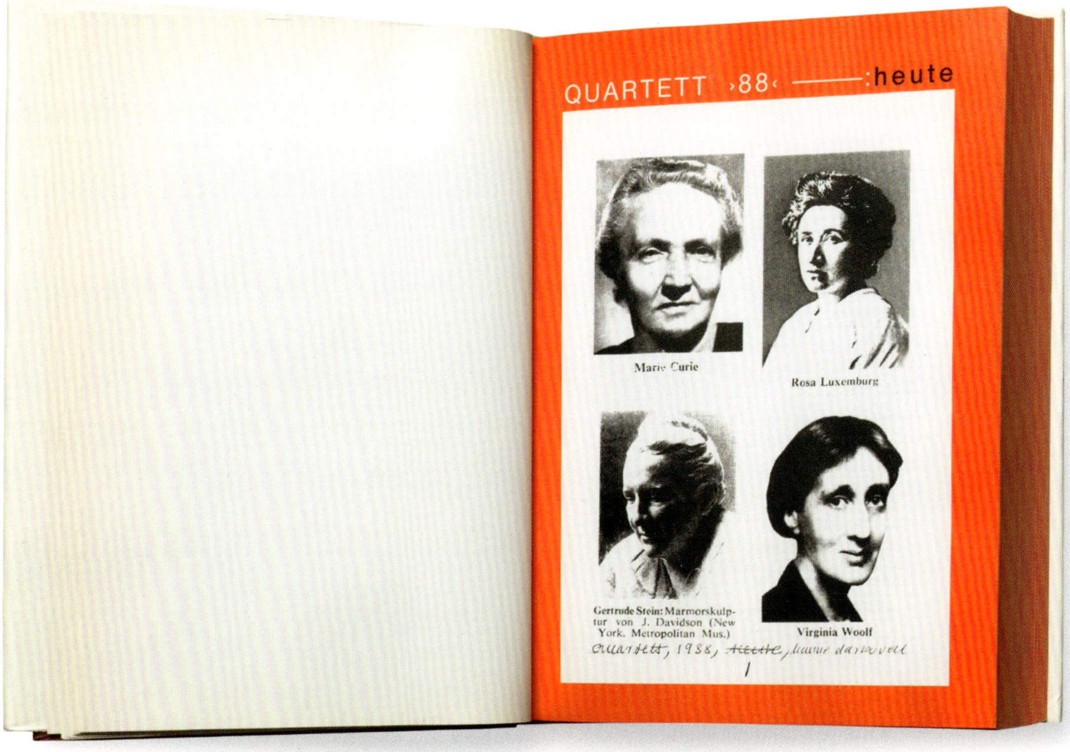
QUARTETT ›88‹ ——:heute
Marie Curie
Rosa Luxemburg
Gertrude Stein: Marmorskulptur von J. Davidson (New York, Metropolitan Mus.)
Virginia Woolf

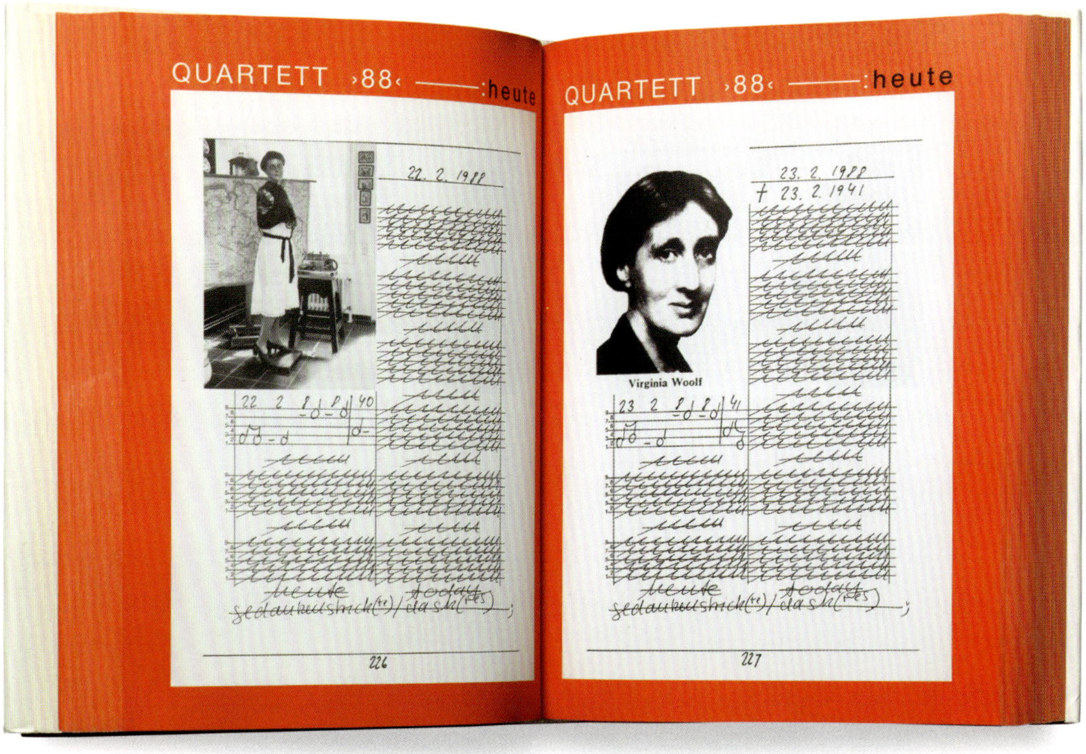
QUARTETT ›88‹ ——:heute
QUARTETT ›88‹ ——:heute
Virginia Woolf
226
227

《四重奏 >88<》

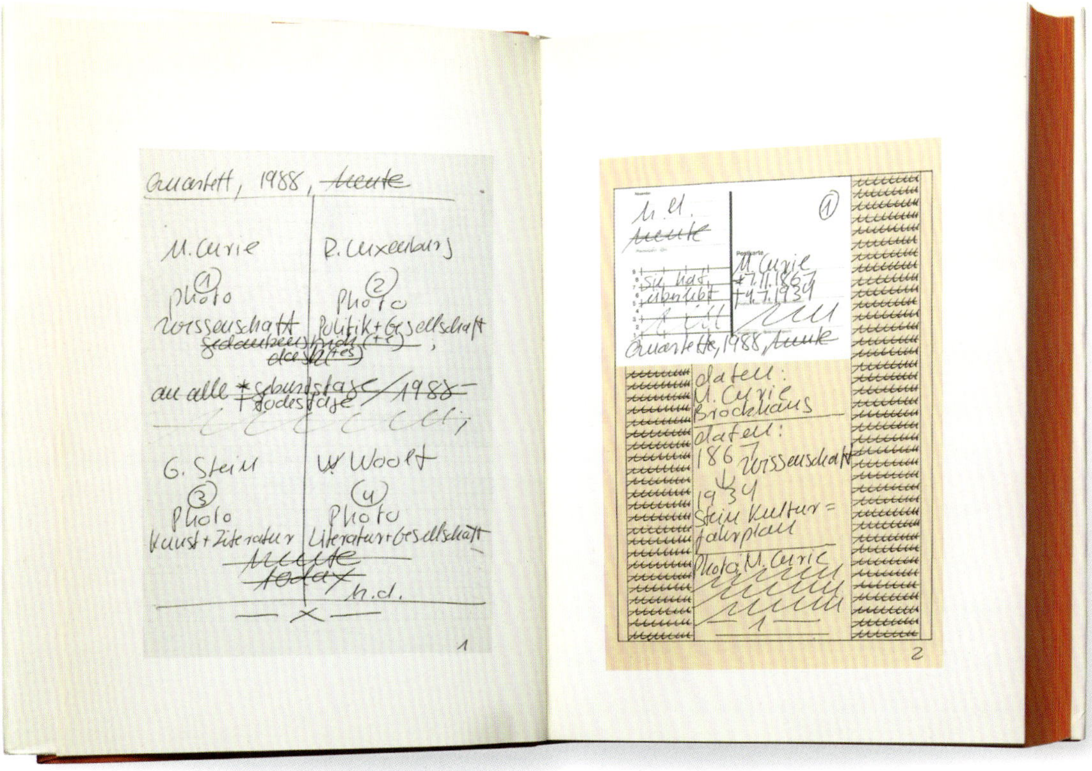

卢森堡、斯坦因和伍尔夫尽管在性别问题上遇到了一定的困难，却仍然取得了非凡的成就，达尔博文女士在强调她们所获成就相对稀缺的同时，也在全书中反复穿插被截去双臂的、无能为力的人体模型，以向那些很长时间里在社会中有着无法缓解的社会痛苦的女性们致敬。

尽管达尔博文的书页是通过一个比展墙更具个人化的结构来展示信息，但这种格式依然产生了一个难以解决的问题：这些书是否只能一次一页地阅读，还是只能将其作为抽象的整体来欣赏，或者它仅仅是因艺术家的一些主观体验而形成的文件？我们的目的就是为了破译数字、文本和波浪线吗？在如此深刻的反思与表面上对读者阅读的漠视下，我们很难理解达尔博文的艺术实践项目。它们看起来像是一部部由神秘代码所激发了活力的作品，也表达了达尔博文的想法："我的秘密是没有秘密。"[8]这位艺术家是在为自己写文章，对那些可能在密切关注她创作的人漠不关心。然而，作为一种形式化的图像学作品，无论是开放的还是密封的，它都是一种勇敢的尝试。

——克莱尔·莱曼

[1]露西·利帕德，《汉纳·达尔博文，深陷数字》（*Hanne Darboven: Deep in Numbers*），载于《艺术论坛》，1973 年 10 月刊，第 35 页。

[2] 然而，她的展览不仅包括这些书页。达尔博文用她的数学理念生成乐谱，在其艺术装置内演奏。她还收集了一些能引起观者共鸣的物件，如人体模型、儿童玩具、玩具屋、地球仪、小雕像，就像她的音乐一样。有时，她也会把这些物品放在房间里，房间的墙壁上则挂满了她的书页。

[3] 露西·利帕德著，《六年：1966 年至 1972 年艺术的去物质化》，美国伯克利与洛杉矶：加利福尼亚大学出版社，1997 年，第 216 页。

[4] 索尔·勒维特著，《序列项目 #1，1966》（*Serial Project #1*，1966），载于《阿斯彭》，第 5—6 期（1967 年秋冬季刊）。

[5] 比如，1/1/00 的 K 数是 2，31/1/00 是 32，相应的文本块就是从 1 计数到这些数字。因此，第一个条目是"1 到 2"，第二个条目则是从"1"一直到"32"。

[6] 主条目前有 32 页索引。

[7] 布里吉·德多尔蒂（Brigid Doherty）著，《汉纳·达尔博文"真正的写作"史》（*Hanne Darboven's "Real Writing" of History*），引自《汉纳·达尔博文：人与风景》（*Hanne Darboven: Menschen und Landschaften*），展览画册。德国汉堡：克里斯特斯出版社（Christians Verlag），1999 年，第 36 页。

[8] 汉纳·达尔博文著，《采访：我的秘密是没有秘密》（*Sprechzeit: Mein Geheimnis ist, dass ich keins habe*），对话格威格·埃普克斯（Gerwig Epkes）。CD 音频，德国埃京根：伊塞勒出版社（Edition Isele Verlag），2000 年。

《照片》作品集 1

《照片》作品集 2

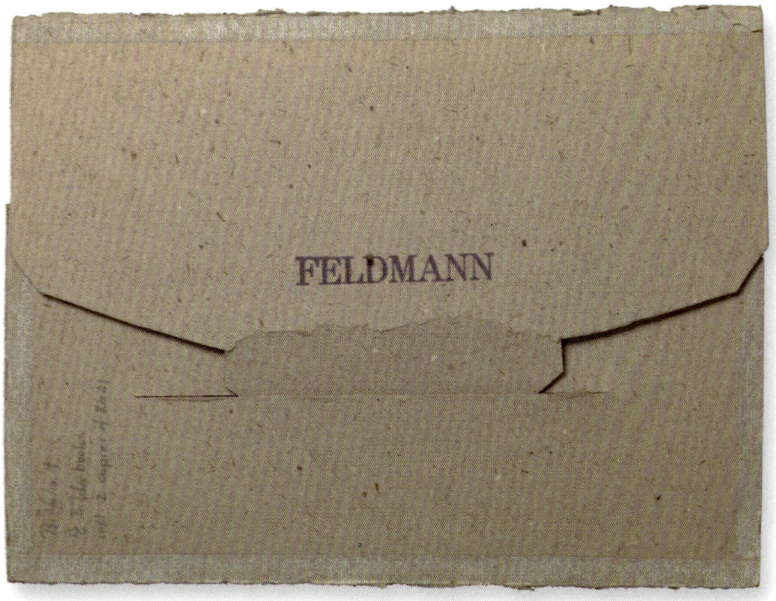

《照片》作品集 3

《照片》作品集 4

汉斯–彼得·费尔德曼

（1941年生于德国杜塞尔多夫）

《照片》

自从尼塞福尔·尼埃普斯（Nicéphore Niépce）第一次在勃艮第庄园的工作室向窗外按下快门之后，没人知道在此后的两个世纪里有多少人拍摄了多少张照片。回顾历史，这个数字也许已经达到了数万亿，尤其是数字成像技术的兴起（特别是在相机与手机结合后）使全世界的人更加沉迷于摄影，而这在过去数十年间是难以想象的。据估计，未来10年拍摄的照片数量将超过整个摄影历史上拍摄的照片数量总和[1]。

在广泛传播和非物质化的当代背景下来看，汉斯–彼得·费尔德曼（Hans-Peter Feldmann）过去40年的创作历程不乏艰辛。费尔德曼是一位收藏家、编目员，偶尔还会创作可用于印刷的图像。他在其所谓的“纸的世界”中发现并创造出足以引起视觉冲击的模式和节奏，设计出和谐与不和谐的艺术作品。其中，首要的就是经常被视为书籍的费尔德曼的摄影作品——将普通影像陌生化，使我们能够从新的角度观看它们，并将美丽的、恐怖的和平庸的事物并置在一起，使人们对每种事物的既定印象得以改变。这位艺术家的作品还成为安德烈·马尔罗（André Malraux）[17]《想象力博物馆》（*musée imaginaire*）的一个特点——费尔德曼编纂了这位法国理论家被称之为“拍摄对象历史”的作品[2]。

费尔德曼1941年出生于德国杜塞尔多夫，早年经历了“二战”期间盟军对德国城市及其周边地区工业的猛烈轰炸。这位药店老板的儿子开始了自己的收藏生涯——收集邮票，并把它们装进相册。这位艺术家在2005年的一次采访中对策展人卡斯帕·柯尼格（Kasper König）说：“我把这些可爱的彩色小图片剪下来，用厚厚的胶水将其粘在笔记本上。收集，在过去和现在都是我的一个非常重要的特点。即使在今天，我也非常喜欢自己制作装订一些小册子。”[3]

虽然费尔德曼曾经想要成为一名画家，但他在杜塞尔多夫艺术学院的学习申请被拒绝了，取而代之的是长达两年的水手生涯。回国后，他就开始创作他的第一部作品——《照片》（*Bilderhefte*）。这是一些被装订过的小册子（其高度和宽度通常不超过几英寸），灰色的封面上印有艺术家的姓氏和黑白胶印的图像。比如，1968年的《12张照片》（*12 Bilder*）包含的是12张飞机照片。1969年，完成的《11张照片》（*11 Bilder*）中则有11张女性大腿的照片，且后者的扉页反映了贯穿于艺术家作品中的作者的不确定性——上

17　安德烈·马尔罗（1901—1976），法国小说家、评论家，曾任戴高乐时代文化部部长，是这一时期进步作家的典型代表。他始终忧虑着人类的命运，其作品探讨的关于“人的状况”的主题在技术异化的时代具有很大的现实意义。——译者注

面写着“11张费尔德曼的照片”，下面是“沃尔夫冈·布鲁斯（Wolfgang Breuers）的照片”。《照片》中的其他照片也与此类似，如45双鞋、10艘帆船、11朵云彩、8辆救护车、齐柏林飞艇、1座火山、1件大衣，这些照片不是费尔德曼自己拍摄的。也就是说，不是他的手指按下的快门。然而，毫无疑问，他把这些照片从其原来的语境中剥离出来，并对它们进行重新定位。这不仅仅是抽象或抹去它们原来的内容或意义，而是为了把照片置于与其他图像、叙事或实体的复杂又难以驾驭的场景中。

费尔德曼的项目与当代其他涉及图像归档的实践有着明确的联系。比如，在埃德·鲁沙早期的摄影书作品《二十六个加油站》（第251—252页）或《洛杉矶公寓》中，就曾记录了日常生活这一类型学倾向。当然，杜塞尔多夫的伯恩和希拉·贝歇对于鲁尔河谷工业景观的类型学记述也早于费尔德曼的照片集。然而，鲁沙和贝歇夫妇在这些项目中的角色首先是摄影师，而费尔德曼则专注于收集活动。在这方面，他的作品与格哈德·里希特（Gerhard Richter）的《照片和素描图集》（*Atlas van de foto's en schetsen*）更为相似，在费尔德曼开始他的艺术创作的同时，画家里希特也开始编辑他所收集到的大量图像。

当我们把《照片》中的个别类型重新归类后，将能更好地理解费尔德曼在接下来的几十年里所策划的那种系列书籍的构架[4]。这种构架大致分为两类：一类是没有文字的各种各样的图像集合，以出人意料的方式被组合在一起；另一类是一个地方、一个历史背景、一种特定的情绪、一种生活方式的更加集中的展示，从而使其系列书籍仿佛都沉浸在一种并置的混乱之中。像它的书名一样，“偷窥者”（*Voyeur*）系列（1994年至今，目前出版到第6本）拥有一种狡猾的无政府主义状态，自由地涵盖了所有主题、时代和敏感度，在消费文化和媒体的图像垃圾上像压路机一样起作用，使这两种信息扁平化，并以观众期望的方式产生影响。这些照片与假日快照和商业图像混在一起，比如一张可爱的婴儿或美丽的女人照片，其背景可能是动物园的动物、体育比赛或尸体。费尔德曼对图像价值的不断探索，以及对其符号学意义的解构，展示了他对视觉文化现状的深刻质疑。而且，即使在最具对抗性的时候，这些书籍也体现了费尔德曼对图像空间近乎无限的可扩展性和可塑性，或许更好的是一种令人耳目一

《抢劫案》

新的诚实的态度，因为他潜入了罗兰·巴特（Roland Barthes）所谓的“物体的巨大混乱”[5]。

费尔德曼针对特定事件的部分作品集引起了很大的争议。比如，作品《抢劫案》（*Der Uberfall*，1975）讲述了在德国一个小镇上发生的银行抢劫和劫持人质事件。在这一事件中，通过媒体报道，不仅犯罪分子被种族化，一些员工的身份也被错误界定。而在具有煽动性的作品《逝者1967—1993》（*Die Toten 1967-1993*，1998）中，费尔德曼则收集了德国当局与巴德尔-迈因霍夫集团和议会外反对派（APO）等激进组织间于多年冲突中死亡者的图像和数据。无论他们是作为受害者还是肇事者，每一个人都由一张照片来代表，照片下则排列着一个小小的黑色十字架和他们的死亡日期，这既预示着一个意识形态的彻底崩溃，也在从历史细节中揭示他们死亡的本质。

费尔德曼作品的这些隐喻信息极其丰富，它们看似是随机的、变化的和生动的，但又常常表达了一种政治参与，而所有这些策略又好像都是为了探究图像在叙述中的（无论是个人的、社会的，还是商业的）相关功能。比如，作品《肖像》（*Porträt*，1994）就是一本朋友相册的删节版，展示的是她从一个孩子成

Erhardt Pfundt

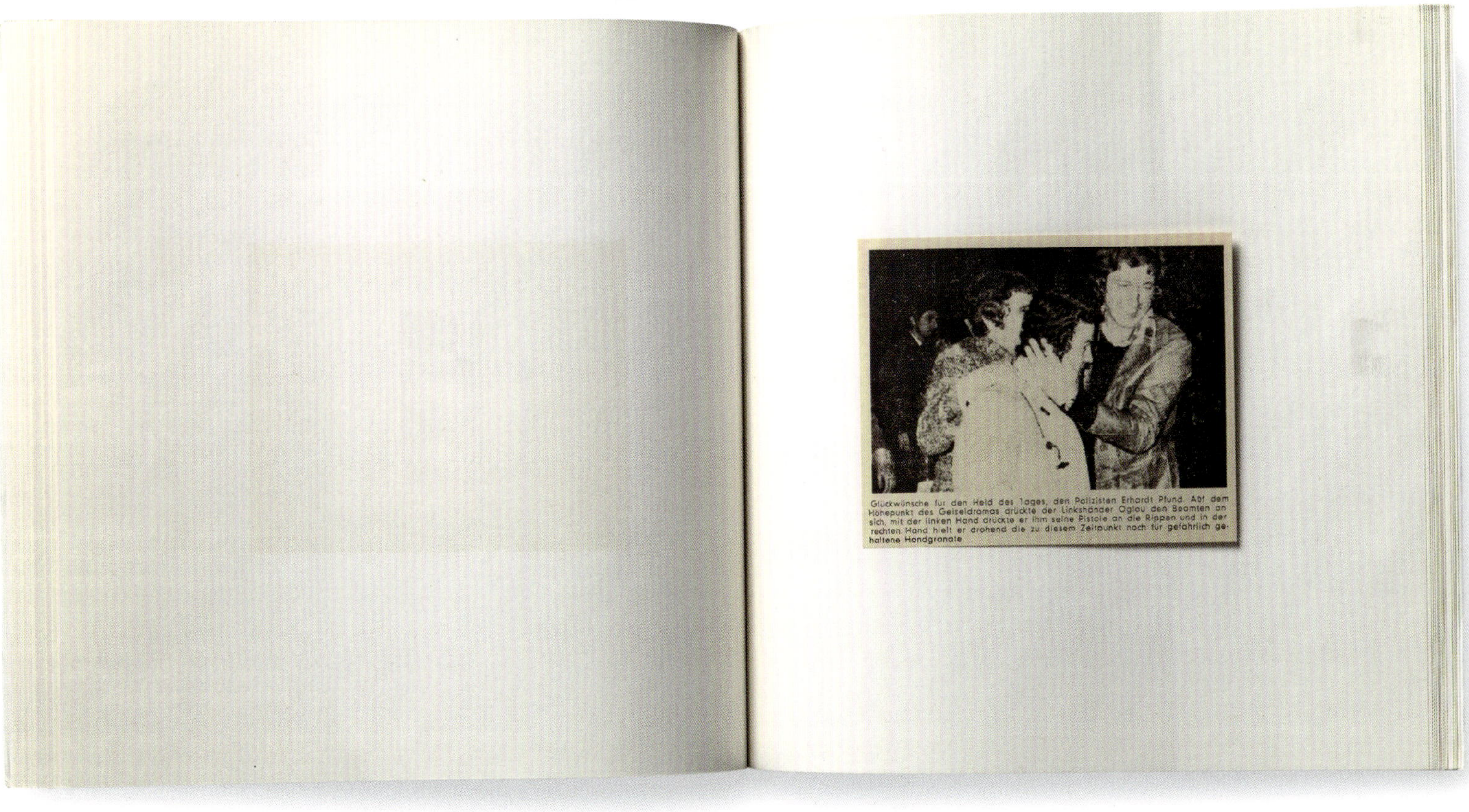
Glückwünsche für den Held des Tages, den Polizisten Erhardt Pfund. Abf dem Höhepunkt des Geiseldramas drückte der Linkshänder Oglou den Beamten an sich, mit der linken Hand drückte er ihm seine Pistole an die Rippen und in der rechten Hand hielt er drohend die zu diesem Zeitpunkt noch für gefährlich gehaltene Handgranate.

长为一个女人的过程，也仍然遵循了费尔德曼的归档方法。当然，他偶尔也会用自己拍摄的照片来制作艺术家书，而且通常会用他有意拍摄的看似平淡无奇的照片[6]。再如，作品《一家公司》（*Eine Firma*，1991）作为西门子公司创建的文化项目的一部分，记录了在特定的办公室和工厂工作的员工在自己的专业环境中的工作情况；“波吉特”（*Birgit*，2006）则是他拍摄的一个系列——72张朋友化妆的照片；《一个女人的所有衣服》（*Aalle Kleider einer Frau*，1999）中又描绘了朋友衣柜里的所有衣服。在这些作品中，艺术家想要表达自己不仅是一个图像的记录者，也是个人及其影响的记录者。而这种情感在“100年”（*100 Years*，2001）系列中表现得更为清晰，作品包含了费尔德曼的朋友和熟人的101张照片，年龄则从8周到100岁不等。在这部作品中，图像世界的混乱感减弱了，因为艺术家在人与物之间发现了一条连接线，这条线和他的作品一样，都证明了照片的力量不仅仅是扭曲、挑逗或无聊情感的抒发，还具有保存的价值。

——杰弗里·卡斯特纳

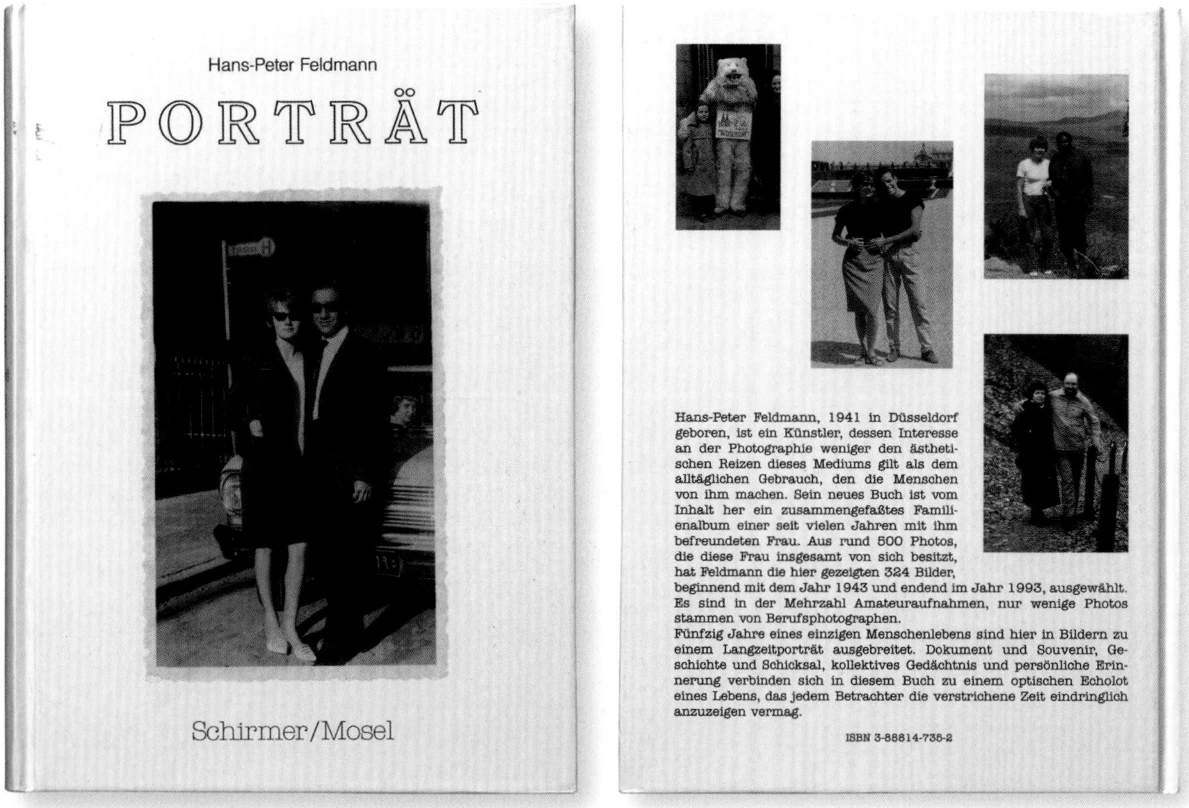

《肖像》

[1] 脸书、爱立信和高通（Qualcomm）于2013年9月发布的资料显示，仅社交网站就拥有约2.5万亿张照片，每天新增约3.5亿张照片。引自《注重效率》（*A Focus on Efficiency*），2013年9月16日，http://www.parool.nl/rest/content/assets/1368f07e-16b8-415d-bd3a-a4046f2fa9bd.

[2] 关于语境化和马尔罗引文，参见露丝·霍拉克（Ruth Horak）的随笔《汉斯-彼得·费尔德曼的图画》（*Hans-Peter Feldmann's Pictures*），载于《终究》（*Afterall*）杂志，第17期（2008年春季刊），第55页，http://www.afterall.org/journal/issue.17/hans.peter.feldmanns.pictures.

[3] 引自卡斯帕·柯尼格的访谈《弗里兹》（*frieze*），第91期（2005年5月刊），http://www.frieze.com/issue/article/hans-peter-feldmann.

[4]《照片》被收集在各种版本中。到目前为止的全套资料则于2002年由德国科隆的瓦尔特·柯尼格出版社以单卷本出版。

[5] 罗兰·巴特著、理查德·霍华德（Richard Howard）译：《露西达相机：对摄影的思考》（*Camera Lucida: Reflections on Photography*），美国纽约：瓦尔特·柯尼格出版社出版，1981年。费尔德曼如今仍在探索这一策略，可参见《相册》（*Album*，2008），由瓦尔特·柯尼格出版社出版。

[6] 在这些照片中，也有相当有趣的城市肖像，如科隆、格拉乌和埃森，尤其是最后一部埃森的照片中还包含了费尔德曼所说的那种“非常糟糕的照片”。引自卡斯帕·柯尼格的访谈《弗里兹》，第91期（2005年5月刊）。

24
25

76
77

《电话簿》（*Telefonbuch*），第 6 号目录。

《一座城市：埃森》（*Eine Stadt：Essen*），第 58 号目录。

韦德·盖顿

（1972 年出生于美国印第安纳州哈蒙德市）

Wade Guyton
Zeichnungen für ein großes Bild
Museum Ludwig Köln
23.April - 22.August 2010

《大图像的图纸》

韦德·盖顿（Wade Guyton）的艺术实践与印刷设备的发展密切相关，因此他经常以书籍的形式进行艺术创作，甚至在一份已出版的问卷调查中称自己是“藏书家”。而在其整个职业生涯中，他对搜集藏书的偏爱，无论在概念上还是在物质上都为他的艺术创作发挥了重要作用[1]。盖顿如今最出名的作品是他用喷墨打印机制作的大型油画，其作品中的素材都是他在书籍和杂志中找到的，这些书籍和杂志曾经堆满了他刚搬到纽约后的小东村工作室。在那里，盖顿撕开书页，系统地浏览这些内容，将其中与其他艺术家作品有着密切联系的书页转变为自己创作的新载体[2]。这些早期创作通常使用了他标志性的 X 铭文。这种铭文常常用毡头笔来书写，可同时作为确认和取消的标志。但很快，盖顿就开始用打印机进行创作，将剪下的页面加上自己的标记后进行打印，以创建看似不协调的图形覆盖作品。

艺术家在这一时期创作的各种图像类型是 4 本相互关联的书的重点。而这些书又给我们对盖顿关于技术发展的关注提供了特别有启发性的思考，它们包括《大图像的图纸》（*Zeichnungen für ein großes Bild*，2010）、《小房间的图纸》（*Zeichnungen für ein kleines Zimmer*，2011）、《长图像的图纸》（*Zeichnungen für lange Bilder*，2013），以及《小房间的图纸》（第二卷；*eichnungen für ein kleines Zimmer*，*Vol. II*，2014）[3]。系列中的第一本书是艺术家应科隆路德维希博物馆（Museum Ludwig）邀请，为展览制作的一本画册。在这本书中，盖顿突出显示了他在铺有蓝色油毡的展台上展出的一系列绘画作品。比如，艺术家在厨房地板上放置了一堆从书籍和杂志上翻拍的照片，并对其进行变形、叠加，据说正是地板上的蓝色油毡激发了他的这一艺术装置的设计理念[4]。书籍封面的设计是白色书封上带有两条横向的腰封，以及一片从右侧边缘延伸到字体边的污迹，看起来仿佛是展台表面的蓝色在跨页中蔓延，其中还有 62 幅图像填充其间。书籍内页中的左页为地板、闪光灯产生的光晕和相机电源线构成，右页则为叠放的、慢慢缩小的各种画页，仿佛一张正被另一张所移除。

页面效果不可思议地令人着迷，当页面的一个角或边缘慢慢显露出来时，整个图像也会渐渐变得清晰可见。这些图像通常是艺术家从一本艺术书籍或目录上撕下来，或者从互联网下载并打印出来后，被盖顿通过遮盖物、污迹或技术符号修改而成。整本书籍的制作机制，巧妙地再现并加强了图像最初的产生过程：一幅图像被拍摄并选用，接着又是另一幅被选中，一幅接着一幅，就像每幅原始作品是从打印机里以单个序列印制而出一样。这一套书中的其他 3 本书也是以完全相同的方案制作，只是摄影环境的颜色（2 本“房间”书用了红色，“长图像”书用了黄色）有所区别。这 4 个作品中的最后一幅是独一无二的，因为它延续

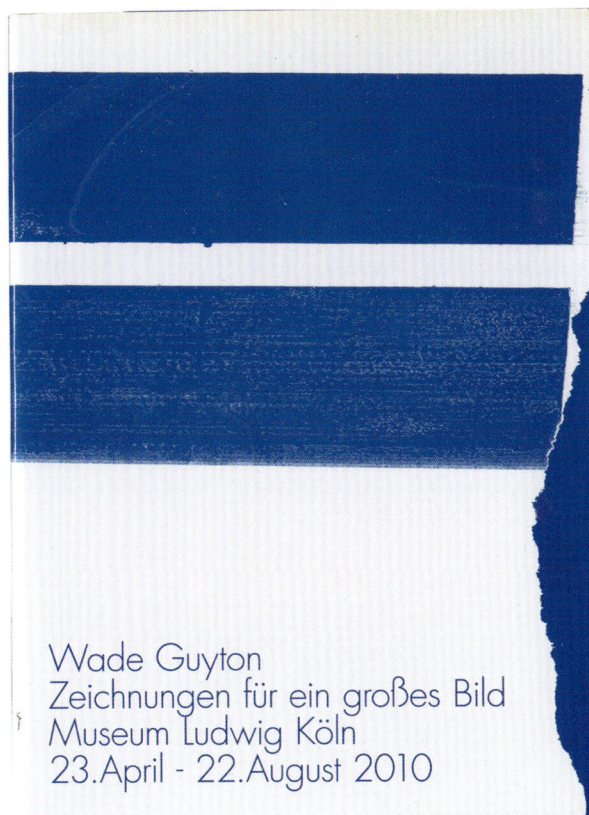

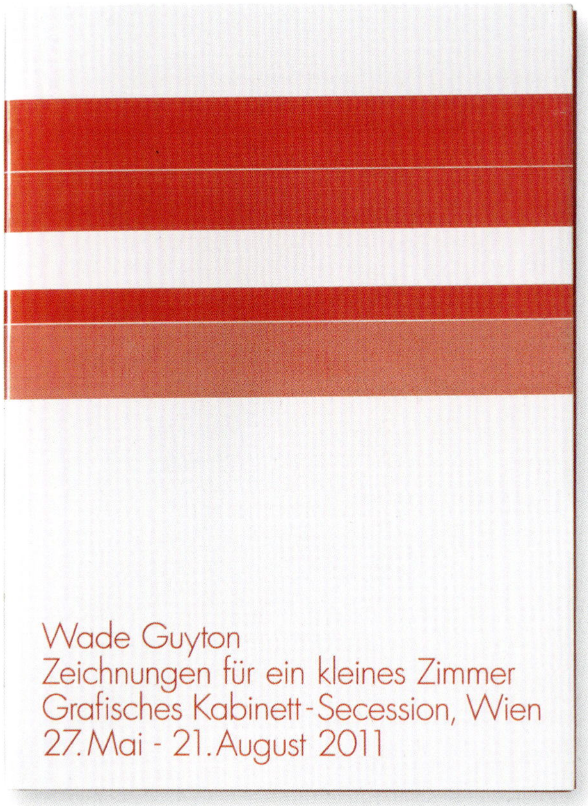
Wade Guyton
Zeichnungen für ein kleines Zimmer
Grafisches Kabinett-Secession, Wien
27.Mai - 21.August 2011

《小房间的图纸》

Wade Guyton
Zeichnungen für lange Bilder
Kunsthalle Zürich, Zürich
31. August - 10. November 2013

《长图像的图纸》

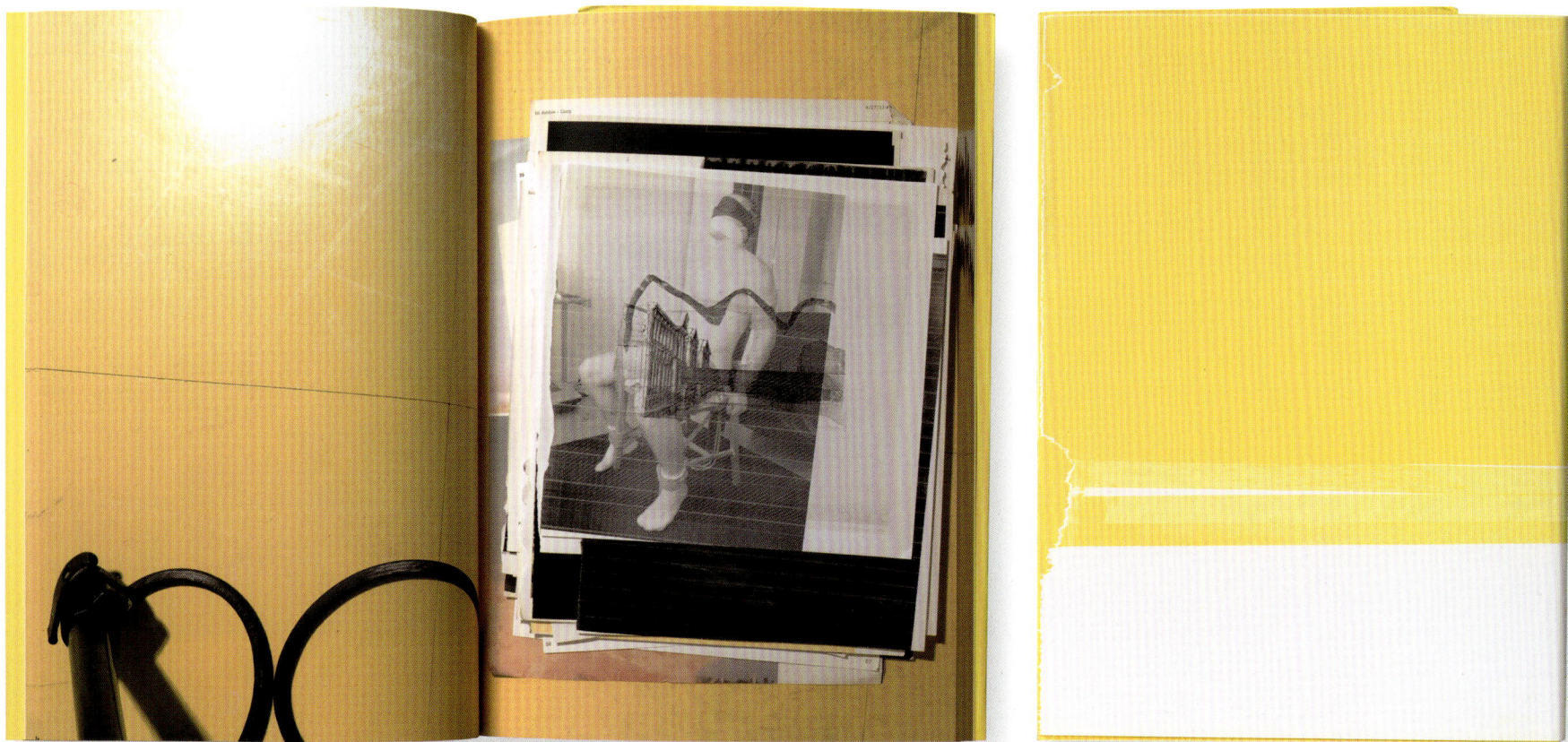

了第二个作品的轨迹，后者的最后一幅图像是前者的第一幅图像，图像搬迁的过程一直持续到这一堆照片被完全用尽，图像最后的序列所描述的空间耗尽了书中所有的纸张，仿佛点击再迁移这一过程已经变得不由自主了，肌肉的抽搐进而由于惯性而缓慢消失。

盖顿的书几乎完全建立在对其画廊摄影作品的反思和重新调配的基础上，不过也有一些例外，如《一个月前》（*1 Month Ago*，2014）。盖顿书籍的制作方法中更为典型的一个例子是《黑色绘画》（*Black Paintings*，2010）和《WG3031》（2015），它们都源于艺术家对策展人斯科特·罗特科普夫（Scott Rothkopf）提出的一个概念的好奇，即“将他的作品循环回使其诞生的表象世界之中去”[5]。《WG3031》一书回顾了诸如格哈德·里希特这样的艺术家的书籍创作实验，如利用摄影和页面相结合的方式来深入研究其绘画创作的物质条件。在书中，盖顿拍摄了里希特的一幅大幅单色油画，并以 1:1 的比例打印了 360 页的图像元素。就像读里希特的《哈利法克斯》（*Halifax*，第 235—236 页）一样，浏览《WG3031》时也会给人一种既亲密又有距离感的体验——页面上

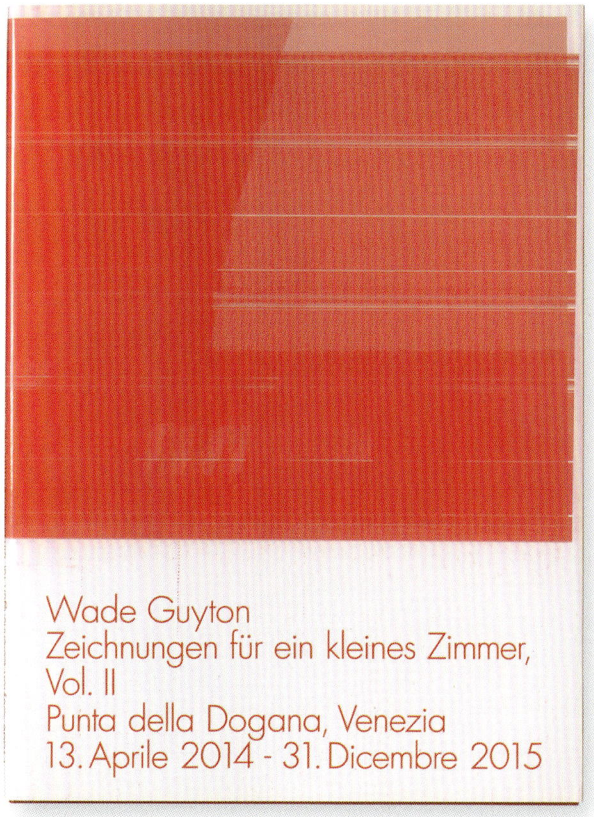

《小房间的图纸》（第二卷）

的碎片就像一个既吸引人又拒绝组合的谜题。但当观者通过检查书的前切口，又可以找到解谜的线索，因为在书籍的边缘和角落处，原画作各个部分的排序方式中断了在书页两端看到的黑白条纹，从而能够让观者通过沿着页面边缘的方式来感受原画作。而且这本书并没有使用特定的编辑方式来实现这一目标，也就是说，它仅是为了改变观者与一件独特艺术作品的关系而展开的复制。

如果说在《WG3031》中展现的那种密切关注可能暗示着盖顿作品中存在的某种潜在的表现主义倾向，那么其真实情感则可以在他的早期作品《黑色绘画》一书中得到充分的阐释。这本书同样探讨了一幅绘画作品与其摄影图像元素之间的关系，但其呈现方式是通过破坏而不是增强图像的清晰度来实现的。这本书是为了记录艺术家 2007 年 11 月至 2008 年 11 月间在纽约弗雷德里克·佩策尔画廊（Friedrich Petzel）、巴黎桑塔画廊（Chantal Crousel）和法兰克福波蒂库斯画廊（Portikus）举行的三次展览的作品而创作的，是一本厚达 800 页的大部头书，用一种粗糙的灰色帆布装订而成。这本书的创作过程是典型的盖顿式，充分表现了他对技术发展的关注，以及技术设备与观众视野间的关系的兴趣。这本书中的 400 幅图像来自艺术家对单幅绘画作品的幻灯片的数码扫描，及其从各个角度拍摄的艺术装置照片。随后，盖顿通过一台激光打印机将这些图像输出到 18 × 12 英寸的新闻纸上。由于激光打印机的调色剂与新闻纸表面的不融合，造成绝大多数图像因涂抹被弄脏，且带有明显的条纹和指纹。然后，盖顿对打印后的图像重新进行扫描并以全尺寸打印。因此，观者可以看到页面的“无图像”部分，也包括覆盖其上的印刷瑕疵[6]。

这些图像在观看时通常是不完整的，以至于观者几乎不可能看出它们来源于同一幅画作，但在清晰的页面边界上又为观者提供了深入理解的条件。在书中，批评家约翰·凯尔西（John Kelsey）分别以英语、法语和德语发表了一篇颇有见地的文章。文章本身模糊不清，甚至变形得无法阅读，仅能隐约看到“盖顿干预了通过交流产生交流的方式，且在黑色字体和图像被发送时，将绘画作品像页面那样被输出，并将这种

《WG3031》

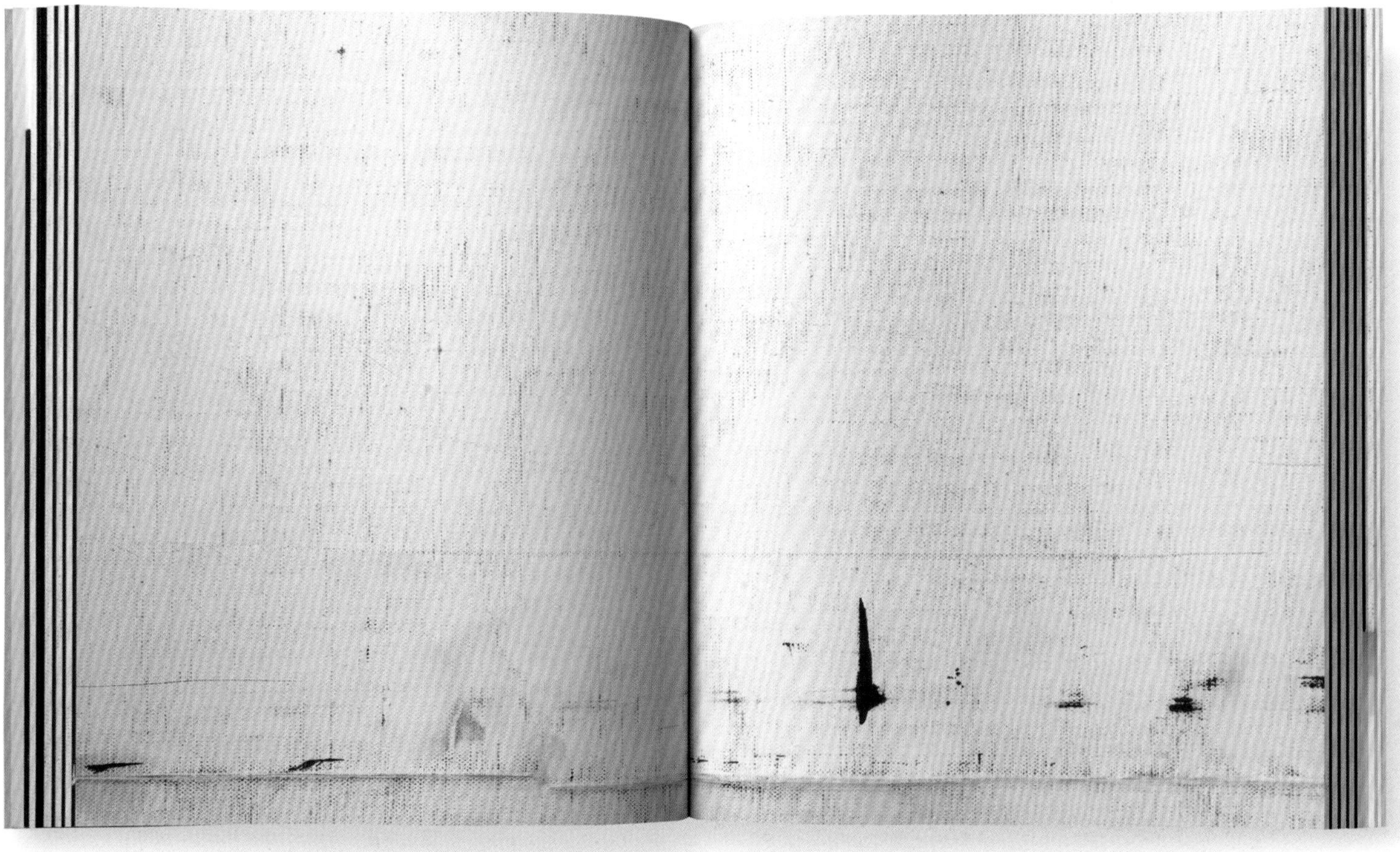

传播方式进行了展示。”[7] 罗特科普夫写道：“这本书最终应该被理解为‘一本如何看待其所描绘画布的手册’，如它描绘了作为印刷技术的不完美及其与作为画布的纸张间的相互影响，最终成为盖顿再次进入印刷领域的印刷品。可以说，它不仅仅是一本画册，而是黑色绘画在概念上的诞生过程，同时模拟了盖顿曾经对它们的认识过程。”[8]

——杰弗里·卡斯特纳

[1] 贝蒂娜·范克（Bettina Funcke）著，《论图像的风险》（*On the Risk of Images*），载于比阿特丽克斯·鲁夫（Beatrix Ruf）编，《盖顿、普林斯、史密斯、沃克》，展览画册。瑞士苏黎世：J.R.P. 林格出版社出版，2007 年，第 44 页。

[2] 盖顿在印第安纳州和田纳西州长大，在诺克斯维尔（Knoxville）读艺术专业，直到 1996 年搬到纽约，才接触到真正的当代艺术作品。正如约翰娜·伯顿（Johanna Burton）在为《艺术论坛》撰写的一篇文章中所描述的那样，“盖顿随后进入他以前几乎完全通过调解（艺术史书籍、理论集和杂志）的方式所参与的对话”。约翰娜·伯顿著，《沉默的仪式》（*Rites of Silence*），载于《艺术论坛》，2008 年夏季刊，第 369 页。

[3] 这些书都是由瓦尔特·柯尼格出版社所出版，分别为了配合科隆路德维希博物馆、维也纳分离博物馆（Secession）、苏黎世库斯塔勒（Kunsthalle）美术馆和威尼斯多加那角博物馆（Punta della Dogana）的展览。

[4] 引自斯科特·罗特科普夫著，《操作系统》（*Operating System*），载于《韦德·盖顿操作系统》（*Wade Guyton OS*），展览画册。美国纽约：惠特尼美国艺术博物馆，2012 年，第 43 页。罗特科普夫就盖顿的作品写了大量具有说服力的文章，并于 2012 年策划了在惠特尼美国艺术博物馆举办的大型展览。

[5] 同上，第 41 页。

[6] 同上。这篇文章是罗特科普夫对这本书的创作和盖顿整体作品复杂的技术细节的详细描述。

[7] 约翰·凯尔西著，《100%》，载于《韦德·盖顿：黑色绘画》（*Wade Guyton: Black Paintings*），展览画册。德国法兰克福：波蒂库斯画廊（Portikus）/ 苏黎世：J.R.P. 林格出版社出版，2010 年，无页码。

[8] 罗特科普夫著，《操作系统》，第 42 页。

《黑色绘画》

《一个月前》

河原温

（29,771 天）

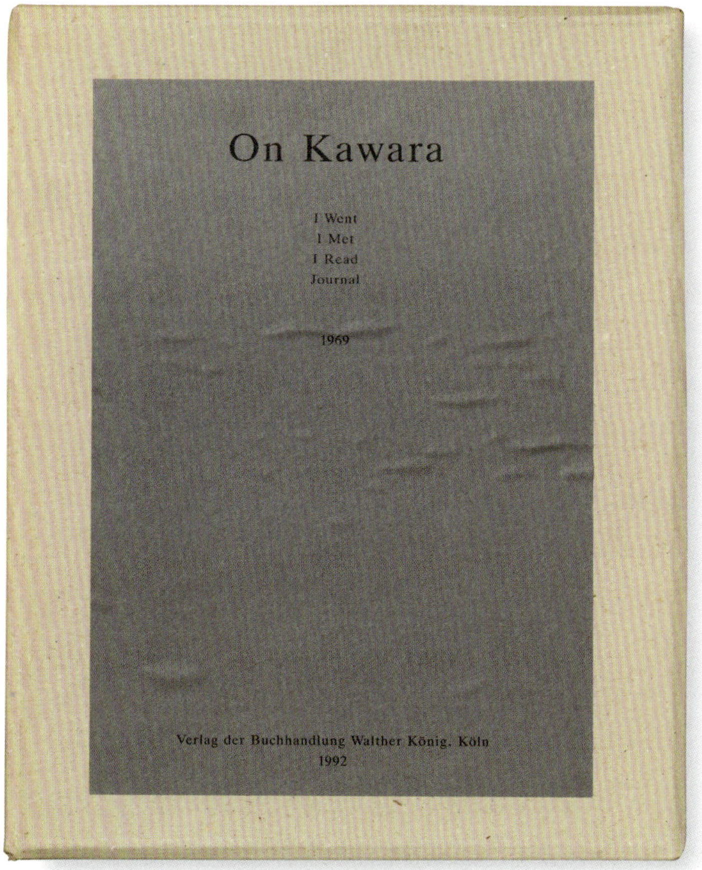

《我去了，我遇见了，我读了，年刊：1969》

许多关于河原温（On Kawara）作品的研究文献都有着惊人的不同凡响：关于艺术家的研究文章都提到了量子力学、万有引力以及薛定谔和牛顿的理论，甚至包括一名宇航员关于太空航行的第一手描述[1]。河原温参与的画册都有一个特点，这位艺术家习惯在他的传记信息中将地点和出生日期用深奥的数据来代替，如画册出版时他生活在世界的天数。到2014年河原温去世时，他已经活了近30000天，这一数字看起来很长久，但又显得毫无意义，因为大多数读者并不习惯用这样的标准来理解人类的年龄。然而，这种时间上的线性展开，如果作为一个人在某一方面缓慢进展的象征，或许可以理解河原温为什么会用这种时间标记方式来标注自己反复练习打字、归档和绘画的发展轨迹，以强调在这个星球上、在这个千年中、在这个星系中、在这个宇宙中，地球时间线的随机性和个人成就的特殊性。

为了追求这种对于时间的间接思考，河原温把他的大部分艺术实践都投入到了各种形式的序列性归档中，而这种序列性归档又常常采用系列书的形式来表现。比如，他的《我读了》（*I Read*，1966—1995）、《我去了》（*I Went*，1968—1979），以及《我遇见了》（*I Met*，1968—1979）就是对具体的日常事件的追踪。比如，《我读了》中有艺术家在其旅行的各个国家的当地报纸上读到的新闻事件，《我去了》是通过用红笔在影印的地图照片上做标记来追踪自己的行动轨迹，《我遇见了》则列出了他所遇到的人的机打名单。河原温会把每一张纸放在一个塑料封套中，再将这些单独的页面用布面封面和压环装订成册，最终形成多卷本艺术家书。《我去了》和《我遇见了》每本书共24个活页夹，总计4772页；而《我读了》则有18个活页夹，总计3272页。而且，河原温会将每一个自然年内创作的部分以销售的形式出版，如《我去了，我遇见了，我读了，年刊：1969》（*I Went，I Met，I Read，Journal*：1969，1992年出版）。这些书集中说明了河原温的游历生活，反映了他在世界各地的旅居经历，以及他在20世纪60年代中期定居纽约的漫长生活写照。虽然这种类似百科全书式的设计理念可能并不真正要求读者按顺序阅读，但它们强调了规则、顺序和习惯可能产生的力量。这些书不是简单的日记，它们需要采集和复制当地地图，键入姓名，仔细地剪切、粘贴、注释报纸文章，日复一日，时间可能长达10年或更长。这些书体现了一种进展——走了几英里，遇见了朋友，阅读了新闻——但也有一种循环性或相似性。而在这种循环中，每一天，无论其本质或丰富程度是否有所不同，都以严谨的态度去对待，最终将生活中所有的偶然相遇用数据串成统一的行动轨迹。

河原温的知名系列作品《今天》（*Today*，1966—2013）同样表现出对机械任务的持续投入。这套书描

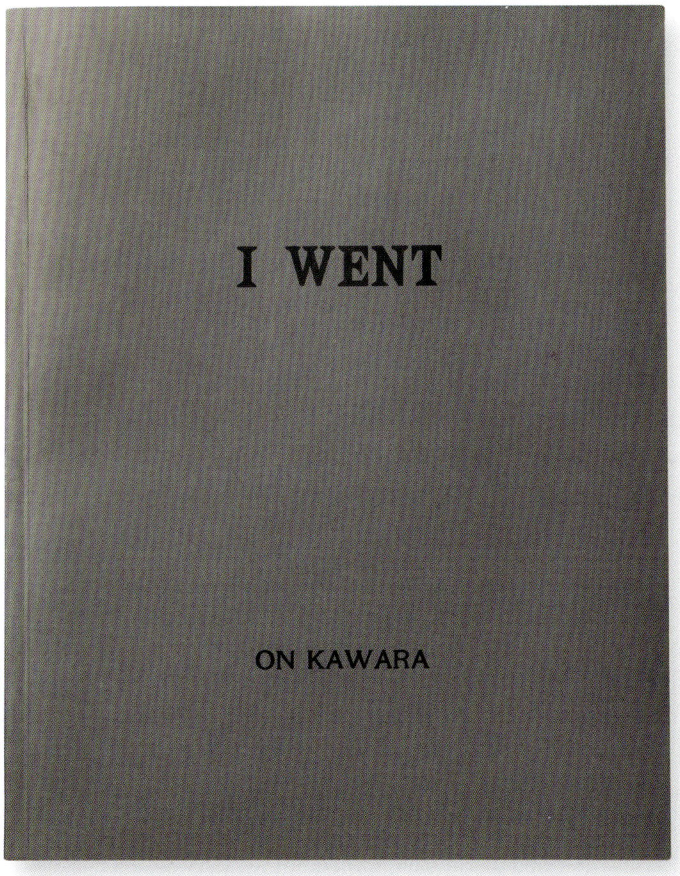

《我去了》

绘了每件作品在 8 个标准尺寸和 3 种颜色（红色、蓝色和深灰色）的画布上的制作日期，并按照河原温的自我设定（必须在一天内完成或销毁）进行排列。这些画作以时间为界定标准的特性体现了完成每一步骤的持续时间——画底色，等待它变干，用艺术家目前所在国家的语言手工书写当天的日期，刻意添加画作轮廓，最后将其放在一个定制的盒子里并附上当天报纸的剪报。在这种规则下，河原温用特别的方式参与了那个时代（在抽象主义达到顶峰后，极简主义开始出现）的绘画创作。正如策展人安妮・罗里默（Anne Rorimer）所述：“在第一幅以日期为主要元素的绘画创作出来的前几年，‘如何使绘画成为自己独立的非参照物’的现实问题曾被定义为艺术创作中应该被考虑的最重要的因素。”[2] 比如说，对于贾斯帕・约翰斯（Jasper Johns）来说，字母和数字起着脚手架的作用，上面可悬挂装饰性的绘画作品。而对于河原温来说，给定日期的字母和数字则是一种二次抽象。也就是说，如果日期在概念上的抽象通过行星的运动以及宗教和文化惯例来定义，那么河原温在此基础上又

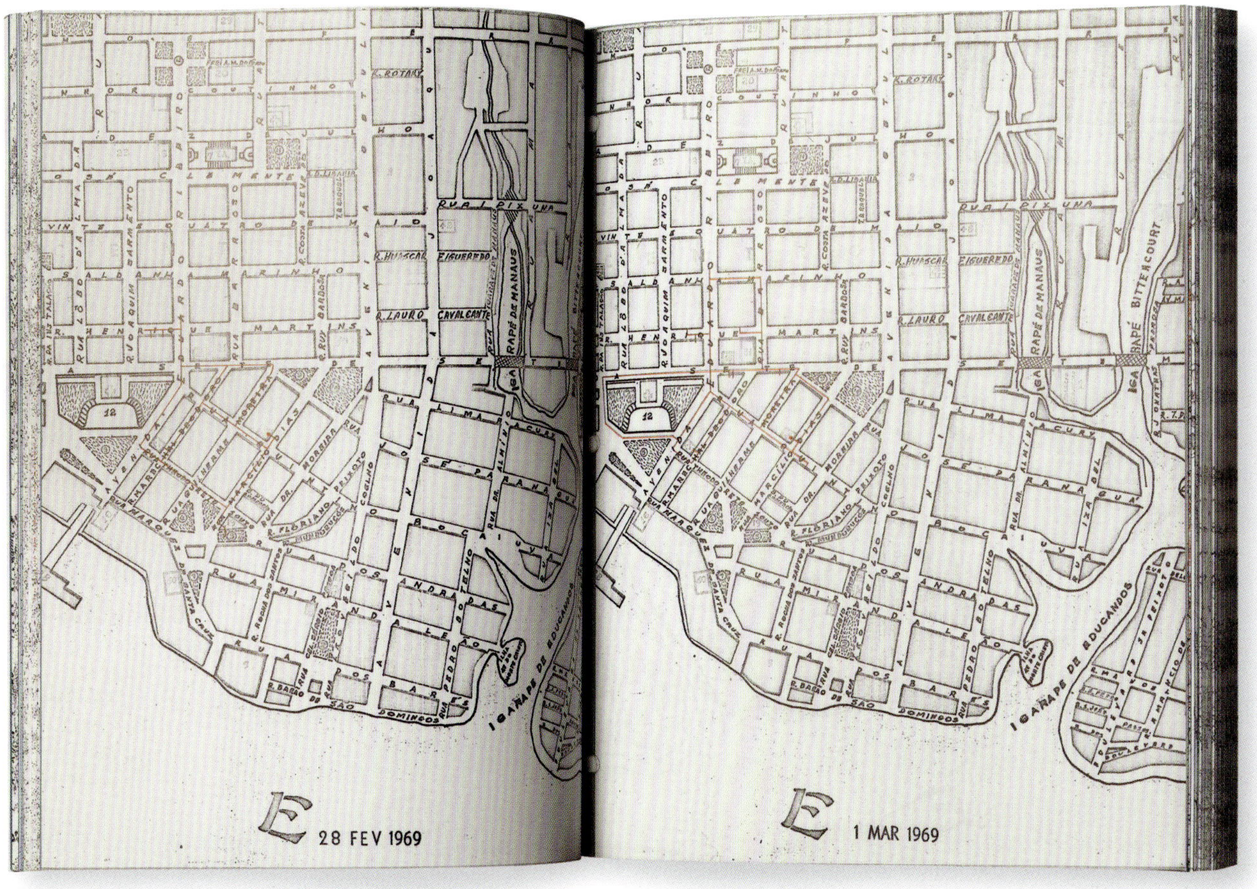

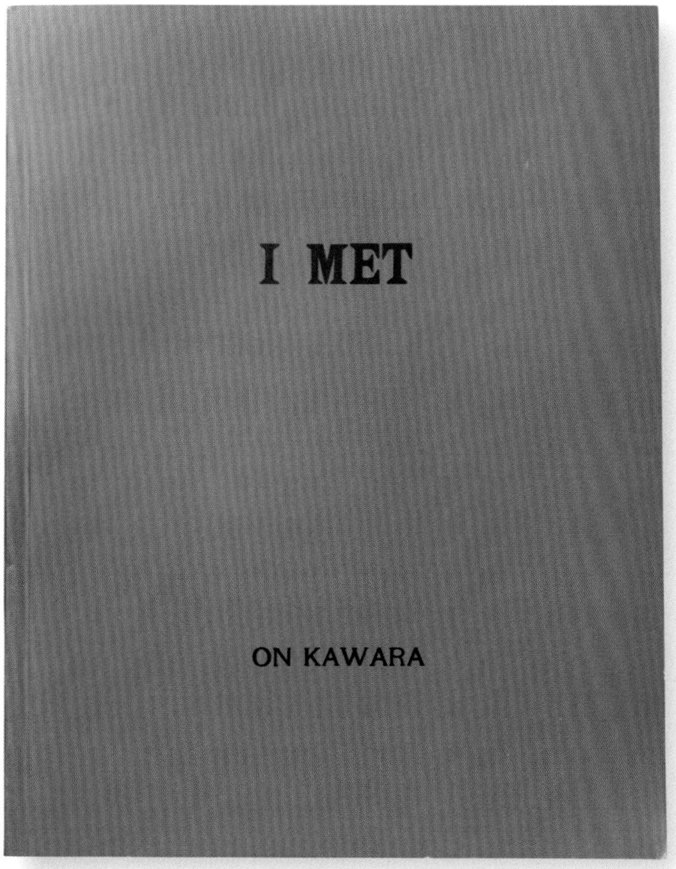
I MET
ON KAWARA

《我遇见了》

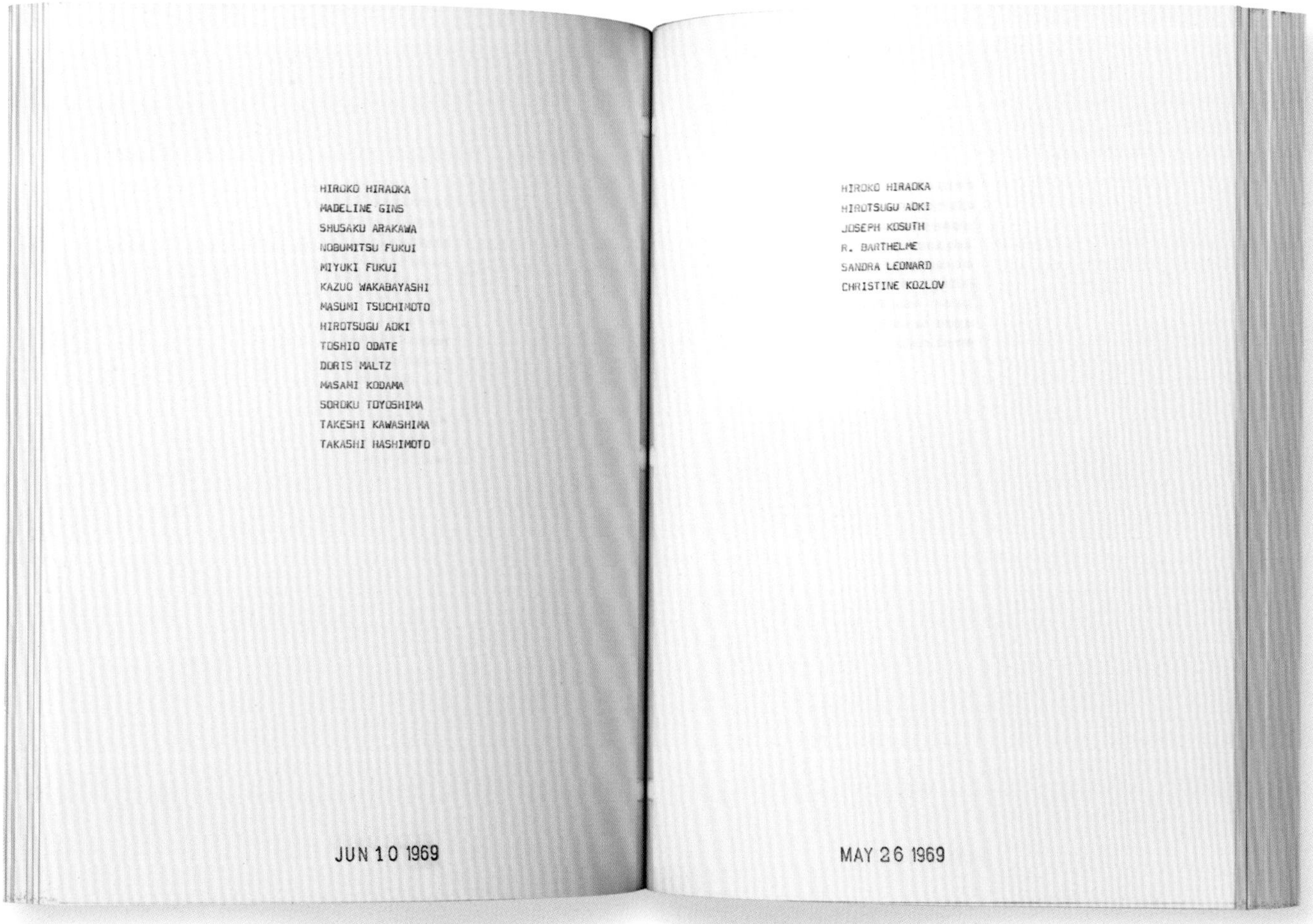
HIROKO HIRAOKA
MADELINE GINS
SHUSAKU ARAKAWA
NOBUMITSU FUKUI
MIYUKI FUKUI
KAZUO WAKABAYASHI
MASUMI TSUCHIMOTO
HIROTSUGU AOKI
TOSHIO ODATE
DORIS MALTZ
MASAMI KODAMA
SOROKU TOYOSHIMA
TAKESHI KAWASHIMA
TAKASHI HASHIMOTO
JUN 10 1969
HIROKO HIRAOKA
HIROTSUGU AOKI
JOSEPH KOSUTH
R. BARTHELME
SANDRA LEONARD
CHRISTINE KOZLOV
MAY 26 1969

《我读了》

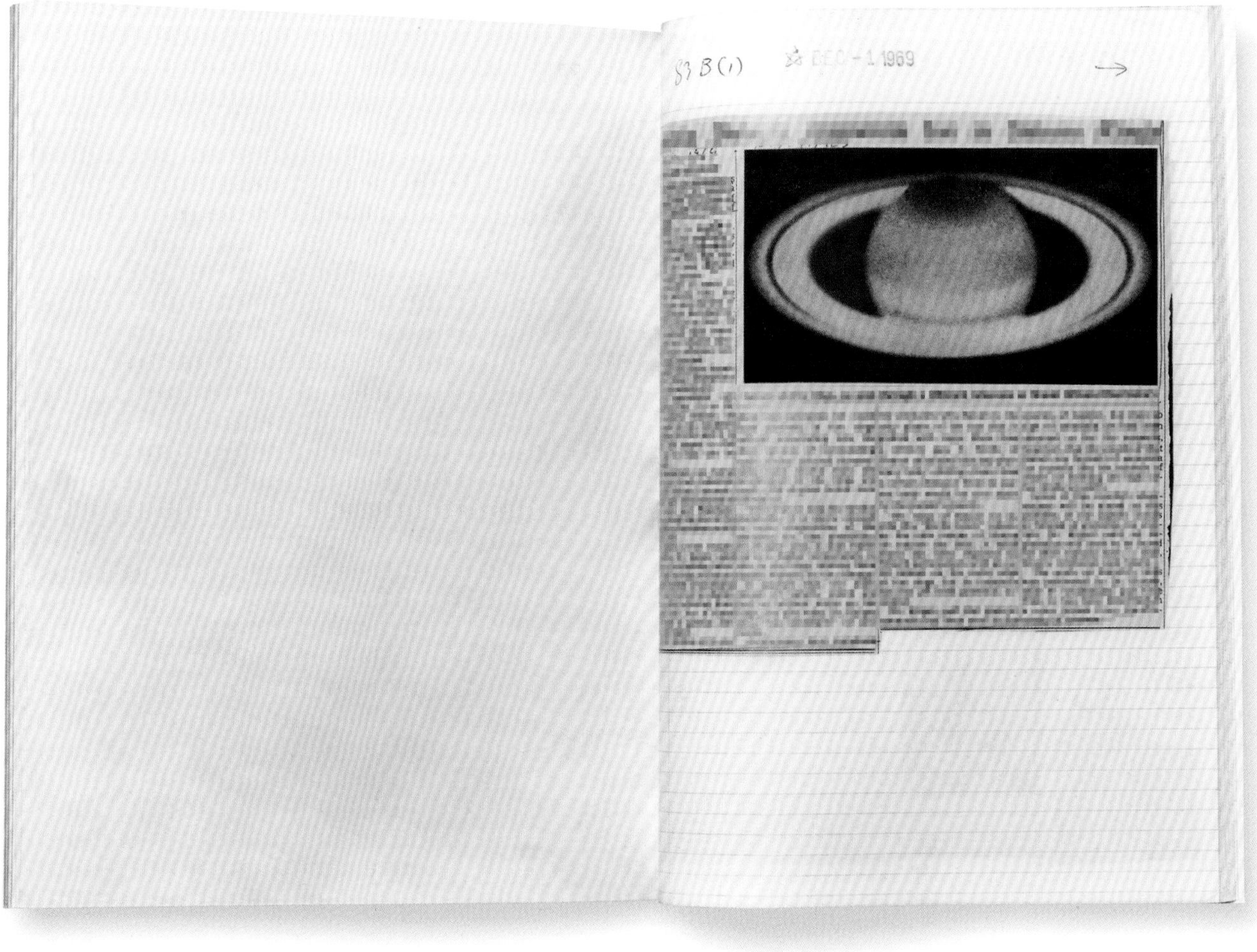

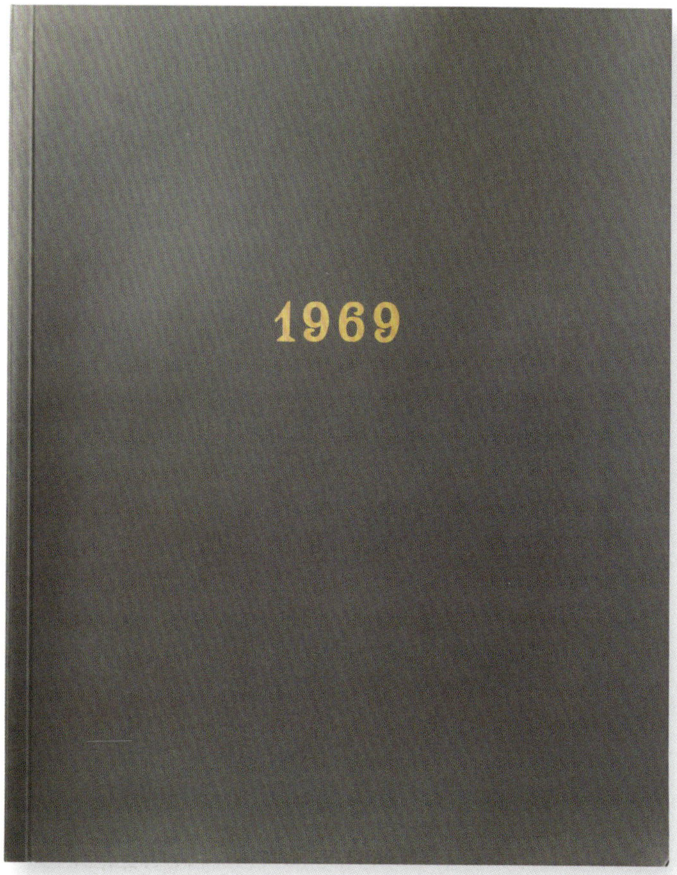

《年刊》

进行了二次抽象，使符号成为一种迭代的形式，并用模糊但可见的笔触来强调自己的艺术创作。而在其长期项目《日记》（*Journals*，1967—2014）中，河原温则记录了与绘画创作相关的各种数据，包括一句自传式的注释，家庭或外部环境的照片，画作的尺寸、颜色、创作日期和地点[3]。

如果说作品《今天》展现的是河原温以一天为单位在一件独特的作品上所花费的时间，那么另一个以时间为基础的重要项目《一百万年（过去）》[*One Million Years*（*Past*），1970—1971]和《一百万年（未来）》[*One Million years*（*Future*），1980—1998]就是以时间的倍数形式进行展示。《一百万年（过去）》在献词页上写道："写给所有的生者与逝者。"书写时间从公元前998,031年到公元1969年；而在《一百万年（未来）》中，河原温则致力于"最后一个人"这个概念，即从公元1981年到1,001,980年人类的最后一个人。每一标题都延续了10个皮革活页夹，而且河原温没有选择手写，而是将排列在一列中的一组数字粘到一张带有预先打印好的另一组数字的纸上。比如，在以零结尾的年份列中附加一条1的数字带。然后河原温复印了粘贴后的版本，使最终版本成为一张清晰的单张纸，并将其复制了12套，使每一个粘贴数字组都有12个版本。

1999年，米什莱恩·什瓦策（Micheline Szwajcer）和米歇尔·迪迪埃（Michele Didier）出版了河原温两卷本的《一百万年（过去）》和《一百万年（未来）》[在该版本中，《一百万年（未来）》的出版计划始于1993年，即艺术家书开始制作的第二年]。在这个版本使用的多卷本原版中，以金银压花皮革为封面，页面则被缩小在一片纤薄透明的32克纸张上，因此每一页包含其500年的网格必须完美地与其下可见的数字对齐。这个版本借鉴了袖珍版《圣经》的美学设计理念，而其便携性则像是将无休止的数字组放在手边可随时阅读。就像《我去了》《我遇见了》和《我读了》一样，这些书并非在邀请读者以传统方式进行阅读，这样的形式更像一种讽刺。事实上，从1993年在纽约迪亚艺术中心（Dia Center）举办的展览开始，河原温组织了《一百万年》的多次现场阅读活动，其中需要有两名志愿者，一男一女，轮流大声朗读年份（所有奇数年份由男子朗读，所有偶数年份由女子朗读），并且要求始终用英语朗读，无论展览在哪里举办。这成为一个影响深远的转折点，河原温的数字栏——与

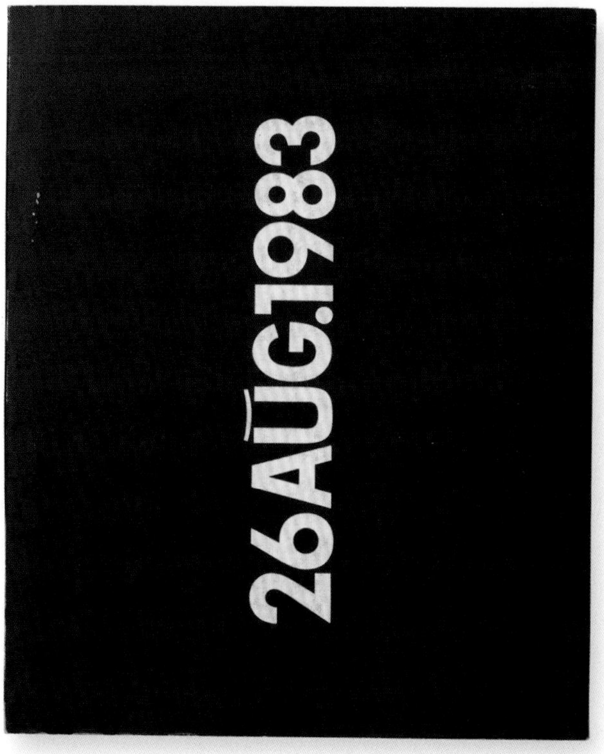

《日期绘画 1981—1983》（*Data Painting 1981—1983*），画册第69号

JULY31.1981

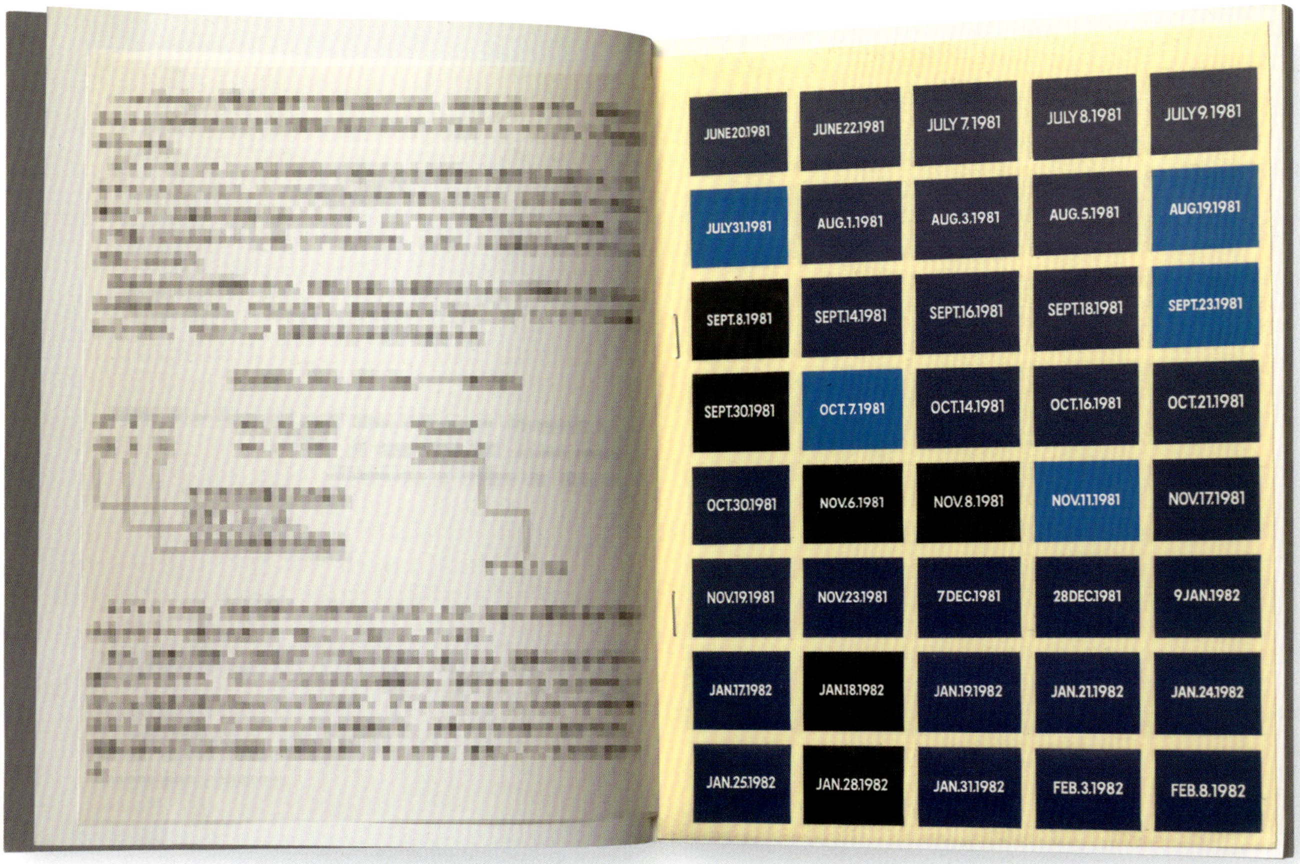
JUNE20.1981
JUNE22.1981
JULY 7.1981
JULY 8.1981
JULY 9.1981
JULY31.1981
AUG.1.1981
AUG.3.1981
AUG.5.1981
AUG.19.1981
SEPT.8.1981
SEPT.14.1981
SEPT.16.1981
SEPT.18.1981
SEPT.23.1981
SEPT.30.1981
OCT.7.1981
OCT.14.1981
OCT.16.1981
OCT.21.1981
OCT.30.1981
NOV.6.1981
NOV.8.1981
NOV.11.1981
NOV.17.1981
NOV.19.1981
NOV.23.1981
7DEC.1981
28DEC.1981
9JAN.1982
JAN.17.1982
JAN.18.1982
JAN.19.1982
JAN.21.1982
JAN.24.1982
JAN.25.1982
JAN.28.1982
JAN.31.1982
FEB.3.1982
FEB.8.1982

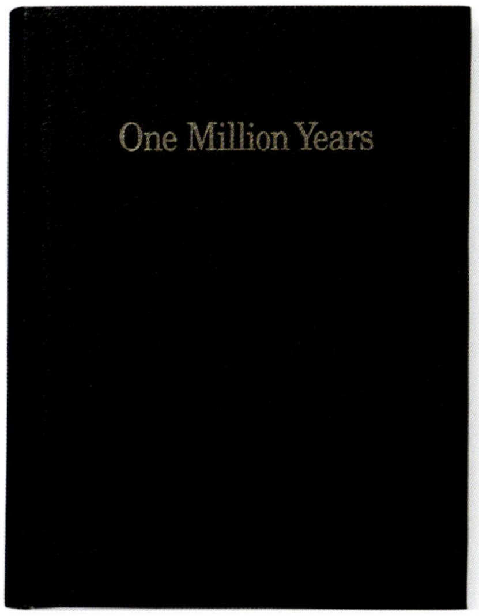
One Million Years

《一百万年（过去）》

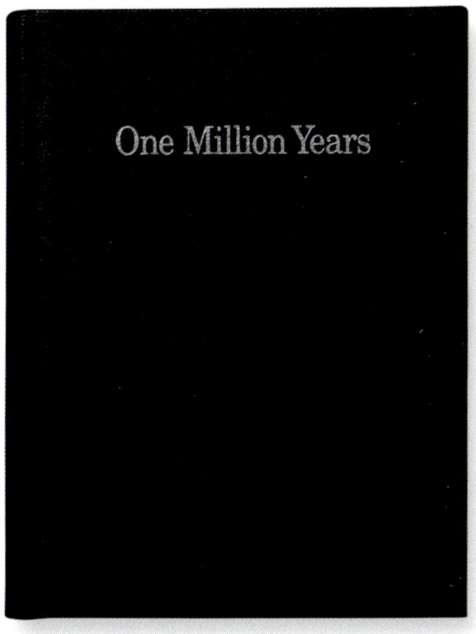
One Million Years

《一百万年（未来）》

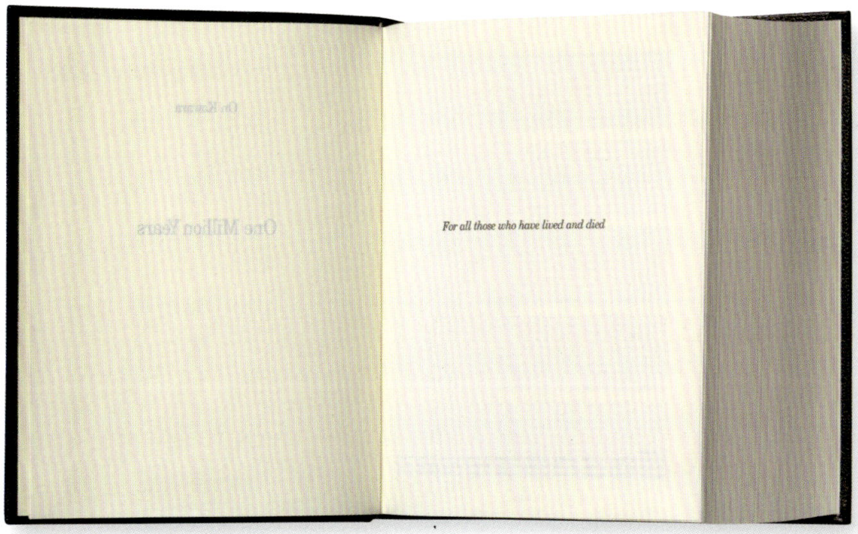
For all those who have lived and died

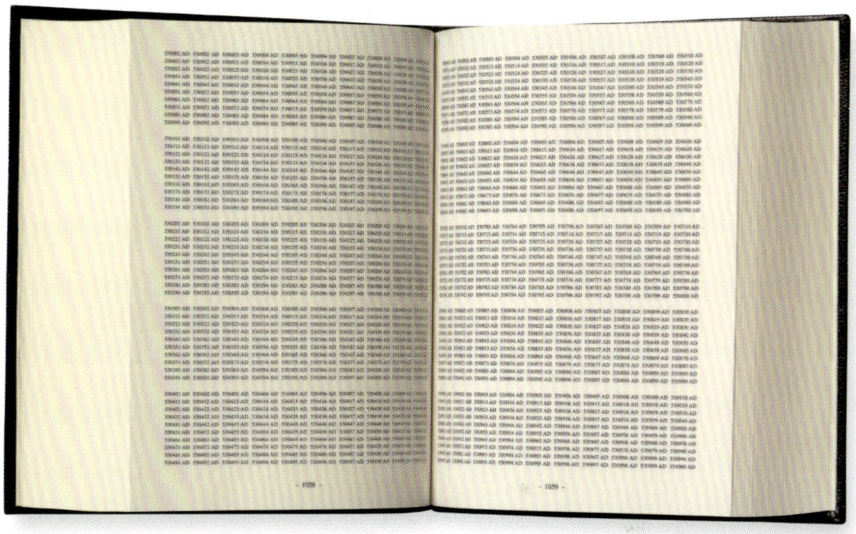

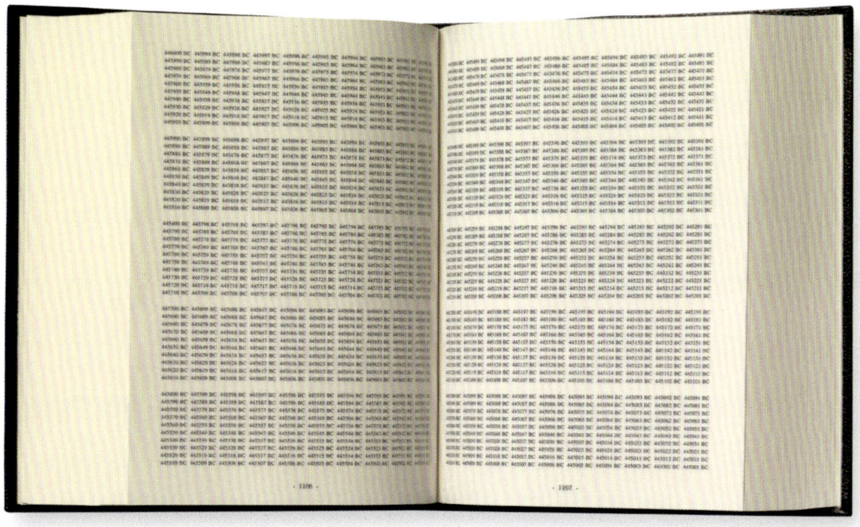

For the last one

马丁·基彭贝格尔

（1953年生于德国多特蒙德，1997年逝于奥地利维也纳）

马丁·基彭贝格尔（Martin Kippenberger）的作品包含了一系列令人眼花缭乱的形式，而且其千变万化的作品都被标上了多样及多产的标签。他创作实践的各个方面都与他夸张的生活方式一样。但无论如何，人们还是在其数量繁多的作品中整合出了基彭贝格尔的出版物清单，其中的数十本可能是他那一代中最重要的一批书[1]。

图像和语言之间的不和谐都对基彭贝格尔的作品产生了深远的影响，也在他的书籍、小册子、图录、杂志等出版物中被充分证明[2]。对于艺术家来说，每一种形式都是一种工具，均可用来创造性地塑造其不断发展和重建的表演性形象，为实现其作品的艺术价值做好准备。比如，探索个人与公众之间的界限，重新调整制造者和消费者之间的关系，质疑喜剧与严肃剧目间的区别，尽可能有效且广泛地将作品和自己影射到公共领域。这些出版物不仅仅是绘画或雕塑项目的附属品，还应该被理解为是基彭贝格尔作品的核心。作为实验和合作的关键空间，这些出版物的随处可见、便于携带以及随性这些特质相匹配。这些文献记录了艺术家独特的、具有挑衅意味的混合标志，并提供了一个通向他那常常令人烦恼且迂回的职业生涯的入口[3]。

尽管不可能为基彭贝格尔的出版历史勾勒出一条连贯的主线，但还是能找到一些重要的线索。基彭贝格尔是一个善用讥讽的小丑，经常批评他所帮助创造的艺术世界的结构，很喜欢自己扮演一个揭露他所认为的浮夸和自命不凡的人的角色，他的许多书籍重复地讽刺了他的德国艺术界前辈们的作品。他的多卷本系列作品《金丝雀的世界》（*Die Welt des Kamarienvogels*，1989—1992）中有数百幅浮华的抽象铅笔画，就是对A. R. 彭克（A. R. Penck）[18]几年前出版的《鹰的世界》（*Die Welt des Adlers*）的讽刺。《你能做些什么？》（*Was könnt Ihr dafür?*，1986）则是一本由基彭贝格尔与搭档阿尔伯特·厄伦（Albert Oehlen）共同创作的书，共有62页，其中50页是用乳剂和燕麦薄片手工绘制而成，这也许是对安瑟姆·基弗那的艺术创作中所使用的材料的讽刺。

不过，基彭贝格尔也出版了一些用于表达他对其他艺术家的钦佩和喜爱的书，比如，《T.O.T.》（1988）就是对罗伯特·梅普尔索普（Robert Mapplethorpe）在惠特尼美国艺术博物馆举办回顾展的展览画册的赞歌。他在当时身患重病的美国摄影师的照片复制品上印上了各种字母"TOT"（德语中的"死亡"一词）的组合，这一令人哀伤的行为，暗示着焦虑、死亡，也一直是基彭贝格尔表演性角色掩藏下的灰暗情绪。

在他生命中的最后10年，人们常常会发现他游荡在世界各地的各种豪华酒店外。基彭贝格尔是一个旅行者，他对被废弃的地方都很敏感，这些与他心灵产生碰撞的地点有时也会成为他的某些书的主题。比如，《MOMAS：锡罗斯现代艺术博物馆》（*MOMAS: Museum of Modern Art Syros*，1994）一书就展示了锡罗斯现代艺术博物馆的建筑平面图和艺术家所拍摄的照片，而这座博物馆的前身是希腊岛上一个屠宰场的废墟。再如，基彭贝格尔还曾花4个月时间在巴西旅行，收购了一座废弃的加油站，并出版了3本小书，《最后的1》《最后的2》与《最后的3》（*Endlich1，Endlich2，Endlich3*，1986）。这些作品（包括照片和札记）记录了他的流浪经历，如纸牌游戏的书面记录和艺术家在里约热内卢跨年晚会上制作的一对帽子的照片。基彭贝格尔对巴西的兴趣还促使他在第二年出版了《里约热内卢，更好》（*O Rio de Janeiro，besser*）。在这部作品中，他通过剪切和粘贴，"修正"了4本由摄影师布鲁斯·韦伯（Bruce Weber）创作的咖啡桌读物，

18 A.R. 彭克（1939—2017），曾用名拉尔夫·温克勒（Ralf Winkler），德国新表现主义艺术家。他认为，像交通指示牌或商标那种运用简单的原始图像的艺术潮流，可以使观者更贴切地体会到作品所要表达的内容。——译者注

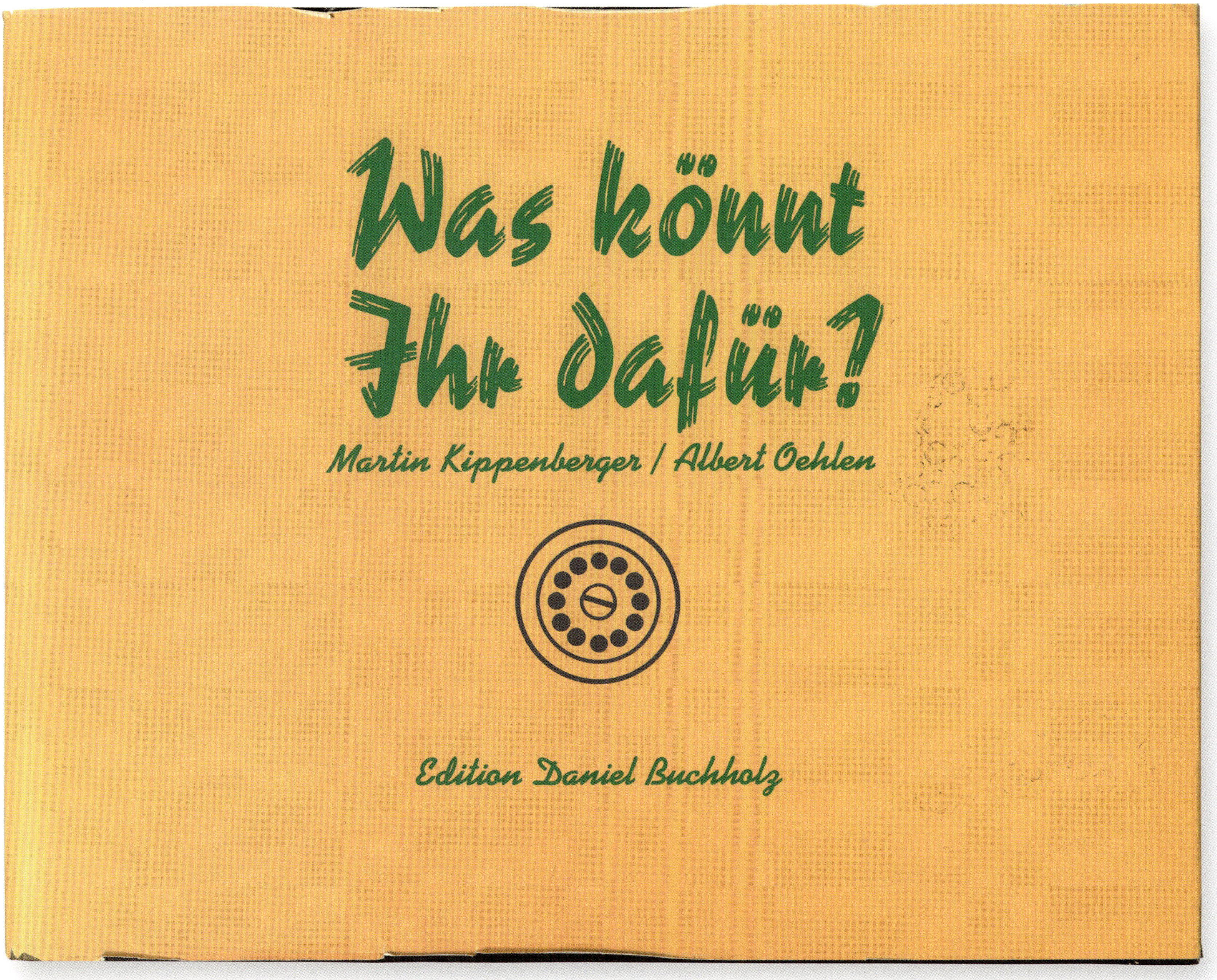
Was könnt Ihr dafür?
Martin Kippenberger / Albert Oehlen
Edition Daniel Buchholz

《你能做些什么？》

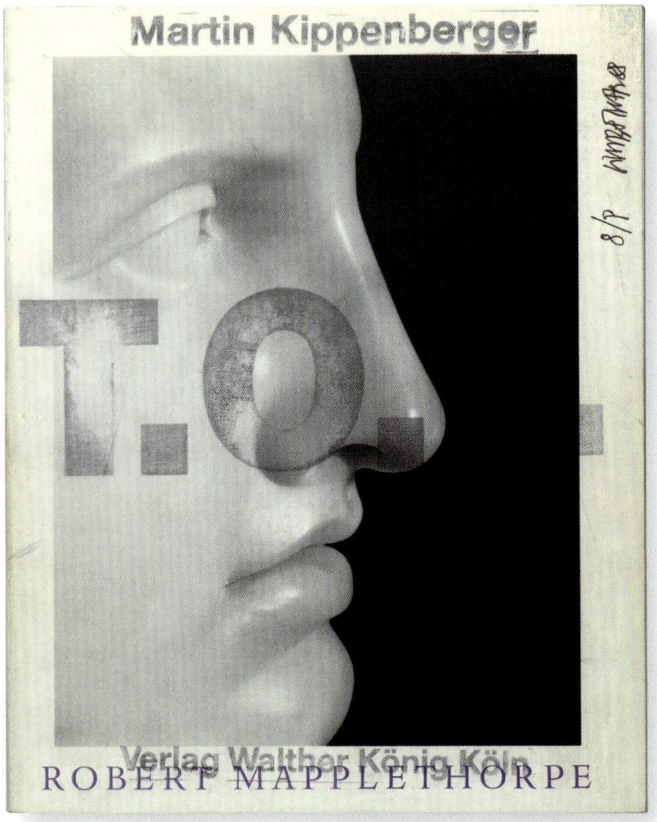
Martin Kippenberger
T.O.T.
Verlag Walther König Köln
ROBERT MAPPLETHORPE

《T.O.T.》

T.O.T.
ANDY WARHOL 1971
23

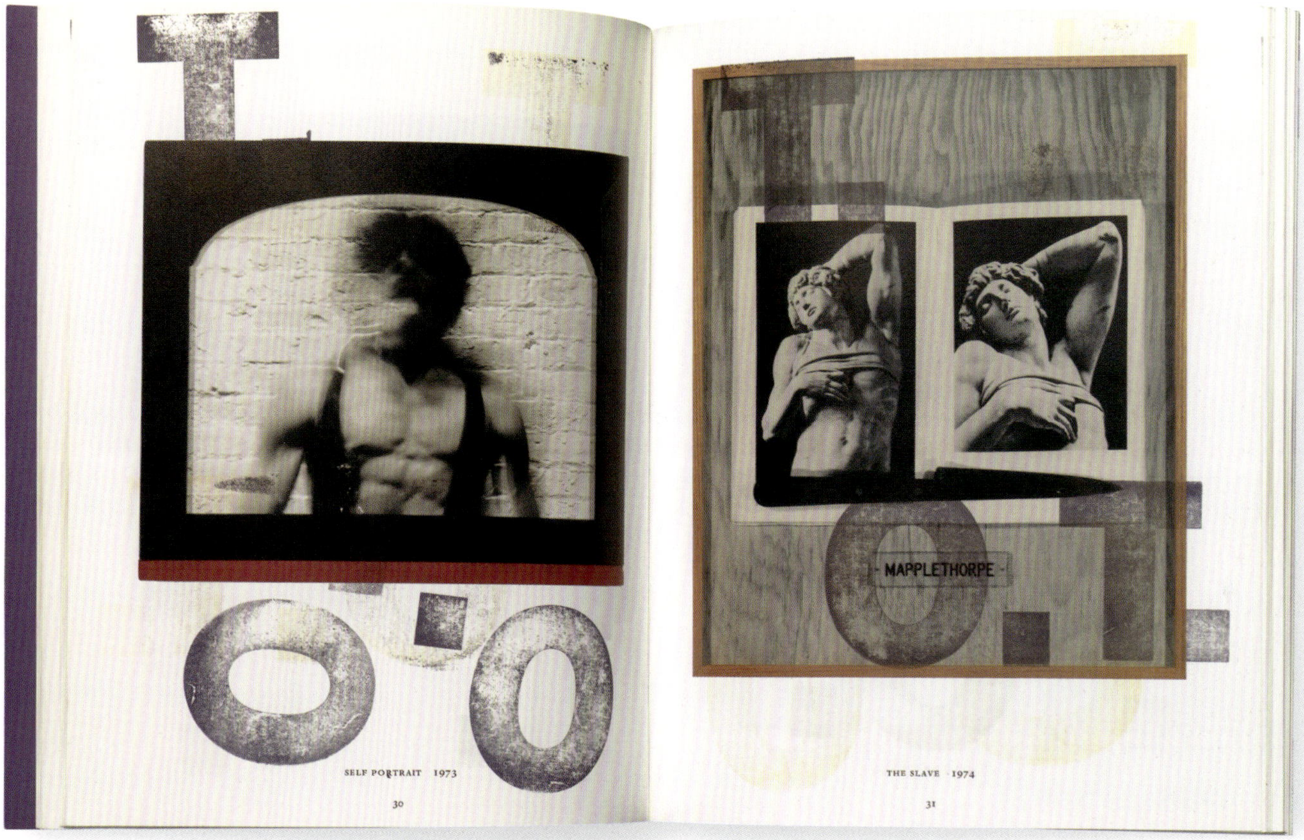
MAPPLETHORPE
SELF PORTRAIT 1973
30
THE SLAVE 1974
31

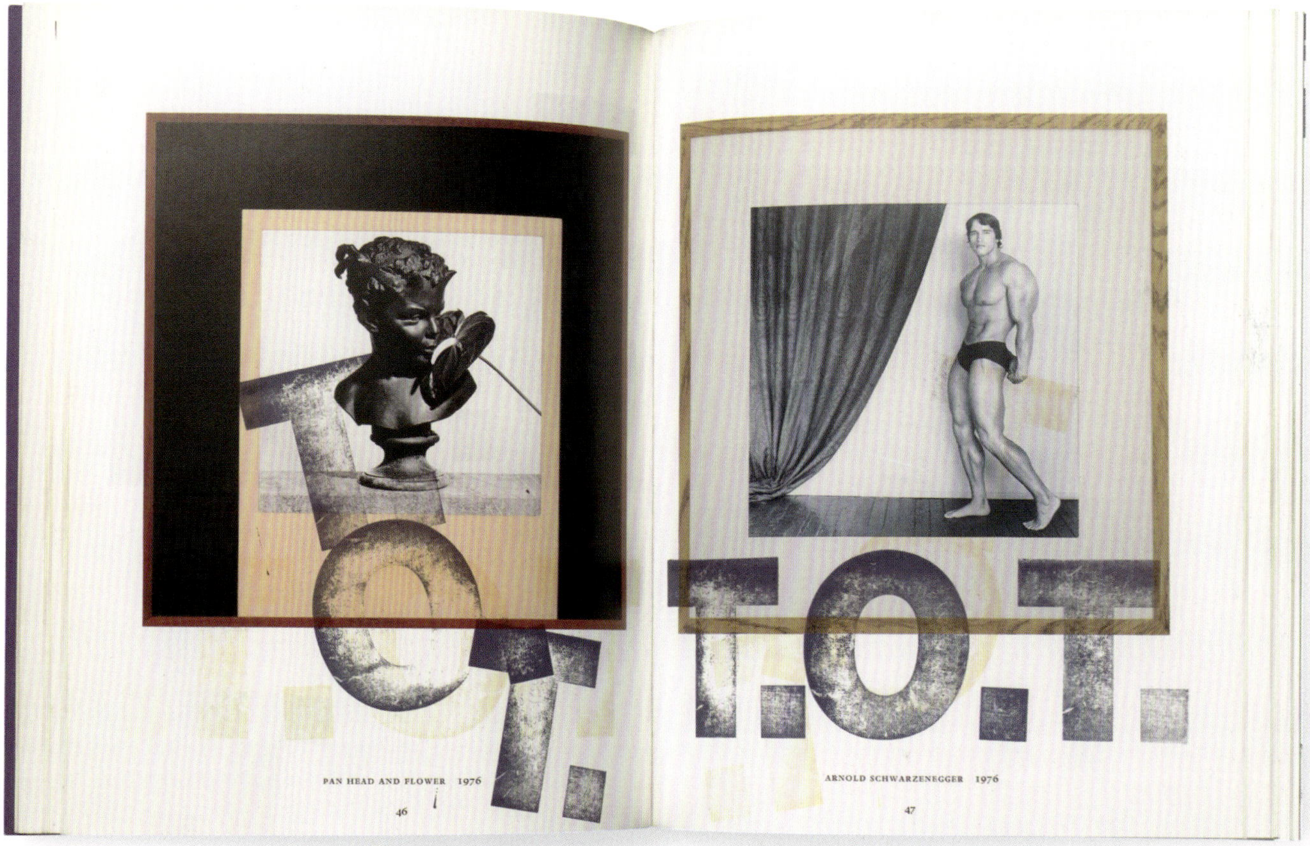
T.O.T.
PAN HEAD AND FLOWER 1976
46
ARNOLD SCHWARZENEGGER 1976
47

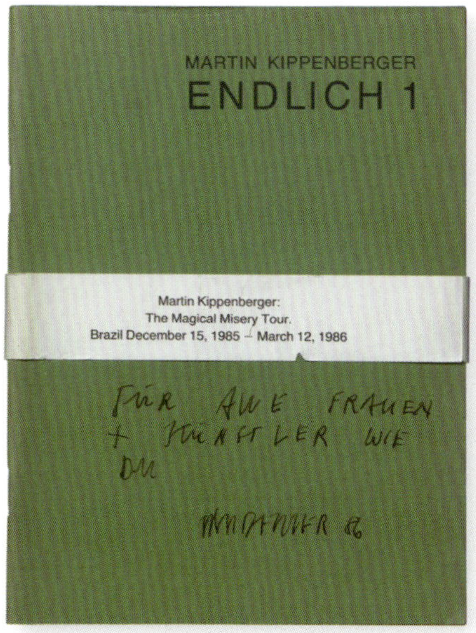
MARTIN KIPPENBERGER
ENDLICH 1
Martin Kippenberger:
The Magical Misery Tour.
Brazil December 15, 1985 – March 12, 1986
FÜR ALLE FRAUEN + KÜNSTLER WIE DU

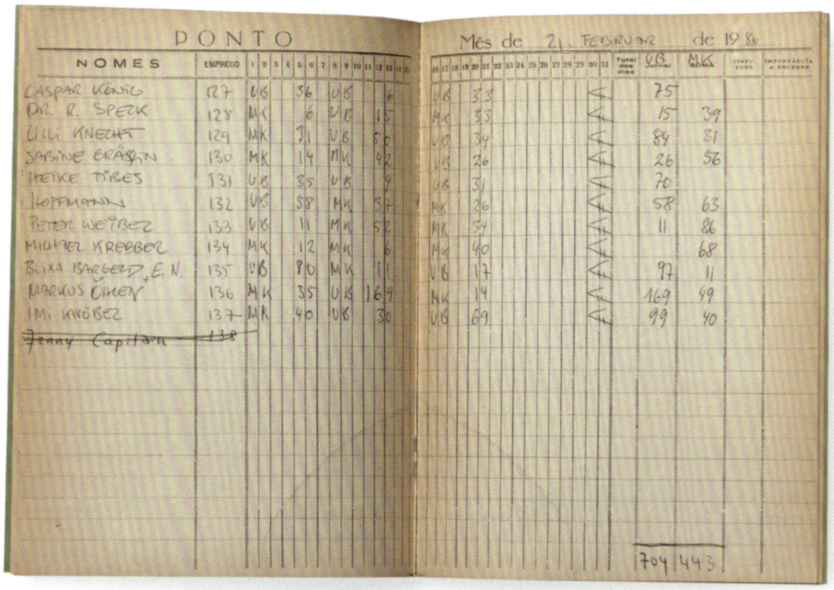
PONTO
NOMES
Mês de
de 19

《最后的 1》

MARTIN KIPPENBERGER
ENDLICH 2

《最后的 2》

并在德文版的书名中增加了“更好”一词[4]。

基彭贝格尔也许比他那个时代的任何艺术家都更擅长将书作为展览策划中的一个整合元素而存在。比如，他的代表作《弗兰茨·卡夫卡〈美国人〉的圆满结局》（*The Happy End of Franz Kafka's "Amerika"*），就是1994年春在荷兰鹿特丹博伊曼·范·布宁根博物馆（Boijmans Van Beuningen）首次展出的大型艺术装置的一个重要组成部分，该系列由10本不同的书组成。这场展览是对卡夫卡未完成的小说的一些富有想象力的阐述。展览以一个排列满体育设施的运动场的实体形式为背景，还包括一本画册、虚构求职面试记录的小册子、一张乐谱、一则间谍故事等。

基彭贝格尔在生活和工作中显然会时常感受到令人恐惧的空虚，故而他的美学理念也常显得过度丰富，这又使得他作品中罕见的寂静和空白更令人动容[5]。这位艺术家的《堂·吉诃德》（*Don Quijote de la Mancha*）于1989年出版，共12卷，装在一个用软木制成的盒子里，将其伪装成米格尔·德·塞万提斯（Miguel de Cervantes）的经典著作，并将彩绘封面印在薄薄的软木上，书是空心的，里面有50张朋友和同事在各种社交活动中的快照，以及艺术家本人的照片，都用一条黑色的绳子绑着。最终成品看起来像一种圣骨匣，只是里面装的不是人类的遗骸，而是与其他人一起生活的证据[6]。

在艺术家的作品中也有类似的挽歌，这类作品无声地拒绝了书籍的固有形式。比如，《今生不能成为下一个人生的借口》（*Dieses Leben kann nicht die Ausrede für das nächste sein*）就是一本版式设计特别的

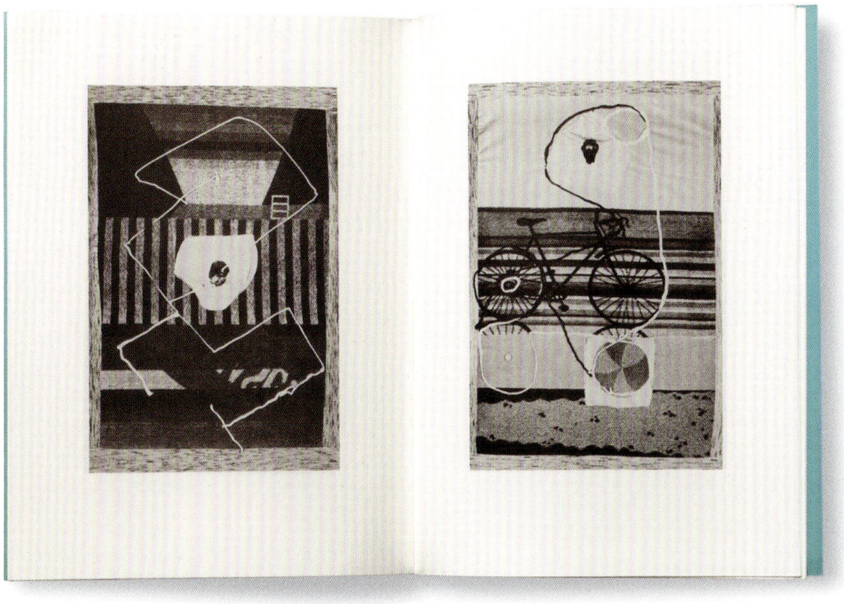

《最后的 3》

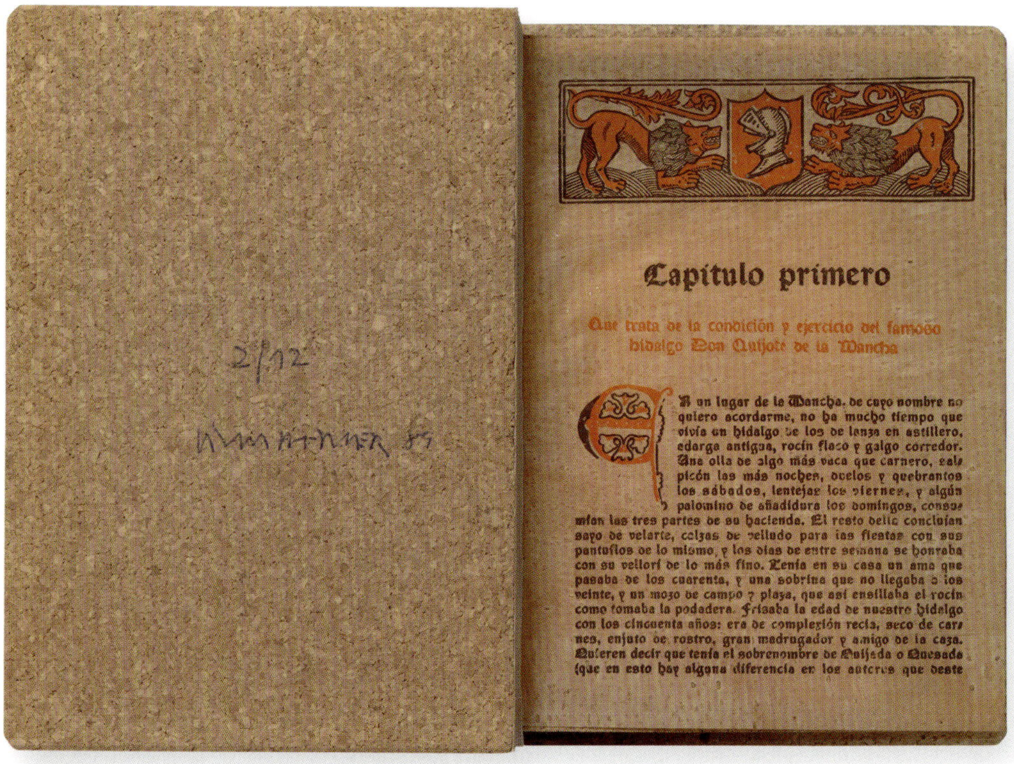

《堂 · 吉诃德》

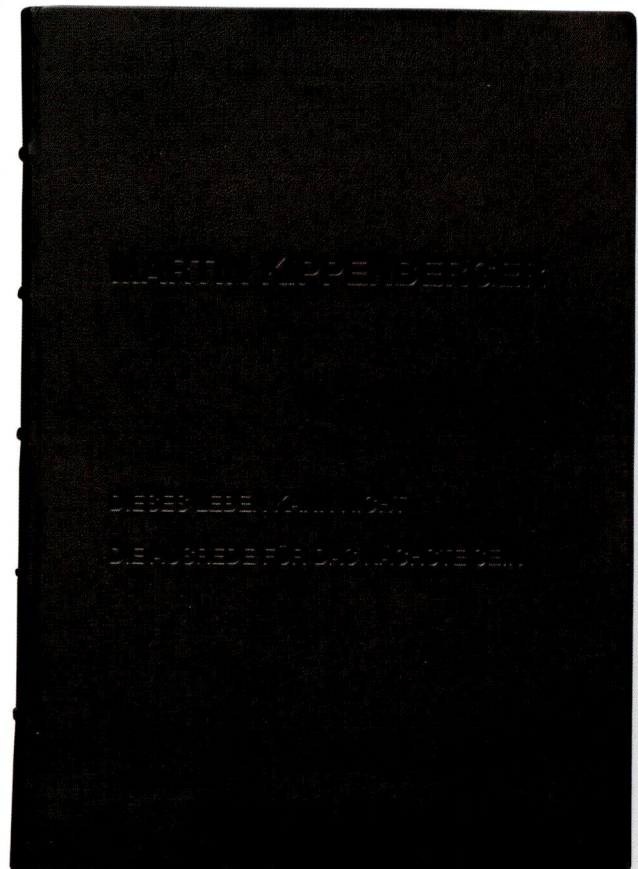

《今生不能成为下一个人生的借口》

400 页的书。书中包含同一封信——一封芝加哥收藏家艾拉·沃尔（Ira Wool）于 1990 年写给艺术品经销商吉塞拉·卡皮坦（Gisela Capitain）的感谢信，印刷了 800 册。再如，《未处理和未打印的纸张》（*Untouched & Unprinted Paper*，1990）则是在一个 2 英寸高的棕色滑套内装入了一叠未打印的普通纸（该版本为纽约的“印刷品”书店制作了 50 册）。这种理念在基彭贝格尔去世后出版的《不画不哭》（*No Drawing No Cry*，2000）中达到顶点，该书也是艺术家以酒店为主题创作的三部曲中的最后一部。与其他两部不同的是，这个系列的最后一部是由艺术家自己设计的，除了各种信头和一幅插页之外，其余部分都是空白的。在将近 500 页的篇幅中，这张单独的插页被证明是艺术家最后的痕迹，它就像一件完工后被遗忘在空套房里的物品。

——杰弗里·卡斯特纳

《未处理和未打印的纸张》

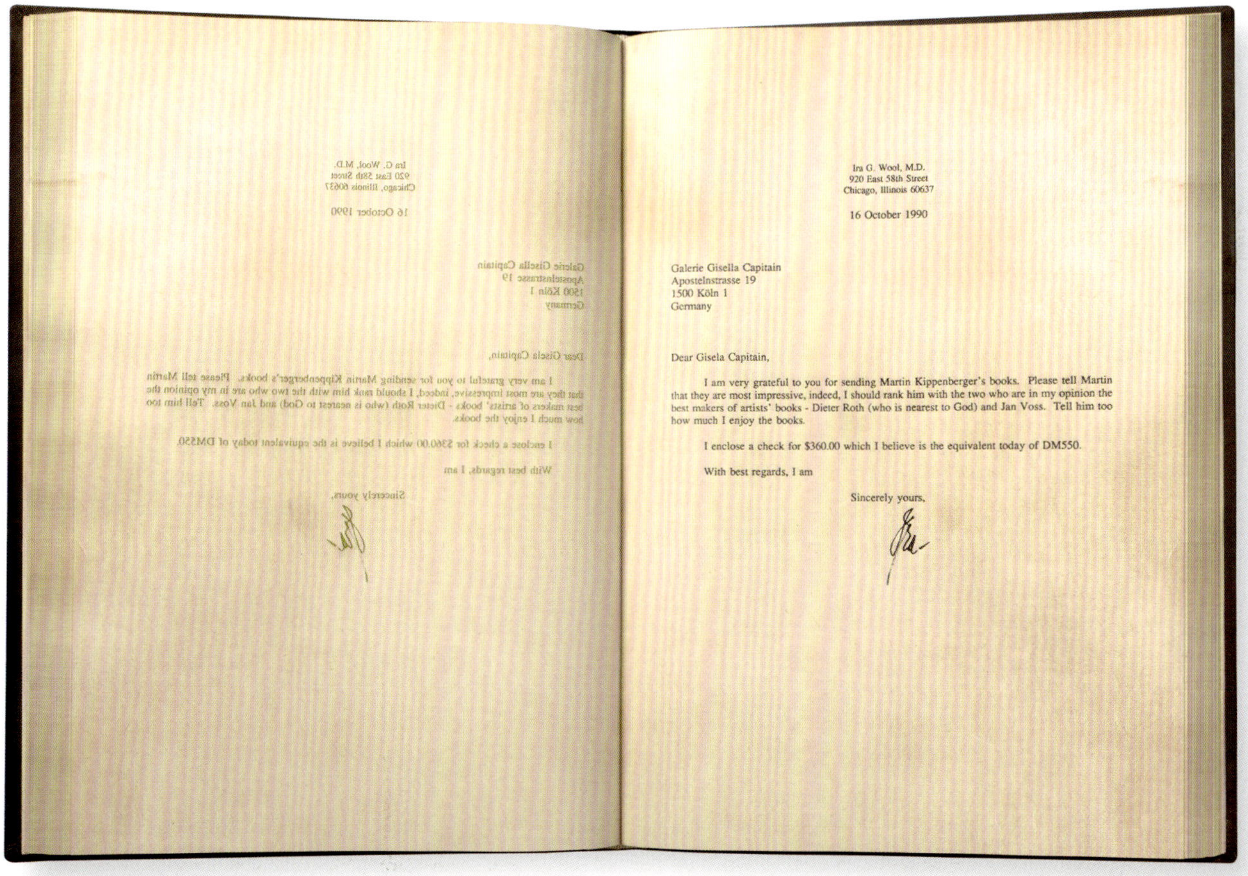

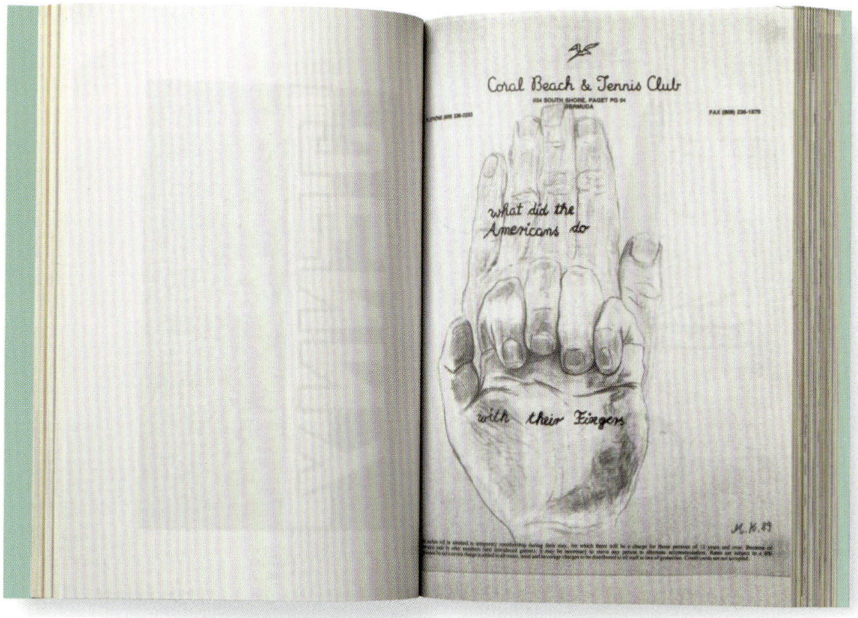

《酒店—酒店》（*Hotel-Hotel*）

［1］基彭贝格尔的书籍目录共包括 149 种书，最早的一本是 1977 年的《为您服务》（*al Vostro servizio*），这是一本由艺术家阿希姆·杜霍（Achim Duchow）和乔臣·奎吕格（Jochen Krüger）合作出版的影印书。收入书籍目录的标准是，“不仅包括马丁·基彭贝格尔的艺术家书，还包括他设计和创作的展览画册、包含基彭贝格尔原创作品的出版物、由他发起或编辑的书，以及他去世之后出版的两本书”。乌威·科赫（Uwe Koch）著，《画册目录前言》，载于乌威·科赫编，《马丁·基彭贝格尔图书目录说明，1977—1997》（*Annotated Catalogue Raisonné of the Books by Martin Kippenberger*，1977–1997），纽约：D.A.P. / 分销式艺术出版商，2003 年，第 31 页。

［2］迪德里奇·迪德里克森想象基彭贝格尔像一个艺术品收藏家那样为了搬家而打包自己的藏品，并从中观察到其作品的异质性——其作品的书籍格式、厚度、结构感和易碎性，都使得按合理顺序堆叠打包成为奢望。迪德里奇·迪德里克森著，《书虫》（*The Bookworm*），载于乌威·科赫编，《马丁·基彭贝格尔图书目录说明，1977—1997》，第 5 页。

［3］“很少有当代艺术家像基彭贝格尔那样坚持不懈地追求以社会语境和集体对话来构成艺术创作的关键。毫无疑问，为了理解他的绘画和雕塑，人们必须探索他的自我建构的主体。”格雷戈里·威廉姆斯（Gregory Williams）著，《笑话被打断：马丁·基彭贝格尔的妙语》（*Jokes Interrupted: Martin Kippenberger's Receding Punch Line*），载于多丽丝·克里斯托夫（Doris Krystof）、杰西卡·摩根（Jessica Morgan）编，《马丁·基彭贝格尔》（*Martin Kippenberger*），展览画册。英国伦敦：泰特出版社，2006 年，第 39 页。

［4］几年前，基彭贝格尔在《科隆宣言》（*The Cologne Manifesto*）中首次采用了这一设计方案，该宣言由吉姆·洛格勋爵（Lord Jim Loge）的科隆艺术俱乐部出版，共 25 本。这本书由恩斯特·哈斯（Ernst Haas）于 1976 年在德国出版的咖啡桌摄影集的复制品组成，其页面由基彭贝格尔和搭档厄伦使用各种带有特殊语句的贴纸来吸引注意力，且所有的贴纸都以“I ♥”开头。

［5］参见多丽丝·克里斯托夫著，《世界上最大的剧院：“弗兰茨·卡夫卡 < 美国 > 的圆满结局”的复杂性与空虚感》（*The Biggest Theatre in the World: Complexity and Vacuity in The Happy End of Franz Kafka's 'Amerika'*），载于克里斯托夫、摩根编，《马丁·基彭贝格尔》，第 26—37 页。

［6］《堂·吉诃德》附有一张用来展示其玻璃展柜的工艺图。塞万提斯的《堂·吉诃德》的软木版，1905—1906 年由加泰罗尼亚印书馆出版，是屋大维·维亚德尔·玛加利特（Octavi Viader i Margarit）为纪念原著出版 300 周年首次创作的。维亚德尔的儿子于 1955 年出版了第二版《堂·吉诃德》，他的名字出现在基彭贝格尔版封底的下半部分，以表明艺术家使用了那本书中的插图。更多关于基彭贝格尔的《堂·吉诃德》及其相关版本，参见凯西·科布伦茨（Kathie Coblentz）著，《基彭贝格尔的堂·吉诃德》（*Kippenberger's Quixote*），http://www.nypl.org/blog/2011/03/18/spencer-collection-book-month-kippenbergers-quixote.

对话瓦尔特·柯尼格

自20世纪60年代末以来，瓦尔特·柯尼格（Walther König）经营的出版社一直位居当代艺术家书出版的前列，他既是20世纪和21世纪许多重要艺术家的独家出版商，也是欧洲著名艺术书店——瓦尔特·柯尼格书店的创始人。其位于德国科隆的公司总部几十年来一直是艺术家、策展人、评论家、知识分子和各类图书爱好者的聚集地。2015年10月20日，柯尼格和他的儿子弗兰兹与菲利普·阿伦斯、克莱尔·莱曼共同讨论了过去半个世纪里他在艺术书籍出版界的传奇故事。

菲利普·阿伦斯：你最早是如何参与到艺术家书领域的？

瓦尔特·柯尼格：我是全世界最幸运的人，我的人生道路总是走得恰到好处。高中之后，我去了柏林，开始学习法律，但大约一年后，我就失去了兴趣。我开始游历德国，同时寻找学徒工作。作为一名学生，我在一家书店找到了一份工作，随之觉得非常有趣。于是在20世纪60年代，我去了科隆，那里是德国当代艺术的中心。1962年，我开始在这座城市一家名为“大教堂书店”（Bücherstube am Dom）的大型书店工作。我在那里工作了7年多，最终接管了书店的艺术部门。

1969年，我创办了自己的书店。科隆是一个完美的地方，1968年秋天，一个博物馆展览在这里开幕，展出了彼得·路德维希（Peter Ludwig）的收藏品，名为《60年代的艺术》（*Kunst der Sechziger Jahre*）。这本展览画册是一本令人惊叹的咖啡桌书，即使你几乎无法阅读——这本书的书页用螺栓固定在一个有机玻璃的装置上，很难翻阅。沃尔夫·福斯特尔（Wolf Vostell）是这本书的设计师，而印刷公司是法兰克福的一家企业，他们主要是为路德维希牌巧克力制作包装盒，而不是为艺术家印制书籍。路德维希先生想让我发行这本画册，这对我们的书店来说是个好机会。价格只要28德国马克，真的非常便宜，而所有受过教育的中产阶级，都会希望把它陈列在家里。我们分销的第二本画册是安迪·沃霍尔在斯德哥尔摩当代美术馆举办的第一个欧洲博物馆展览的展览画册《安迪·沃霍尔》（*Andy Warhol*，1968）。这本书是由我的弟弟卡斯帕（Kasper König）编辑的。

我的出版活动实际上是在书店开张之前就开始了。当时卡斯帕住在纽约，我们出版的第一本书是在1968年由他编辑的一本艺术家书——弗兰茨·埃哈德·瓦尔特（Franz Erhard Walther）的《待使用的对象》（*Objekte, Benutzen*）。当时，我们出版社的名字是“柯尼格兄弟”（Gebrüder König）。我们来自威斯特伐利亚的明斯特市，在我们的成长过程中，那里有一家叫“彼得斯兄弟”（Gebrüder Peters）的大型航运公司。我们认为那是一家非常严肃的公司，所以想以它为榜样。我们出版的第二本书是艾莉森·诺尔斯（Alison Knowles）的《尘埃之家》（*House of Dust*，1968），一本由电脑制作的艺术家书。在德国，要找到一台能制作这本书的电脑是非常困难的，但我们最终在慕尼黑找到了一台属于西门子公司的机器。他们愿意以每小时 20000 德国马克的价格提供这台机器，但对我们来说实在太高了，幸运的是，他们后来决定免费让我们使用 1 小时。观念艺术在这时是全新的概念，对我们来说极端又激进。当时我从卡斯帕那里知道了纽约发生的事情——1965 年和 1966 年是纽约观念艺术的开端，几年后开始在德国流行。

在这个时候的欧洲，每个对艺术书籍感兴趣的人都在寻找像巴黎的波韦尔出版社（Pauvert）、哈赞出版社（Hazan）、德拉吉出版社（Draeger），或是日内瓦的塞卡出版社（Skira）这样的出版商。当我们开始作为出版商崭露头角时，艺术家斯坦利·布朗对我们的帮助很大。他设计了我们早期的系列图书《素描》（*Zeichnungen*，1971），确定了图书的尺寸、版式等问题。这个系列的第一本书是他自己的《这边走，布朗》（第 55-56 页），第二本是金特·布鲁斯（Günter Brus）的《笔记 1969—1971》（*Handzeichnungen* 1969 - 1971）。布鲁斯是一位伟大的书籍制作者，他的杂志《画眉鸟》（*Die Drossel*，1975—1977）、《轴》（*Die Schastromel*，1969—1974）以及他的出版物《专利便池》（*Patent Urinoir*，1968）和《专利粪便》（*Patent Merde*，1969）都拥有出色的版式设计。布鲁斯离开维也纳后，在科隆住了将近一年。那段时间他住在我们的公寓里，设计了一本名为《轻浮》（*Irrisch*，1971）的书。第三本是威廉·N. 科普利（*William N. Copley*）的《关于一个荒谬图像词典项目的注释》（*Notes on a Project for a Dictionary of Ridiculous Images*，1972）。几年后，我们出版了更多的书，其中包括一本马丁·基彭贝格尔的书，他非常希望自己的书能被收录在该系列中。此外，我们还出版了他的《基彭贝格尔的方式 25-2-53》（*Kippenbergerweg 25-2-53*，1989），作为对布朗的一种致敬。

当时在科隆有很多当代艺术画廊，如鲁道夫·兹沃纳（Rudolf Zwirner）、罗尔夫·里克（Rolf Ricke）和保罗·门茨（Paul Maenz）所经营的画廊。阿尔弗雷德·施梅拉（Alfred Schmela）和康拉德·菲舍尔（Konrad Fischer）则在杜塞尔多夫有一席之地。这些经销商们会不断地邀请艺术家来这个地区，艺术家们通常会过来两到三个星期，甚至四个星期，为将在这里举办的展览做准备，以节省运费。所以这些艺术家们在这座城市有很多时间，而他们都很喜欢书店。此时是观念艺术的发展高峰，每位艺术家都在做书，所以他们很高兴能够找到一家书店，因为在那里他们可以寄售或交换自己的书。许多艺术家书多印了约 300 册，但如果你问他们版本的印数，他们可能会说 3000 册，因为他们对小印数、编号版本或类似“物以稀为贵”的创作理念并不感兴趣。我认为他们中的很多人更愿意在火车站和机场的书店里出售他们的艺术家书，而不是在一家特别的艺术书店里售卖。但无论如何，他们都很乐意找到一家能卖他们书的书店，因为那时很少有书店会卖艺术家书。当然，这种书店也不是没有，如伦敦的奈杰尔·格林伍德书店（Nigel Greenwood）、阿姆斯特丹靠近市立博物馆的波汉德尔·罗伯特·普雷姆塞拉书店（Boekhandel Robert Premsela），以及巴黎蓬皮杜中心附近的一家小书店，那里既有艺术家书，还有关于艺术史和艺术理论的书籍。

这也使得艺术家们彼此会说：“去科隆，那里会有人要你的书。”至于没有来科隆的艺术家，我们会从别人那里打听他们的消息，像劳伦斯·韦纳和约瑟夫·科苏斯（Joseph Kosuth）就曾给了我很多信息。比如，他们会告诉我：“请写信给道格拉斯·休布勒（Douglas Huebler）和罗伯特·巴里（Robert Barry）吧。”而且，他们还会给我艺术家的地址，让我向他们问好。这就是我们向其他艺术家索要他们的书的方式。令人惊讶的是，来到科隆的艺术家们不仅对给我看他们自己的书感兴趣，还对向我们介绍他们的同行和整个艺术界的信息很感兴趣。一位艺术家兼出版商还会提供关于其他艺术家的信息！这太棒了，因为找到这些书在一开始对我们来说是个问题。但是艺术家们非常乐于助人，于是信息就传到了我们这里，甚至不需要搜寻。通常，艺术家们会把书直接寄给我们，因为劳伦斯·韦纳告诉他们，“可以把它寄到科隆”。此外，还有一个重要“线人”，也是我终身的朋友赛思·西格尔劳布。1969年，我们和他一起出版了扬·迪贝茨（Jan Dibbets）的《知更鸟的领地 / 雕塑》（*Robin Redbreast's Territory/ Sculpture*）。

在我的记录中还有埃德·鲁沙出版的每一本书。他总是会给我寄一本书，随书还会附上一封印着重工业公司抬头的信，抬头刻得很漂亮，好像是一家大公司送给我的一份礼物，信中通常有他个人的题词。而且他会给我一些特别优惠，比如说：“我有一本新书——《九个游泳池》，价格是5.80美元。如果你买3本，我会给你6.7折的优惠；如果你买得更多，我可以给你6折优惠。”

菲利普·阿伦斯： 劳伦斯·韦纳总是说，没有一种叫作艺术家书的书，因为所有由艺术家参与的书都是艺术家书。那么，在你的心目中，你认为艺术家参与的书和完全由艺术家制作的书有什么不同吗？

瓦尔特·柯尼格： 对我来说，判断这个很简单：我不喜欢有第三方评论的艺术家书，我更喜欢由艺术家自主制作的书。比如，我对出版一部有馆长介绍或采访的艺术家书就不感兴趣。就我个人而言，我强烈认为艺术家书应该是一本自主创作的艺术作品，即由艺术家作为主导的书。

克莱尔·莱曼： 当你与艺术家合作出版艺术家书时，你会在这个过程中发表意见吗？

瓦尔特·柯尼格： 我们会一起讨论，但以艺术家的意见为准。以沃尔夫冈·提尔曼斯（Wolfgang Tillmans）为例，作为出版商，你很难有机会影响他的设计。他非常友好，看起来也很好说话，但他绝对明确地知道自己想要什么。提尔曼斯极其擅长展览装置的设计，他的书也是如此，一本书就像一个展览装置，对他来说也是另一种媒介。作为他的出版商，我们可能会说：“我们想用不同的亚麻布，或者书脊不能是白色的，请把它染成红色。”他会说：“好吧。”但是最后，它可能还是白色的。他棒极了，也是一位真正的出版人。不久前，我们还一起出版了第9本书《康纳·多伦》（*Conor Donlon*，2016），虽然这本书的开本很小，但它是一部了不起的艺术家书——一本以他长期拍摄的朋友的肖像照片为主要内容的书。

基彭贝格尔是与众不同的。他会说：“哦，用你有的纸就行。”但最终，还是一样的：都是由艺术家自己决定的。基彭贝格尔是书店的密友，习惯每天下午4点过来。实际上，他曾在这里当过“销售”！他会问到店的客人：“夫人，我能为您效劳吗？您在找什么呢？也许我可以推荐一些。”我们在书店里有一个记事本，以备客户需要写下内容。基彭贝格尔会在他把书推荐给客人时在本子上画画，然后催促顾客买他推荐的书。如果他们这样做了，他会给他们一张他在记事本上画的画。有时候他会在店里做两三个小时的书，也会环顾四周，问我们他的某本书的存货还有多少，然后会再做三四本。

格哈德·里希特的情况则完全不同。多年来，我们一起出版了约有20本书。第一次合作是在1989年出版的《1977年10月18日》（*October 18th*，1977），其原版《战争剪报》（*War Cut*，第239—241页）于2004年出版，法文版于2005年出版，英文版于2012年出版，但均使用了2003年3月21日和22日刊登在《纽约时报》（*New York Times*）上的文章《伊拉克战争的开始》（*The beginning of the Iraq War*）。这是9本艺术家书系列中的第一本，也是里希特晚期作品中一本独立且非常重要的作品。他在整个制作过程中投入了大量的时间、热情和精力，真正成功地拓展了这本书的传播媒介。我们最近出版了里希特的另一本力作《地图集》，这是一本4卷的对开本，最初计划是将他从1962年至2015年的图片档案进行复制，然后基于这个想法发展出一本自主的艺术家书，这本书将里希特的图像视野展现在800多张彩色图版和数千张照片上。

这位艺术家现在已经 83 岁了，但他最近以一种新的视角在开拓书的传播媒介。

菲利普 · 阿伦斯： 你在成立书店后就马上开始存档了吗？这需要远见。

瓦尔特 · 柯尼格： 我刚开始做书店的时候，钱很少，而店里又需要很多钱来运转。所以最初我自己的档案馆里都是艺术家送给我的书，直到一两年后我才把自己感兴趣的每本书收集一本进行存档。

克莱尔 · 莱曼： 你在收藏书时有什么具体的要求吗？

瓦尔特 · 柯尼格： 我自己的藏书馆反映了我作为书商和出版商的生活，从 20 世纪 60 年代开始，我对自主创作的艺术家书很感兴趣。我试图像集邮者那样尽可能完整地收藏我喜欢的艺术家书。比如，在艺术家书这个范畴内，相关的艺术家有马塞尔 · 布达埃尔、迪特尔 · 罗斯、索尔 · 勒维特、让 · 杜布菲（Jean Dubuffet）、劳伦斯 · 韦纳、马丁 · 基彭贝格尔、河原温、理查德 · 普林斯、迈克 · 凯利（Mike Kelley）、汉斯 – 彼得 · 费尔德曼、西格玛 · 波尔克（Sigmar Polke）和格哈德 · 里希特，而我也是所有这些艺术家的出版商。此外，我很早就开始买马塞尔 · 杜尚的书和多版限量版艺术品，所以到现在，我几乎拥有所有这些艺术家的书。

我自己的收藏非常个性化、私人化。比起完整的图书馆收藏，我对个人藏品更感兴趣，因为你可以窥见藏品背后的收藏家。从 20 世纪 90 年代开始，我开始购买早期的艺术家书。1968 年，科隆有一个名为“1945 以来的多版限量艺术”（Ars Multiplicata：Multiple Art since 1945）的展览。这是欧洲首场关于多版限量艺术作品，包括多版限量平面艺术、三维艺术作品的展览。它由著名图书管理员埃哈特 · 卡斯纳（Erhart Kästner）组织，埃哈特在汉诺威附近的一个著名图书馆——沃尔芬比特尔（Wolfenbüttel）图书馆工作。战后，为了赚钱，他卖掉了许多巴洛克文学作品的复制品，然后又用这些钱买了许多艺术家的书，包括马蒂斯（Matisse）、毕加索（Picasso）、波纳尔（Bonnard）。当展览举办时，我还是科隆的一个年轻书商，卡斯纳请我做他的展览助手。那是我第一次看到这些书，我当时的想法就是有一天也许我可以在自己的藏书馆里拥有至少 25 或 30 本！

我个人的愿望清单上有些是早期艺术家的书，如夏加尔（Chagall）绘制的果戈理（Gogol）《死灵魂》（Dead Souls，1948）的插图本、达利（Dalí）的《马尔多罗》（Maldoror，1934）、马奈（Manet）绘制的艾伦坡《乌鸦》（The Raven，1985）插图本，以及米罗（Miró）与艾吕雅（Éluard）的《万无一失》（À toute épreuve，1958）。

在工作期间，当你时常为书店购书时，你会找到很多新的特色。10 年前，我们计划为从 1965 年到现在的艺术家书籍编书目。我们不仅通过查阅自己的藏书和各种书目来进行整理研究，还浏览了各种公共图书馆和私人图书馆，以确保所得信息的准确性。当时我们收集了很多书名和出版日期，但最后这个项目不得不停了下来，书太多了！

我个人对某些展览画册也非常感兴趣，如西德尼 · 贾妮斯（Sidney Janis）的黑色画册，由蓬图斯 · 霍特恩（Pontus Hultén）为斯德哥尔摩当代美术馆出版的展览画册。霍特恩曾对艺术家说：“你可以做任何你想做的事。”他非常慷慨和开放，激励艺术家重新思考一切，尝试全新的形式。迈克尔 · 韦纳（Michael Werner）则是画册和书籍的忠实编辑。

菲利普 · 阿伦斯： 我认为最伟大的展览画册系列之一是门兴格拉德巴赫（Mönchengladbach）

系列，那些书盒。

瓦尔特·柯尼格：是的，那个系列是约翰内斯·克拉德斯（Johannes Cladders）[19]的伟大构想，其中一些细节真是太疯狂了。

对我来说，伟大的作品一种是观念类书籍，一种是某些由艺术家设计的书。我心目中的英雄是让·杜布菲：我在20世纪80年代买了第一本杜布菲的书。鲁道夫·兹沃纳是科隆最早展出杜布菲画作的商人之一，他于20世纪60年代末把一本杜布菲的书从巴黎带到科隆展览。这是一本伟大却又非常简单的书——《墙》（*Les Murs*，1950），一件由15幅石版画组成的作品。这对我来说是一个新的地平线，也是对我影响最深远的书之一。在那之后，我开始越来越多地寻找杜布菲的书，其中《物质与记忆》（*Matière et mémoire*，1944—1945）和《墙》是两本非常重要的著作。此外，他还有一本很小的早期出版的书——《勒德拉·坎帕内》（*Ler dla Canpane*，1948），那是我见过的最伟大的书之一。这本书被印在为陈化法国奶酪而制作的木箱上，然后用手工书写，用订书钉装订，书稿实际上已被破坏。

阿里吉耶罗·博埃蒂是一位伟大的书籍制作者，也是另一位我很欣赏的杰出艺术家。此外，还有河原温。我有《一百万年》的原作，是河原温30年前送给我的礼物。1992年，我们出版了他的4卷本作品《我去了，我遇见了，我读了，年刊：1969》（第136—140页）。他经常来店里，是卡斯帕的好朋友。他总是衣冠楚楚，领带也很优雅。我分享一个有趣的故事。河原温有一个著名的橡皮图章，上面写着“我起床了”，常用来给他要寄的明信片盖章。有一次，他把它放在一个非常精致小巧的黑色皮革公文包里，在斯德哥尔摩旅行时，有人在机场把公文包偷走了——公文包太雅致了，小偷一定以为里面装满了钱。但事实上，包里只有河原温的橡皮图章！他说：“太好了，他偷了我的箱子，那我就不用盖章了。就这样结束吧，不再有明信片了。”

菲利普·阿伦斯：你有没有一张清单，列出了你年轻时想收集的书？

瓦尔特·柯尼格：有的，不过这个列表永远都在更改。有些历史较远的书名还在名单上，有些已经进入了我的藏书馆。总的来说，我的收藏反映了我从1962年至今作为书商和出版商的人生。也是基于这些活动，它一直在变化和发展着。马丁·基彭贝格尔、韦纳·比特内尔（Werner Büttner），以及后来的阿尔伯特·厄伦，那些拥有的时刻真是一个伟大的时刻。在那之前，我拥有的最特别的书是迪特尔·罗斯的书。事实上，在20世纪90年代末，罗斯去世的前几个月还给我打了个电话。当时他住在巴塞尔，他说：“我需要钱，请你来看我，你可以买我所有的东西。”所以当时我集齐了所有的钱——我去银行取了所有的钱，然后去了巴塞尔。罗斯有完整的档案，他把自己为制作书籍而复制的照片的所有原件都拿了出来。他的每本书和每个项目，都被保存在一个盒子中，里面有所有的资料。真是难以置信，这完全是一个关于他的出版物的最完整的档案。他的整个公寓里摆满了桌子，桌子上面又摆满了他所有的图书档案。当时罗斯想要100万瑞士法郎，而我只有8万！我告诉他我的钱数，他说：“好吧，你可以从中挑选几本书。”这是收集这份完整档案的最好机会，我却做不到。

20世纪60年代，罗斯经常到店里说：“请给我10德国马克，这样你就可以卖20了。”当他开始制作图书的时候，我问他打算为这个系列做多少本书。他有一个做420本书的计划！他说：

19　约翰内斯·克拉德斯是一名策展人、艺术撰稿人、艺术家，也是位于德国门兴格拉德巴赫的阿布泰贝格博物馆的馆长。——译者注

“我在想，这个系列将反映我的整个生活，包括我的个人生活和我的艺术生活。”他的想法是通过书籍来纠正自己的生活。他总是从 5 册开始（每个孩子各 1 册，他自己留 1 册）。但后来他又做了一些，有时是七八册，有时是 10 册。最后，为了一本由博基·沃基书店（Boekie Woekie）在阿姆斯特丹制作的版本中，他收集了他所制作过的每一本书，并手写了更正，这是对他早期作品的一种总结，后被纳入他的《全集》（*Collected Works*，1969—1989）。我曾经问罗斯：“你都在什么时候做书？他说：“只有在我沮丧的时候。但这不是问题，我总是很沮丧。”

克莱尔·莱曼：你如何选择要制作哪些艺术家的书？

瓦尔特·柯尼格：这很复杂。一周大概五到六次——几乎每天——我会把材料寄给潜在的作者。当然，我们并不仅仅出版艺术家的书，我们也是一家商业出版社，会出版许多展览画册和艺术理论书籍。但是艺术家书是一种艺术家个人的参与，我们总是有些私人关系。在很多情况下，这是一个奇妙的时刻。我认为艺术家们在做书的时候更放松，他们不会那么忙，也不会担心财务问题。而作为一个书商和出版商，与艺术家的关系可能比一个艺术品经销商要容易得多。我们合作的艺术家总是很友善。令我非常感兴趣的是，为什么会有这么多艺术家花费很多时间、精力来制作甚至开本很小的书。

菲利普·阿伦斯：像彼得·费茨利（Peter Fischli）和大卫·魏斯（David Weiss）就非常在乎他们的书。

瓦尔特·柯尼格：是的，我们是费茨利和魏斯的出版商，他们的书《幸福会来敲门吗？》（*Findet Mich das Glück?*，2002）就是我们出版的最成功的艺术家书，其中包括英文、德文和日文版在内，共卖了 23 万册。他们也凭借此书在 2003 年威尼斯双年展上获得了金狮奖。我想《幸福会来敲门吗？》的绝大多数购买者都不知道这两位艺术家是谁，他们只是被博物馆书店里的这本书的书名吸引了。但这是最好的，不是吗？

格哈德·里希特在他的书中投入了大量的精力。我们就曾花了很多时间来修改他的《地图集》。我想，多年来，他也曾花费两三个月时间对这本收藏版进行了修改。原始照片是在四五十年前完成拍摄的，里希特从原先的印刷商的底片上修复了每一幅图像，用以制作新的版本。

我们还曾出版过他的另一本项目书，即里希特 10 年来一直在努力从奥斯威辛的绘画场景中提取出的一本书。这本书是他从 4 幅大幅绘画开始的。它们对他来说非常有趣，但他曾经把这些画放在画室一年多，甚至考虑是将它们公开展示还是销毁。所以他拍下了这些画的细节，以便自己能够不断思考这些作品。他曾花了六七个月的时间，在他的画室里摆出了数百张自己拍摄的照片。在那几个月里，他一直在构思这个项目，然后问我：“你认为这可能成为一本书吗？”近一年来，我们进行过长时间的辩论。最初，他想在这本书中包含一个大屠杀幸存者的文本，我们看后劝服他把它收起来了，然后他重新整理了自己最初的思路，就把它毁了。从第一页到最后一页，他完全是由自己制作完成的，而最终呈现的就是这本《比克瑙》（*Birkenau*，2015）。它就像是某种签名，表明这些画可以被公开展示。在某种程度上，这是一本里希特为自己制作的书。

你知道里希特的《辛巴达》（*Sindbad*，2010）中有“一千零一夜”的故事吗？他为这本书专门制作了一系列图画，就为了便于 1:1 复制。它们不是用来挂在墙上的画，里希特说：“我是一个画家，所以如果我想做一本书，我应该为这本书作画，而不是复制我的画。”这本书完全是由他自己设计的，包括装订形式在内的所有元素。这本书的书页上印着 7 种颜色和一种双层漆涂层——这种光泽感与他在小玻璃片背面绘制的画很相似，是一种非常昂贵的制作技术。有趣的是，里希特将他近期创作的作品转向了书籍，因为通常书籍都是由年轻的艺术家创作的。比如埃德·鲁沙，他在职业生涯的早期就开始做书了。

克莱尔·莱曼：20 世纪 60 年代末 70 年代初，当艺术家书开始出版时，许多艺术理论家谈到了艺术家在一个新的媒体时代参与书籍的制作。比如，信息传播现在主要通过电视媒介来实现，因此艺术家可以用书的形式来做其他事情。你怎么看待制作书籍的艺术家们对当今媒介的特殊反应？

弗朗茨·柯尼格：我认为艺术家书只会变得更重要，因为现在信息的保存时间更为短暂，也从来没有一个时刻比现在出版的艺术家书更多。尽管制作质量各不相同，但艺术家们想制作实物印刷品的愿望比以往任何时候都更强烈。作为出版商，这是非常困难的，大量的书，尤其是现在的书往往做得很快。书籍的生产需要给予很多关注，而一本书应该具有持久的价值。幸运的是，仍然有非常好的书可以长时间保存信息。矛盾的是，目前信息正以一种完全不同的方式在传播，这增加了媒体的价值，但同时信息本身却更难进行交易、制造和融资。

菲利普·阿伦斯：今天的一些艺术家自己也成了出版商。比如，陈佩之就对他的出版活动非常认真。

弗朗茨·柯尼格：是的，他很认真。陈佩之的情色系列最早可以追溯到 20 世纪 70 年代的欧洲政治书籍。当时的欧洲政界出版了不少情色文学。

瓦尔特·柯尼格：这是欧洲的一个传统。在 1968 年的欧洲，特别是德国，有很多出版商会用情色文学发表政治感想。法兰克福的“第一公社”（Kommune 1）就非常有名，他们出版了《偷我！》（*Klau Mich!*）这本书。欧洲的政治书籍文化很有意思。比如，荷兰早期的女权主义团体“疯狂的米娜”（Dolle Mina）就有自己的地下出版文化，这有点像加州修女科瑞塔·肯特（Sister Corita Kent）的作品。阿比·霍夫曼（Abbie Hoffman）的《偷这本书》（*Steal This book*，1971）则是另一个很好的例子。

克莱尔·莱曼：你希望艺术家书在 10 年、20 年、50 年后会变成什么样？

瓦尔特·柯尼格：对于艺术来说，新的数字媒体会在印刷书籍的基础上运作，而不是产生竞争关系。但在 50 年的时间里，由于网络分销，只有少数书店会出售艺术家书，这些都算是奢侈品店。像我们这样专门从事建筑、设计、艺术和摄影的书店会越来越难。在德国，许多大书店不再有艺术区。

目前，我觉得年轻艺术家正在创作的作品很有趣。有很长一段时间，我看到年轻的艺术学生走进科隆的书店，四处张望，以期创作衍生作品。但现在，我认为事情变得越来越有趣了，现在是读书的好时机。

《60 年代的艺术》，第一版，科隆：瓦尔拉夫 · 里夏茨博物馆（Walras-Richartz museum），1969 年

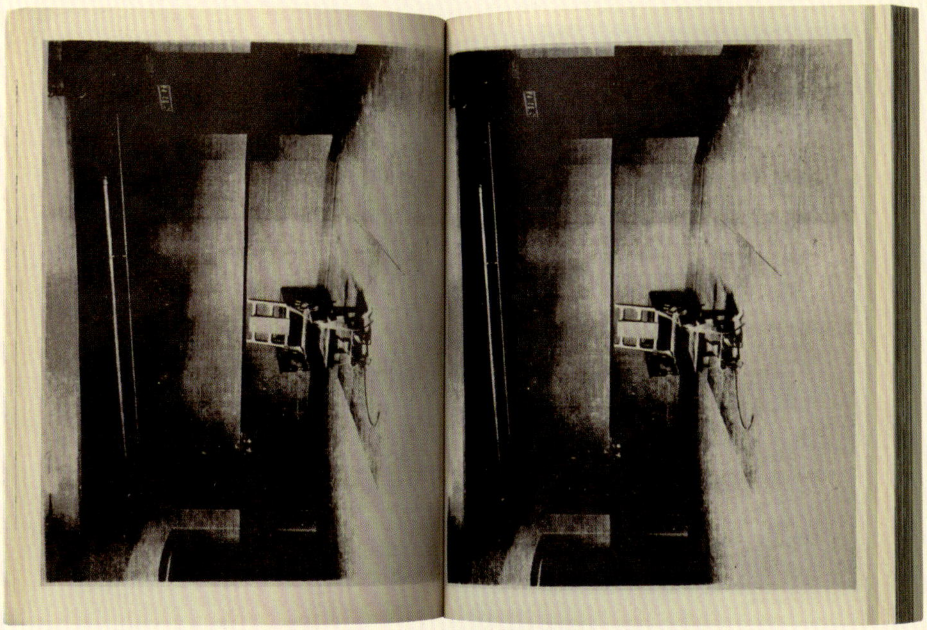

《安迪·沃霍尔》，斯德哥尔摩当代美术馆，1968 年

彼得·费茨利与大卫·魏斯，**《幸福会来敲门吗？》**，2002 年

马丁·基彭贝格尔与瓦尔特·柯尼格站在由基彭贝格尔为瓦尔特·柯尼格书店设计的橱窗前，德国科隆，1983 年

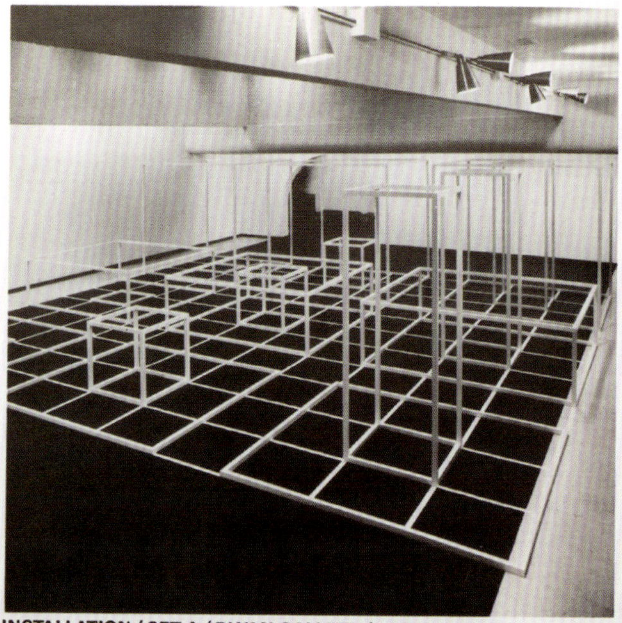

INSTALLATION / SET A / DWAN GALLERY / LOS ANGELES / APRIL 1967

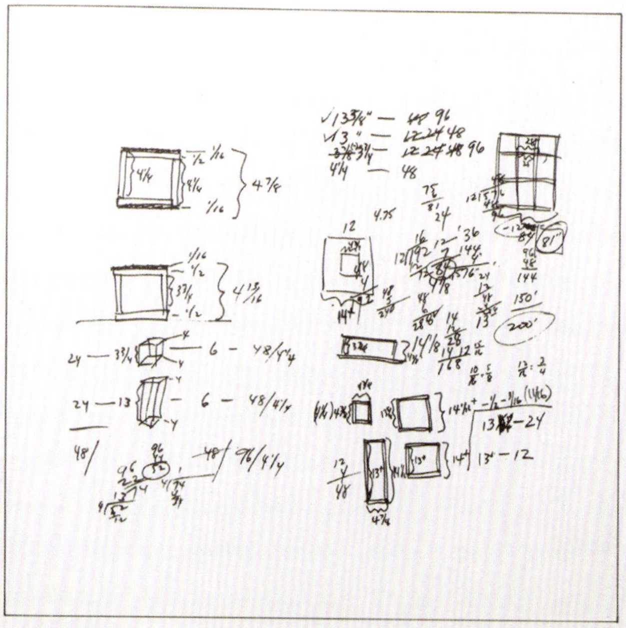

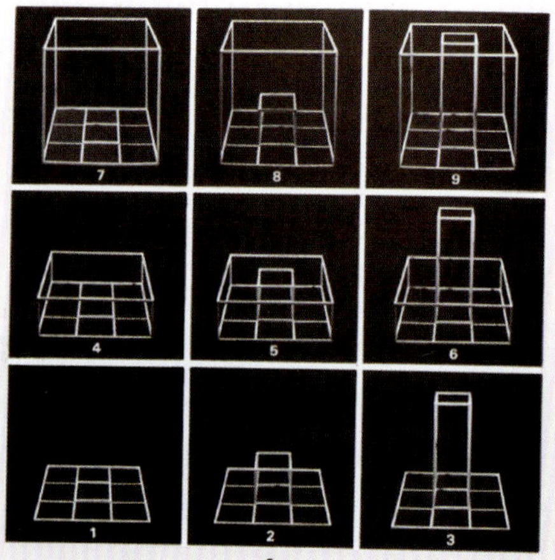

A

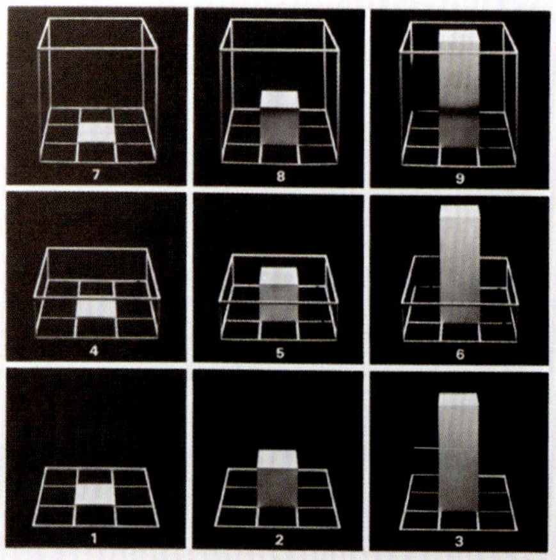

B

生涯中另一个引人注目的书籍项目《施乐书》（第 73 页）的贡献结合起来考虑是很有启发性的，这本书由赛思·西格尔劳布和杰克·文德勒（Jack Wendler）于 1968 年出版[5]。《序列项目 #1》被认为是现有传统艺术作品的附属品，但在这里，勒维特每 25 页自成一体的部分，根据 4 个基本方向的 24 种排列绘制了一系列线条图（垂直、水平和两条对角线）。这种方法在未来的几十年里，在他的大量作品中居于绝对支配性地位，但也使艺术家开始考虑以一本书籍作为一个“作品展示场所”的局限性。事实上，勒维特为西格尔劳布和文德勒绘制的画作是在同年晚些时候的另一种媒介上创作出来的。这位画家拿着一支铅笔，在宝拉·库珀画廊的墙上画了两套，创造了他 1000 多幅墙面绘画中的第一幅。

综上所述，这两个早期时刻说明了勒维特对书籍作为一种特殊艺术品的态度的关键方面。形式对序列系统的接受，以及重要的是透明的基于语言的指令（将成为他作品的标志）使书籍成为艺术家对线条、形状和颜色进行排列探索的理想舞台。在接下来的 30 年甚至更长的时间里，勒维特创作出了各种各样令人眼花缭乱的组合式书籍，不带感情色彩的书名也以其特有的方式阐释了它们的设计理念：《49 种三部分变体，使用三种不同的立方体，1967—1968》（*49 Three-Part Variations Using Three Different Kinds of Cubes, 1967-1968*，1969）、《4 种基本样式的直线》（*Four Basic Kinds of Straight Lines*，1969）、《4 种基本颜色及其组合》（*Four Basic Colors and Their Combinations*，1971）、《网格，使用直线、非直线和黄色、红色、蓝色的线及其所有组合》（*Grids, Us-*

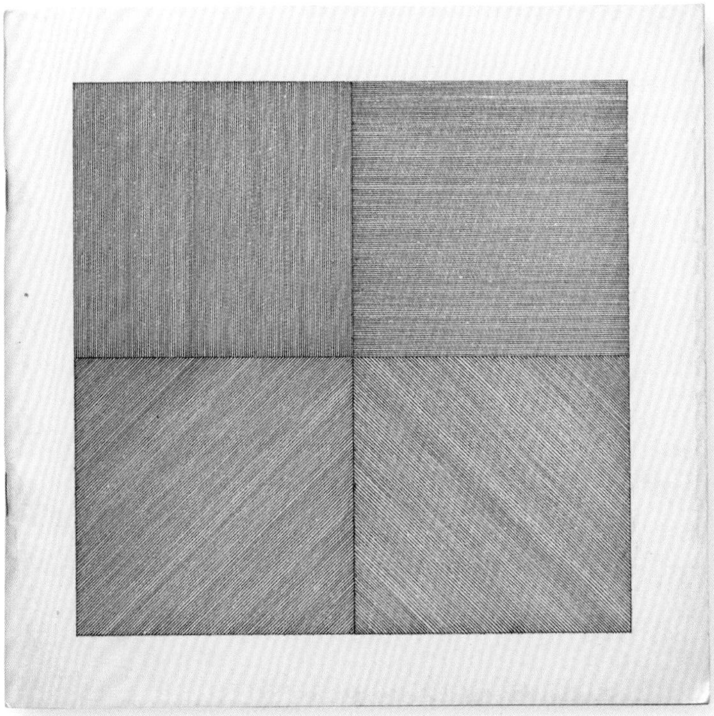

《4 种基本样式的直线》

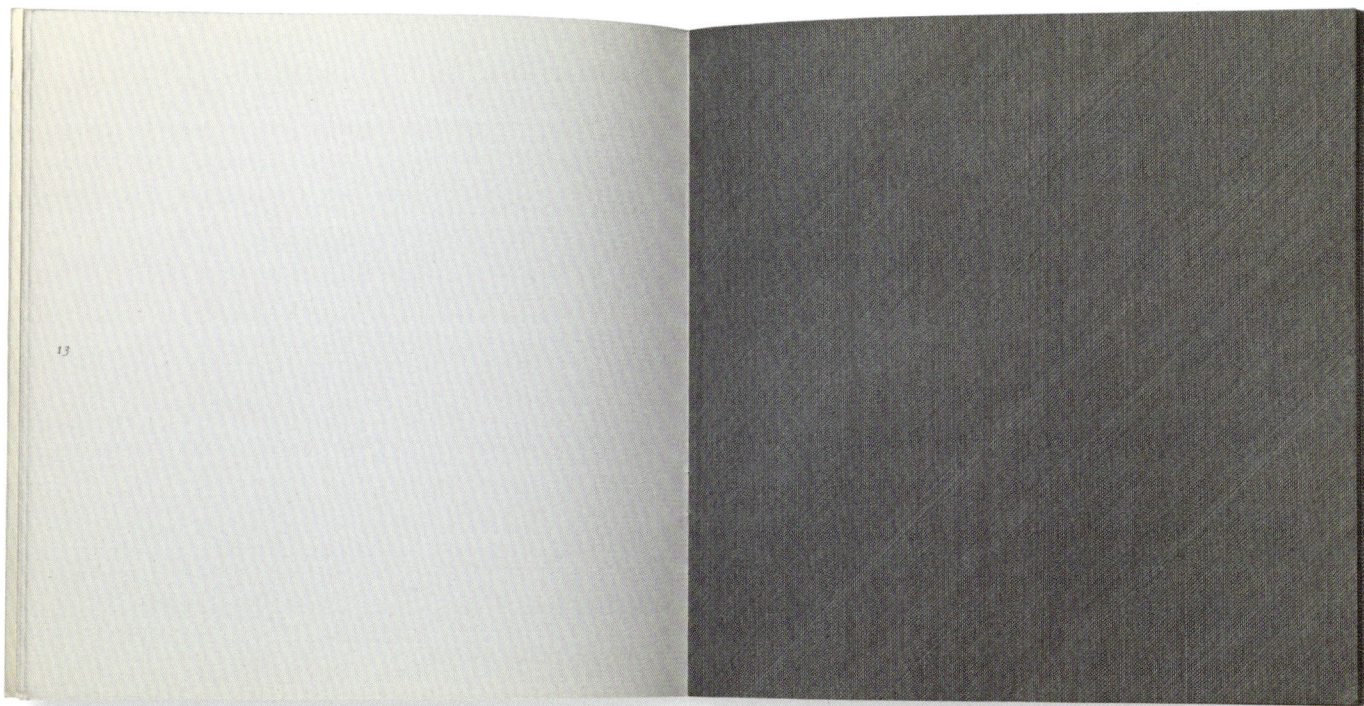

ing Straight, Not-Straight and Broken Lines in yellow, Red& Blue and all Their Combinations，1975）、《6个几何图形及其所有双重组合形式》（*Six Geometric Figures and All Their Double Combinations*，1980），等等。

尽管勒维特在实践中一直将书籍视为一种艺术装置场所，在书页上也常会尝试在更大范围内实践各种绘画排列，同时他还探索将这种形式作为以文字和照片为基础的项目的场所，而不仅仅是停留在概念上。在作品《八点的位置》（*The Location of Eight Points*，1974）中，勒维特以愈加荒谬的方法描述了墙上一组作品的结构关系。此外，在他的《河原温，我依然活着，变体》（*Variations on I am Still alive On Kawara*，1988）中，通过变化的词组重新标点了这位日本艺术家的电报信息，以此来强调语言在其作品中的关键作用，以及他对语言局限性的无奈幽默，书籍共 80 页。

与此同时，勒维特还制作了一本完全没有文字的摄影书，也正是这本书成为他最具个人色彩和影响力的作品。埃德沃德·麦布里奇（Eadweard Muybridge）的运动研究图像深刻地影响了勒维特早期对艺术家书的创作兴趣，也使摄影一直以来在他的创作中扮演着重要角色。勒维特的摄影作品，如《卡罗尔·休伯纳用九种光源及其组合拍摄的一个立方体》（*A Cube Photographed by Carol Huebner Using Nine Light Sources and All Their Combinations*，1990），与他的绘画作品具有相同的构图魅力，尽管这些图像仍然被设计

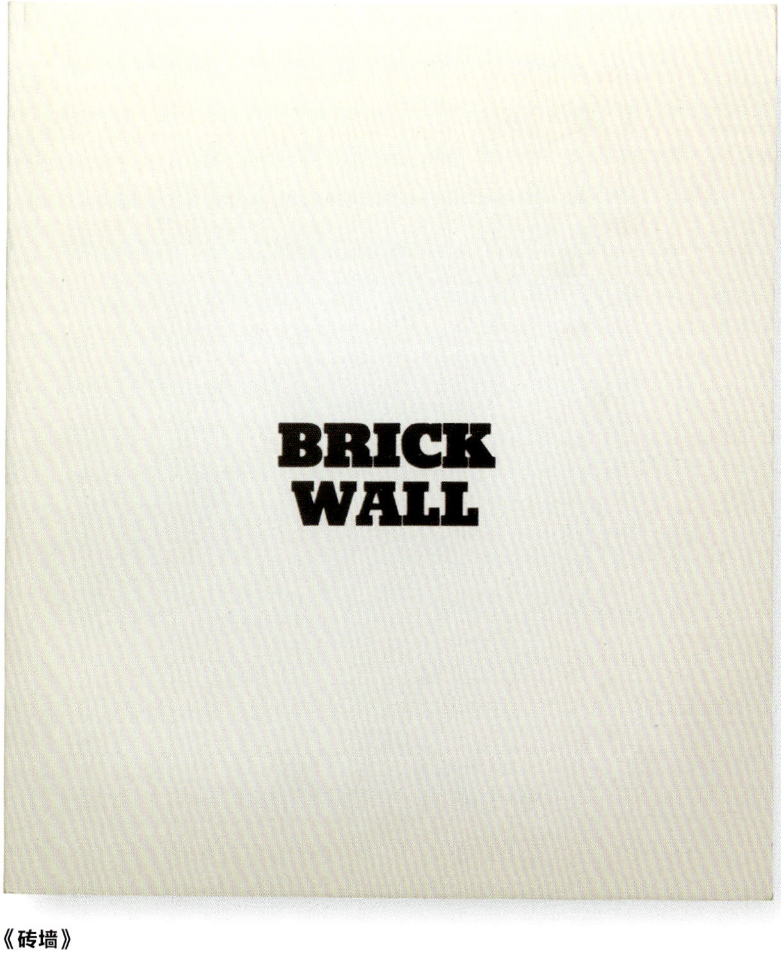

《砖墙》

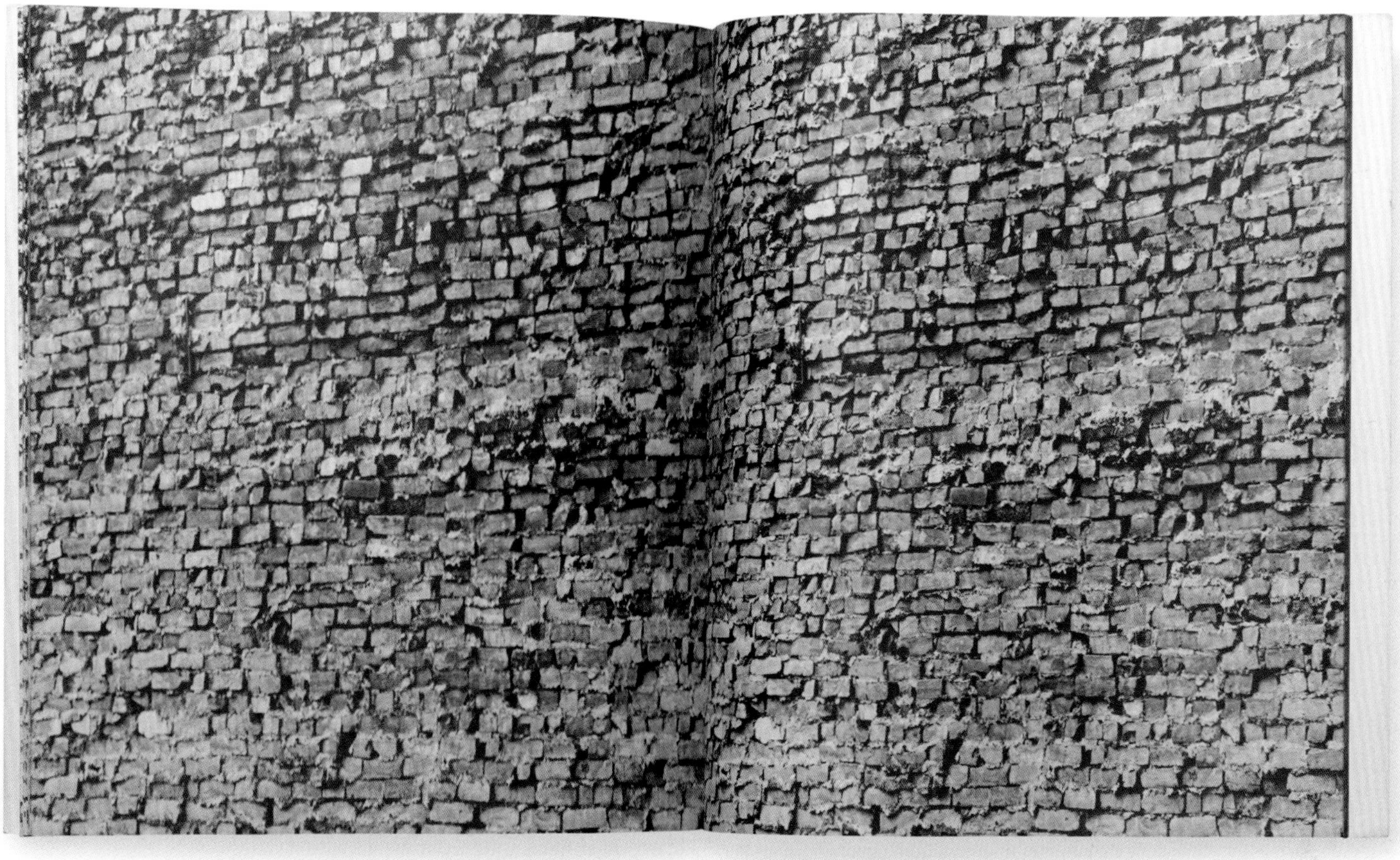

成网格形式，但他的摄影作品有一种叙事感，甚至充满怀旧的氛围，致使这种氛围的渲染与他的大部分作品形成了鲜明对比。作品《从蒙特卢科到斯波莱托，1976 年 12 月》（*From Monteluco to Spoleto/ December 1976*，1984）却包含了一段旅途的快照——植被、墙壁、云雾笼罩的山谷、树根、长凳、排水格栅、瓦片屋顶，而《普拉亚诺的日出日落》（*Sunrise & Sunset at Praiano*，1980）的拍摄则仅限于一个地方。此外，由不同基础设施的主体构成了 1978 年的作品《照片网格》（*Photogrids*），它与《砖墙》（*Brick Wall*，1977）中元素间重复和变化的相互作用形成了鲜明对比，后者中的 30 幅纹理粗糙且表面垂直的全出血图像，在照明和 / 或曝光方面极具视觉冲击力。

作品《自传》（*Autobiography*，1980）不仅具有强烈的个人特征，也能够充分表达勒维特基本的哲学主张，而这些哲学主张支撑着他的所有作品的设计理念。这本书以 1000 多幅黑白图像为特色，每一页以 3×3 的网格排列，展示了艺术家工作空间的基本组成部分。在他的工作室的角落和橱柜里，勒维特的相机记录了自己周围的所有东西，如植物、灯具、剪报、家庭照片、时钟、食品罐头、盒式卡带 [理查德・施特劳斯（Richard Strauss）、贝拉・巴托克（Béla Bartók）、乔治・格什温（George Gershwin）、弗朗茨・舒伯特（Franz Schubert）、史蒂夫・赖克（Steve Reich）、菲利普・格拉斯（Philip Glass）]，以及勒维特自己的书和他人的书 [赫伯特・马居斯（Herbert Marcuse）、理查德・布拉提根（Richard Brautigan）、雷蒙德・钱德勒（Raymond Chandler）]，没有什么能逃过他的镜头[6]。《自传》与勒维特绝大多数作品都有着同样严谨的设计，但它与整个项目的关系远不止是形式上的，尤其是对简单事物及其影响的深切关注更揭示了艺术家对空间基本构成的兴趣和关心。

——杰弗里・卡斯特纳

[1] 勒维特与利帕德在 1976 年成立“印刷品”书店，这是一家具有开创性的艺术家书店和藏书馆。

[2]《阿斯彭》第 5—6 期致力于极简主义，于 1967 年秋冬出版。该杂志共 10 期，其多媒体内容可在网上查阅。

[3] 分别参见《艺术论坛》，1967 年 6 月刊，第 24—25 页；《艺术—语言》（*Art-Language*）第 1 卷，第 1 期，1969 年 5 月，第 11—13 页。

[4] 勒维特在 2003 年的一次采访中描述了这种对艺术家书籍的最初冲动：“我大约是从 1965 年开始对做书感兴趣，当时我做了一本《序列项目 #1》，是想用一本小书来帮助理解作品是如何创作的。也是从那时起，我开始把书籍当作自己的作品，而不是画册。”引自《索尔・奥斯特罗写给索尔・勒维特》（*Sol LeWitt by Saul Ostrow*），载于 BOMB 杂志，2003 年秋季刊，http://bombmagazine.org/article/2583/sol-lewitt.

[5] 这本书的实际书名是《卡尔・安德烈、罗伯特・巴里、道格拉斯・休布勒、约瑟夫・科苏斯、索尔・勒维特、罗伯特・莫里斯、劳伦斯・韦纳》（*Carl Andre, Robert Barry, Douglas Huebler, Joseph Kosuth, Sol LeWitt, Robert Morris, Lawrence Weiner*）。

[6] 有关《自传》的更多评论，参见亚当・D. 温伯格（Adam D. Weinberg）著，《勒维特的自传：现在的目录》（*LeWitt' s Autobiography: Inventory of the Present*），载于加里・加勒尔斯（Gary Garrels）编，《索尔・勒维特：回顾展》（*Sol LeWitt: A Retrospective*），展览画册。旧金山：旧金山现代艺术博物馆，2000 年，第 100—108 页。

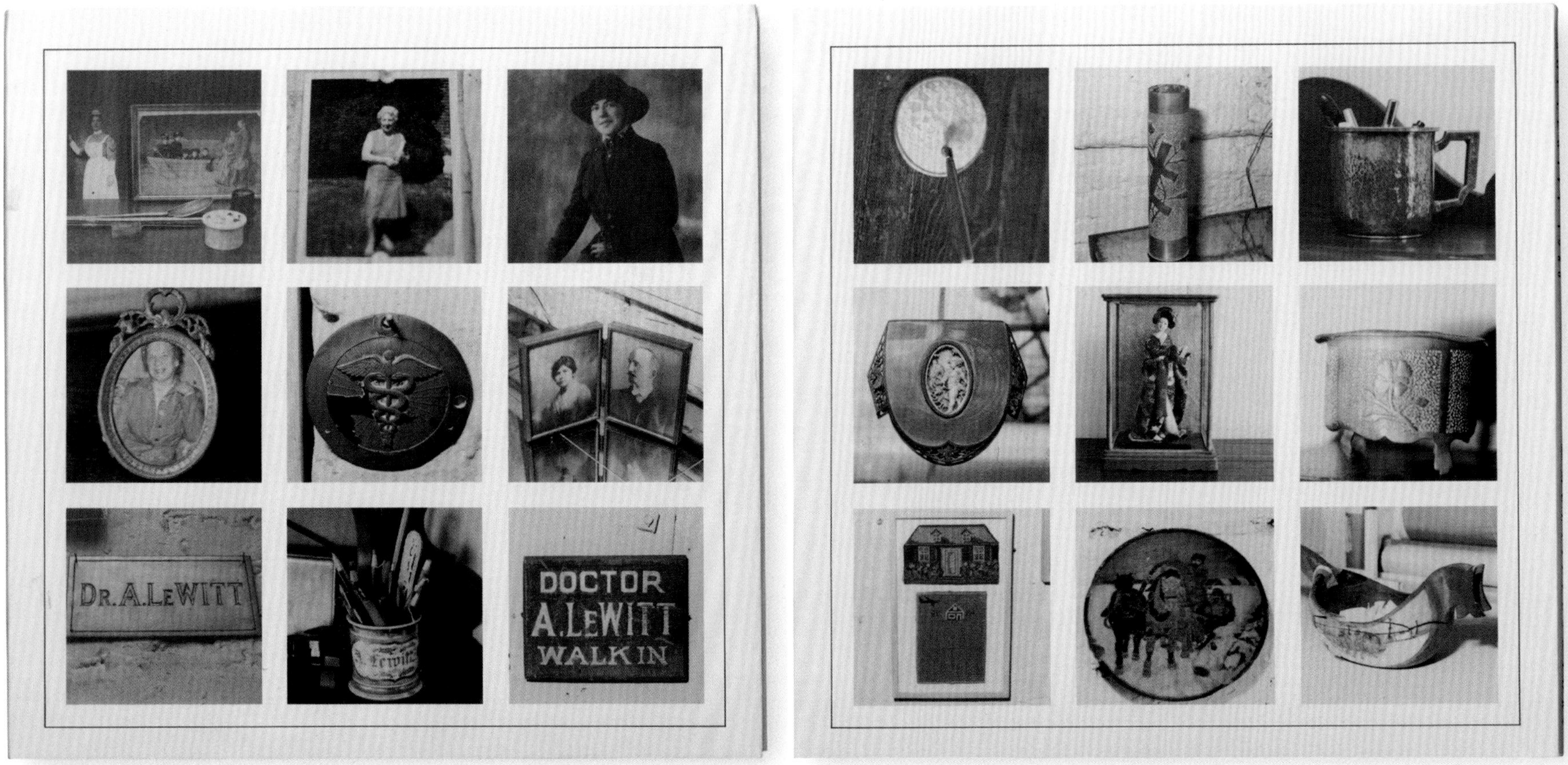
DR. A. LEWITT
DOCTOR
A. LEWITT
WALK IN

《自传》

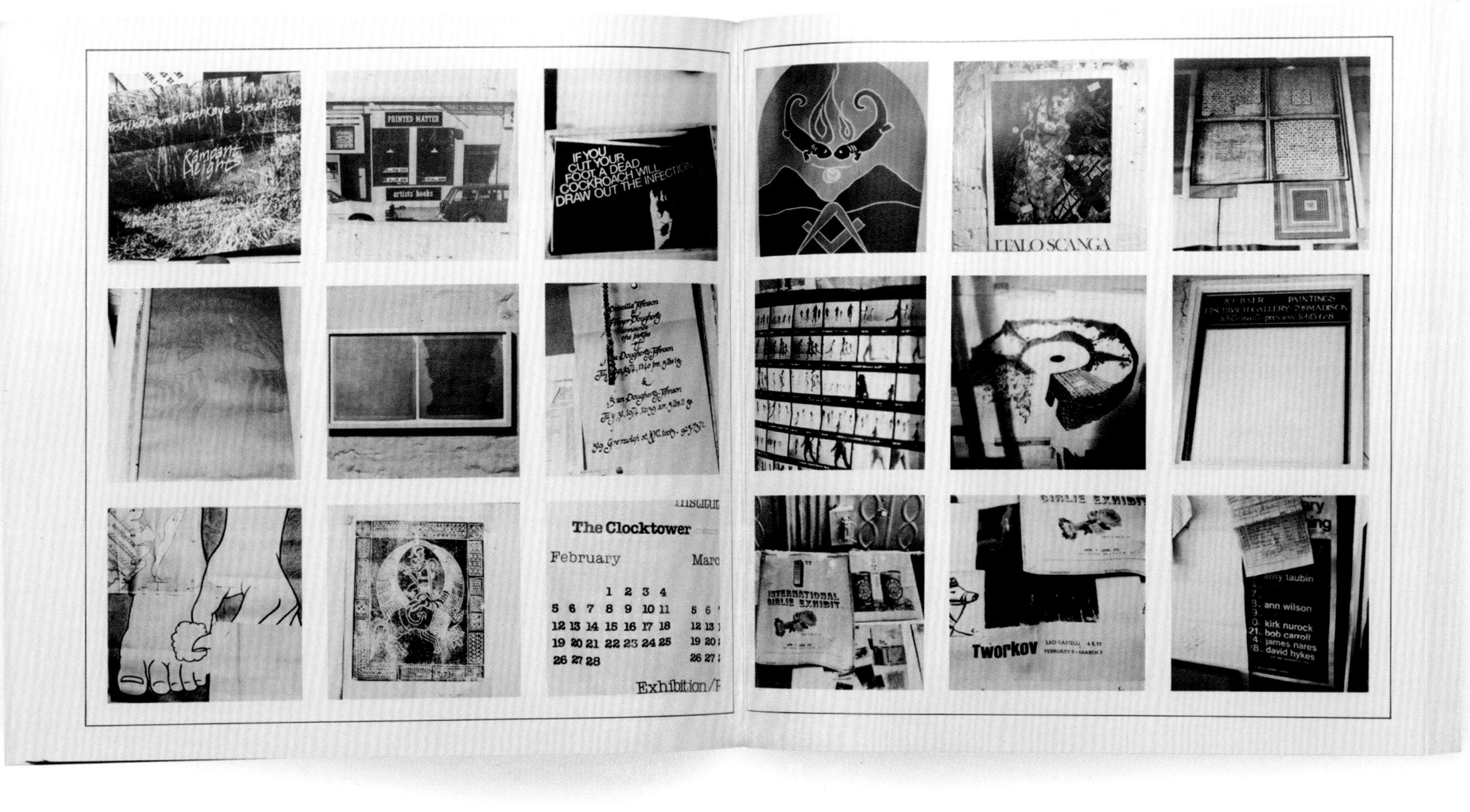
PRINTED MATTER
artists' books
IF YOU CUT YOUR FOOT, A DEAD COCKROACH WILL DRAW OUT THE INFECTION
ITALO SCANGA
The Clocktower
February
Exhibition/
INTERNATIONAL GIRLIE EXHIBIT
GIRLIE EXHIBIT
Tworkov
amy taubin
ann wilson
kirk nurock
bob carroll
james nares
david hykes

理查德·朗

（1945 年生于英国布里斯托）

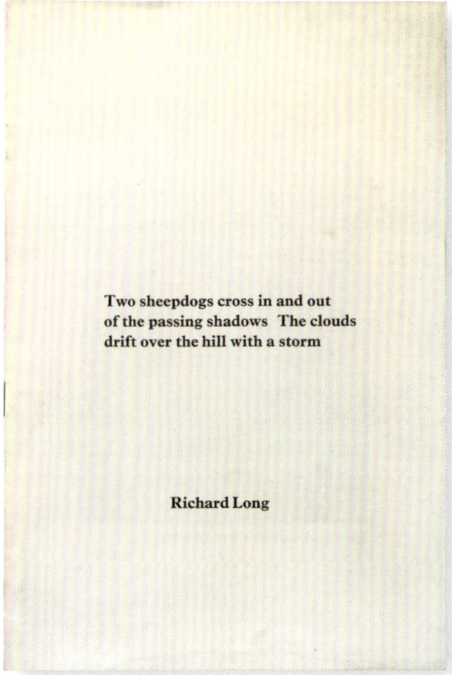

《两只牧羊犬从阴影中穿过，乌云随着暴风雨飘过山坡》

英国艺术家理查德·朗（Richard Long）被誉为行走的思想家、诗人和存在于自然中的哲学家，在让-雅克·卢梭（Jean-Jacques Rousseau）、托马斯·德·昆西（Thomas De Quincey）、威廉·华兹华斯（William Wordsworth）、塞缪尔·泰勒·柯勒律治（Samuel Taylor Coleridge）和威廉·哈兹利特（William Hazlitt）的作品中激发了他长达半个世纪的艺术爱好。其中最后这位作家还曾撰写了一篇将行走当作一种消遣的文章，描述了孤独的漫步者所拥有的乐趣——“从来没有比独处的时候更孤独”[1]。在 20 世纪 60 年代末 70 年代初的第一次“大地艺术”（Land Art）运动中，朗的艺术创作被视为散文体的。他的作品通常是格言式的，并通过摄影、文字或地图等元素以描述性的方式详细阐述艺术家在创作理念上的各种指导思想，以及沿着这些指导思想所进行的艺术实践，从而展示了一种理解世界的方式。这种方式扎根于事实之上，其物质条件又是高度主观且随机的[2]。朗的创作实践总是以书籍的形式进行的，保持了一种鲜明的日记体性质。

朗生于布里斯托，在埃文河的“泥沼”中长大，最初是在传统的西英格兰艺术学院学习[3]。正如他所说的，在那里的第一年，他创作了自己最早的风景作品。这幅作品不是著名的《走出来的线》（*A Line Made by Walking*，1967），而是 3 年前拍摄的一张照片，照片上年轻的朗在家乡附近的田野里因滚雪球而走出了一条小路。学校的行政人员认为这是一种挑衅行为，于是艺术家因这幅《一条雪球轨道》（*A Snowball Track*）被赶出了学校。大约 45 年后，朗回忆道：“他们还让我请了父母，告诉他们，学校认为我疯了，那真的是我作为艺术家的第一次重大突破。”[4]后来，他转到伦敦的圣马丁艺术学院，在那里他遇到了吉尔伯特和乔治（Gilbert & George）、哈米什·富尔顿（Hamish Fulton）等同学，并知道了约瑟夫·博伊斯（Joseph Beuys）和卡尔·安德烈这样的艺术家。他说，他们的作品证实了自己的感觉，他的艺术实践将不得不在决定了前几代工作室艺术家的传统环境之外进行[5]。

尽管绝大多数文献都将朗于 1970 年为德国门兴格拉德巴赫市立博物馆创作的展览画册作为他的第一本艺术家书，但事实上，朗最早的书籍创作是在 1969 年为收藏家马丁和米亚·维瑟（Martin and Mia Visser）创作的一件作品所附赠的一本书。根据一篇简短的介绍性文章，我们得知艺术家专门为“摄影复制的目的”这一命题在荷兰乡村挖掘了一系列的壕沟，并通过拍照的方式从 7 种不同的视角对这些壕沟加以说明。文章总结道：“依据理查德·朗的想法，手边的照片不是作为文献而存在，它是为马丁和米亚·维瑟所制作的雕塑。”[6]艺术家发出这一引人注目的宣言时只有 25 岁，却阐述了他的艺术生涯中的核心创作思想：这是一种工作方式，它在地点和针对地点的叙述之间、行动和记录之间、在自然世界的开放空间和页面上所展示的空间之间创造无休止的振荡。

朗的早期书籍作品《两只牧羊犬从阴影中穿过，

The hilltop can see the sea on a fair day
The stones move a little every day towards a meeting place

乌云随着暴风雨飘过山坡》（*Two sheepdogs cross in and out of the passing shadows The clouds drift over the hill with a storm*，1971），还让读者体验到了通过编排文本和图像来唤起地点关注的方式，这一点无论是在单个作品还是整个作品中都存在。像《在晴朗的日子能在山顶看到大海》《小溪边流边说我能触碰到你》这样的标题，则清楚地表达了艺术家对自然的理解——他把自然视为一个被场所精神[21]统治的地方，可以被艺术家感受或隐喻[7]。朗在尝试将长期以来依赖于经验观察的与自然的短暂交流，转化为一种对自然存在的简单预估。

在20世纪70年代末期，与其职业生涯的每个阶段一样，朗创作书籍的频率如他的任何形式的艺术品一样高。在以庆祝丰收的一首传统英国民歌命名的作品《约翰·巴雷库恩》（*John Barleycorn*，为配合1973年在荷兰阿姆斯特丹市立博物馆的展览所制作的一本画册）中，朗记录了他从英国威尔特郡的唐斯丘陵到亚利桑那沙漠，再到东非大裂谷和安第斯山脉的的喀喀湖一路的行动轨迹。1972年由康拉德·菲舍尔画廊代理展出的作品《南美洲》（*South America*），以绘制的图案和简短的描述性文字为特色。比如，猎鹰是由的的喀喀湖岸边的白色小卵石制成，太阳则是一个由在库斯科—利马公路边的小溪中淘来的金色颗粒制成的圆圈。渐渐地，地图开始在艺术家的书籍中大量出现，其设计既可与文字和图像同时出现，也可以简单的佐证形式单独展示，且经常在几本书中重复使用。比如，1972年在英格兰达特姆尔高原上创作的《4圈走4个小时》（*A walk of four hours in four circles*），或在1975年完成的《在以塞那·阿巴斯巨人像为中心的6英里宽的圆圈内，在所有道路、车道和双轨上走6天》（*A six day walk over all roads, lanes and double tracks inside a six mile wide circle centered on the giant of Cerne Abbas*）[8]。

在朗的作品中，文字、图像、地图及人工制品是交织在一起的。在过去的50年里，它们已经在数十本书中被不断地重新整理，这也说他最初的兴趣在其职业生涯中始终保持着显著的存在感。这些兴趣中最生动的例子莫过于泥土——他的许多书都提到了这种天然材料，它对年轻时的朗产生了深远的影响。20世纪80年代早期和中期的胶版印刷书籍，如《泥手印》（*Mud Hand Prints*，1984）、果园画廊（Orchard Gallery）的画册《埃文河泥书》（*River Avon Mud*

21 在古罗马的信仰中，场所精神（genius loci）即是守护一个场所的精神力量。它往往被描绘成一种宗教符号并成为接受供奉的对象，如丰饶之角、祭酒器（祭祀用的碗）或蛇。

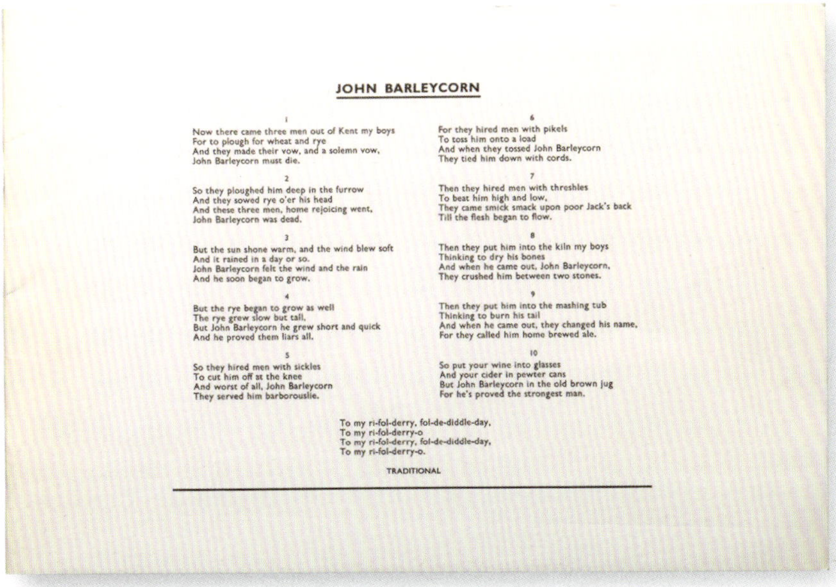

JOHN BARLEYCORN

1

Now there came three men out of Kent my boys
For to plough for wheat and rye
And they made their vow, and a solemn vow,
John Barleycorn must die.

2

So they ploughed him deep in the furrow
And they sowed rye o'er his head
And these three men, home rejoicing went,
John Barleycorn was dead.

3

But the sun shone warm, and the wind blew soft
And it rained in a day or so.
John Barleycorn felt the wind and the rain
And he soon began to grow.

4

But the rye began to grow as well
The rye grew slow but tall,
But John Barleycorn he grew short and quick
And he proved them liars all.

5

So they hired men with sickles
To cut him off at the knee
And worst of all, John Barleycorn
They served him barborouslie.

6

For they hired men with pikels
To toss him onto a load
And when they tossed John Barleycorn
They tied him down with cords.

7

Then they hired men with threshles
To beat him high and low,
They came smick smack upon poor Jack's back
Till the flesh began to flow.

8

Then they put him into the kiln my boys
Thinking to dry his bones
And when he came out, John Barleycorn,
They crushed him between two stones.

9

Then they put him into the mashing tub
Thinking to burn his tail
And when he came out, they changed his name,
For they called him home brewed ale.

10

So put your wine into glasses
And your cider in pewter cans
But John Barleycorn in the old brown jug
For he's proved the strongest man.

To my ri-fol-derry, fol-de-diddle-day,
To my ri-fol-derry-o
To my ri-fol-derry, fol-de-diddle-day,
To my ri-fol-derry-o.

TRADITIONAL

《约翰·巴雷库恩》

THE STONES
SINK SLOWLY
WITH THE MELTING ICE
OF SUMMER

THE CROSSING PLACE OF TWO WALKS
A BOAT MOORED IN THE REEDS
ON LAKE TITICACA
BIRTHPLACE OF THE SUN

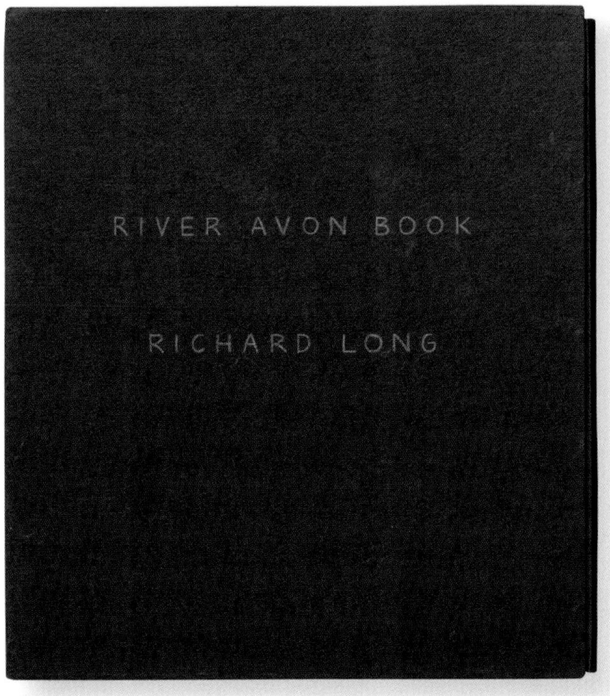

《埃文河泥书》

Works，1984），则使艺术家开始挑战更具难度的项目，如 1990 年的《河泥纸》（*Papers of River Muds*）。这部作品是由艺术家从世界各地的河流（包括尼罗河、亚马逊河、莱茵河、密西西比河，以及埃文河）中收集的泥浆混合而成的手工纸，装订并封存在一个带滑盖的盒子里[9]。这本书代表了朗对大自然的回报，也向读者描绘了一个在布里斯托及其周围的河岸探险的年轻人（他还曾在那里的一家造纸厂工作过一段时间）。这也说明朗的作品，尤其是他的书籍作品，在很大程度上是以一种记录生活的日记为基础的，也是大自然存在过的活生生的例证。

——杰弗里·卡斯特纳

［1］威廉·哈兹利特著，《在旅途中》（*On Going on a Journey*），载于威廉·哈兹利特编，《散文家与批评家：他的作品选》（*William Hazlitt, Essayist and Critic: Selections from His Writings*），英国伦敦和美国纽约：弗雷德里克·华纳公司（Frederick Warne and Co.），1889 年，第 232 页。有关哈兹利特和步行者的身体、社会、文化和政治背景的更多信息，可参见丽贝卡·索尼特（Rebecca Solnit）著，《漫游癖：行走的历史》（*Wanderlust: A History of Walking*），美国纽约：企鹅（Penguin）出版社，2000 年。

［2］参见威廉·H. 加斯（William H. Gass）著，《爱默生与散文》（*Emerson and the Essay*），载于《词语的居所》（*Habitations of the Word*），美国纽约伊萨卡：康奈尔大学（Cornell University）出版社，1997 年，第 9—49 页。另参见阿多诺对散文作为一种思维方式和创作方式的拓展，《作为形式的散文》（*The Essay as Form*），载于布莱恩·奥康纳（Brian O' Connor）编，《阿多诺读本》（*The Adorno Reader*），美国马萨诸塞州马尔登：布莱克威尔（Blackwell）出版社，2000 年，第 92—111 页。

［3］夏洛特·希金斯（Charlotte Higgins）著，《理查德·朗：那是摇摆的 60 年代，与在田里散步不同》（*Richard Long: It was the swinging 60s. To be walking lines in fields was a bit different*），载于《卫报》，2012 年 6 月 15 日刊，http://www.theguardian.com/artanddesign/2012/jun/15/richard-long-swinging-60s-interview.

［4］肖恩·奥哈根（Sean O' Hagan）著，《超越一步》（*One Step Beyond*），载于《观察家报》（*The Observer*），2009 年 5 月 9 日刊，http://www .theguardian.com/artanddesign/2009/may/10/art-richard-long.

［5］露西·利帕德是第一批解析这种转变的批评家之一。到 20 世纪 60 年代末，她察觉到："目前的视觉艺术似乎徘徊在一个十字路口，这很可能是两条通往同一个地方的道路，尽管它们似乎来自两个不同的源头：艺术即理念，艺术即行动。在第一种情况下，物质被否定，因为感觉已经被转化为理念；在第二种情况下，物质则被转化为用能量和时间来估算的运动。"露西·利帕德、约翰·钱德勒（John Chandler）著，《艺术的去物质化》（*The Dematerialization of Art*），载于《艺术国际》第 2 卷，第 12 期，1968 年 2 月，第 31 页。

［6］理查德·朗著，《理查德·朗为马丁与米亚·维瑟·贝赫艾克制作的雕塑》（*Richard Long, Sculpture by Richard Long Made for Martin & Mia Visser Bergeijk*），德国杜塞尔多夫：盖瑞·舒姆电视画廊（Fernsehgalerie Gerry Schum），1969 年。

［7］理查德·朗著，《两只牧羊犬从阴影中穿过，乌云随着暴风雨飘过山坡》，英国伦敦：里森出版社（Lisson Publications），1971 年。

［8］朗的许多图像已被转登在各种独立书籍和画册中。有关其早期职业生涯的概述，以及这些早期地图作品中的部分图像，参见迈克尔·康普顿著，《关于理查德·朗工作的一些笔记》（*Some Notes on the Work of Richard Long*），英国伦敦：英国文化协会（British Council），1976 年。这篇文章是为纪念朗在 1976 年所参加的威尼斯双年展上作为英国代表出版的。

［9］有关尼罗河的更多信息，参见 http://www.tate.org.uk/art/artworks/long-nile-papers-of-river-muds-ar00599。朗对手工书籍与泥土相结合的第一次实验可以追溯到他 1979 年出版的《埃文河书》（*River Avon book*）。这本书由手工装订的纸组成，艺术家曾将这些纸浸入埃文河畔的淤泥中，后晾干。有关该书的更多信息，可参见 http://www.tate.org.uk/art/artworks/long-river-avon-book-ar00144/text-summary。另参见《行走与睡眠》（*Walking and Sleeping*），一本 2007 年出版的手工缝制书，共 58 册。该版本的前 16 册还包括艺术家的泥画，后面的版本中则为复制品。

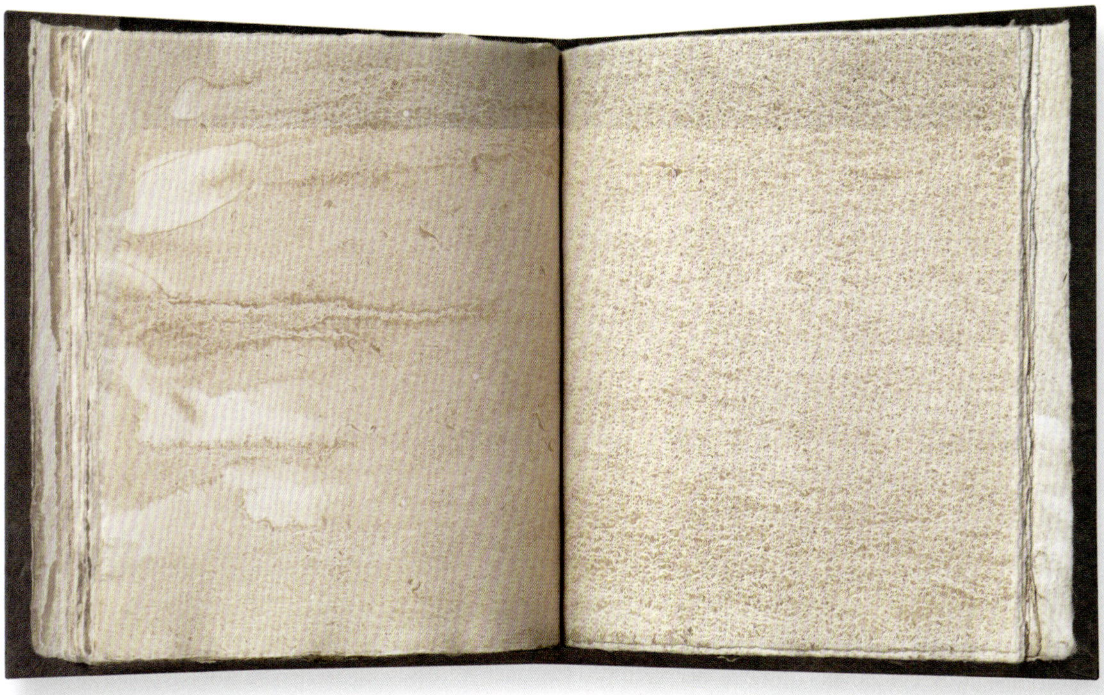

戈登·马塔–克拉克

（1943 年生于美国纽约，1978 年逝于纽约州尼亚克）

尽管戈登·马塔–克拉克（Gordon Matta-Clark）是 20 世纪 70 年代纽约最著名和最令人怀念的艺术家之一，但他的遗产仍然是个谜。从 1968 年毕业于康奈尔大学并获得建筑学学位，到 1978 年 35 岁死于胰腺癌这短短 10 年间，马塔–克拉克作为西班牙超现实主义者罗伯托·马塔（Roberto Matta）和美国艺术家安妮·克拉克（Anne Clark）在纽约出生的双胞胎中早 5 分钟出生的一个，成功地创造了一个横跨不同学科的作品体系。他还提出了关于绘画、摄影、雕塑、表演、电影等各类艺术的创作理念，尤其是一系列戏剧化的建筑干预，或称为建筑切割，这在当时都是没有先例的。这一系列的创作活动，加上他的慷慨精神和丰富的专业协作性和社会敏感度，使马塔–克拉克成为新生的苏荷区（SoHo）艺术界的天然领军人物。然而，对于艺术家与更广义的社会环境，以及对于所有丰富的领域之间的所有接触点，他都是通过对系统，无论是建筑、视觉系统，还是语言系统的建构和解构的研究而开辟的。

马塔–克拉克制作的公开出版物不多，只有 3 本，以及一些独特的手工书籍，其中有一本还未完成，只在他的笔记中有一些细节的描画，为研究他的兴趣和思考方式提供了线索。书籍制作是其作品的一个重要方面，一方面它记录了马塔–克拉克其他形式的作品，一方面是对其艺术实践的阐述和补充[1]。马塔–克拉克的第一本艺术家书是最具观念性且结构最为复杂的作品[2]。《墙纸》（*Walls Paper*，1973）是他自 1972 年开始构思的，当时的马塔–克拉克正在进行“布朗克斯地板”（Bronx Floors）项目，这是艺术家在未经许可的情况下在当时被严重忽视的纽约北部地区切割废弃建筑中的公寓地板和天花板的一系列项目。他说，这种类似游击的活动是在他所谓的“最不利”的工作条件下进行的，因而总是伴随着“一种强烈的偏执感”[3]。除了观看马塔–克拉克闯入空无一人、破败不堪的公寓房间拍摄的照片外，这些神秘画面所展示的地方对公众来说都是不可接近的。这组照片中还包括许多被部分拆除的墙壁上的部分图像，这些墙壁的油漆和墙纸已经有所剥落，但从中仍可揭示出上一次空间被占用的多重意义。

马塔–克拉克将这些照片视为一种扼要重述过去的墙纸，且在朋友琼·西蒙（Joan Simon，他的布法罗出版机构最终出版了这本书）的帮助下采用了新的颜色，又将它们放大并打印后挂在墙上，或堆放在地板上的一条长新闻纸上，而这一系列艺术实践都是为了 1972 年 10 月在格林街 112 号举办的展览做准备。该地点是几年前他与杰弗里·卢（Jeffrey Lew）、艾伦·萨雷特（Alan Saret）共同创建的位于苏荷区的另类艺术空间。在展览结束后，这些印刷品被裁切成艺术家书的形式，并被装订在隐喻破旧墙壁的黑白封面之间。这些书至少有两种形式。第一种，也是销售最广的一种，是一本全尺寸的书，在这本书中，144 页的左右手两个页面都是全出血的图像，而沿着它们的水平中心线分岔后则形成了两个“故事”，每个页面有 4 幅独立的图像，可以把上下两部分任意组合[4]。第二种是由马塔–克拉克和他的女朋友卡罗尔·古登（Carol Goodden）制作的圣诞礼物，页数被减少，只有前一种版本的一半。考虑到建筑和腐朽这一主题，以及它们不寻常的“建造”结构，《墙纸》除了扉页之外，没有任何文字，生动地阐释了马塔–克拉克所有书籍的核心命题，即“照片、书籍和建筑之间的关系”[5]。

关于戈登·马塔–克拉克的特定场域（site specific）作品无一被保留下来，但其他两本经过编辑的艺术家书是为了配合和扩展他的这一建筑行为而制作的，因此也为这些短暂的空间干预保留了具有启发性的线索。作品《分割》（*Splitting*）由格林街 98 号阁楼出版社（98 Greene Street Loft Press）于 1974 年出版，记录了这位艺术家最著名的作品之一：将新泽西州恩格尔伍德市汉弗莱街 322 号的一幢废弃的小房子进行垂直分割的创作实践。这是一个位于纽约州哈德逊河畔的（通勤者居住的）“睡城”，距离乔治·华盛顿大桥仅几分钟车程。这本书是 32 页的白纸黑字胶印小册子，开篇用一系列简短的文字描述了这一过程，

《墙纸》

“汉弗莱街 322 号被遗弃时”，然后是房子的直观照片。正如马塔–克拉克所发现的那样，这座房子归艺术家的代理商霍勒斯·所罗门（Horace Solomon）与霍莉·所罗门（Holly Solomon）所有。书的第一幅插图描绘了建筑外部的立面图和散落在建筑内部的各种破碎物的照片。其中照片的排列是连续的，文字也是相互关联的。在将“房屋分割成两半 / 两条平行线 / 相距 1 英寸 / 穿过所有 / 结构表面”之后，我们看到了第一对立面图的重复，以及一个从屋顶到地基穿过整个房屋中间的切口。

图像拼贴，加空白页的分割，使结构变得越来越复杂，因为它们显示的是现在正被分割的房子可能出现的各种内部空间——当艺术家和他的团队把煤渣砖基础墙体斜切后，其房屋的后半部分则向后倾斜。若从外面看二楼的四个角落，现有屋檐处的矩形部分已经被移除。该书的最后一个跨页中有这本书唯一一幅完全展现繁复的建筑结构的三面折叠照片，用以展示这栋房子的横截面。

“分割”项目虽然看起来有点不合时宜，但这件作品在戈登·马塔–克拉克所参与的复杂建筑活动中扮演着重要的角色。正如学者安妮·瓦格纳（Anne Wagner）所观察到的，这件作品的标题可以理解为不仅仅是指把房屋切割成两半的物理行为，也是指整个项目的设计被“分割”成了不同的部分：行为过程、照片、一组拼贴画和一本艺术家书。瓦格纳写道：“这些人工制品不应被视为仅仅是对艺术家行为的索引。相反，每一个存在都是记录、定义、陈述、修正、论证和放大了的一系列艺术实践的声明。这也意味着，《分割》

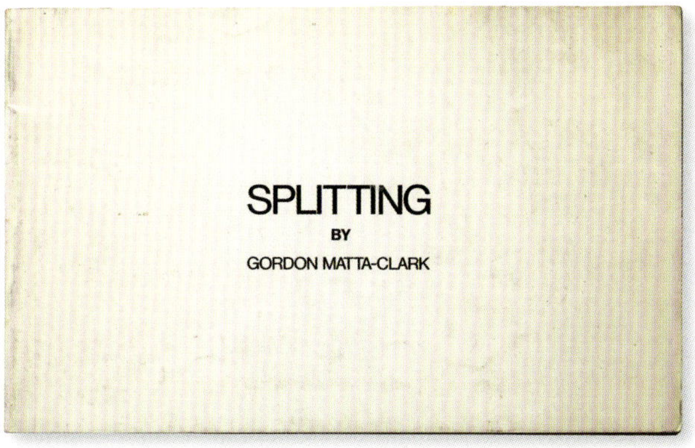
SPLITTING
BY
GORDON MATTA-CLARK

《分割》

322 HUMPHREY STREET
AS IT WAS LEFT
ABANDONED

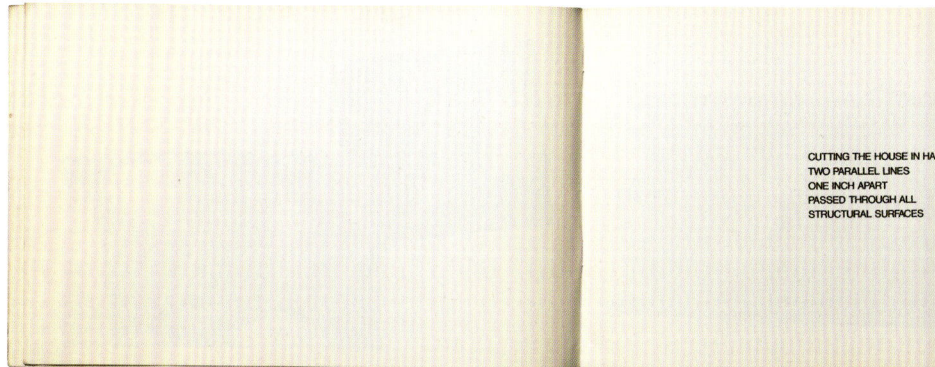

CUTTING THE HOUSE IN
TWO PARALLEL LINES
ONE INCH APART
PASSED THROUGH ALL
STRUCTURAL SURFACES

即将被分裂成一个系列作品，它的创作者被认为是因为某种需要来帮助解释和了解……《分割》从何时何地开始？接下来会发生什么？这件作品的局限在哪里？每种媒介都有各自的故事。”[6]

马塔–克拉克出版的最后一本书《马戏团》（*Circus*），是配合为芝加哥当代艺术馆（MCA）设计的“马戏团或加勒比橘子”（Circus or The Caribbean Orange）的一个项目而制作的，已被证明是他最后的作品。这件作品是这位艺术家的第一个美国博物馆委任项目，是一个精心设计的切割方案。该项目将在冬季寒冷的芝加哥进行，在临近即将翻新的芝加哥当代艺术馆综合楼的一块赤褐色砂石上实施，目的是为增加画廊空间。由于墙立面将在翻新计划中被重新使用，马塔–克拉克不能真正改变大楼面向街道的墙体结构，因此在翻新的整个计划中，包括了 3 个在建筑内的对角线上横穿其间的圆形切割。这一方案既让人想起三环圈（Three-Ring Circus）的互动关系，也让人想起橙色的球形切片，其最上面的切口穿透了屋顶，在外部可从上方看到。这本 28 页的书以馆长朱迪思·鲁斯·基尔什纳（Judith Russi Kirshner）的介绍展开，然后进入一系列黑白照片组成的拼贴画，这些拼贴画在整本书每页的分布常常令人迷惑不解，它模仿了马塔–克拉克通过对建筑结构的干预所形成的空间扭曲。与艺术家为记录这个项目而制作的更具活力的西巴克罗姆彩色照片（Cibachrome）相比，就其构图而言，这可以说是一件相当严谨的艺术品。但就像作品《分割》一样，它最终也只是一个大型项目中精心策划的一部分。马塔–克拉克从未见过这本出版的书，就在这本书即将付梓的时候，他在哈德逊河上游 15 英里的一家医院里去世，距离他进行“分割”项目只有 4 年。

——杰弗里·卡斯特纳

[1] 时下对马塔–克拉克的作品已经有了大量的研究，但关于他的艺术家书却鲜有实质性的报道。我很感谢作者弗朗西斯·理查德（Frances Richard）与我分享了她正在撰写的手稿的一部分，《物质诗学：戈登·马塔–克拉克和语言》（*Physical Poetics: Gordon Matta-Clark and language*）。这部作品反映了她对马塔–克拉克档案的潜心研究，以及她对艺术家的著作及其与其他作品的关系的思考。

[2] 2003 年，由科琳·迪赛伦斯（Corinne Diserens）编辑，费顿出版社出版了马塔–克拉克的 3 本书：《墙纸》（1973）、《分割》（1974）和《马戏团》（1978）。它还详细列出了艺术家创作的独特的手工书籍，但没有讲述他的《中庭切割书》（*Atrium Cut Book*，1973）、《所有带 4 的门》（*Doors on All 4' s*，1975）、《鼹鼠洞》（*Mole Holes*，1976）和《摇摆门》（*Door Swung*，1977），以及一本名为《分割书》（*Splitting Book*，1974）的单行本（理查德称之为《分割》，并描述为“将汉弗莱街房子的分割图刻进了精装素描本的一张张书页中”）。理查德还进一步指出，策展人萨宾·布雷维特耶（Sabine Breitwieser）在她的《通过穿越建筑

BEVELING DOWN
FORTY LINEAL FEET
OF CINDER BLOCKS
TO SET HALF THE BUILDING
BACK ON ITS FOUNDATIONS

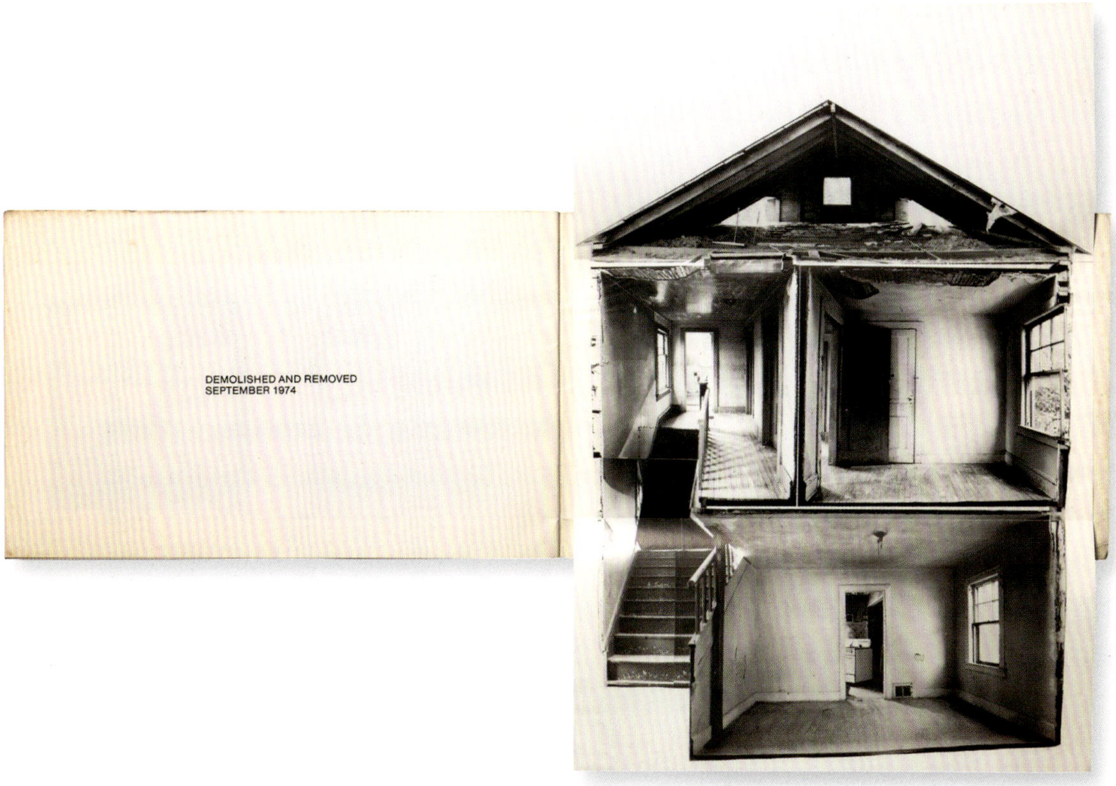
DEMOLISHED AND REMOVED
SEPTEMBER 1974

的绘画来重组结构：戈登·马塔-克拉克的绘画》（*Reorganizing Structure by Drawing through It: Drawings by Gordon Matta-Clark*，展览画册。奥地利维也纳：通用基金会；德国科隆：瓦尔特·柯尼格出版社，1997 年）中写道：“在这张清单上又增加了 3 本独一无二的书：《所有带 4 的门》第 2 版、一本剪贴书，以及一本为马塔 - 克拉克的朋友安娜 · K. 索尔多蒂尔（Anna K. Thorsdottir）创作的名为《鼹鼠洞圣诞三部曲》（*The Gopher Hole Christmas as Trilogy*，1976）的精装书。”她的手稿还包括对这位艺术家在 1973 年为一本从未出版过的书《四重奏》（*Quadrille*）制作的一个模型的思考。这本书有理查德所说的“简洁但有吸引力的叙述”的书名，内容为他的一些建筑切割方案。此外，尽管费顿出版社的书中列出了另外一本未出版的书《ZZZ》（1974），但经过理查德的研究表明，这不是一本书，而是在实践过程中于一卷纸上绘制的图画。

[3]《1977 年 9 月在安特卫普对话戈登 · 马塔-克拉克》（*Interview with Gordon Matta-Clark, Antwerp, September 1977*），载于《戈登 · 马塔-克拉克》（*Gordon Matta-Clark*），展览画册。比利时安特卫普：国际文化中心（Internationaal Cultureel Centrum），1977 年。重印于科琳 · 迪塞伦斯编，《戈登 · 马塔-克拉克》，英国伦敦和美国纽约：费顿出版社，2003 年，第 187 页。

[4] 这些书都是以一种相当特别的方式装订的。现存版本在顺序上会有所不同，在某些版本中，有些书的某些页前边缘采用了前切口，但另一些书中却没有，但不清楚这是有意为之还是仅为技术上的失误。此外，与马塔-克拉克作品的许多方面一样，书籍创作的精确度也存在一些不确定性。1993 年在西班牙巴伦西亚 IVAM 中心的胡利奥 · 冈萨雷斯美术馆（IVAM Centre Julio González）展览期间出版的画册，和 2011 年在纽约大卫 · 兹沃纳画廊（David Zwirner Gallery）举办的格林街 112 号历史展览配套出版的画册中，都曾提到剪成书的《墙纸》作品被认为是胶印的。参见《戈登 · 马塔-克拉克》，展览画册。西班牙巴伦西亚：IVAM 中心，胡利奥 · 冈萨雷斯美术馆，1993 年，第 122 页；以及杰西 · 菲奥雷（Jessamyn Fiore）、路易丝 · 瑟伦森（Louise Sørensen）编，《格林街 112 号：早期生涯，1970—1974》（*112 Greene Street: The Early Years*，1970–1974），美国纽约：大卫 · 卓纳画廊；美国新墨西哥州圣达菲：半径出版社（Radius Books），2012 年，第 143 页。在 2012 年《布鲁克林铁路》（*The Brooklyn Rail*）杂志的一次采访中，与马塔-克拉克合作创作《墙纸》的琼 · 西蒙曾暗示，她主要使用胶印创作，但她没有具体谈到是哪本书的制作，参见《琼 · 西蒙与安妮 · 舍伍德 · 朋迪》（*Joan Simon with Anne Sherwood Pundyk*），载于《布鲁克林铁路》杂志，2012 年 7 月至 8 月刊。http://www.brooklynrail.org/2012/08/art/joan-simon-with-anne-sherwood-pundyk. 值得注意的是，在费顿出版的关于艺术家的专著中，这些作品在标题中被称为“报纸上的丝网印刷”。参见迪塞伦斯编，《戈登 · 马塔-克拉克》，第 69 页。

[5] 理查德著：《物质诗学》，n.p.

[6] 安妮 · m. 瓦格纳著：《分裂与双重：戈登 · 马塔-克拉克与雕塑之身》，选自《灰色房间》，第 14 期（2004 年冬）。

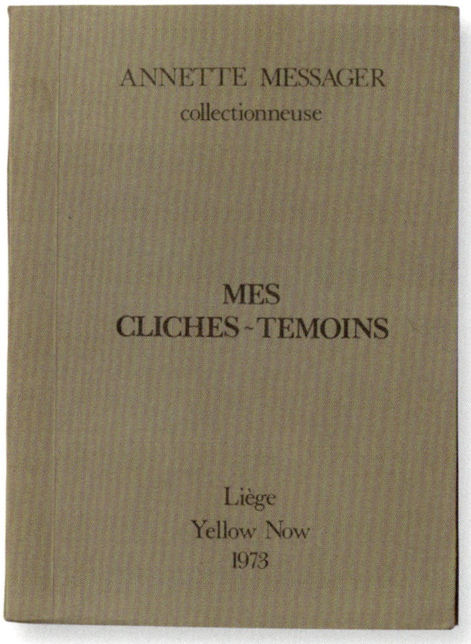

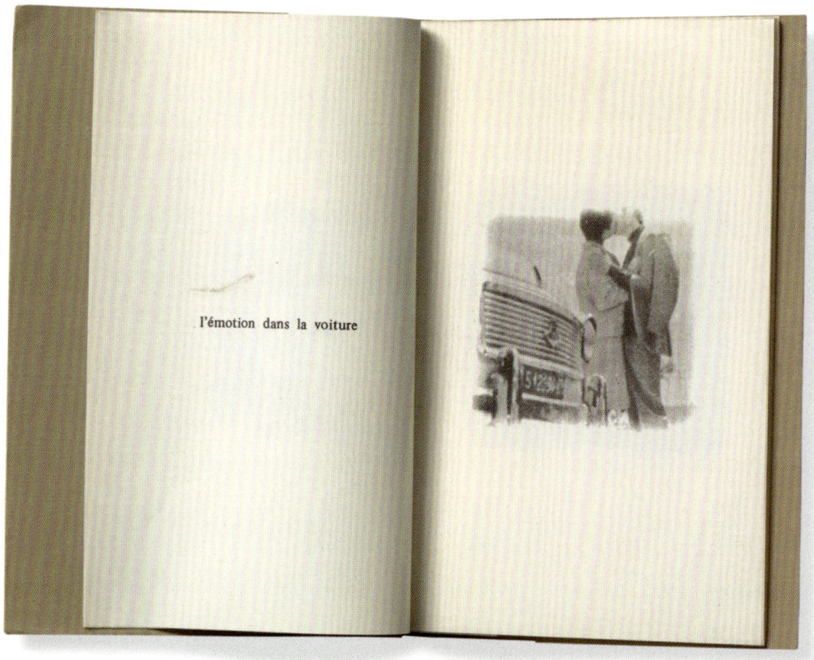

《我目睹的陈词滥调》

要内容，其中许多照片似乎是由一个偷窥者拍摄的，他目睹了一场场偷偷摸摸的会面，有些情侣被包裹在黑暗中，有些则被明亮的灯光照亮，仿佛是被照相机的闪光灯所打亮，并附有解释性的标题《爱情涌动的夜晚》《秘密约会》《热切的承诺》。

梅萨热 20 多年后的另一本书《我们的证词》（*Nos Témoignages*，1995），则以一种全新的形式再次呈现出这样的图像。这是一本薄而狭长的书，有一个珠宝盒式样的蓝色封面，打开后会显示一组标签，很像原始的剪贴簿，如根据以下主题贴上的标签“我们的渗透”“我们的自愿折磨”“我们目睹的陈词滥调”和“我们的面具”。在封底的“藏书签”一词下方有一条虚线，表明这本书的主人应该写上自己的名字以便在遗失时可以被联系上，仿佛这本书是至关重要的。梅萨热的素描和挪用的照片的特色复制品中的有序部分都是小规模的人体及其器官，如脖子和下巴周围有衬垫或腿部和腹部连接有电线的女性、一对对激吻的情人、街头抗议中戴着粗糙面具的人。这本书在本质上是按照袖珍书来设计的，仿佛希望观者能随时将那些令人不安的内容作为日常提醒。即使梅萨热“私人”叛逆材料进入了新的发行渠道，其形式依然保持了原始剪贴簿的亲密感。

在形式上有点不同的是作品《我的谚语集》（*Ma Collection de proverbes*，1976），一本横向页面的小开本平装书，在设计上会让人想起一本廉价的笑话汇编。

从 1973 年开始，梅萨热就收集了一系列关于世界各地敌视女性的谚语。她用彩线在织物上精心绣制，并在画廊墙壁上以引人注目的大型装裱方式予以展示。而且，在这个项目的书籍版中，简洁的页面上题有法语、意大利语和英语谚语，其中一些谚语的尖刻程度令人震惊，如“女人就像香料，你越敲打她，她就越能散发出令人愉悦的香气”“愿死神除掉所有女人，除了我的母亲。”[5] 正如梅萨热在这本书的简介中所写的：“我很快意识到男人对女人的恐惧和对死亡的恐惧是一样的，这本书就展示了他们必须忍受这两种现象。”这本书的粗糙纸张、传统布局和水平构图削弱了艺术家用刺绣大肆渲染厌恶情绪的受关注程度，即《我的谚语集》有一种可以阅后即弃的新奇感。

而在《女人与……》（*La Femme et*…，1995）以及许多梅萨热的书中，女性身体的脆弱在其内容之下隐隐现出，这本书是黑白照片的汇编，采用对页成组对比的形式展示，其中女性身体展现在最前面。在每一张图片中，艺术家以趣味、聪明的方式频繁以油脂

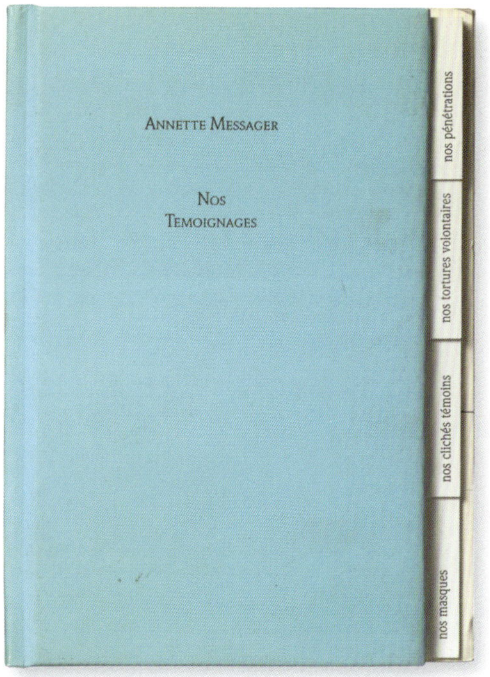

《我们的证词》

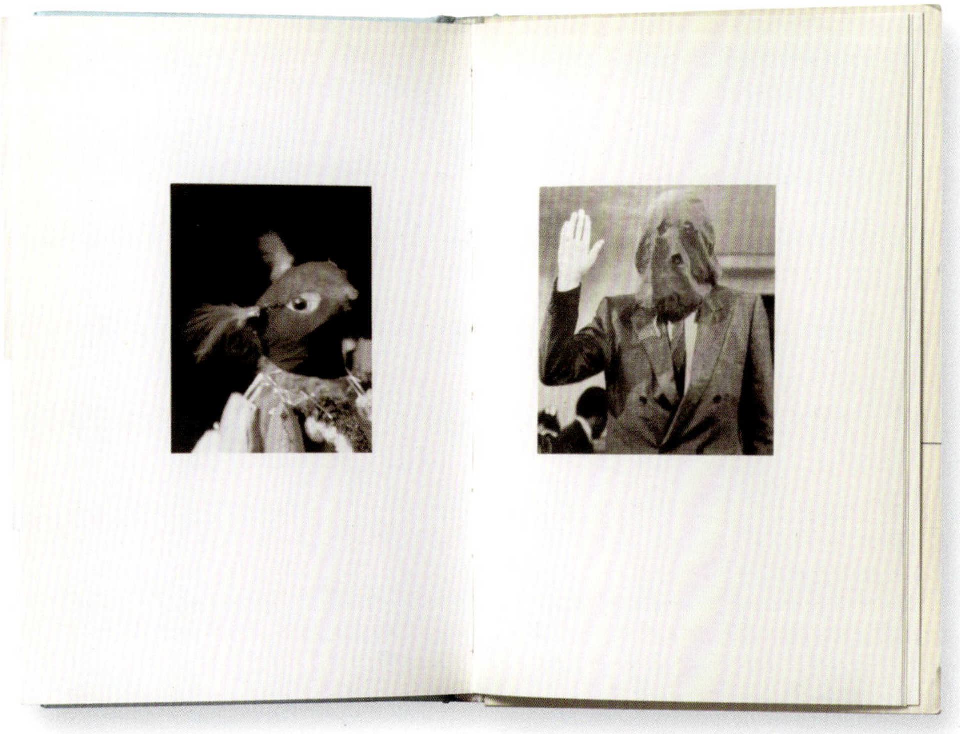

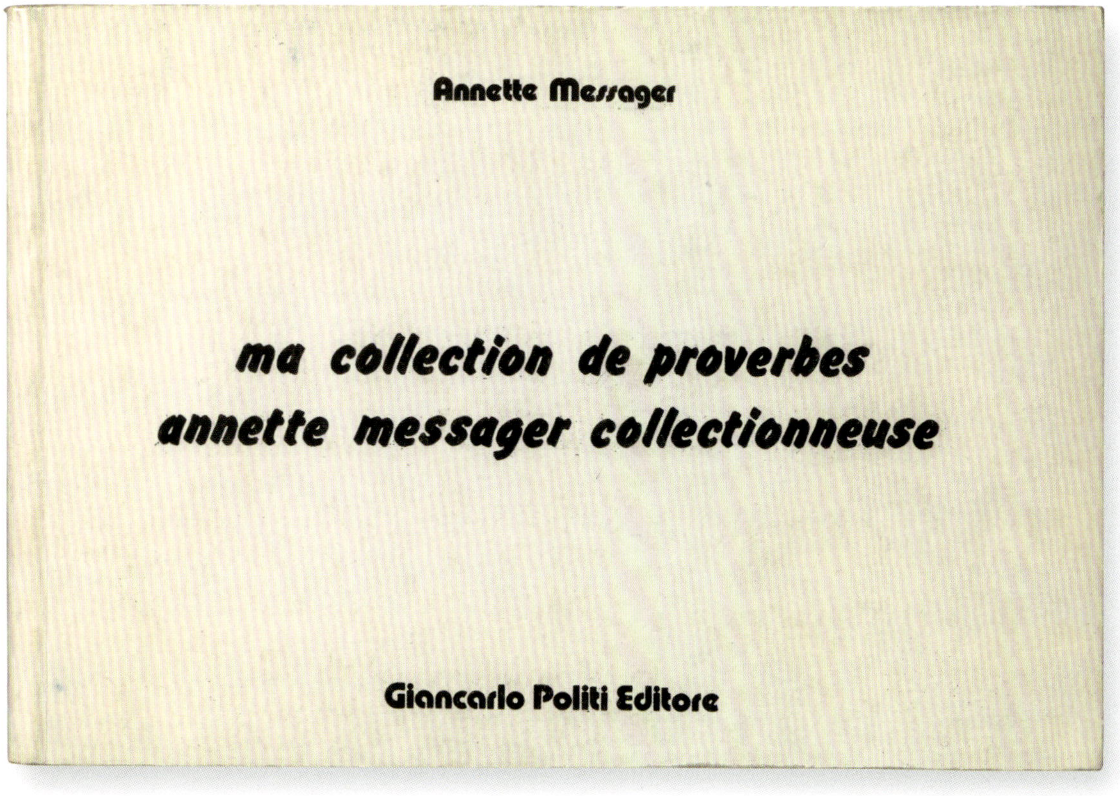

《我的谚语集》

棒涂画的插图改变她们的身体，每一张插图都有解释性的标题：在《女人和少女》中，一个女孩的身体被叠加在她成年后的身体上；在《女人与死亡》里，一把刀滴着血刺进她的胸部，然后出现了一具骨架。在其他照片中，一只蝎子朝向女性的丹田；一个女人的躯干上勾勒着一个肃穆的男人的脸，其脸上的胡须由女人的毛发所替代；一个在腹部勾勒出来的子宫里的胎儿，之后被一个老式的垂直剖宫产疤痕所取代。这些双重身体的图片中都存在一种挣扎感，由于在概念上梅萨热与身体上勾勒出的一大群人、物和想法相结合，一个更恰当的书名可能是《女人对……》，因为身体上的刀子、毒蝎、留胡子的男人，甚至正在孕育着的胎儿，在各种明示和暗示中都是危险的，她把这些危险铭刻在自己的身体上。

梅萨热有一次说："我知道，作为一名艺术家，我被贬低了，因为我是一个女人，而我想强调这种贬值。"[6] 如果这种贬值在某种程度上是她个人放纵、"隐秘"的艺术实践的根源，那么梅萨热复杂又抽象的创作理念最终使她的整个作品充满活力，呈现出一种亲密的、残酷的和病态的滑稽。

——克莱尔·莱曼

[1] 引自《与罗伯特·斯托尔的对话》(*Interview with Robert Storr*，1995)，载于玛丽·劳雷·伯纳达克（Marie-Laure Bernadac）编，《阿妮特·梅萨热：逐字逐句：文本、著作和采访》(*Annette Messager: Word for Word: Texts, Writings, and Interviews*)，美国纽约：D.A.P./分销式艺术出版商，2006 年，第 407 页。

[2] 同上。

[3] 南希·普林斯塔尔编，《阿妮特·梅萨热藏书家》(*Annette Messager Bibliophile*)，载于《印刷收藏家通讯》(*Print Collector' s Newsletter*) 第 26 期，第 5 卷（1995 年 11 月至 12 月），第 162 页。

[4] 伯纳德·马卡德（Bernard Marcadé）著、凯瑟琳·刘译，《安妮特·梅萨热》，载于 BOMB 杂志，1988—1989 年冬季刊，第 32 页。

[5] 每个谚语的法语文本都是手书，而意大利语和英语文本则是由电脑排版的。

[6] 引自《与罗伯特·斯托尔的对话》，第 407 页。

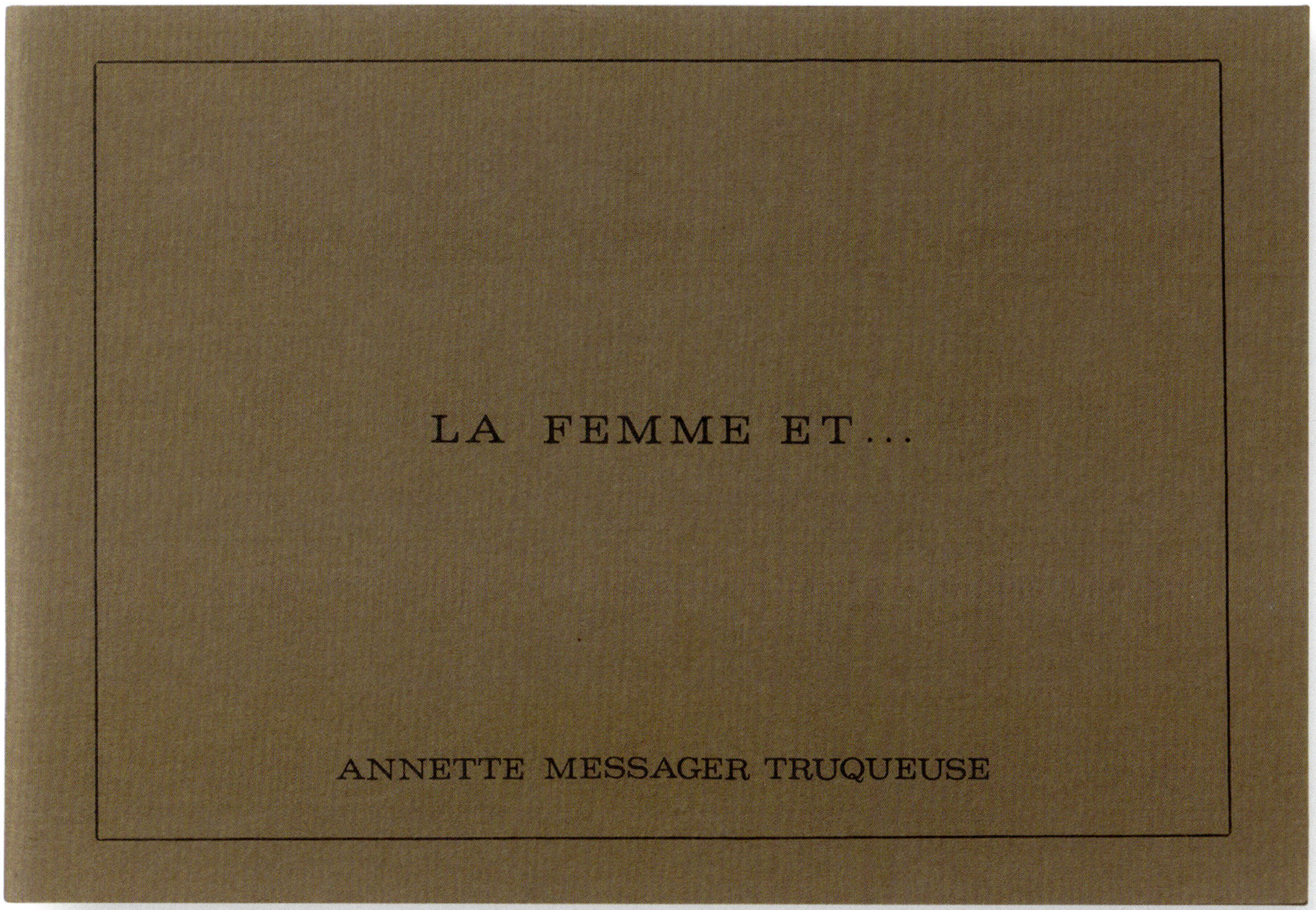

《女人与……》

“书籍作为艺术品”展览，奈杰尔·格林伍德画廊，1972 年

书籍作为艺术品，1960 年至 1972 年

琳达·莫里斯

1969 年 7 月，我开始在伦敦当代艺术中心（Institute of Contemporary Arts，以下简称 ICA）工作，那年秋天，在伦敦的“当态度成为形式”（When Attitudes Become Form）展览开幕后，我开办了艺术中心的第一家书店。那是一个伟大的时代，当时巴勃罗·毕加索的朋友罗兰特·彭罗斯（Roland Penrose）每周依然会在 ICA 工作几天；安·劳特巴赫（Ann Lauterbach）则负责诗歌项目，她邀请埃德·多恩（Ed Dorn）来表演他的史诗作品《枪手》（*Gunslinger*，1968—1975）；J.G. 巴拉德（J.G. Ballard）和他的朋友们也都在附近。乔纳森·开普出版社（Jonathan Cape）的营销员问我，我们是否想让豪尔赫·路易斯·博尔赫斯（Jorge Luis Borges）来 ICA 做讲座，结果西敏中央礼堂（Central Hall Westminster）被围得水泄不通，有人还带来了一本全新的 A5 大小的指南杂志《乐》（*Time Out*，中文刊）。我从我的导师特里·阿特金森（Terry Atkinson）那里订购了一期《艺术语言》（*Art-Language*）杂志。汉斯约里·梅尔（Hansjörg Mayer）则给我带来了迪特尔·罗斯的书。我们被邀请在伦敦发布多布森出版社（Dobson Books）出版的《人民工作室：来自革命的海报》（*Atelier Populaire：Posters from the Revolution*，1969）。我还经销过《国际工作室》（*Studio international*）杂志，马里奥·阿马亚（Mario Amaya）的《艺术与艺术家》（*Art and Artists*）、《书页》（*Pages*），以及《环境》（*Ambit*）杂志。诗人迪克·麦克布赖德（Dick Mcbride）曾于 1954 年至 1969 年间在旧金山城市灯光书店工作，给我带来了格罗夫出版社（Grove Press）出版的书和大熊出版社（Great Bear）出版的小册子。这些小型的诗歌出版社激发了我对艺术家书的兴趣。

我在 ICA 工作时的最后一场展览是在 1971 年 5 月，展出的是蓬图斯·霍特恩在斯德哥尔摩当代美术馆展览后重组的一个小型巡回展——埃德·金霍尔茨（Ed Kienholz）的“11 个戏剧场景”（11 Tableau）。埃德在开幕前一天晚上为工作人员和一些名人举办了一场私人聚会。在那里，我与斯诺登勋爵（Lord Snowdon）有了接触的机会，我就问他能否和他谈谈奈杰尔·格林伍德，他当时在伦敦经营最好的画廊，讨论我是否下周可以见到他，并在画廊兼职的事。那年 10 月，我正要开始在皇家艺术学院攻读硕士学位的课程。

为奈杰尔工作可以说是当时在伦敦最好的当代艺术教育。奈杰尔以前经营过公理画廊（Axiom），并应邀在德国杜塞尔多夫的“展望 68”（Prospect 68）[22] 举办展览，这是康拉德·菲

22　“展望”是在 1968 年到 1976 年间于杜塞尔多夫美术馆举办的一系列先锋艺术展览的总称。其创始人是艺术批评家、后来的馆长汉斯·斯特劳和画廊主康拉德·菲舍尔。“先锋画廊里的国际艺术前瞻”（展览的副标题）这一概念在某种程度上回应了在 1967 年受限于德国本地画廊项目的科隆一级艺术市场。——译者注

舍尔和汉斯·施特雷洛（Hans Strelow）为配合“艺术科隆”（Kölner Kunstmarkt）[23] 举办的一系列展览中的第一场展览。在杜塞尔多夫，奈杰尔会见了来自美国和欧洲各地的艺术商人，如弗吉尼亚·德万（Virginia Dwan）、伊冯·兰伯特（Yvon Lambert）、吉安·恩佐·斯佩罗内（Gian Enzo Sperone）、安妮·德·德克尔（Anny de Decker）。这次访问使他了解到新艺术世界的国际观念，这也是他作为英国策展人的重要信息。几个月后，他于 1969 年在切尔西的格莱布广场（Glebe Place）创办了自己的画廊。1970 年，吉尔伯特和乔治（Gilbert & George）表演了《歌唱的雕塑》（*The Singing Sculpture*），其中的双人默剧模仿了经济大萧条时期为无家可归者创作的一首名为《拱门下》（*Underneath the Arches*）的歌曲，吉尔伯特和乔治以此登上了《星期日泰晤士报》（*Sunday Times*）的彩色增刊，上面有斯诺登拍摄的一个彩色增刊的跨页，还为在格莱布广场拍摄的一部电视剧注入了灵感。

在 1971 年 7 月我开始为奈杰尔工作时，他就已经开始了艺术家书的创作。他在 1970 年为一个展览制作了大卫·拉梅拉斯（David Lamelas）的《出版物》（*Publication*）。在这个项目中，拉梅拉斯就口语和书面语言是否可以被视为一种艺术形式，向 10 位观念艺术家和 3 位理论家提出了 3 个问题。奈杰尔还于 1971 年在伦敦举办了埃德·鲁沙的第一次书展，当时他已经搬进了斯隆花园（Sloane Gardens）的新画廊。奈杰尔和我重新布置了画廊的门厅，以置入一家书店。他认为这会给人们来停留一段时间的理由，同时将为参观者提供一种发展国际观念艺术的感觉，这也是画廊展览所呈现的重要语境。至此，我们开始编制一份关于每季度的书籍、目录和杂志的清单，随画廊的邮件一起寄出。我用我最喜欢的 3 个点，即省略号来给它们命名。我们开始存《雪崩》（*Avalanche*）和《艺术语言》杂志。

奈杰尔总是很高兴收到来自欧洲博物馆或收藏家的订单，泰特美术馆（Tate Gallery）的策展人、艺术学院及大学的图书管理员都是经常光顾的买家。克莱夫·菲尔波特当时正在国王路的切尔西艺术学院工作，几年后搬到纽约，在那里的纽约现代艺术博物馆的图书馆工作。奈杰尔意识到，越来越多的出版物是通过艺术家个人来制作的。他的密友凯纳斯顿·麦克夏恩（Kynaston Mcshine），1966 年在犹太博物馆组织了“初级建筑”展览，1970 年在纽约现代艺术博物馆组织了“信息”展。凯纳斯顿在费城艺术博物馆（Philadelphia Museum of Art）和纽约现代艺术博物馆的“马塞尔·杜尚回顾展”期间，曾多次来到伦敦与理查德·汉密尔顿（Richard Hamilton）交谈，一直都住在奈杰尔家，为奈杰尔带来来自美国的有趣的消息。康拉德·菲舍尔也会告诉我们他那个圈子里的书和画册，甚至给我带来了一份 1969 年德国勒沃库森博物馆（Leverkusen）“观念与观念”（*Konzeption-Conception*）展的目录，并请馆长克劳斯·洪内夫（Klaus Honnef）赠予我们道格拉斯·休布勒、劳伦斯·韦纳和汉纳·达尔博文在西法里亚艺术联盟（Westfälischer Kunstverein）出版的画册。其他画廊很快也开始给我们寄他们的书，如斯佩罗画廊（Sperone）送来了韦纳的《痕迹》（*Traces*，1970），艺术与项目（Art & Project）送了理查德·朗的《公告 90》（*bulletin 90*，1975），而 A.A. 布朗森来访后回到多伦多也创办了一家书店。

1972 年春，奈杰尔从米兰收到了托马索·特里尼（Tommaso Trini）《数据》（*DATA*）杂志的创刊号，他推荐了杰尔马诺·切兰特（Germano Celant）的文章《书籍作为艺术品，1960—1970》（*Book as Artwork 1960–1970*），所以我把它带回家早早上床去读，但它是用意大利语写的，

23　艺术科隆是每年在德国科隆举行的艺术盛事，于 1967 年首次举办。该展会是由画廊主海因·斯廷克尔（Hein Stünke）和鲁道夫·兹沃纳（Rudolph Zwirner）为了重振当时疲软的当代艺术市场而创办。这是第一个由商业画廊举办并且是为了展示和销售现当代艺术作品的艺术事件。——译者注

我所能理解的只有艺术家书的最后一页列表，但那已经足够了。我喜欢能让人们自己思考的事物，尤其是各种事物的汇编。这是一篇完美的文章，我也知道杰尔马诺的想法将成为画廊举办一次大型展览的基础，奈杰尔完全不需要说服。

1970 年 12 月 22 日，即一年半以前，杰尔马诺给奈杰尔寄去了一封用粉色大写字母写成的绝妙的书信：

亲爱的出版商，我正在为一本新的国际杂志准备一套由艺术家直接创作的书的完整的选集。

他还要了份

由拉梅拉斯出版的，以及其他由艺术家完成并由你出版的书。

奈杰尔在热那亚见过杰尔马诺，有他的电话号码。1972 年 9 月，奈杰尔打电话给杰尔马诺，当时我就坐在旁边，他提议举办一个“书籍作为艺术品”的展览。杰尔马诺立即同意了。

我的第一项任务是安排人员翻译杰尔马诺的文章。艺术史学家约翰·戈尔丁（John Golding）是奈杰尔的另一位朋友，也是他之前的老师，推荐了科尔陶德艺术研究中心（Courtauld Institute）的一名学生科林·洛茨（Corine Lotz），她能讲一口流利的意大利语。翻译的时间比预期要长得多，我记得我还去伦敦北部的一个塔楼公寓收集过一部分译稿。科林的爱尔兰男朋友主动提出送我回家。当时正是北爱尔兰问题最严重的时候，他确信有一辆便衣警车在跟踪我们。他为了甩掉警察，我们经历了一次噩梦般的绕行。

那年的早些时候，我曾泪流满面地来到画廊，那是 1972 年 1 月 30 日，斯隆广场的报纸头条上写着“血腥的星期天，14 人在德里被枪杀”，爱尔兰共和军在英国反击，伦敦街上的逃兵随处可见。11 名以色列运动员在慕尼黑奥运会上丧生。彼时越战即将结束，石油禁运，货币不稳定，通货膨胀，工人罢工。滚石乐队（The Rolling Stones）于 1968 年 3 月 17 日参加格罗夫纳广场举行的示威活动后，当晚在美国大使馆混凝土鹰的阴影下写下了《街头斗士》（*Street Fighting Man*）的歌词。1968 年 5 月之后，在威尼斯双年展和第 4 届卡塞尔文献展（Documenta 4）上，又举行了反对战争的示威活动。观念艺术家与激进文化保持一致，低成本、小印数的艺术家书成为他们的论战形式。

奈杰尔于 1972 年 8 月去法国南部度假，然后带着他在热那亚的杰尔马诺那里收集来的一箱书回来参加展览。其中最重要的书是皮耶罗·曼佐尼在 1963 年和 1969 年制作的《生活与作品》（*Life and Works*）的两个版本，分别用透明塑料页装订而成。当奈杰尔不在时，我还在画廊为马里奥·梅尔茨（Mario Merz）、伯恩和希拉·贝歇做了一顿晚餐，伯恩谈到了他在莱茵拍摄的工业建筑照片。马里奥随后开始讲述他在“二战”结束时的经历，那时他还是一个年轻人，在都灵附近的山上传递抵抗运动的消息。

一些最早展示观念艺术的美术馆和博物馆位于德国杜塞尔多夫、比利时布鲁塞尔和荷兰阿姆斯特丹之间的三角地带。在那个三角地带的许多艺术家、商人和策展人，都亲眼目睹了“二战”即将结束时的街头战斗和密集轰炸。尽管英国和美国在战争中也经历过不顺，但它们从未被占领过，这与所有欧洲大陆的情况截然不同。我认为 1968 年的激进主义来自 1933 年到 1945 年间出生的人。在 1971 年 2 月出版的《国际工作室》杂志上康拉德·菲舍尔接受采访时说，他的工作主要有以下内容：

把艺术家带到这里，让他们和住在这里的人接触。当我还是一位艺术家的时候，沃霍尔、利希滕斯坦（Lichtenstein）和所有那些伟大的人物都是我无法企及的。但当你认识他们以后，你

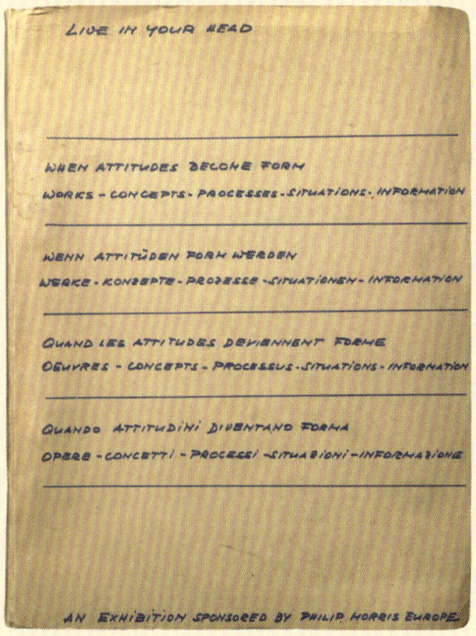

哈拉尔德·舍伊曼（Harald Szeemann）著，**《当态度变为形式》**（*When Attitudes Become Form*），瑞士伯尔尼美术馆，1969 年

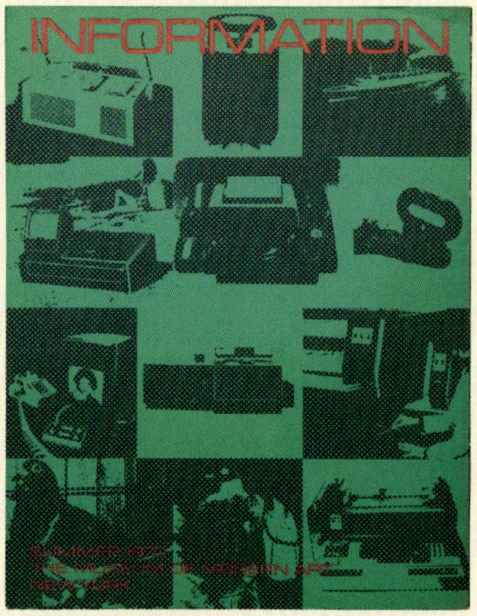

凯纳斯顿·麦克夏恩著，**《信息》**，美国纽约现代艺术博物馆，1970 年

康拉德·菲舍尔和罗尔夫·韦德威（Rol Wedewer），**《观念与观念》**，德国勒沃库森博物馆，1969 年

杰尔马诺·切兰特著，**《书籍作为艺术品 1960—1970》**，载于**《数据》**，第 1 期，意大利米兰，1971 年

杰尔马诺·切兰特著，**《书籍作为艺术品 1960—1972》**，奈杰尔·格林伍德画廊，英国伦敦，1972 年

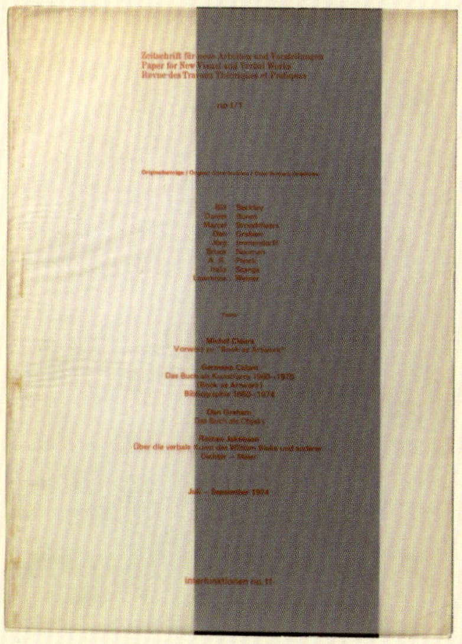

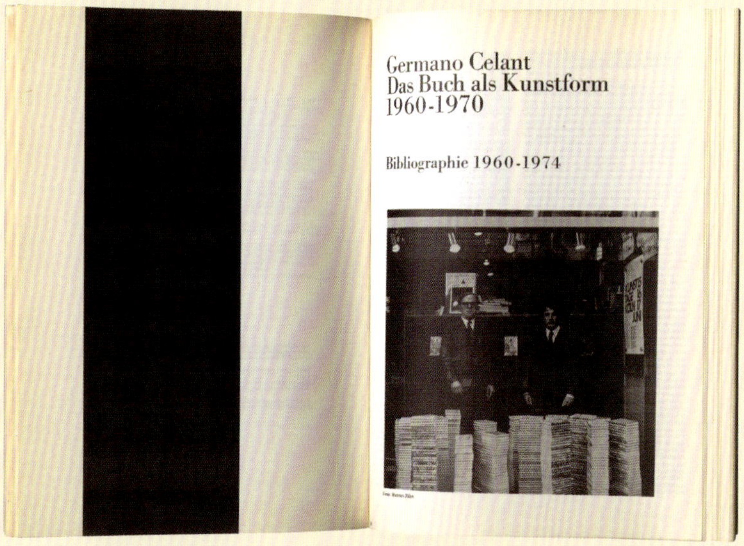

杰尔马诺·切兰特著，**《书籍作为艺术品 1960—1970：文献 1960—1974》**，选自**《交叉函数》**（*Interfunktionen*）杂志，第 11 期，德国科隆，1974 年

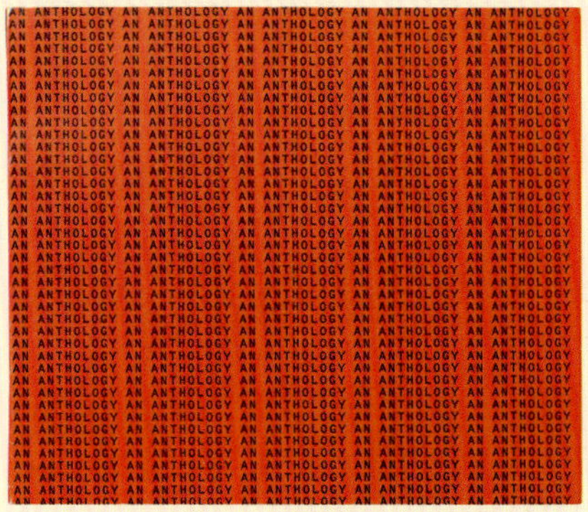

拉蒙特 · 扬主编，**《机会行动选集》**，1963 年

伊恩 · 伯恩（Ian Burn）著，**《施乐书，1 号》**，1968 年

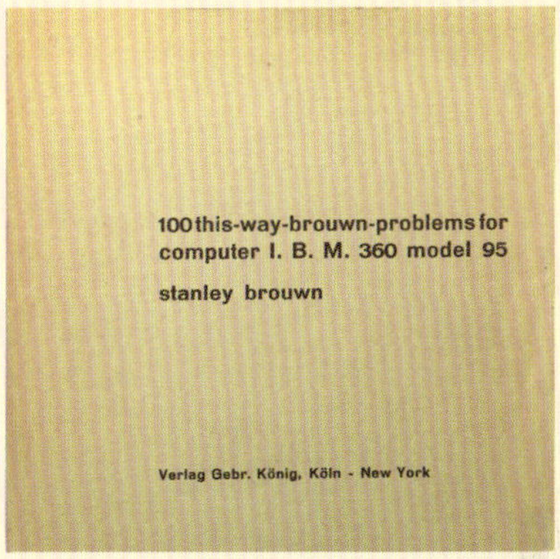

斯坦利 · 布朗著，**《对于 I.B.M 360 95 型计算机来说〈这边走，布朗〉的 100 个问题》**，1970 年

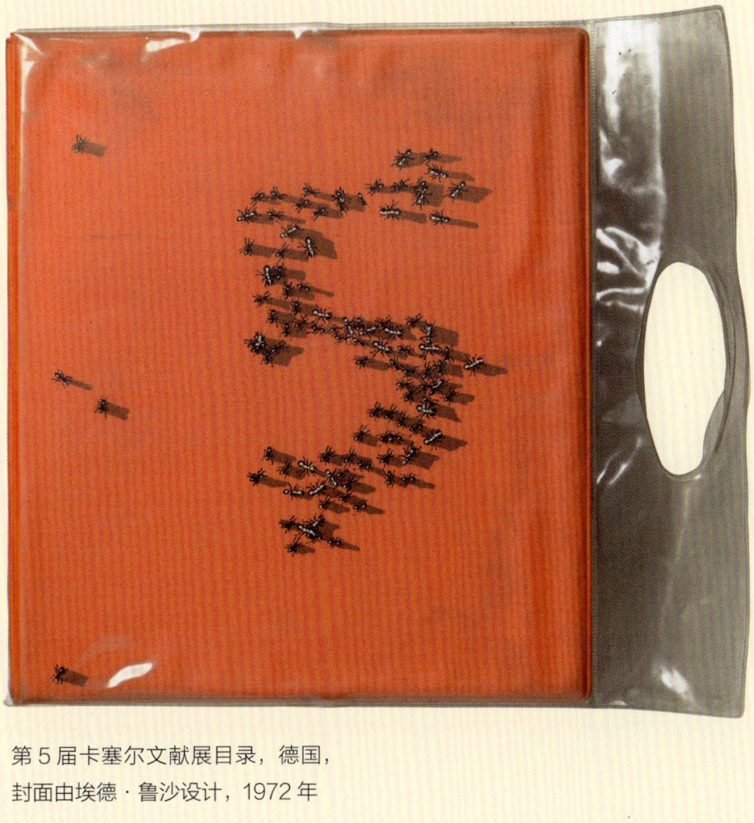

第 5 届卡塞尔文献展目录，德国，
封面由埃德 · 鲁沙设计，1972 年

皮耶罗 · 曼佐尼著，**《生活与作品》**，1963 年

马里奥 · 梅尔茨著，**《斐波那契 1202》**，1970 年

可以和他们一起喝啤酒。我坚持艺术家在我展示他的作品时必须在这里……比如，巴勒莫和里希特，其中两位与我一起展出的德国艺术家，现在已经到了纽约，他们在那里感觉宾至如归，因为他们已经在这里见过安德烈和勒维特这样的艺术家……艺术家不是沙文主义者，机构才是。

杰尔马诺在文章中展露出他的勃勃雄心。一开始，他宣称他的文章是“试图将书籍作为艺术品所进行的第一次分析”。文章从 1956 年到 1963 年作为时间段，将杰克逊·波洛克（Jackson Pollock）、卢西奥·丰塔纳（Lucio Fontana）、让·杜布菲、阿尔韦托·伯里（Alberto Burri）和弗兰兹·克兰（Franz Kline）的画制作的“无形式热”（informale caldo）或称“热”现代性，与拉蒙特·扬（La Monte Young）、特里·赖利（Terry Riley）、罗伯特·莫里斯、朱利奥·保利尼（Giulio Paolini）、约瑟夫·博伊斯、皮耶罗·曼佐尼、伊夫·克莱因（Yves Klein）、艾伦·卡普兰（Allan Kaprow）、罗伯特·劳森伯格、本·沃捷（Ben Vautier）、贾斯珀·约翰斯、沃尔特·德玛丽亚（Walter De Maria）和扬尼斯·库内利斯（Jannis Kounellis）用身体、血液、运动、声音、物体、电影、照片、书籍、电子产品、视频以及宣言中的“无形式冷”（informale freddo）或称“酷”现代性进行并置。“无形式冷”来源于马尔·库塞（Herbert Marcuse）和麦克·卢汉（Marshall McLuhan）的“地球村”、约翰·凯奇（John Cage）的《沉默》（*Silence*，1963）、由拉蒙特·扬主编的《机会行动选集》（*An Anthology of Chance Operations*，1963）、卡普兰的《拼装、环境与事件》（*Assemblage，Environments & Happenings*，1966），以及亨利·弗林特（Henry Flynt）的论文《观念艺术》（*Conceptual Art*，1961）。杰尔马诺写道，“观念本身已变成了一件艺术品……其中起作用的元素是文字，也是一种艺术。文本以语言哲学为艺术主体，对观念艺术理论进行了展望。”

他将媒介分析与这些艺术家的作品联系起来。对于杰尔马诺来说，书籍是“眼睛和心灵的延伸，是一种不需要视觉展示的媒介。除了阅读之外，还需要读者的积极参与……书籍是照片、文字和思想相结合的载体，是思想和想象的产物。它是具体活动的结果，也是用来记录和提供信息以作为艺术手段和材料的”。

对于杰尔马诺来说，1968 年带来了一种由印刷媒介生产（produced）的艺术新类别，与印刷的媒介复制（reproducing）艺术相反。他指出赛思·西格尔劳布和斯蒂芬·卡尔腾巴赫（Stephen Kaltenbach）都是创新者。

西格尔劳布的活动基本上是在画廊和艺术市场的交流领域，而且西格尔劳布也是第一个允许艺术家享有完全掌控信息自由的人。艺术家们不再习惯于创造审美对象，而是信息和思想……通过杂志和期刊使用大众媒体是由斯蒂芬·卡尔腾巴赫所推动的，他曾于 1968 年 11 月到 1969 年 12 月在《艺术论坛》杂志上发表了一系列声明。

接着，杰尔马诺讨论了“艺术与语言”小组[24]。他说，他们代表了“观念艺术最激进的一面”[“艺术与语言”小组的文本给杰尔马诺文章的翻译带来了问题。他们提到了伯特兰·罗素（Bertrand Russell）的分析哲学，这在意大利语中没有对等的词，而杰尔马诺则使用了天主教

24 “艺术与语言”小组（Art & Language group）是一个成立于 20 世纪 60 年代晚期的观念艺术家团体。自成立后，他们经历了多次转型。这个团体是由一群拥有共同愿景的艺术家创立，其团体的第一份出版物是《艺术—语言》，于 1969 年 11 月在英国发行，对英美的观念艺术产生了巨大的影响。

中的神学术语]。杰尔马诺对梅尔·拉姆斯登（Mel Ramsden）和伊恩·伯恩的《六张底片》（*Six Negatives*，1968—1969）和伯恩的《施乐书，1号》（*Xerox Book #1*）表示赞赏，后者是一张白纸经过100次复印而制作的影印书，后面的页面上越来越多地被机器上的黑色污迹填满。“艺术与语言”小组反对“艺术家充满占有欲的个人主义”。特里·阿特金森对哲学的兴趣来自听到伯特兰·罗素将普通语言哲学的思想与和平主义及其在核裁军运动中的作用联系起来。《艺术语言》第1期于1969年5月出版，其中包含了索尔·勒维特的《观念艺术的句子》（*Sentences on Conceptual Art*）、丹·格雷厄姆的《诗歌图式》（*Poem Schema*）和韦纳的《陈述》。

杰尔马诺将吉尔伯特和乔治的作品《艺术为了一切大众》（*Art for All*）标记为1970年的伟大创作，评价其“整个生活方式都变成了艺术作品”。接着他在他的文章中写到了斯坦利·布朗在《对于I.B.M 360 95型计算机来说〈这边走，布朗〉的100个问题》（*100 this-way-brouwn-problems for computer I. B. M. 360 model 95*，1970）中对计算机的使用。而布朗的另一本书《拉巴斯》（*La Paz*，1970），则罗列了他在从荷兰斯希丹的一个地点到其他城市，如拉巴斯、仰光、哈瓦那、赫尔辛基、乔治敦、华盛顿、华沙、新德里行走的步数。杰尔马诺的文章还讨论了拉梅拉斯的《出版物》（*Publication*），一本1970年在都灵斯佩龙（Sperone）出版社出版的书，是罗伯特·巴里、道格拉斯·休布勒和约瑟夫·科苏斯的作品；文章最后还讨论了马里奥·梅尔茨的著作《斐波那契1202》（*Fibonacci 1202*，1970），该书名指的是13世纪的僧侣斐波那契从自然生长模式所推导出的数学序列。

杰尔马诺的文章《书籍作为艺术品1960—1970》还列举了75本艺术家书，但在我为奈杰尔·格林伍德展览和画册整理的清单中将这个数字增加到267本。1970年至1972年间，尤其是在观念艺术圈子里，艺术家书籍的出版物激增，而这足以让人们认识到一些重要的事情正在发生。

很多人帮助我完成了清单，比如奈杰尔就从纽约、加利福尼亚，以及他所合作过的欧洲的画廊和美术馆中收获了很多书。1970年12月，当美国艺术史学家芭芭拉·赖泽（Barbara Reise）在ICA主持伊恩·威尔逊的演讲时，我遇到了她，我们成了朋友，她邀请我帮她整理档案，这也教会了我保存关于艺术家的每一张纸——从那以后，我开始保存艺术家制作的所有印刷品以用于展览。当时，我花了几个星期在泰特档案馆读芭芭拉的信件。她是国际工作室出版约翰·巴尔代萨里的《安格尔与其他寓言故事》（第29页）的幕后策划者。

我感兴趣的是，许多早期的观念艺术画册都是活页本。比如，“当态度成为形式”展览的出版物、阿姆斯特丹市立博物馆的《在松螺丝上》（*Op Losse Schroeven*）、露西·利帕德在西雅图和温哥华展览以及1971年的古根海姆国际（Guggenheim International）展览的画册。这些书页通常是由艺术家创作的，它们本身就是艺术作品，与艺术家书籍的发展是平行的。我也曾在奈杰尔画廊里见到了马林斯·居特里奇（Marlis Grüterich），当时她正在和哈拉尔德·舍伊曼（Harald Szeemann）筹备第5届卡塞尔文献展（Documenta 5）。她还编辑了一本活页夹图录，封面上布满了埃德·鲁沙的蚂蚁，并以此拼出了书名。马林斯的艺术家书目也是一个启示。杰克·文德勒在1972初就搬到了伦敦，并创办了自己的画廊，这也对我编制清单提供了很大的帮助。

还有一个不确定的问题，那就是哪些书应该被列入清单。杰尔马诺的文章建议我回到ICA里的激浪派出版物，但我试图以观念艺术家创作的书籍为主，因为这些作品本身就是艺术作品。批评家或艺术史学家的一篇文章则又把艺术家书降格为关于艺术家的书，而不是由艺术家制作的书。我认为艺术家书对我们这一代人来说很重要，他们买不起艺术品，但仍然需要与艺术品一起生活，并长期思考。对我来说，最重要的是将名单上的艺术家牢牢地纳入当时的国际网络，并列入一个概念性的观念艺术展览中。

名单截止于1972年8月初，展览于1972年10月初开幕。我和来自坎特伯雷的艺术家阿德里安·格雷（Adrian Grey）合作设计了一个简单的陈列架，它的前面是敞开的，以便把书拿出来看一看、读一读（那些稀有的书则必须直立放在架子的后面，用有机玻璃保护，以防被触摸）。由于杰尔马诺的文章翻译出现了问题，以及我们使用的廉价打印机也罢工了，因此展览画册晚了几个月才出版，但20世纪70年代初的金融危机开始爆发。我准备了一份清单，供参观者查看展览中的所有书名，其中有些可以在我们的商店买到，有些可以订购。虽然我们卖得很少，但我们确实证明了奈杰尔·格林伍德有限公司既是画廊又是书店，对此《星期日泰晤士报》《星期日电讯报》（*Sunday Telegraph*）和《伦敦晚报》（*London Evening Standard*）都有评论。

开幕几天后，我赶在第5届卡塞尔文献展最后一周飞到德国，然后作为博伊斯的学生开始了新学期的学习，聆听他在杜塞尔多夫艺术学院的授课，以进行我的论文研究。不幸的是，那一周博伊斯因为接受了全部145名想上他的课的学生而被解雇了。由于《书籍作为艺术品》展览画册还未完成，我随身带了一本1960年至1972年间的完整图书名单。在艺术科隆，我向康拉德·菲舍尔展示了我的名单，他告诉我这是一项非常重要的工作。我参观了科隆的画廊和瓦尔特·柯尼格书店。当我在那里的时候，卡斯帕·柯尼格走近我，并做了自我介绍。他说康拉德告诉他我做的书籍名单，并问我是否有时间去喝咖啡。他带我去了一家非常文艺的动物主题咖啡馆，里面全都是浆过的白色桌布和巧克力蛋糕，咖啡杯下还垫有小的装饰桌巾。咖啡馆一面墙上镶着一个大玻璃盒子，里面有鹦鹉和天堂鸟；另一个玻璃盒子则是猴子和黑猩猩在挠痒，而顾客们却在不动声色地闲聊。我给卡斯帕看了名单，他和康拉德一样热情，还问我是否介意给他复印一下，于是我们去鲁道夫·兹沃纳的画廊复印了一份。

我第一次见到本雅明·布赫洛（Benjamin Buchloh），是他在科隆的托马斯·博尔格曼画廊（Thomas Borgmann）工作时。1973年底他在信中说，他将在《交叉函数》杂志上发表杰尔马诺的德语文章，当时他正在编辑这篇文章。布赫洛的清单显示了我当时并不知道的1972年中期的书，如彼得·道斯布鲁格（Peter Downsbrough）的《地点笔记》（*Notes on Location*，1972），以及我还不知道的其他艺术家的书。

这些年来，我看过并比较了1970年、1972年和1974年制作的3份"书籍作为艺术品"的名单，并于2014年在比利时根特的赫伯特基金会（Herbert Foundation）举办的"真正的观念主义"（Genuine Conceptualism）展览中将它们汇集在一起。它们共同展示了这一思想在那个时期的发展，以及整理出一个明确名单的困难之处。正如我所说，我喜欢能让人们自己思考的事物。这些名单反映出"一本书本身就可以是一件艺术品，而一件艺术品也可以是非常普通的事物"的核心思想。一本自出版的小开本平装书，如果是由一个严肃且有道德感的艺术家制作，我敢说，它可以让你思考什么是真正重要的事情。

/1969 Contd

I. Burn, M. Ramsden	NOTES ON GENEALOGIES - INQUIRY 3 New York
I. Burn, M. Ramsden	SIX NEGATIVES, 28x22cms, b/w, 14pp
J. Cage	NOTATIONS Something Else Press New York
J.L. Castillejo	THE BOOK OF I'S Castillejo Germany, 400pp, b/w, 200 copies
R. Cutford	THE EMPIRE STATE BUILDING New York, 27.5x14cms, 20pp, b/w
H. Darboven	XEROX BOOK, Hamburg, Ed 200
H. Darboven	6 MANUSKRIPTS 69 Michelpresse Dusseldorf
J. Dibbets	ROBIN REDBREAST'S TERRITORY Siegelaub/Konig New York/Koln, 17x11cms, 32pp, b/w
D. Graham	END MOMENTS New York, 27x21cms, 68pp, b/w
D. Higgins	FOEWGOMBWHNNW Something Else Press New York 20x14cms, 320pp, b/w
S. Kaltenbach	ART WORKS Art Forum, Jan/Dec
La Monte Young, M. Zazoela	SELECTED WRITING Freidrich Publishers Munich, 20x14cms, 100pp, b/w
J. Lee Byars	½ AN AUTOBIOGRAPHY Antwerp, Ed 250
S. Lewitt	49 THREE-PART VARIATIONS 1967/68 Editions Bischofberger Zurich, 17x35cms., 26pp, Ed 1000
S. Lewitt	FOUR BASIC KINDS OF STRAIGHT LINES Studio International London, 20x20cms, 16pp
M. Maloney	INTEGUMENTS Press Work Putney Vermont, 18x13cms, 8pp, b/w, Ed 500
B. Nauman	CLEARSKY New York, 30x30cms, 12pp col
N.E, Thing Co	TRANS VSI CONNECTION Halifax Nova Scotia, 28x21cms, b/w
M. Pistoletto	L'UOMO NERO IL LATO INSOPPORTABILE Rumma Editore Salerno, 19x14cms, 132pp, Ed 2500

《书籍作为展览》的展览清单，奈杰尔 · 格林伍德画廊，1972 年

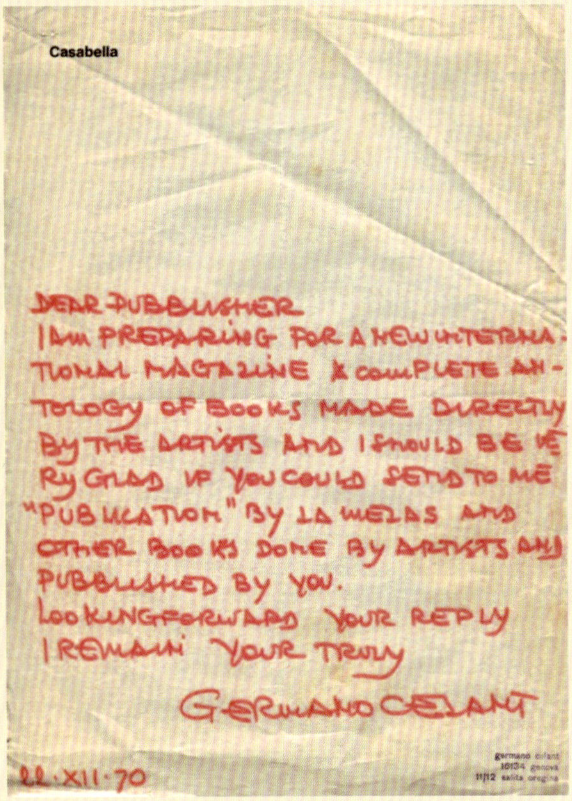

Casabella

DEAR PUBBLISHER
I AM PREPARING FOR A NEW INTERNA-
TIONAL MAGAZINE A COMPLETE AN-
TOLOGY OF BOOKS MADE DIRECTLY
BY THE ARTISTS AND I SHOULD BE VE-
RY GLAD IF YOU COULD SEND TO ME
"PUBLICATION" BY LA WELAS AND
OTHER BOOKS DONE BY ARTISTS AND
PUBBLISHED BY YOU.
LOOKING FORWARD YOUR REPLY
I REMAIN YOUR TRULY

GERMANO CELANT

22·XII·70

germano celant
16134 genova
11/12 salita oregina

杰尔马诺 · 切兰特写给奈杰尔 · 格林伍德的信，1970 年 12 月 22 日

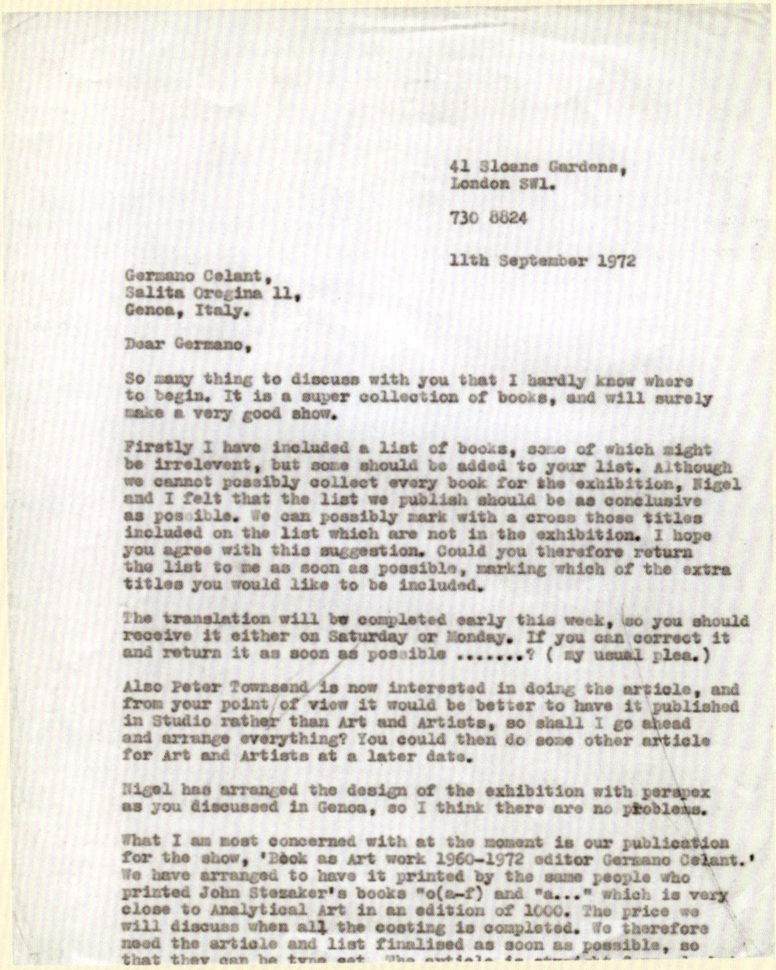

41 Sloane Gardens,
London SW1.

730 8824

11th September 1972

Germano Celant,
Salita Oregina 11,
Genoa, Italy.

Dear Germano,

So many thing to discuss with you that I hardly know where to begin. It is a super collection of books, and will surely make a very good show.

Firstly I have included a list of books, some of which might be irrelevent, but some should be added to your list. Although we cannot possibly collect every book for the exhibition, Nigel and I felt that the list we publish should be as conclusive as possible. We can possibly mark with a cross those titles included on the list which are not in the exhibition. I hope you agree with this suggestion. Could you therefore return the list to me as soon as possible, marking which of the extra titles you would like to be included.

The translation will be completed early this week, so you should receive it either on Saturday or Monday. If you can correct it and return it as soon as possible ....? (my usual plea.)

Also Peter Townsend is now interested in doing the article, and from your point of view it would be better to have it published in Studio rather than Art and Artists, so shall I go ahead and arrange everything? You could then do some other article for Art and Artists at a later date.

Nigel has arranged the design of the exhibition with perspex as you discussed in Genoa, so I think there are no problems.

What I am most concerned with at the moment is our publication for the show, 'Book as Art work 1960-1972 editor Germano Celant.' We have arranged to have it printed by the same people who printed John Stezaker's books "o(a-f) and "a..." which is very close to Analytical Art in an edition of 1000. The price we will discuss when all the costing is completed. We therefore need the article and list finalised as soon as possible, so that they can be type set.

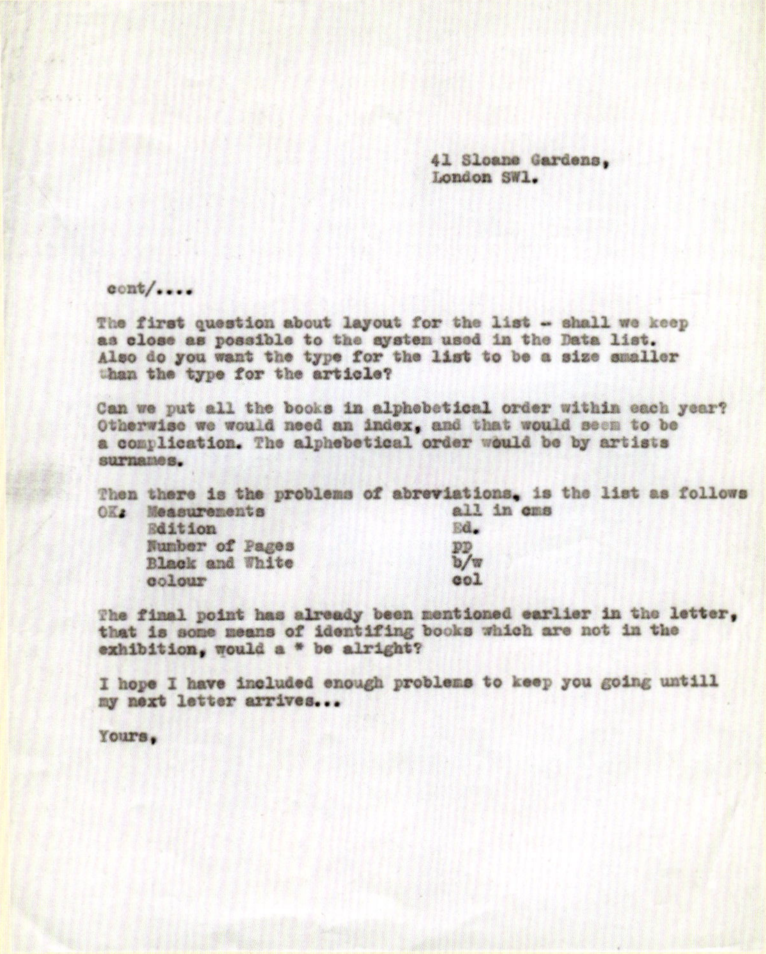

41 Sloane Gardens,
London SW1.

cont/....

The first question about layout for the list - shall we keep as close as possible to the system used in the Data list. Also do you want the type for the list to be a size smaller than the type for the article?

Can we put all the books in alphebetical order within each year? Otherwise we would need an index, and that would seem to be a complication. The alphebetical order would be by artists surnames.

Then there is the problems of abreviations, is the list as follows OK:

Measurements	all in cms
Edition	Ed.
Number of Pages	pp
Black and White	b/w
colour	col

The final point has already been mentioned earlier in the letter, that is some means of identifing books which are not in the exhibition, would a * be alright?

I hope I have included enough problems to keep you going untill my next letter arrives...

Yours,

琳达 · 莫里斯写给杰尔马诺 · 切兰特的信，1972 年 9 月 11 日

information documentation archives
salita oregina 11 genova tel. 63680

Dear Lynda,

fantastic!your news about other books are very precious,thanks a lot.The best collaboration I have received!
It is clear that we cannot show everything for the exhibition,but it is important to publish a list as much conclusive is possible.So thanks for the suggestion and please publish the news which I send on the second page.(a)
I am waiting the translation,I think that the opening will be at 28 or 29 nov,for the time!!!!I am happy for it!
Naturally if Peter is interested in publishing the article I prefer Studio,because I am already working for him and Studio, for Art and Artist we could decide another kind of collaboration,it means regardings monographic article about artists.
Nigel is a good designer,so I am not worried about it,but I am"the critic" (shit!) so I could criticize the work later, but I am sure that the show shall be fantastic!I hope!
For the publication I am agree with the printer,the only request that I like to add is to print the cover in black with the words in white, a negative of the clichè.
The list could be published in any manner,with a small type,the problem is to add to the new list all the details to the new books.
* sch(I don't know the name of the sign)
Also the alphabetic order is ok! an the asteris for knowing and identifing the books in the shows is perfect.
For the data and abreviations,these you mention in the letter are perfect.
For the new books that you are to collecting could you buy or ask a free copy for me,saying that I need a copy for other shows in New York,Rome, Buenos Aires.
For the books by Sperone I shall carry with me 5 copies each of Merz, Huebler, Kosuth, Weiner and Barry and try to have few by Sperone of the new books Barry, Fulton, Weiner, Anselmo,Penone.
For the big ammount of money with which I become rich getting it by Nigel, the best is to keep warm it in London, so I shall have it before going to USA. Please book up a charter fly for 6th october,any time of the day, I should like to arrive in New York for the big opening at 7th october(do it as soon as possible,means for you now!), for the time I have to be back a month later around 5th/6th november, I think the ticket is 27/45 days!
I hope that everything is ok with ICA and the School fo arts, I shall arrive with a lot of slides,so I need work!
Looking forward to receive your news, ciao, a big kiss to Lynda,not to Nigel!
ciao

germano

genoa 15th september 1972

杰尔马诺·切兰特写给琳达·莫里斯的信，1972 年 9 月 15 日

杰克·皮尔森

（1960年生于美国马萨诸塞州普利茅斯）

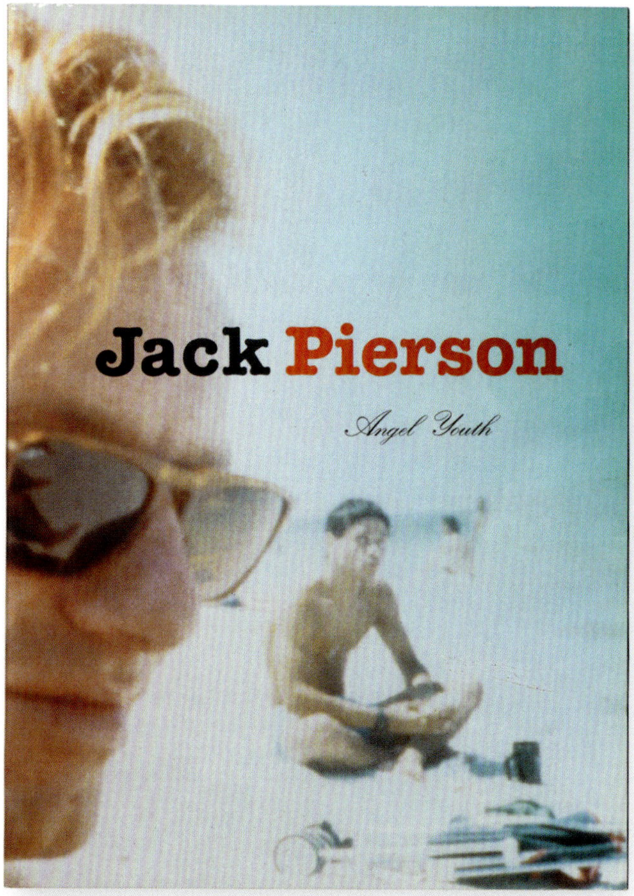

《天使青年》

杰克·皮尔森（Jack Pierson）曾经提出，“我的作品展示了追寻魅力这一行为的内在灾难”，也展示出艺术家从物件、场所与人身上所陶冶来的悲伤的诗歌，总是被美好的潜质、纠缠不休的失望以及一种永存的欲望笼罩着[1]。皮尔森用各种各样的媒介进行创作，其20年来的艺术家书自由地混合着他喜欢的风格和形式。他的那些常被联想到的图像，无论是描绘英俊的年轻人，还是描绘暗淡无光的地域，都充满了一种吸引力。皮尔森的作品经常被收集到图册或杂志中，这些出版物模仿的是类似猛男杂志的外观和风格，不仅充满了情欲，还带有怀旧感。他的作品不仅适合表达对于那些经历过的已经过去的事情，也适用于那些渴望得到却总是在某种程度上超出了能力范围或情感范围的事情。

在几年前的一次采访中，皮尔森承认他“对于坎普风[25]一点都无法抗拒”[2]。苏珊·桑塔格（Susan Sontag）写道：“这个概念，尤其是‘纯粹的坎普风’，而其‘基本要素’，却是‘一种失败的严肃性’，这也提供了一种有用的方式来处理艺术家对主题的暧昧关系。”[3]桑塔格对“夸张、荒诞、激情和天真的混合”的描述与皮尔森自己的思想形成了富有成效的对话：“当你描述诸如感伤、浪漫、诗意和美丽等艺术作品时，某些词是不好的，但这些又都是我最喜欢的品质。”[4]皮尔森的作品在这一影像领域中脱颖而出，无论是表演本身还是意识到表演的局限性，都充满激情，同时又敏锐地意识到激情的回报。

策展人邦妮·克利沃特（Bonnie Clearwater）写道：“乔纳森·皮尔森（Jonathan Pierson）可能于1960年出生于马萨诸塞州普利茅斯，而杰克·皮尔森于1983年在迈阿密海滩才得以创生。”[5]诚然，这位艺术家早期在佛罗里达度假小镇（当时已废弃）的旅居是他成熟风格发展的信号，但他那独特的品牌——潮湿、咸腥的欲望——也应该被视为他在离家2400千米以北的地方艺术创作的产物，当时他是所谓的波士顿学派（Boston School）的一员，该学派由一群年轻的摄影师组成，其中包括南·戈尔丁（Nan Goldin）、菲利普-洛卡·迪科卡（Philip-Lorca diCorcia）、大卫·阿姆斯特朗（David Armstrong）和马克·莫里斯罗（Mark

25 坎普风（Camp）是一种将是否使观者感到荒谬滑稽作为作品迷人与否的评判标准的艺术感受。“Camp”一词来源于法语中的俚语“se camper”，意为“以夸张的方式展现”。1909年，坎普风第一次出现在印刷品中，并在《牛津英语词典》中被定义为“豪华铺张的、夸张的、装模作样的、戏剧化的、不真实的”。同时，该词也有“带有女性气息或同性恋色彩”的含义。20世纪70年代中期，该词的含义则被定义为“过度陈腐、平庸、狡诈和铺张，以至于产生了反常而复杂的吸引力”。桑塔格则将其定义为：“坎普风与其说是艺术，不如说是一种艺术享受，它把传统的‘坏’艺术转变为高雅享受的源泉，方法是忽视其意图，只欣赏其风格；而且它也与使观众吃惊的舞台表演、地下电影和其他先锋派表现有关系。”——译者注

NOW PLAYING

合中，展现出一种雷蒙德·佩蒂伯恩（Raymond Pettibon）式的能量。

皮尔森在他的个人作品和整个职业生涯中，一遍又一遍地扮演着这些不协调的角色：美丽和悲伤、诚实和虚伪、迷人和刚毅。正如韦恩·柯斯腾鲍姆（Wayne Koestenbaum）敏锐地观察到的那样，这种犹豫不定正是他艺术事业的核心："我们不再需要对那种过时的观念保持忠诚，即对外表的一种纯粹的崇拜过程。厌恶就在那里，不要相信这种作品，无论它多么美丽，都不是确切的关于美的。"[10]

——杰弗里·卡斯特纳

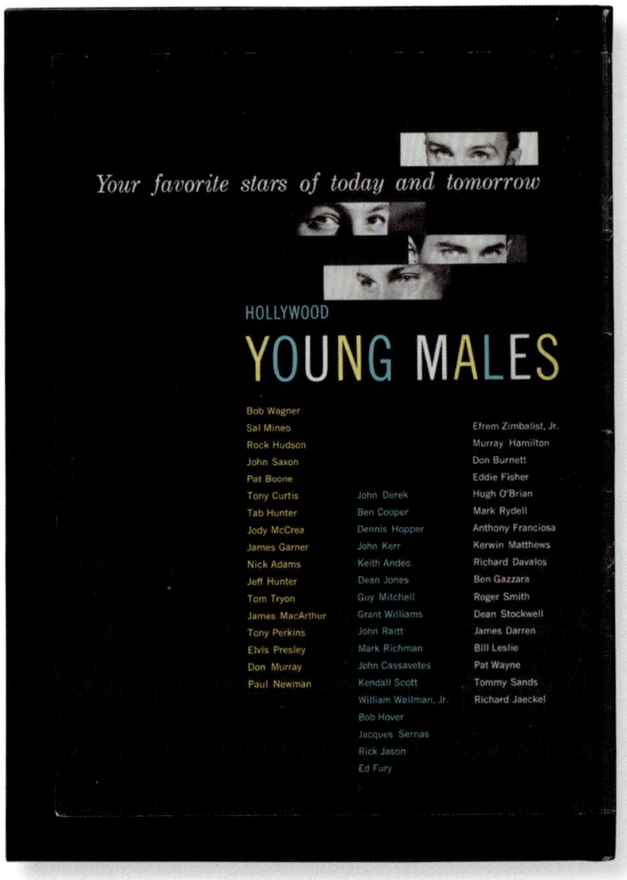

《星尘（收藏版）》

［1］大卫·里马内利著，《杰克·皮尔森，遗憾》（*Jack Pierson, Regrets*），载于《艺术论坛》杂志，2002 年 11 月刊，第 179 页。

［2］引自大卫·维拉斯科（David Velasco）采访，《杰克·皮尔森》，载于《032c》杂志，第 13 期（2007 夏季刊），第 246—249 页，http://www.032c.com/2007 /jack-pierson.

［3］苏珊·桑塔格著，《关于"坎普风"的札记》（*Notes on Camp*，1964），载于《反对阐释》（*Against Interpretation and Other Essays*），美国纽约：斗牛士出版社（Picador），2001 年，第 283 页。

［4］同上；皮尔森引自多米尼克·莫隆（Dominic Molon）编，《杰克·皮尔森：巡回展》（*Jack Pierson: Traveling Show*），展览画册。美国芝加哥：芝加哥当代艺术博物馆，1995 年，第 7 页。

［5］邦妮·克利沃特编，《杰克·皮尔森，遗憾》，载于《杰克·皮尔森，遗憾》，展览画册。美国迈阿密：当代艺术博物馆，2002 年，未标页码。

［6］对波士顿美术馆艺术学院的摄影师进行的评估，参见迈克尔·杰伊·麦克卢尔（Michael Jay McClure）著，《初步证据：照片、未摄影的作品和波士顿学派》（*Prima Facie: The Photograph, the Unphotographed, and the Boston School*），载于《性别与性学研究》（*Studies in Gender and Sexuality*）第 15 期，第 2 卷（2014），第 103—120 页。

［7］大卫·里马内利著，《杰克·皮尔森，遗憾》，第 179 页。皮尔森的早期作品被描述为"从精心挑选的残羹剩饭中拼凑而成，用破烂的、废弃的、廉价的材料（可能"一个贫穷的、流动的家庭，像《愤怒的葡萄》中的乔德，创作这种艺术才会选取的材料"）。杰里·萨尔茨（Jerry Saltz）著，《雕塑笔记：暴风雨的庇护所：杰克·皮尔森的〈告别黄砖路〉，第二部分，1990》（*Notes on a Sculpture: Shelter from the Storm: Jack Pierson' s Goodbye Yellow Brick Road, Part II*，1990），载于《艺术》（*Arts*），1991 年 9 月 21 日。引自莫隆编，《杰克·皮尔森：巡回展》，第 8 页。

［8］《天使青年》出版了 1200 册，为汉利的书出版了 1000 册。2008 年，在都柏林爱尔兰现代艺术博物馆举行的以皮尔森名字命名的职业生涯中期回顾展中，皮尔森出版了一本书，一页页地转载了皮尔森早期的一些作品。其目录包括恩里克·容科萨（Enrique Juncosa）、韦恩·柯斯腾鲍姆、理查德·马歇尔（Richard D. Marshall）和拉切尔·托马斯（Rachael Thomas）的文本，以及艺术家对选集的介绍。参见杰克·皮尔森等著，《杰克·皮尔森》，展览画册。都柏林：爱尔兰现代艺术博物馆；意大利米兰：宪章出版社（Charta），2008 年。

［9］皮尔森在谈到《星尘》（*Stardust*，一本 20 世纪 50 年代早期的杂志）时，他表示自己挪用了该杂志。他写道："我选择这本旧杂志作为我的图书项目，因为我喜欢它的一切，包括设计、印刷和摄影。我也喜欢它的主题，它让我想起我们记忆中的星星和那些不记得的星星。它们显然在好莱坞和年轻人的转瞬即逝中占有一席之地，而我会尽力保护那些短暂的生命。"参见 http://www.salon-verlag .de/edition/ex-libris-21-stardust.

［10］韦恩·柯斯腾鲍姆著，《由描绘艺术家杰克·皮尔森的各种物体组成的小品：〈自画像第 19 号〉》（*A Vignette Contrived of Various Objects Depicting the Artist Jack Pierson: Self-Portrait #19*），载于皮尔森等著，《杰克·皮尔森》，第 412 页。

"I would rather act than do most anything else. It is to me much like baseball must be to Mickey Mantle. Not only a source of bread and butter, but also an opportunity to perform for others and to make them happy which is a most satisfying profession." Sal Mineo

SAL MINEO

Sal, at eighteen, has established himself as a veteran in all acting media. Hollywood calls him a "natural." The difference between Sal and many other actors is the difference between a man who grew up in wealth and one who acquired it.

Because he has been performing most of his life, Sal has learned to accept and enjoy every day as it comes, and this easy overflow is apparent in the facility with which he moves from one portrayal to another.

Sal comes from the Bronx in New York City, and he returns to that borough whenever the opportunity arises. His family is instrumental in acting as a leveller. Whenever he is at home, his parents, his two brothers and his sister deflate any bit of egoism that he might have picked up along the way.

Among his varied roles, Sal appeared as the prince in "The King and I" and developed a long standing friendship with Yul Brynner. He performed extensively on television and made his debut on the screen in "Rebel Without A Cause" in which James Dean starred.

11

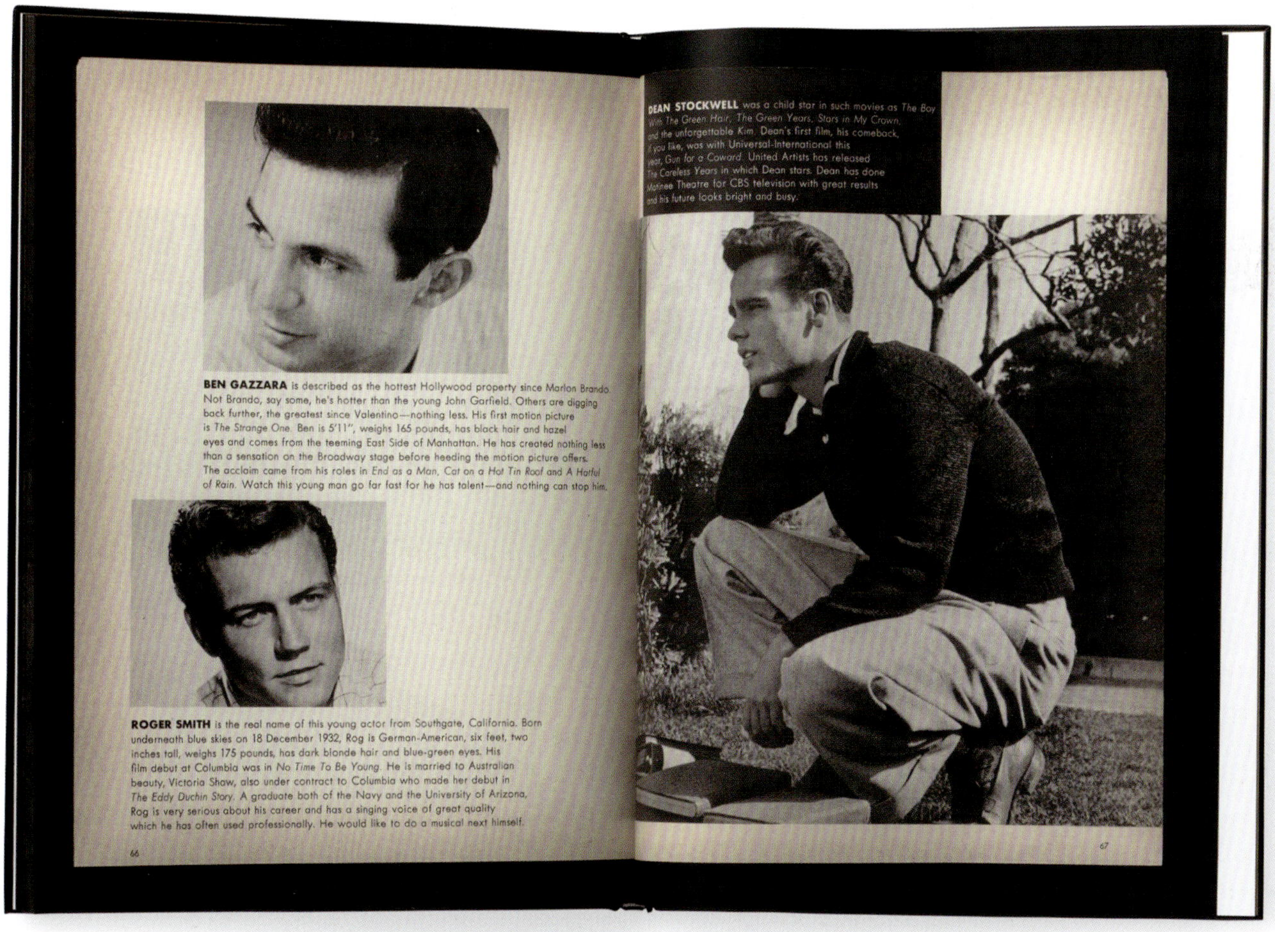

BEN GAZZARA is described as the hottest Hollywood property since Marlon Brando Not Brando, say some, he's hotter than the young John Garfield. Others are digging back further, the greatest since Valentino—nothing less. His first motion picture is *The Strange One*. Ben is 5'11", weighs 165 pounds, has black hair and hazel eyes and comes from the teeming East Side of Manhattan. He has created nothing less than a sensation on the Broadway stage before heeding the motion picture offers. The acclaim came from his roles in *End as a Man*, *Cat on a Hot Tin Roof* and *A Hatful of Rain*. Watch this young man go far fast for he has talent—and nothing can stop him.

ROGER SMITH is the real name of this young actor from Southgate, California. Born underneath blue skies on 18 December 1932, Rog is German-American, six feet, two inches tall, weighs 175 pounds, has dark blonde hair and blue-green eyes. His film debut at Columbia was in *No Time To Be Young*. He is married to Australian beauty, Victoria Shaw, also under contract to Columbia who made her debut in *The Eddy Duchin Story*. A graduate both of the Navy and the University of Arizona, Rog is very serious about his career and has a singing voice of great quality which he has often used professionally. He would like to do a musical next himself.

66

DEAN STOCKWELL was a child star in such movies as *The Boy With The Green Hair*, *The Green Years*, *Stars in My Crown*, and the unforgettable *Kim*. Dean's first film, his comeback, if you like, was with Universal-International this year, *Gun for a Coward*. United Artists has released *The Careless Years* in which Dean stars. Dean has done Matinee Theatre for CBS television with great results and his future looks bright and busy.

67

西格玛·波尔克

[1941 年生于波兰西里西亚奥尔斯（Oels, Silesia），现奥莱希尼（Oleśnica）；2010 年逝于德国科隆]

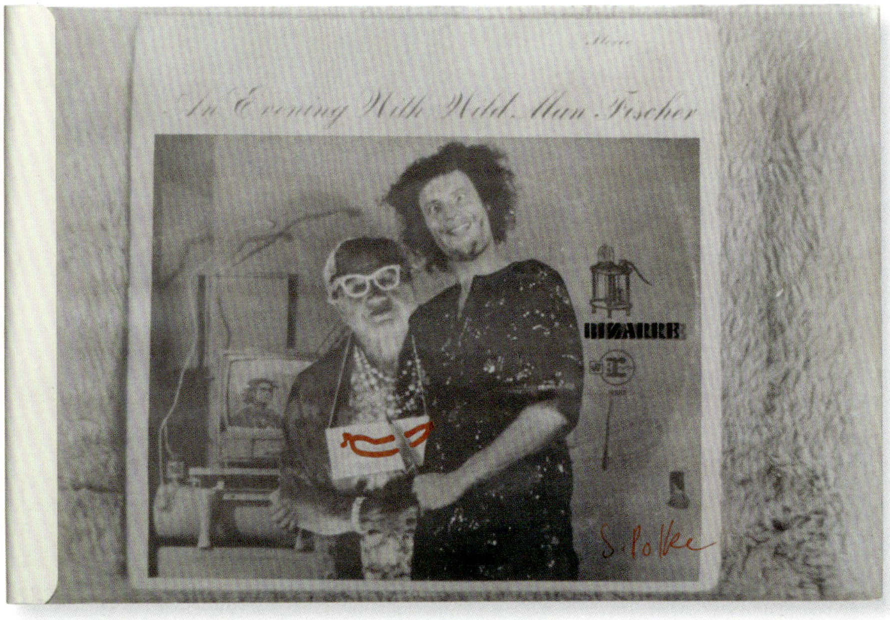

《1972 年联邦议院选举：杜塞尔多夫和科隆的奇异照片》

傲慢、狡黠又智慧、亵渎地批判，西格玛·波尔克（Sigmar Polke）是艺术世界里的一位狂放不羁的批判者，也是其中的特例，更是一个风格多变的人物。20 世纪 60 年代初，约瑟夫·博伊斯在杜塞尔多夫艺术学院任教，那时的波尔克还是一名学生，却成为格哈德·里希特的朋友和早期合作者。但波尔克在战后的德国艺术界找到了自己的方式，摆脱了博伊斯的神秘主义倾向和里希特的科学主义倾向，在聪明与愚蠢、美丽与丑陋、轻率与深刻之间形成了一条大胆却混杂的中间道路。凯西·哈布雷奇（Kathy Halbreich）在提到波尔克的奇特项目时写道："他把材料推到了令理性动摇的地步，在那种情况下，事物开始寻找自己的形式，不是通过艺术家的远见或蓄意的手，而是通过这种非理性条件，如重力、事故和不确定性的结合力。"[1]这一描述同样适用于波尔克的书籍作品，从他职业生涯的最初几年起，书籍就与他所采用的众多其他媒介，如素描、摄影、拼贴和以厨房水槽为标签的绘画完美地融合在一起，所有这些都与令人眼花缭乱的各种材料和技术相匹配，他通过无尽的探索和想象，使其作品成为战后艺术中风格最复杂的作品之一[2]。

翻阅波尔克的几十种出版物中的任何一种，都是令人迷惑的经历，因为很少有一位技艺如此广泛的艺术家能创作出如此纯朴的作品，如文字、照片、素描/广告、剪报、快照，具象和抽象，历史与当代，被重新创作的原图像和以被重新创作的原图像为基础的图像：波尔克书籍作品的页面设计如龙卷风般横扫整个视觉文化，他撕碎现成的图像，并将它们重新置入之前无法想象的秩序（或无秩序）中。

由于其似乎不可避免的不连贯性，对真正的"加法"行为予以幽默地拒绝，波尔克的作品引发了广泛的尝试，他们追踪艺术家的美学、概念和/或精神分析动机，以彻底抵制绘画习惯和对绘画的期望。从战后德国的社会和政治条件到波尔克对娱乐性物品的喜爱，从达达主义的影响到德国对美国波普艺术的接受（波尔克将其转变为所谓的"资本主义现实主义"），各种可能的原因都已被提出。尽管在细节问题上存在着争论，但许多人都认同唐纳德·库斯皮特（Donald Kuspit）评述中得出的结论：

> 典型的波尔克照片……赌博中带有视觉意义的变量，却不知道会赢什么，可以在它们之间建立什么样的确定关系。一种有关图像性的笑话，或者更确切地说，图像性本身变成了笑话……波尔克创造了一个极端模棱两可的画境，在那里，可以召唤作品的全部意义，但没有任何东西被清晰地唤起，没有最终的、明确的图片。没有建立形式的层次，故而内涵杂乱无章。典型的波尔克照片的风格是，画面中的每一个元素都在抵消其他元素主宰场景的企图，使之成为那张照片中的重点[3]。

从波尔克最早的艺术家书中可以清楚地看出库斯皮特所列举的图片的模棱两可——占有波尔克组成环境的各种元素被置于一种相互竞争的感觉中，就像一

LASST
WALTEN.
CDU
Mist

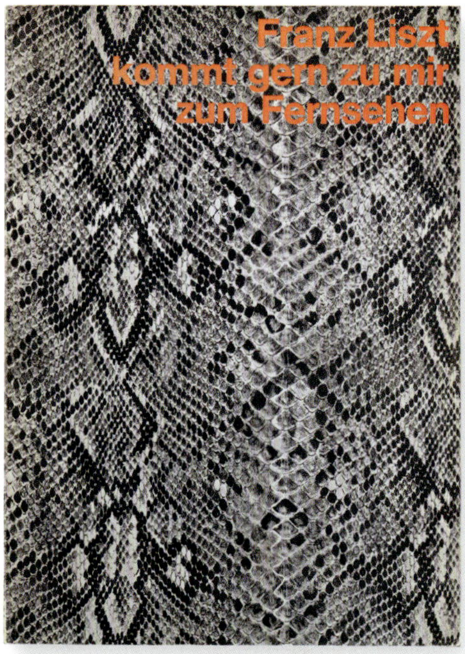

《弗朗兹·李斯特喜欢过来看电视》

场由规则控制的战争，只为防止一个明确的“胜利者”出现[4]。20世纪70年代初的两本书举例说明了艺术家在接下来的几年里将继续采用特殊而错乱的准则形成创作方案。第一本是《1972年联邦议院选举：杜塞尔多夫和科隆的奇异照片》（*Bundestagswahl 1972: Bizarre Fotos aufgenommen in Düsseldorf und Köln*），其中包含了1972年在德国选举中与威利·布兰德（Willy Brandt）议长和执政的社会民主党人对抗的基督教民主联盟（CDU）被污损的政治海报的照片[5]。这些海报最初贴在广告亭和公交站候车亭上，目的是传达这些政客们深沉的可靠性，波尔克刮掉了海报上政客的眼睛，或者给其装饰上触角和纳粹纹身。波尔克对它们的处理方式反映出他倾向于将来自政治和消费领域的图像和行动融为一体。

如果说1972年的《1972年联邦议院选举：杜塞尔多夫和科隆的奇异照片》展示了艺术家正在破坏现成的视觉画面和信息，那么波尔克在次年创作的《弗朗兹·李斯特喜欢过来看电视》（*Franz Liszt kommt gern zu mir zum Fernsehen*）则显示了他对自己《播种的种子》的沉醉。这本书的书名来源于德国《明镜》（*Der Spiegel*）杂志上1970年刊登的一篇文章，内容是关于英国唯灵论者和作曲家罗斯玛丽·布朗（Rosemary Brown），她声称包括李斯特在内的已故作曲家都曾拜访过她，与她交流新作品。这本书是为配合波尔克和他的朋友，以及经常合作的阿奇姆·杜霍（Achim Duchow）在明斯特举办的展览而创作的。这篇文章是转载的，但它与波尔克这本书中其他资料之间的关系是显而易见的——自由放任，其令人费解之处在于一种为向观众挑战而发起的挑战。图片说明参考了艾伦·金斯伯格（Allen Ginsberg）在一张书页中描绘的颗粒状图像；一个女人的手呈灰绿色，抱着一只德国牧羊犬的肚子，因为某种原因，她站在餐桌上；所配新闻是关于著名歌剧女演员安妮丽丝·罗斯腾伯格（Anneliese Rothenberger）新家的报道。这本书的内容和节奏形成了一种警告，一种早期的声明，即波尔克的书籍世界将是一个没有规则的世界。

波尔克在几年后出版的主要出版物大多遵循这种几乎不受控制的混乱模式，无论它们是作为配合展览的画册，还是作为独立的项目。这种方法可能在《日复一日……他们拿走了一些大脑》（*Day by day...they take some brain away*）中达到顶峰，这本书是波尔克在参加1975年圣保罗双年展之际，与杜霍、阿斯特丽德·海巴赫（Astrid Heibach）和凯瑟琳娜·斯特芬（Katharina Steffen）合著的报纸风格的书。一张略显简单且相对不引人注目的封面掩盖了该书极其复杂的内部结构，其功能就像是对艺术家迄今为止所喜爱的各种材料和设计方案的回顾：剪报、广告海报、漫画；来自一系列新闻和商业媒体的图像，包括人类学和情色文学中少量却健康的人体图像；摄影、复印和排版方案；重复和遗漏互相抵消；粗糙而混乱，但也在某些时刻出人意料地有细腻的绘画特征。可以说，《日复一日……他们拿走了一些大脑》是一种总结性的作品，它举例说明了波尔克进入他完全成熟的艺术实践过程中所存在的矛盾的魅力。

事实上，在接下来的10年里，这位艺术家的许多出版项目开始显现出一种日益增长的视觉（如果不是观念上的）克制。比如，《图片集》（*Das Bilderbuch*，1981）中包含的带讽刺意味的广告图像，这是由卡尔·普费弗（Karl Pfefferle）创办的慕尼黑画廊出版的包括25位欧洲艺术家作品的一组照片，占用了8页篇幅；或是《年度素描本1968—1969》（*Ein Skizzenbuch aus dem Jahr 1968-1969*，1983），德国门兴格拉德巴赫阿卜泰贝格博物馆（Museum Abteiberg）展览出版的素描本复制品中的低保真素描，与他早期

und 17. Jahrhunderts. In dieser Periode entstanden die Ölgemälde der großen Meister, in der Regel auf Eichenholztafeln. Das Alter dieser Holzunterlage läßt sich mit der in Reinbeck praktizierten sogenannten dendrochronologischen Methode genau bestimmen. Durch die vielfach vorhandenen Splintreste kann man das Fälldatum des Baumes exakt ermitteln. Dadurch wird es möglich, nachträglich das vermutliche Datum der Bildentstehung anzugeben. Das Verfahren wurde bereits bei zahlreichen Bildern Rembrandts und Rubens angewendet. Die Ergebnisse der Dendrochronologie allein können natürlich nicht die Echtheit eines Bildes garantieren. Dazu müssen noch andere Prüfungen hinzukommen, etwa Farbproben oder die Feststellung der Maltechniken. Mit Sicherheit kann aber die Dendrochronologie das Alter des verwendeten Holzes ermitteln. Wenn also Bilder des 16. Jahrhunderts gefälscht werden sollen, dann muß sich der Fälscher entsprechendes Eichenholz, etwa des 15. Jahrhunderts besorgen. Und das wiederum dürfte nicht so einfach sein.

Die Arbeiten des Instituts sind natürlich nicht nur unter dem Aspekt der Feststellung der Echtheit interessant. Sie helfen auch bisher unbekannte Bilder zeitlich zu datieren. Wir machten die Probe aufs Exempel, und zwar mit Norbert Cranach, ein wohl ziemlich bekannter Maler und Mitglied des Bayrischen Landtages, und seinem nicht minder bekannten Bild: Der betrunkene Flamingo vom Kloster Andechs.

An diesem Bild wurden verschiedene Tests durchgeführt. Danach stammt die Holztafel aus dem Mittelalter, ungefähr 1560, die Grundierung aus der Ägypterzeit, Experten behaupten, diese Grundierung hätte nur ein Mann machen können, nämlich Tut-ech-Valium, der Hofmaler von Ramses dem Zweiten. Die Farben stammen aus dem Werkstattprogramm für den kleinen Künstler von Bayer/Höchst.

Nachdem die Testversuche koordiniert worden waren, begingen drei Förster in Reinbeck Selbstmord. Das Institut wurde hermetisch abgeriegelt und alle Angestellten in eine Klinik überwiesen. Das Institut wird nun von Schwarzkitteln weitergeführt, die Bundesfahne ist eingezogen worden und durch die Fahne des »Dahmischen Hirsches« ersetzt worden. Doch man arbeitet auch hier an einer Expertise, die beweisen soll, daß wieder die Industrie die Hände im Spiel hat.

Nämlich die Firma Jägermeisterlikör, die ihre Betriebsfahne auf einem Bundesgebäude wehen sehen wollte. Es glaubt mir keiner, aber es ist ein Original.

Ein Tip. Auch zuhause können sie jetzt nach den von uns entwickelten Methoden Bilder fälschen. Lieber ein Degas von Ihnen selbst als gar keinen. Kunst ist zwar auch Können, aber Können allein genügt noch nicht, Können ist allein noch keine Kunst. Man sollte vielleicht die Überlegung anstellen, ein internationales Museum für Kunstfälschungen einzurichten. Nun zu unserem Tip: Machen Sie ein Happening. Legen Sie ihre Frau gefesselt unter das Bett und rufen die Polizei. Vorher müssen Sie sich noch eine Bratpfanne auf den Kopf hauen. Wir sind beraubt worden, mir ist mein Degas gestohlen worden, sagen Sie zu den Beamten. Dann kommt der Spurensicherheitsdienst, vorher müssen Sie allerdings schon etwas ältere Ölfarbe leicht angetrocknet auf den Teppich gestreut haben. Die Polizei wird die Farbe bestimmt finden, daraufhin gibts nur eine Antwort: Ja, der Degas hat bei mir gewohnt. Wir können auf Anfrage von einem ähnlichen Fall in Süddeutschland berichten, siehe auch der Ball war drin. Diesen Kult des echten Ölbildes kennen wir alle, Ursprung des Fetischismus ist das Mißverständnis zwischen Entdeckung und Erfindung. Jetzt ist die Stunde Ihrer Frau gekommen. Zwei Tage später gehen Sie mit ihr als Degas verkleidet zur nächsten Polizeiwache und Herr Degas macht eine Anzeige, das ihm in ihrer Wohnung ein Bild gestohlen worden wäre. Alles andere ist einfach. Sie kaufen ein Ölgemälde in einem Kaufhaus und unterschreiben es mit Degas, dann gehen Sie mit Herrn Degas wieder zur Polizeiwache. Herr Degas behauptet nun das Bild wiedergefunden zu haben.

Durch alle Medien: Fernsehen, Radio, Fox Tönende Wochenschau usw. sind Sie und ihr Degas nun bekannt genug, um ihn mit einer Expertise vom Institut in Reinbeck für teures Geld verkaufen zu können.

achim duchow 73

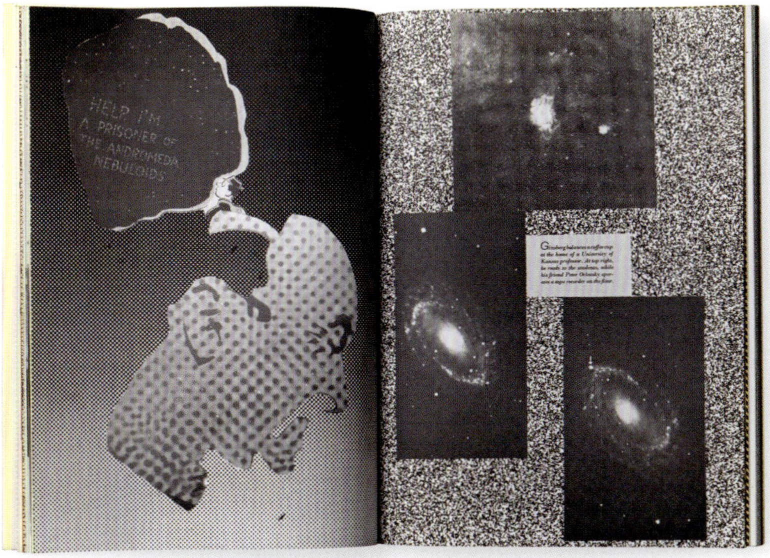

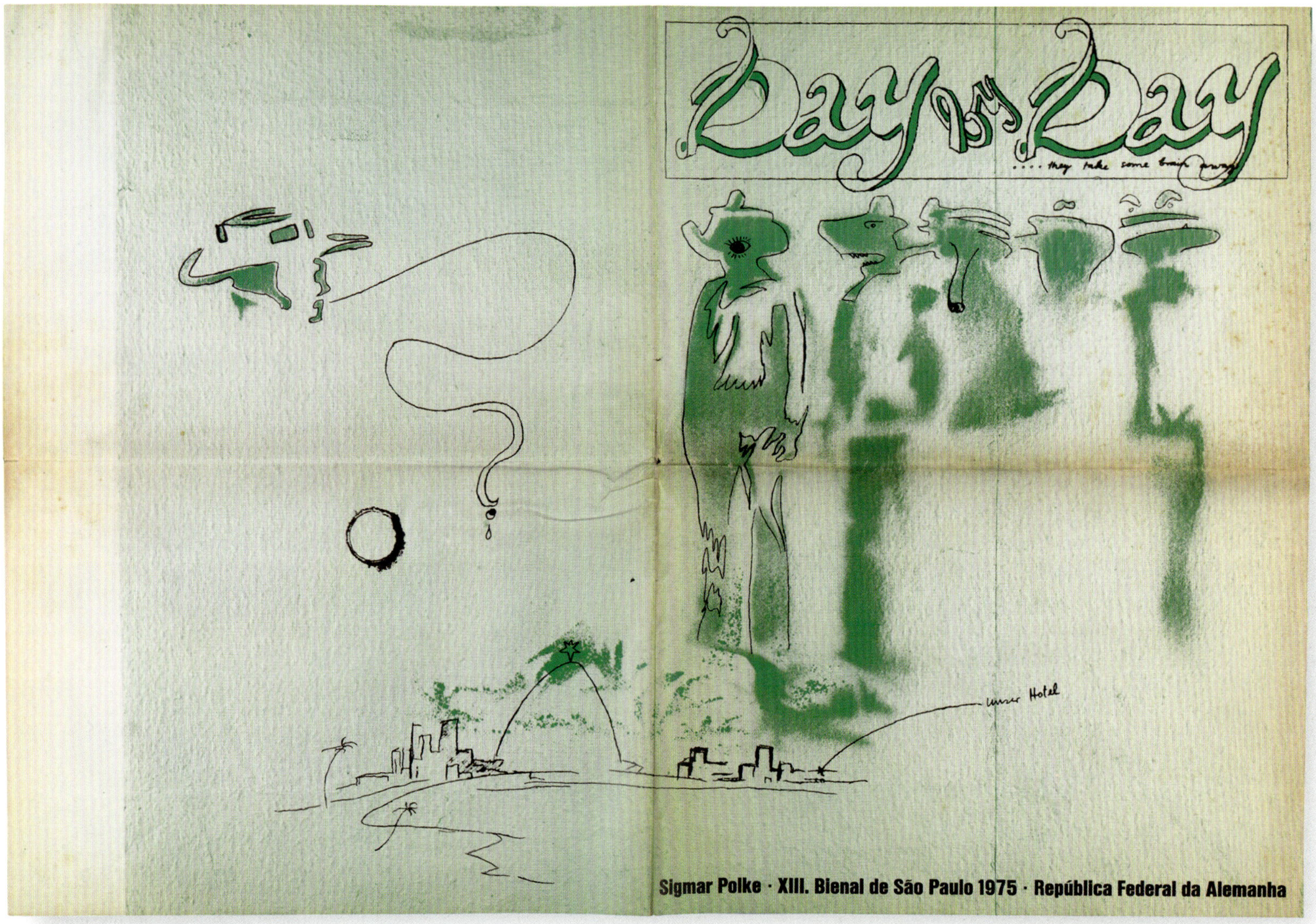

《日复一日……他们拿走了一些大脑》

的书相比，这本比较有秩序感。同时，《有一天，戈雅－卢西恩特斯，来找我》（*Eines Tages kam doch der Goya, der Luciente, zu mir*）一书则是他对戈雅画作《时间》（*Time*，约 1810）的一段调查，作为荷兰鹿特丹博伊曼・范・布宁根博物馆和德国波恩美术馆（Kunstmuseum Bonn）展览画册的一部分，这本书在细节上颇有学术性。

在他的整个职业生涯中，波尔克是艺术杂志和其他期刊项目的热心撰稿人。从 20 世纪 70 年代早期为德国《交叉函数》杂志制作特别插页，到后来对《艺术论坛》和《帕克特》（*Parkett*）杂志的贡献，都表明他经常利用这些机会来干预现有的体制结构。在后来的作品中，他在 1995 年为德国发行量最大的杂志《南德意志杂志》（*Süddeutsche Zeitung Magazin*）出版的一系列年度艺术家作品进行了自己的创作。波尔克的 33 页插页——《防弹假期》（*Kugelsichere Ferien*）的特点是使用艺术家标志性的闪光点，用影印机制作，然后用毡标记并用彩色铅笔着色的绘画。完美的曲线，就像透过波纹玻璃或水面看到的一样，这些画非常感性，但他的作品中又没有一点越轨的意味。正如插页后面的文字所指出的那样，这位艺术家显然选择了报纸印刷商无法正确复制的颜色，从而形成了一个恰当的小规模场景，以展示波尔克向印刷界发起的长达 40 多年的挑战[6]。

——杰弗里・卡斯特纳

[1] 凯西・哈布雷奇，《借口：简介》（*Alibis: An Introduction*），载于凯西・哈布雷奇（Kathy Halbreich）等编，《借口：西格玛・波尔克 1963—2010》（*Alibis: Sigmar Polke 1963-2010*），展览画册。美国纽约：现代艺术博物馆，2014 年，第 66 页。该展览画册伴随着 2014 年著名的同名回顾展，由哈布雷奇与泰特现代美术馆的马克・戈弗雷和现代美术馆的兰卡・塔特索尔（Lanka Tattersall）共同举办。

[2] 对波尔克职业生涯的评估，尤其是他的绘画，参见玛吉特・罗威尔（Margit Rowell）编，《西格玛・波尔克：颠覆战略》（*Sigmar Polke: Stratagems of Subversion*），载于《西格玛・波尔克：1963—1974 年作品集》（*Sigmar Polke: Works on Paper 1963-1974*），展览画册。美国纽约：现代艺术博物馆，1999 年，第 8—22 页。

[3] 参见唐纳德・库斯皮特著，《无名图片之墓：西格玛・波尔克的艺术》（*At the Tomb of the Unknown Picture: Sigmar Polke' s Art*），载于《西格玛・波尔克：回到后现代》（*Sigmar Polke: Back to Postmodernity*）。戴维・希特勒伍德（David Thistlewood）编，英国利物浦：利物浦大学和利物浦泰特美术馆，1996 年，第 93 页。利物浦大学与利物浦泰特美术馆联合出版的“批评论坛”（Critical Forum）系列丛书中的一卷《回到后现代》（*Back to Postmodernity*）以十几位批评家和研究波尔克的学者的论文为主要内容，其中包括毕奇・库里格（Bice Curiger）、马丁・亨彻尔（Martin Hentschel）和库斯皮特。同样值得注意的是，相对于波尔克作品在战略意义上的不可理解性，从西尔斯伍德（Thistlewood）的文章《西格玛・波尔克与多重“签名风格”的关键问题》（*Sigmar Polke and the Critical Problem of Multiple' Signature Styles*）中推测，艺术家的不同风格，其“每一种都在向相关方传达信号，也都是对他们的反应的公然干预”，也可以被理解为“旨在破坏优先文化，战后多数前卫批评都基于这种优先文化”。对于西尔斯伍德来说，波尔克是一个“习惯性的‘污染者’”。

[4] 波尔克的第一本书是与格哈德・里希特合作完成的。关于《波尔克／里希特：里希特／波尔克》（*Polke/ Richter: Richter/ Polke*，1966），可参见本卷其他地方关于里希特的文章。

[5] 波尔克的书名在这里和其他地方所呈现的英文翻译，均基于约根・贝克尔（Jürgen Becker）、克劳斯・冯・德・奥斯顿（Claus von der Osten）编，《西格玛・波尔克：编辑作品 1963—2000 画册目录》（*Sigmar Polke: The Editioned Works 1963–2000 Catalogue Raisonné*），德国奥斯特费尔德：哈提耶・康茨（Hatje Cantz）出版社，2000 年。

[6] 参见克里斯蒂安・卡梅林（Christian Kämmerling）著，《西格玛・波尔克：游客》（*Sigmar Polke: Tourist*），载于《南德意志杂志》，1995 年 11 月 17 日，第 35 页。凯瑟琳・罗特曼（Kathrin Rottmann）著，《波尔克在语境中：纪年表》（*Polke in Context: A Chronology*），载于哈布雷奇等编，《借口：西格玛・波尔克 1963—2010》，第 53 页。

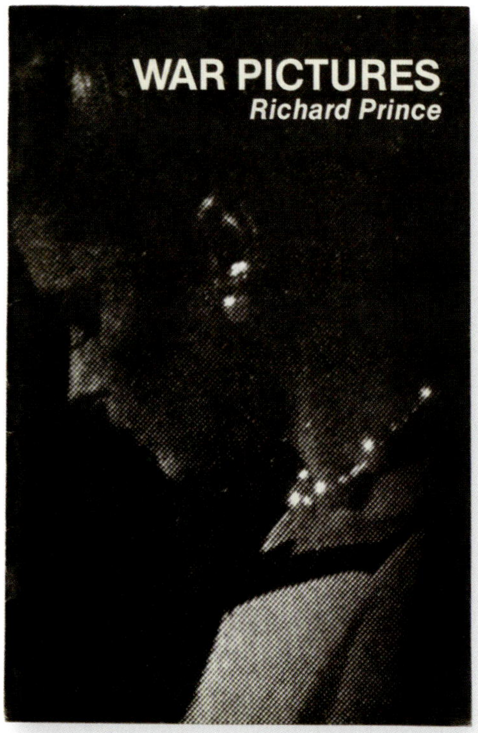

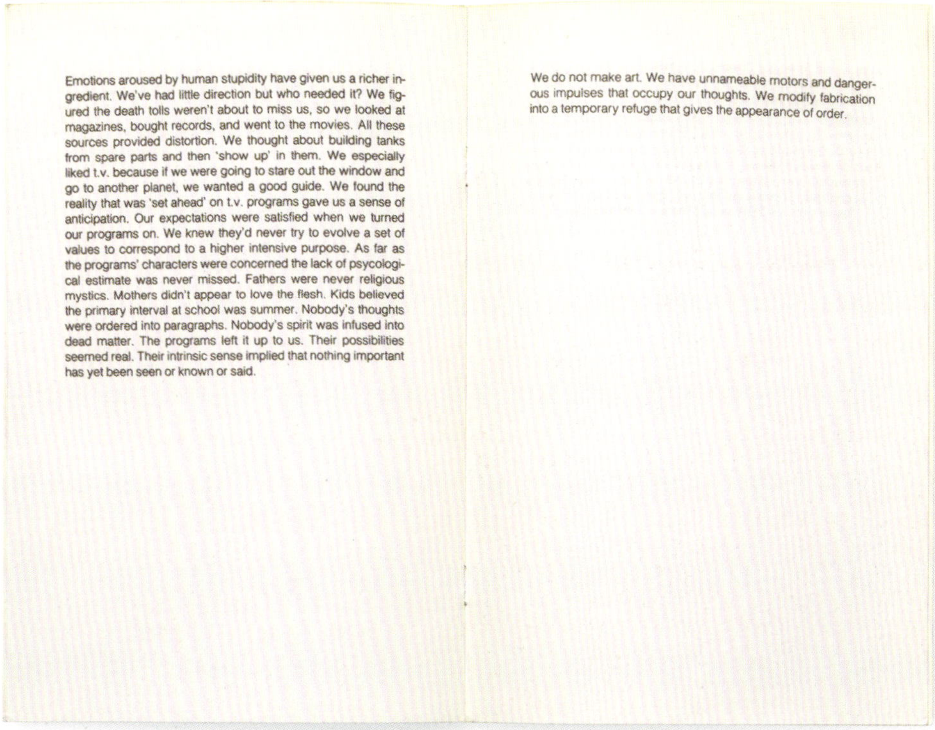
Emotions aroused by human stupidity have given us a richer ingredient. We've had little direction but who needed it? We figured the death tolls weren't about to miss us, so we looked at magazines, bought records, and went to the movies. All these sources provided distortion. We thought about building tanks from spare parts and then 'show up' in them. We especially liked t.v. because if we were going to stare out the window and go to another planet, we wanted a good guide. We found the reality that was 'set ahead' on t.v. programs gave us a sense of anticipation. Our expectations were satisfied when we turned our programs on. We knew they'd never try to evolve a set of values to correspond to a higher intensive purpose. As far as the programs' characters were concerned the lack of psycological estimate was never missed. Fathers were never religious mystics. Mothers didn't appear to love the flesh. Kids believed the primary interval at school was summer. Nobody's thoughts were ordered into paragraphs. Nobody's spirit was infused into dead matter. The programs left it up to us. Their possibilities seemed real. Their intrinsic sense implied that nothing important has yet been seen or known or said.

We do not make art. We have unnameable motors and dangerous impulses that occupy our thoughts. We modify fabrication into a temporary refuge that gives the appearance of order.

《战争图片》

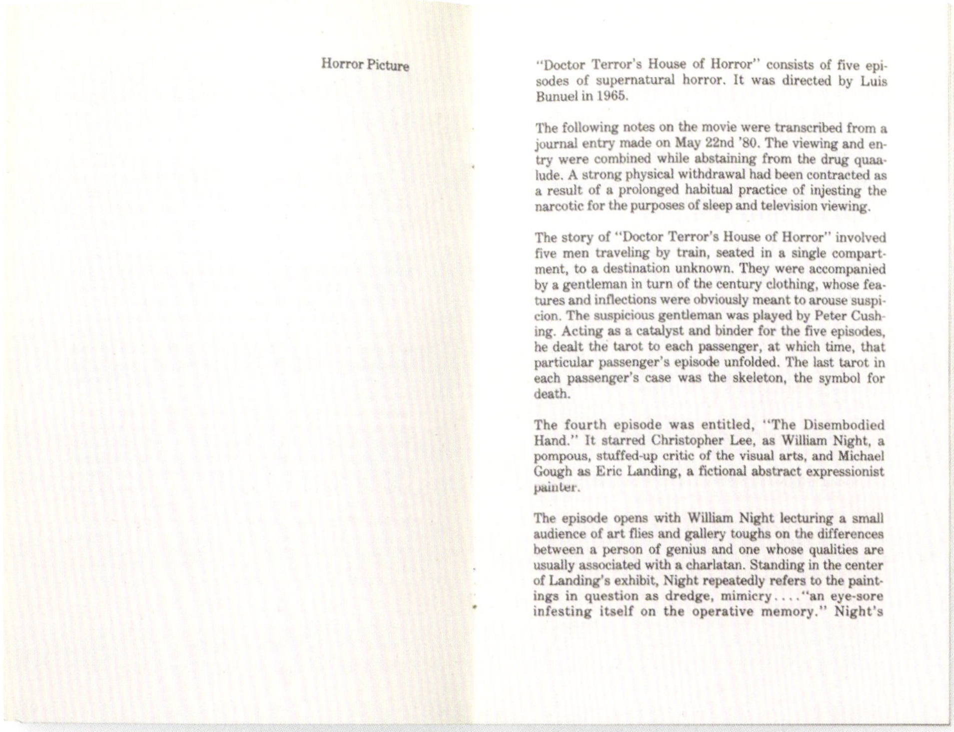
Horror Picture

"Doctor Terror's House of Horror" consists of five episodes of supernatural horror. It was directed by Luis Bunuel in 1965.

The following notes on the movie were transcribed from a journal entry made on May 22nd '80. The viewing and entry were combined while abstaining from the drug quaalude. A strong physical withdrawal had been contracted as a result of a prolonged habitual practice of injesting the narcotic for the purposes of sleep and television viewing.

The story of "Doctor Terror's House of Horror" involved five men traveling by train, seated in a single compartment, to a destination unknown. They were accompanied by a gentleman in turn of the century clothing, whose features and inflections were obviously meant to arouse suspicion. The suspicious gentleman was played by Peter Cushing. Acting as a catalyst and binder for the five episodes, he dealt the tarot to each passenger, at which time, that particular passenger's episode unfolded. The last tarot in each passenger's case was the skeleton, the symbol for death.

The fourth episode was entitled, "The Disembodied Hand." It starred Christopher Lee, as William Night, a pompous, stuffed-up critic of the visual arts, and Michael Gough as Eric Landing, a fictional abstract expressionist painter.

The episode opens with William Night lecturing a small audience of art flies and gallery toughs on the differences between a person of genius and one whose qualities are usually associated with a charlatan. Standing in the center of Landing's exhibit, Night repeatedly refers to the paintings in question as dredge, mimicry...."an eye-sore infesting itself on the operative memory." Night's

《薄荷醇图片》

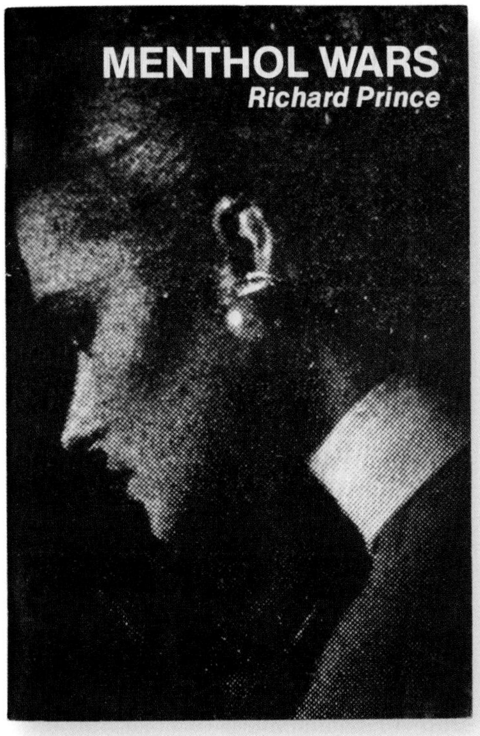

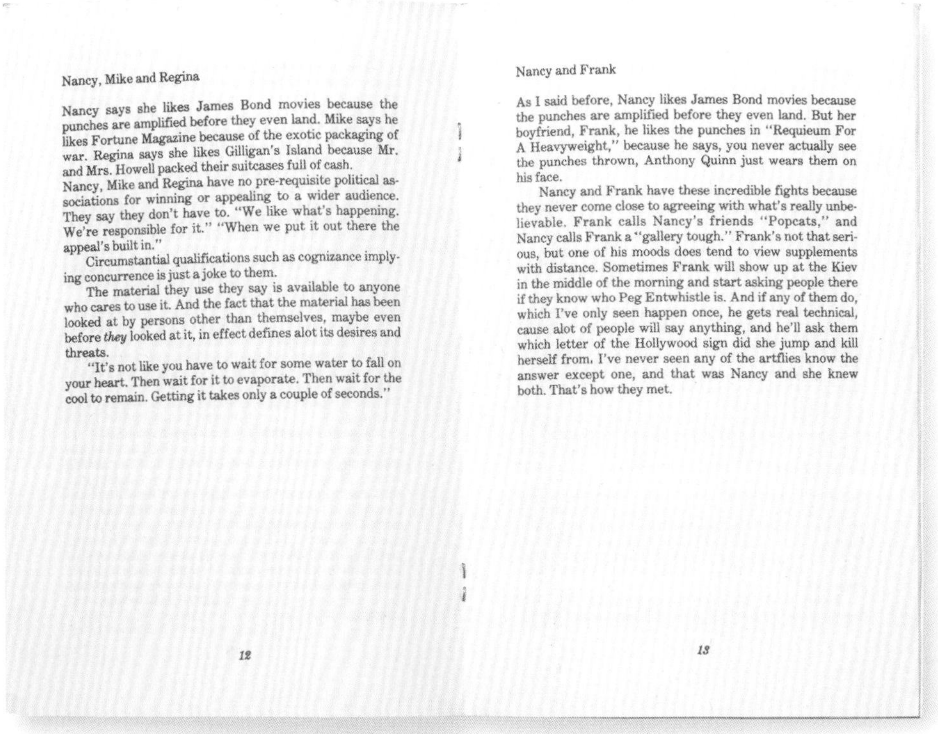

Nancy, Mike and Regina

Nancy says she likes James Bond movies because the punches are amplified before they even land. Mike says he likes Fortune Magazine because of the exotic packaging of war. Regina says she likes Gilligan's Island because Mr. and Mrs. Howell packed their suitcases full of cash.
Nancy, Mike and Regina have no pre-requisite political associations for winning or appealing to a wider audience. They say they don't have to. "We like what's happening. We're responsible for it." "When we put it out there the appeal's built in."

Circumstantial qualifications such as cognizance implying concurrence is just a joke to them.

The material they use they say is available to anyone who cares to use it. And the fact that the material has been looked at by persons other than themselves, maybe even before *they* looked at it, in effect defines alot its desires and threats.

"It's not like you have to wait for some water to fall on your heart. Then wait for it to evaporate. Then wait for the cool to remain. Getting it takes only a couple of seconds."

12

Nancy and Frank

As I said before, Nancy likes James Bond movies because the punches are amplified before they even land. But her boyfriend, Frank, he likes the punches in "Requieum For A Heavyweight," because he says, you never actually see the punches thrown, Anthony Quinn just wears them on his face.

Nancy and Frank have these incredible fights because they never come close to agreeing with what's really unbelievable. Frank calls Nancy's friends "Popcats," and Nancy calls Frank a "gallery tough." Frank's not that serious, but one of his moods does tend to view supplements with distance. Sometimes Frank will show up at the Kiev in the middle of the morning and start asking people there if they know who Peg Entwhistle is. And if any of them do, which I've only seen happen once, he gets real technical, cause alot of people will say anything, and he'll ask them which letter of the Hollywood sign did she jump and kill herself from. I've never seen any of the artflies know the answer except one, and that was Nancy and she knew both. That's how they met.

13

《薄荷醇战争》

"他们想去一个地方恋爱，然后可能死去。死亡部分当然是一个笑话，是他们曾在某个地方读过的三段诗的最后一部分"。他们依靠可怜的养老金过活，在一次激情之后，杰西的女朋友起身服用维生素丸，结果导致了窒息，徒劳地向杰西发出求救信号，最后死去。

1983 年，普林斯的短篇故事被一篇小说《我为什么一个人去看电影》（*Why I Go to the Movies Alone*）所取代。封面上是一张黑白照片，一个橡子形的珠宝吊坠悬挂在一根枝叶繁茂的树枝上，这是一件伪装成自然的奢侈品，而精装书护封里的简短摘要算是为普林斯早期挪用这部小说提供了一个解释："他第一次见到她，是在一张照片上看到的。他以前在她工作的地方见过她，但在那里，她并不像照片上那样引人注目……他必须让她出现在纸上，以一种表面平整无缝的材料为媒介……一种满足感，至少在某种程度上，通过拍摄来'感知'由她的照片所想象出来的幻觉。"普林斯对印制作品总是抱有这样一个观念，即没有什么东西可以简单地"感知"一个视觉的"小说"。"我们吞下整个媒介的愿景，就像普林斯的相机吞下他的原始资料后再将其呈现给我们，以表明我们是在如何彻底地挖掘它的内容。

在《我为什么一个人去看电影》一书中，艺术家作为作者的立场引起了一些不确定性：我们应该把它看作小说、艺术声明还是观念艺术作品？主人公栖息在普林斯的一些文字细节中。我们发现，他在"为一家名为《撕页》的杂志工作。他会撕下杂志的几页，这样，如果有人想要某一页，他们可以打电话来要几份。今晚有一些广告，他看到上面有一些汽车的图片"。然后，这些照片，"它们的组合方式和过分强调的设计，令人不敢相信。但这些照片的随意性似乎也没什么可指摘的"。《我为什么一个人去看电影》，给了我们一种普林斯早期翻拍照片"内容"的背景：这本书被装扮成小说，但对充实普林斯的计划，即艺术家书作为艺术家声明这一概念有很大作用。

如果普林斯在 20 世纪 80 年代早期出版的书能作为他所复制的图像的起到半虚构性（parafictional）[26] 的

26 根据艺术史学家卡丽・兰伯特－贝蒂（Carrie Lambert-Beatty）的定义，"半虚构"（parafiction）一词被用来描述一种在事实和虚构之间交错的艺术作品的新兴流派。——译者注。

Richard Prince
He emerges from lock-up, his popularity unaffected.

《理查德·普林斯》

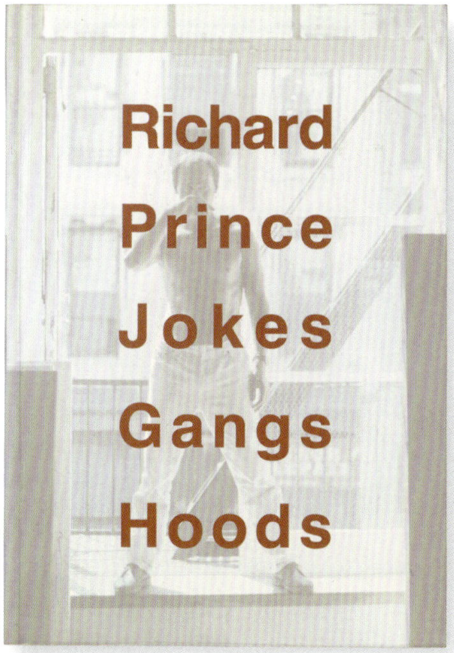

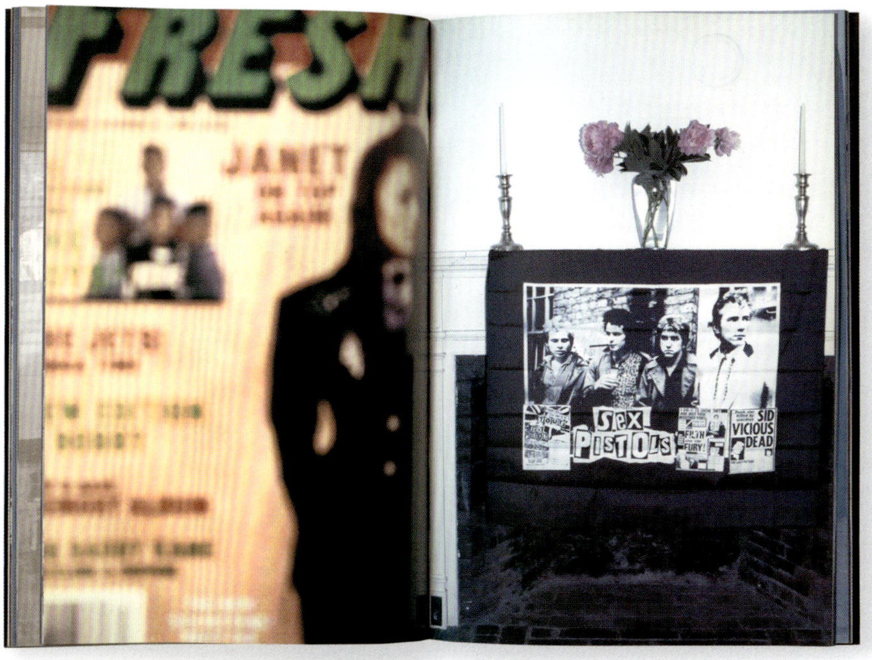

《笑话 帮派 头罩》（*Jokes Gangs Hoods*），
画册 113 号

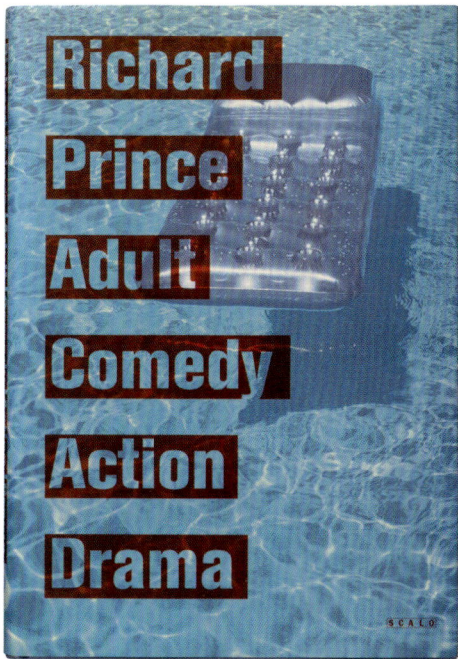

《成人喜剧动作剧》

作用，那么到了20世纪80年代末，这位艺术家已经转向主要以图像为基础的书籍创作，并出版了3种视觉设计相似的出版物：《理查德·普林斯》（*Richard Prince*，1988）、《精神美国》（*Spiritual America*，1989）和《内部世界》（*Inside World*，1989）。这3本出版物都包括了普林斯作品的图像、文本，以及来自其他艺术家的图像、工作室照片和展览图片。《理查德·普林斯》中充斥着这位艺术家惯用的全出血照片，如阴天里的“肌肉车”、放大的漫画、失焦的封面女郎等，其间穿插着白色页面，并以普林斯“成套排列”的小格子单色为特色，以及按内容排列的照片组，如汽车底盘、波浪、骑摩托车的女孩。在这些白色页面上，密密麻麻的无衬线字体（sans-serif）段落则讲述了普林斯在加州威尼斯的房子里发生的故事——一座定制的相当与众不同的乡间别墅。他讲述了他加热即食的晚餐；他从来没有为房子买过“真正的”家具，却用一个雕塑般的《引擎盖》装饰每间卧室；他是如何用真空吸尘器将地毯上的菱形格子，“像布置棒球内场那样”吸尘的；他还为房子买了书，如卢·韦尔奇（Lew Welch）、巴里·汉娜（Barry Hannah）、哈利·克鲁斯（Harry Crews）、亚瑟·克拉万（Arthur Cravan）和简·鲍尔斯（Jane Bowles）的作品。

《内部世界》将普林斯作品的全出血页面与其他艺术家，如理查德·阿奇瓦格（Richard Artschwager）、特洛伊·布劳恩图赫（Troy Brauntuch）、辛迪·舍曼（Cindy Sherman）、安迪·沃霍尔的作品结合在一起，对他们的致谢出现在这本书末尾的结束页上，连同两个跨页的文本，且每一页都覆盖着苍白模糊的照片，好似艺术家的想法、碎片和记忆——“着火的名人”“周末著名的交通堵塞”“艺术家周围是一个被漂白且支离破碎的世界”“他从监狱里出来，他的人气未受影响”（该标题也见于《理查德·普林斯》）。这种神秘的片段也出现在《精神美国》，一本配合普林斯1989年在西班牙巴伦西亚艺术现代学院（Institut Valencià d' Art Modern）展览的画册兼艺术家书。就像策展人强调的那样，读者能够“在他的作品中将这些反复出现的图像和文本进行配对”[5]。普林斯与反乌托邦小说家J.G.巴拉德（J.G. Ballard）的一次虚拟采访，伴随着整页全出血的牛仔照片、工作室和画廊中的画作、引擎盖的照片，以及漫画、笑话、绘画等等，而标题和位置仅列在背景资料中。

《成人喜剧动作剧》（*Adult Comedy Action Drama*，1995）同样是一本无字书，书中只保留了描述每张照片的索引。一盘蔬菜的照片可以轻易地被辨认出：“健康的食物，没有电话，没有传真，没有信息，泥巴浴，温泉，地点就在加州沙漠的棕榈泉外，时间是1990年冬天。”混入这本无字书的还有普林斯藏书堆的照片，而书脊则漫不经心地证明了主人特别的品位。该系列的内容涵盖“性、毒品、音乐、嬉皮士、朋克”[6]，且表达出了艺术家的心声，就如他所写的，“最好的副本，唯一的副本，最昂贵的副本……我要有记录在案的最早的副本。我想要一本任何人都不曾梦想得到的书。我想要梦想的副本。”[7]这本值得收藏的书体现了普林斯作品中不断重复的原作和复制品。在图书出版中，“副本”（copy）一词并不意味着有一个“原版”，而是指可以有许多相同的版本。但普林斯只想要一个独特的副本：一份完整保存下来的副本，可以通过铭文或过去的所有权或被异常改变的副本[8]。

1994年，普林斯开设了自己的书店R' ville，位于纽约北部，其创意受到了“驾车从一个小镇到另一个小镇，有一次在位于北部的树林里，在一个蓝色的月

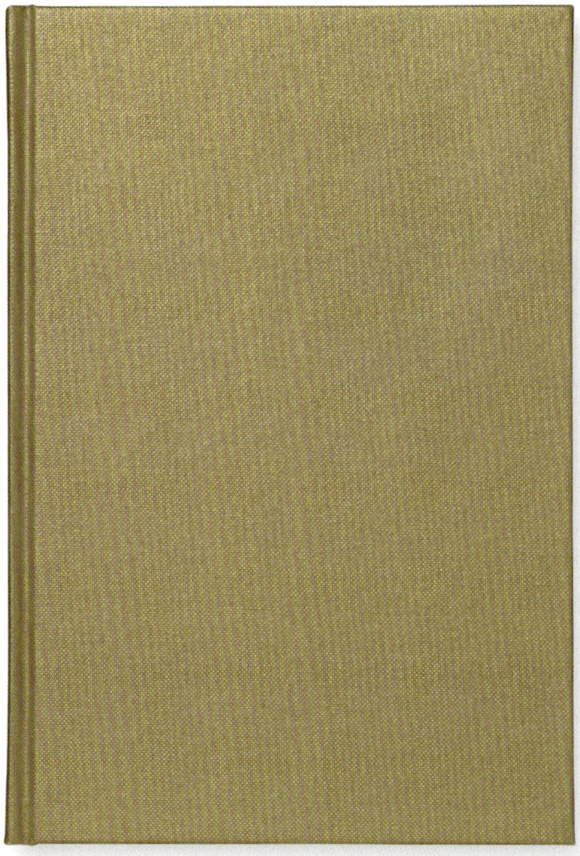

《鲍勃·克拉内：他来了》（*Bob Crane: He Got It Coming*），2012年

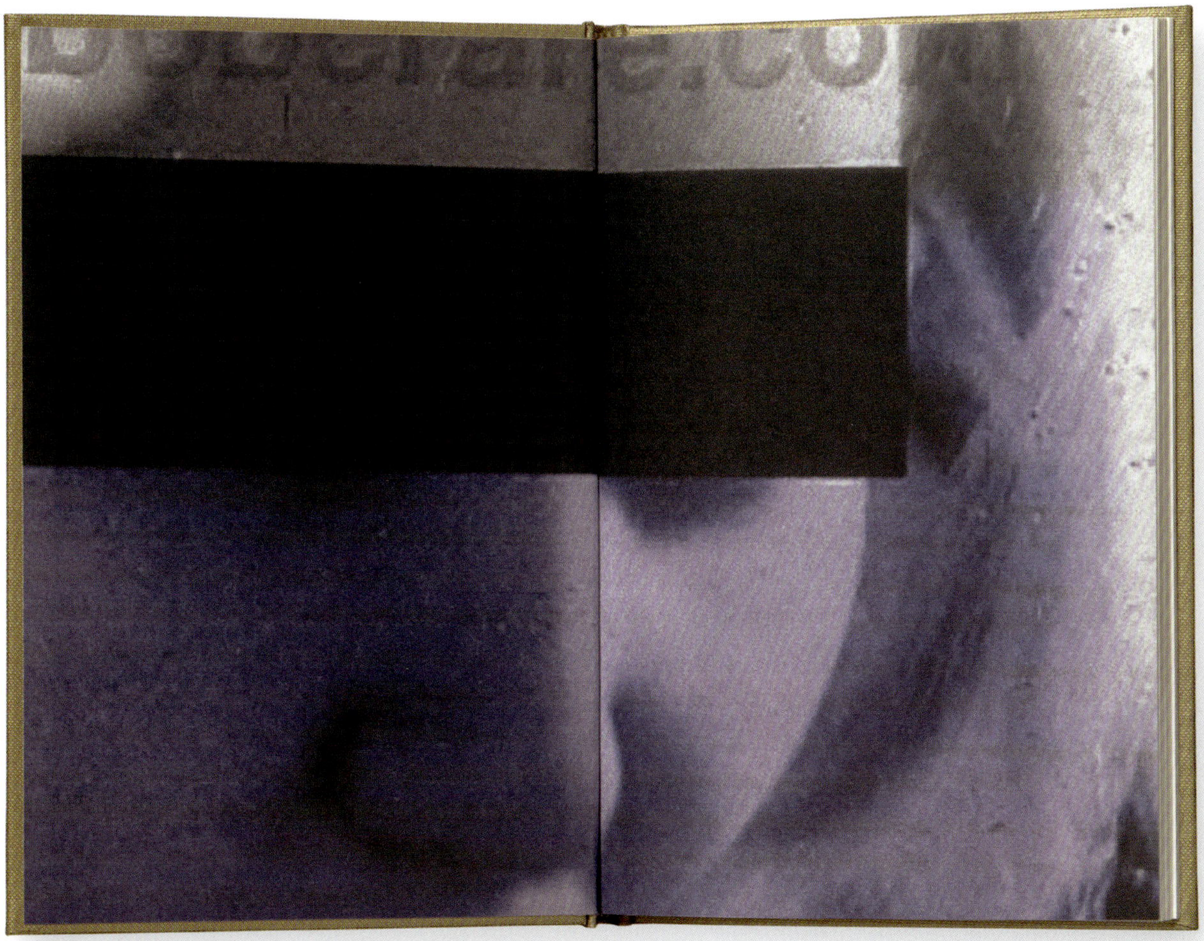

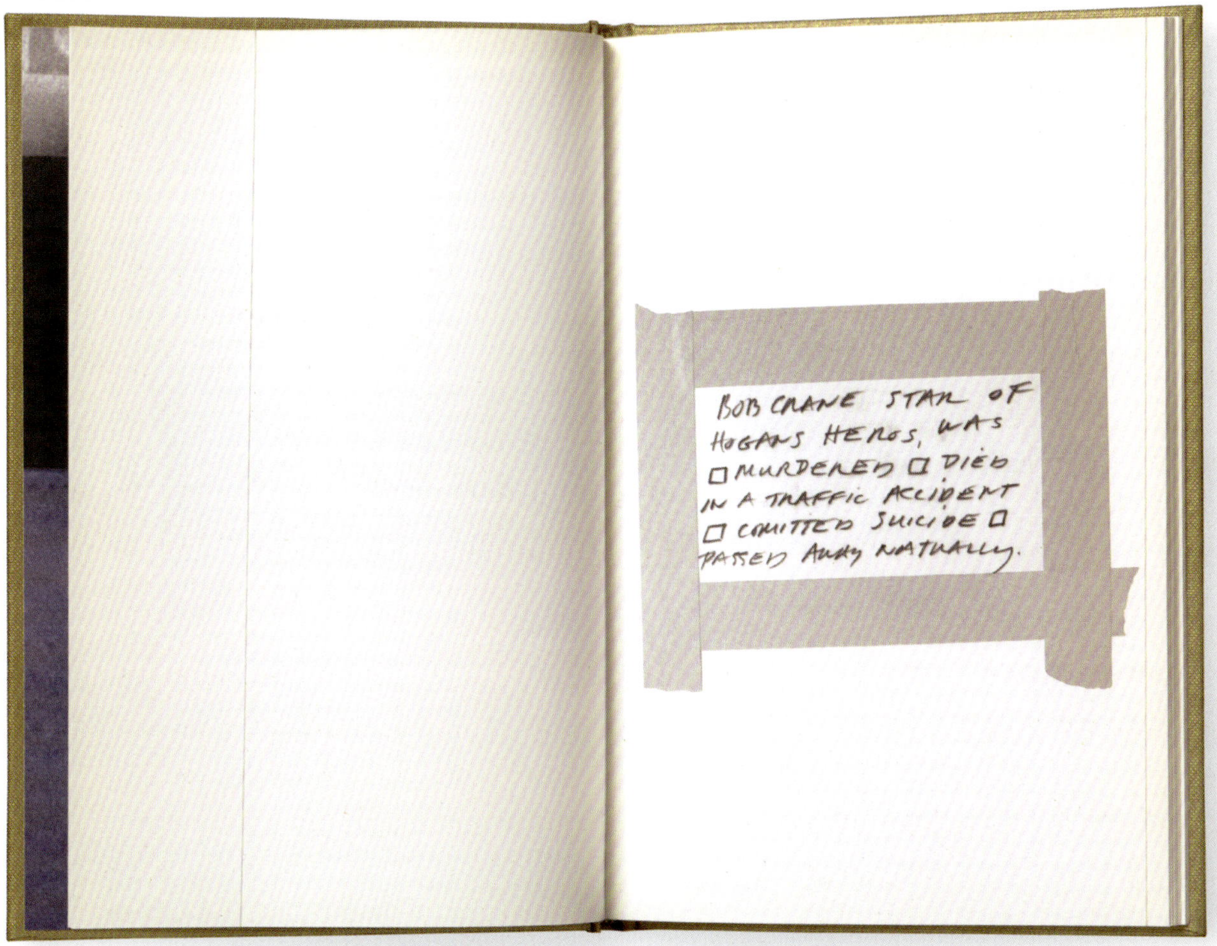
BOB CRANE STAR OF
HOGANS HEROS, WAS
☐ MURDERED ☐ DIED
IN A TRAFFIC ACCIDENT
☐ COMITTED SUICIDE ☐
PASSED AWAY NATURALLY.

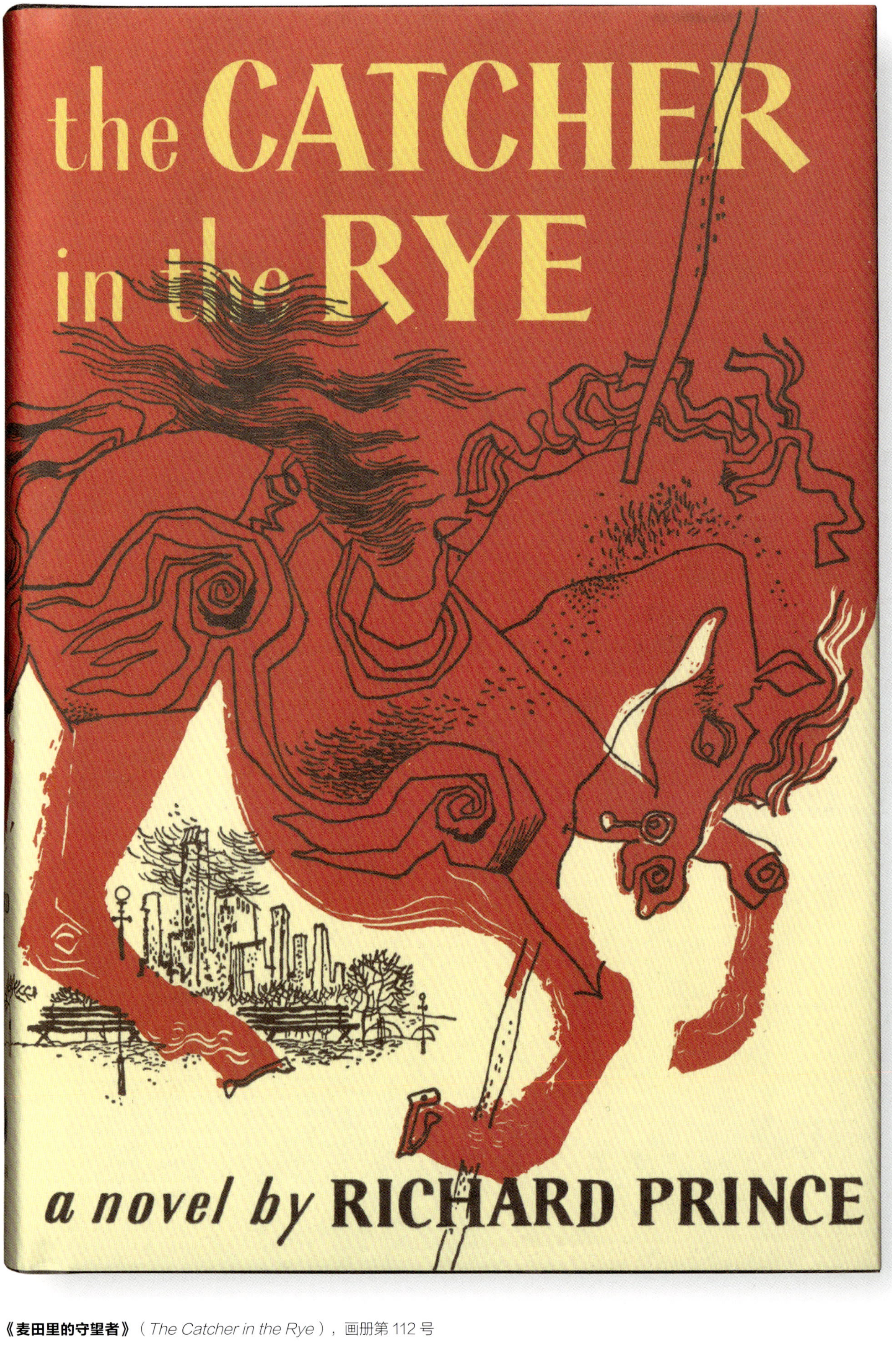

《麦田里的守望者》（*The Catcher in the Rye*），画册第 112 号

亮上跌跌撞撞地撞上了一家大商店……或者是一个很酷的小地方”的启发。正如评论家杰克·班科夫斯基（Jack Bankowsky）所说，“这就是普林斯所追求的，在这个平凡而又不可能的时刻，当志趣相投的狂热者跌跌撞撞地跨过门槛，想知道这片完美的绿洲是如何形成的。”[9] 2000 年，在 R' ville 书店关闭后，普林斯创办了富尔顿·赖德出版社（Fulton Ryder），是曼哈顿上东区唯一一家采取预约制的出版社。

正是在富尔顿·赖德出版社，普林斯以约翰·道（John Dogg，他的长期化名之一）的名字出版了《鲍勃·克拉内：他来了》。这本书将他的特殊设计方案应用于互联网时代。20 世纪 60 年代末，电视剧《霍根的英雄》（*Hogan's Heroes*）中的明星鲍勃·克莱恩（Bob Crane）在 1978 年遭遇了一场未侦破的谋杀案，但在他死之前，他显然勾引了许多女性，并秘密拍摄了他的性经历（检察官理论上推断克莱恩是被一名视频设备推销员用摄像机的三脚架打死的）。克莱恩的儿子最终在 bobcrane.com 网站上把这些幽会的照片放了上去，上面还有数字水印。

在这本没有出版商名称的金色精装书里，普林斯的所有喜好被完美地结合在一起：这些粗俗的内容是从一个网站上提取出来的，也是由儿子从父亲那里获得的，而这些照片本身是在未经女性当事人的知情或许可下拍摄的。这本书附有一份手写的多项选择问卷的复印件，上面写着：“《霍根的英雄》的主角鲍勃·克莱恩被谋杀了，他是被谋杀，不是死于交通事故、自杀或是自然死亡。”在倒数第 2 页，有一条手写的信息：“他来了！”在这里，普林斯——一位艺术家，以他虚构的伪装，“不得不把她呈现在纸上”——起诉了一个在他自己的挪用之路上走得太远的罪犯。

——克莱尔·莱曼

[1] 引自杰夫·瑞安（Jeff Rian）著，《访谈》（*Interview*），载于《理查德·普林斯》，英国伦敦和美国纽约：费顿出版社，2003 年，第 21 页。

[2] 比如洛杉矶的《第一座房子》（*First House*，1993）以及纽约伦斯勒维尔的《第二座房子》（*Second House*，2001—2004）。

[3] 每本书的出版都是为了配合一场展览，它们分别是在美国纽约艺术家空间、纽约布法罗的 CEPA 画廊、纽约利本纳德街“印刷品”书店的橱窗。

[4] 布莱恩·沃利斯著，《无意识的快乐：理查德·普林斯的小说》（*Mindless Pleasure: Richard Prince's Fictions*），载于《帕克特》，第 6 期（1985），第 61—62 页。

[5] 科琳·迪塞伦斯、维森特·托多利（Vicente Todolí）著，《精神美国》序言，展览画册。西班牙瓦伦西亚：瓦伦西亚艺术现代学院；美国纽约：光圈出版社，1989 年，第 7 页。

[6] 引自杰夫·尼科尔森（Geoff Nicholson）著，《稀有的各式各样的小东西》（*Rare Bits & Pieces*），载于《书籍论坛》（*Bookforum*）杂志，2009 年 2—3 月刊。

[7] 理查德·普林斯著，《把一切带回家》（*Bringing It All Back Home*），载于《美国艺术》杂志，1988 年 9 月刊，第 32 页。

[8] 普林斯收藏一本书最有趣的“用途”就如普林斯在文章中所述，一直被中央情报局的“阅读特工”（reading agent）所控制。

[9] 杰克·班科夫斯基著，《再见伦斯勒维尔》（*Ciao Rensselaerville*），载于南希·斯佩克特编，《理查德·普林斯》，展览画册。美国纽约：古根海姆博物馆，2007 年，第 338—339 页

格哈德·里希特

（1932 年生于德国德累斯顿）

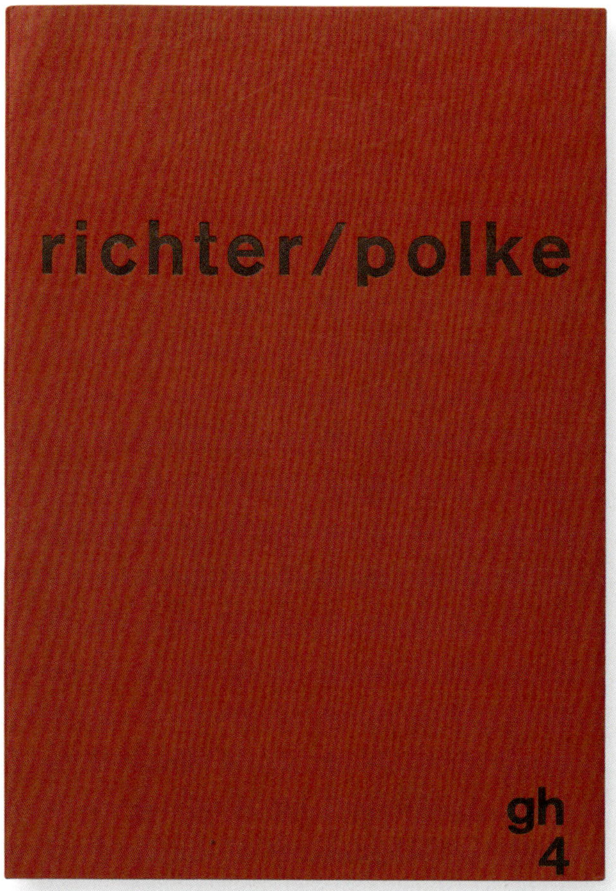

《里希特 / 波尔克：波尔克 / 里希特》

格哈德·里希特（Gerhard Richter）被认为是他那一代艺术家中杰出的画家，一位训练有素的艺术制作者，清楚地展示了手（在创作艺术作品过程中）的价值，但他起初对于艺术家书并没有什么深厚兴趣。然而，他与摄影的复杂关系，以及对所有类型图像近乎执拗的兴趣，一直促使他进行观念艺术的探索。考虑到里希特作品的异质性（尽管可能是相当安静的作品），特别是他的出版物和多版限量作品的传播范围，半个世纪以来，里希特对图像制作和再创作的研究最终将他引向艺术家书就不足为奇了。这种形式对连续性、重复性和细节性的本土化倾向，不仅为里希特提供了一个用另一种媒介进行实验的空间，也为他提供了一种能够密切观察的环境，这是他艺术情感的中心，允许他仔细研究和重新考虑关于他的绘画作品，以及通过这些实例研究绘画在总体上的技术实现条件[1]。

里希特的第一本艺术家书是在他离开杜塞尔多夫艺术学院两年后，与他的密友和同学西格玛·波尔克合作出版的。《里希特 / 波尔克：波尔克 / 里希特》（*Richter/Poke: Polke/ Richter*，1966）从许多方面来说都是里希特在过去 50 年里所完成的 20 多个项目中的特别个案，但它也提出了一些在未来几年里证明有价值的方案[2]。《里希特 / 波尔克：波尔克 / 里希特》作为里希特唯一一本与其他艺术家合作的书，是为了配合二人在汉诺威 h 画廊（Galerie h）的展览而制作的。他们决定不再制作一本传统的展览画册，而想要创作一种家庭相册的替代品，但可以在公共场所和自己的公寓里以幽默的方式展示他们的形象。在一张令人难忘的照片中，两人分享了一个里希特 / 波尔克空浴缸，它还交织着一段文字，这段文字是由德国著名科幻周刊《佩里·罗丹》（*Perry Rhodan*）的文字片段制成的[3]。如果这些文字幽默、讽刺的语气更多地展示了波尔克的感性而不是里希特的，那么这种感性被认为是对公认出版形式的一种伪装，这在里希特之后的出版物中很常见。里希特的书与两位艺术家自身有关，就像他们经常做的那样，关注个别绘画，并通过对其他环境中的绘画进行干预，或者对其他大型项目中最重要的现有图像（found image）进行干预，来改变常见的出版模式——颠倒、保留、重复、重叠，或者以幽默的方式增强和 / 或消除图像和文本，以扩大而不是破坏它们的严肃性[4]。

20 世纪 70 年代，里希特创作的艺术家著作寥寥无几，但《照片和素描图集》（*Atlas van de foto' s en schetsen*，1972）除外。这是一本 144 页的软封书，是为配合同年 12 月在荷兰乌得勒支举办的同名展览制作的。这本书有 330 多幅插图，包含照片、剪报和素描，所有这些都展示得非常小，就像是一份缩图目录，其版面密度的考虑远超易读性。这本书记录了各种体现视觉文化的艺术品，这些艺术品还曾激发了他的绘画灵感，并一直在他的作品中扮演着至关重要的角色[5]。

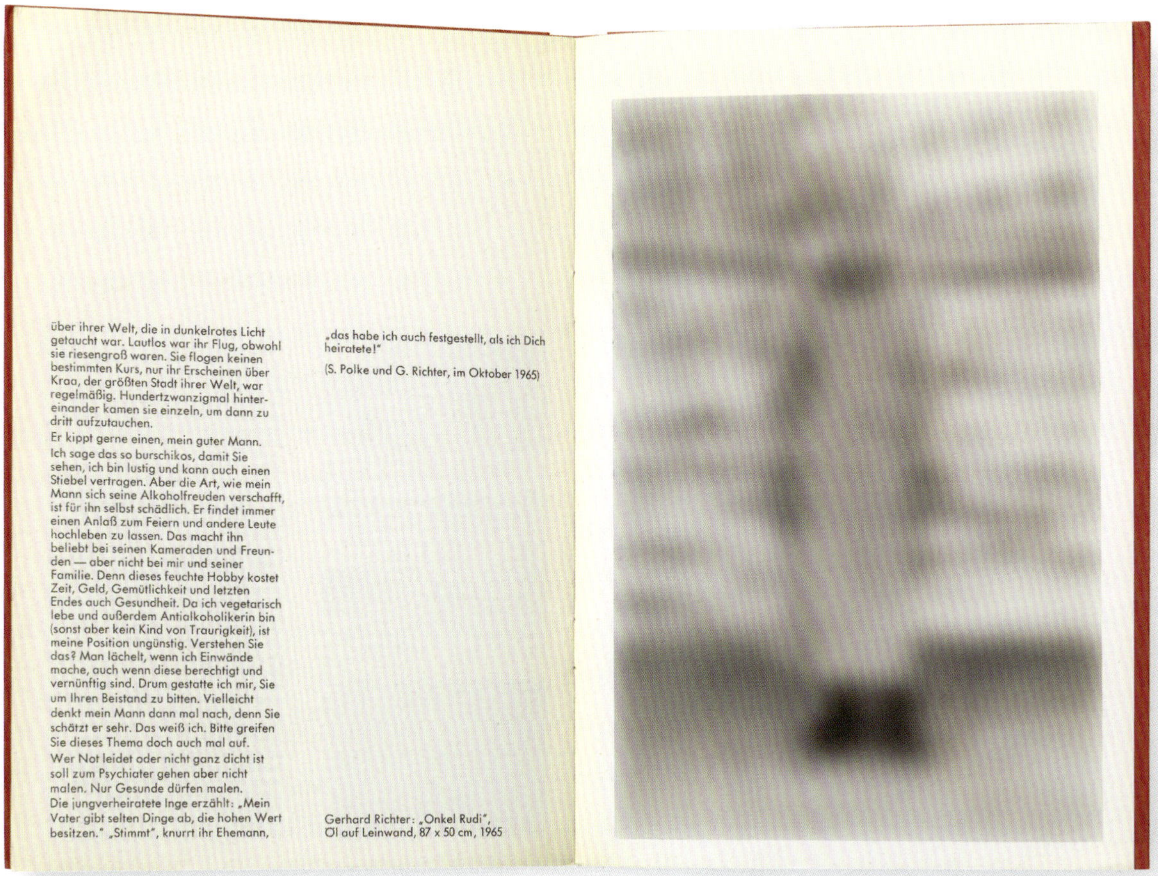

über ihrer Welt, die in dunkelrotes Licht getaucht war. Lautlos war ihr Flug, obwohl sie riesengroß waren. Sie flogen keinen bestimmten Kurs, nur ihr Erscheinen über Kraa, der größten Stadt ihrer Welt, war regelmäßig. Hundertzwanzigmal hintereinander kamen sie einzeln, um dann zu dritt aufzutauchen.
Er kippt gerne einen, mein guter Mann.
Ich sage das so burschikos, damit Sie sehen, ich bin lustig und kann auch einen Stiebel vertragen. Aber die Art, wie mein Mann sich seine Alkoholfreuden verschafft, ist für ihn selbst schädlich. Er findet immer einen Anlaß zum Feiern und andere Leute hochleben zu lassen. Das macht ihn beliebt bei seinen Kameraden und Freunden — aber nicht bei mir und seiner Familie. Denn dieses feuchte Hobby kostet Zeit, Geld, Gemütlichkeit und letzten Endes auch Gesundheit. Da ich vegetarisch lebe und außerdem Antialkoholikerin bin (sonst aber kein Kind von Traurigkeit), ist meine Position ungünstig. Verstehen Sie das? Man lächelt, wenn ich Einwände mache, auch wenn diese berechtigt und vernünftig sind. Drum gestatte ich mir, Sie um Ihren Beistand zu bitten. Vielleicht denkt mein Mann dann mal nach, denn Sie schätzt er sehr. Das weiß ich. Bitte greifen Sie dieses Thema doch auch mal auf.
Wer Not leidet oder nicht ganz dicht ist soll zum Psychiater gehen aber nicht malen. Nur Gesunde dürfen malen.
Die jungverheiratete Inge erzählt: „Mein Vater gibt selten Dinge ab, die hohen Wert besitzen." „Stimmt", knurrt ihr Ehemann,
„das habe ich auch festgestellt, als ich Dich heiratete!"
(S. Polke und G. Richter, im Oktober 1965)
Gerhard Richter: „Onkel Rudi",
Öl auf Leinwand, 87 x 50 cm, 1965

直到1980年，里希特才创作了《一幅画中的128个细节（哈利法克斯，1978）》［*128 Details from a Picture（Halifax 1978）*］。这本书的构思是对《哈利法克斯》（*Halifax*，1978）这幅抽象画的一次详细的研究。该画作是里希特在德国创作，并在加拿大新斯科舍艺术与设计学院（Nova Scotia College of Art and Design）任教期间展出的。《一幅画中的128个细节（哈利法克斯，1978）》包含了几十张从不同位置、角度和距离拍摄的黑白照片，充分展示了艺术家对构成绘画材料的技术条件的观察与思考，这也是他后来许多作品中的特点[6]。

里希特说，他把注意力集中在对一部作品的摄影的考量上，其部分原因是他在新斯科舍的工作室太小了，无法按他自己习惯的比例进行绘画。但他也指出，这项研究也是他对自己的绘画感到“困惑”的回应，此时他的绘画已变得越来越抽象[7]。关于绘画的困惑可以说是里希特项目的核心所在。事实上，《一幅画中的128个细节（哈利法克斯，1978）》书中提出的问题是，如何在一个类似页面一样的二维空间的语境中，表达出绘画创作的运笔效果，从某种意义上说，这已涉及里希特具象绘画的核心问题，即如何从照片

《一幅画中的128个细节（哈利法克斯，1978）》

36
37
NADA

18
19

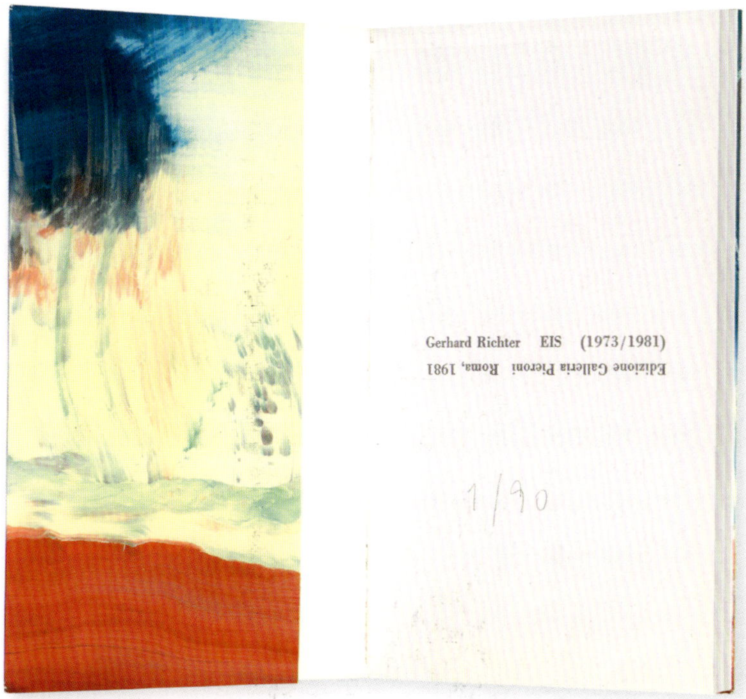
Gerhard Richter EIS (1973/1981)
Edizione Galleria Pieroni Roma, 1981
1/90

《冰》

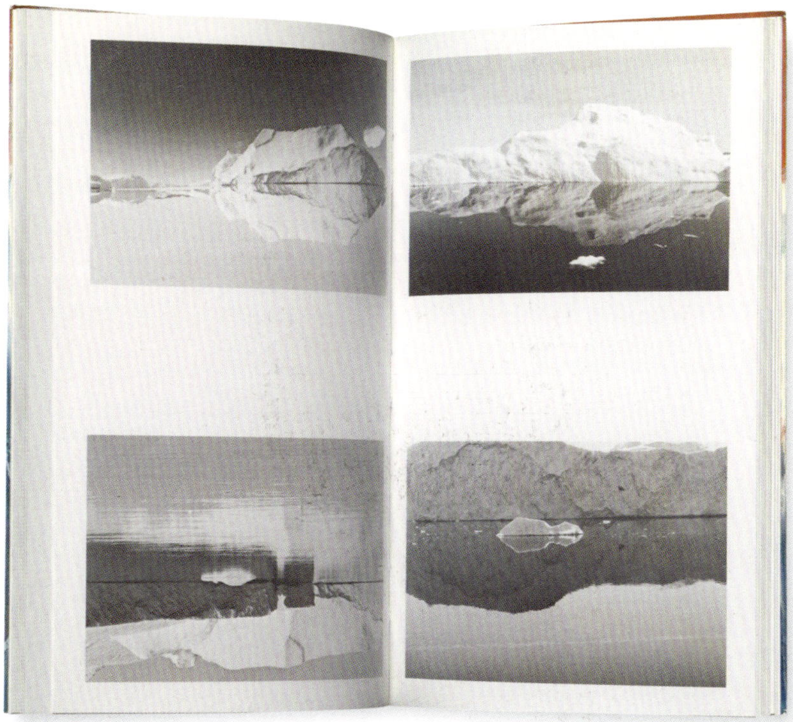
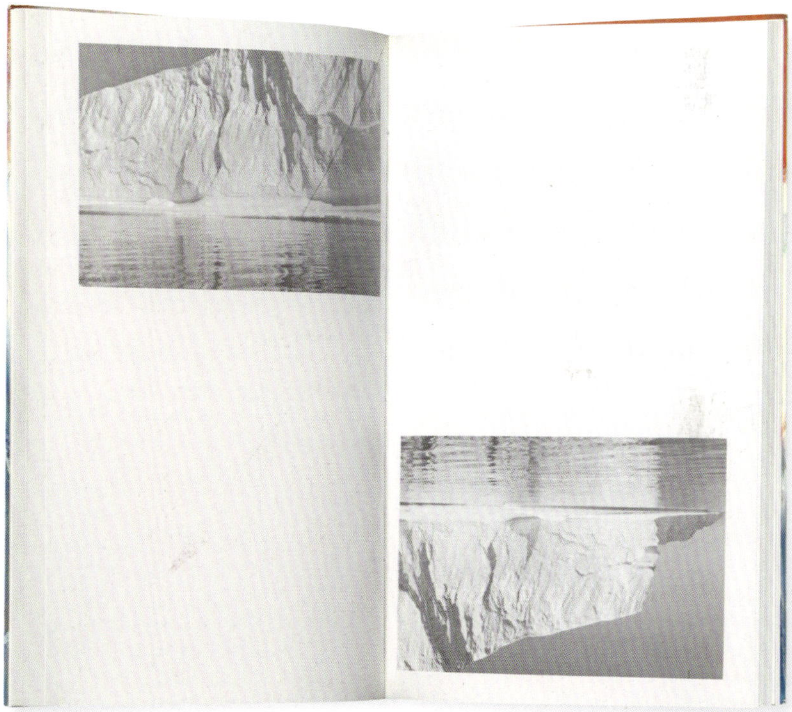

的平面效果中勾勒出绘画的生命，而绘画和摄影之间的关系显然是艺术家创作实践的主要结构张力，里希特将两者结合使用则是其作品的一个决定性特征。

在《锡尔斯》（*Sils*，1992）等艺术家前期的出版物或《奥布里斯特—奥’布里斯特》（*Obrist-O' Brist*，2009）等后期出版项目的复绘和创作照片中，以及《辛巴德》（*Sinbad*，2010）复绘的生动页面中，都清楚地表明了这一点[8]。绘画和照片之间的拉锯在《冰》（*Eis*，1981）中最为突出，该书的第1版（共90本）以手工绘制的与其内容形成鲜明对比的彩色油画封面为特色，内容是关于1972年艺术家去格陵兰旅行的黑白照片。这本没有文字的书以一种可以从任何方向阅读的方式组织，艺术家对图像的排序充满了意想不到的节奏，包含微妙的连续性和不连续性、重复和缺席，所有这些又都从表面上看来相当冷静的题材中唤起了一种淡淡的戏剧感[9]。而且，里希特的书不仅与绘画有着千丝万缕的联系，有时也会把文本作为一个重要的形式要素。比如，在《战争剪报》这本344页的书中，德国报纸《法兰克福汇报》（*Frankfurter Aligemeine Zeitung*）在伊拉克战争最初几天发表的文章与艺术家的油画《抽象绘画［CR648-2］》（*Abstraktes Bild [CR 648-2]*）的细节照片并列在一个4×4的格子中，再加上停顿或空白的使用，创作出了里希特所说的“更自由、更叙事”的出版物[10]。

如今，已到耄耋之年的里希特仍在持续书籍创作，这些书籍既赋予其绘画以基本特征，也通过他的绘画形成了书籍的基本特色。在他所有的出版物中，最引人注目，当然也是最系统复杂的一本书就是《模式：分裂、镜像、重复》（*Patterns: Divided, Mirrored, Repeated*，2012）。这本书是一套玻璃绘画的精练和延伸，艺术家使用数字方法将1990年的《抽象绘画[CR 724-4]》（*Abstraktes Bild [CR 724-4]*）分成8000多条垂直窄条，其中221条被镜像反射成长的水平段，从而产生了一个色彩丰富的奢华层压材料，这立刻使绘画作品产生了去物质化和再物质化的变化，最终成为一件全新的艺术品，却仍然保留了原始图案的清晰痕迹[11]。《模式》一书中宝石般的图像在其技术化的美感中几乎像是一种幻觉。这是一个恰如其分的里希特式密码万花筒，他与图像世界的各种关系总是通过绘画与文本，以及两者的结合而形成的。

——杰弗里·卡斯特纳

［1］针对里希特书籍作品的若干杰出研究，包括近期出版的胡伯图斯·布廷（Hubertus Butin）、斯特凡·格罗内特（Stefan Gronert）和托马斯·奥尔布里希特（Thomas Olbricht）编，《格哈德·里希特：出版物1965—2013》（*Gerhard Richter: Editions 1965–2013*），德国奥斯特菲尔德恩：哈提耶·康茨出版社，2014年，一本关于艺术家多版数限量作品和出版物的画册；以及汉斯·乌尔里希·奥布里斯特（Hans Ulrich Obrist）、迪特尔·施瓦茨（Dieter Schwarz）著，《格哈德·里希特：书籍》（*Gerhard Richter: Books*），德国德累斯顿：格哈德·里希特档案馆和德累斯顿艺术馆；美国纽约：格雷戈里·R. 米勒公司（Gregory R. Miller & Co.），2014年。后者包含了瑞士昆斯特姆温特图尔学院（Kunstmuseum Winterthur in Switzerland）院长、学者迪特尔·施瓦茨的文章，以及汉斯·马尔里希·奥布里斯特对里希特进行的一次拓展采访。而且，考虑到艺术家个人及其挑剔的专业性，他的个人网站也是一个非常有序的信息资源地，其中列出了他出版的所有著作，包括关于他职业生涯各个方面的大量批评性文章。由于这三个主要研究来源对“是什么构成一本艺术家书”有自己的标准，所以不同图书的答案并不完全相同。

［2］这位艺术家自己的网站gerhard-richter.com收录了30本关于艺术家的书，这份目录中还包括了一些翻译书。

［3］汉斯·乌尔里希·奥布里斯特著，《对话格哈德·里希特》（*Interview with Gerhard Richter*），载于汉斯·乌尔里希·奥布里斯特、迪特尔·施瓦茨著，《格哈德·里希特：书籍》，第33页。

［4］通过各种方法收集到的文本，这也是里希特在后来的书中重点涉及的一个元素，如《战争剪报》《森林》（*Wald，2008*）和《奥布里斯特－奥'布里斯特》。

［5］里希特在这10年里制作的另一个著名出版项目是他的《灰色图片》（*Graue Bilder*）。这是一本盒装展览画册，为配合1974年12月在门兴格拉德巴赫斯特迪斯博物馆举行的同名展览而制作，限量出版330册。画册的内封面为里希特用灰色防锈漆喷涂而成。他经常运用这种绘画，以及重绘的技巧，使艺术家的手在一个大型出版物/物品意想不到的环境中被显露出来。

［6］里希特将《哈利法克斯》的128张照片以略有不同的方式放在另外两部作品中：一部是将图画放在有框的网格中，名为《图片中的128个细节》（*128 Details from a Picture*），与该画创作于同一年；另一部是《1978年的128张照片》（*128 Fotos von einem Bild 1978*），这是一本创作于1998年的艺术家书，以相同的一组图像按不同的顺序分类为特征。更多有关里希特后期著作中128个细节的影响，参见迪特尔·施瓦茨著，《格哈德·里希特的艺术家书？》（*Artist' s Books by Gerhard Richter?*），载于汉斯·乌尔里希·奥布里斯特、迪特尔·施瓦茨著，《格哈德·里希特：书籍》，第19—20页。

［7］汉斯·乌尔里希·奥布里斯特，《对话格哈德·里希特》，第53页。

［8］有关里希特主要著作的主题信息概述，参见阿梅利·冯·比洛（Amelie von Bülow）2013年在科隆邦汉姆拍卖行举办的“里希特书籍展”的视频巡展，http://www .gerhard-richter.com/en/videos/exhibitions /gerhard-richter-artists-books-19662013-72.

［9］2011年，里希特还与瓦尔特·柯尼格一起出版了《冰》的一个版本。新版本的特点是对原始图像的重新排序，且用彩色印刷，文本则取自19世纪的德国百科全书。有关新版《冰》的更多信息，参见汉斯·乌尔里希·奥布里斯特与瓦尔特·柯尼格的谈话，载于《032c》，第21期，2011年夏：http://www.032c .com/2012/walther-koenig-cologne.

［10］汉斯·乌尔里希·奥布里斯特著，《对话格哈德·里希特》，第79页。《战争剪报》也曾出版了法语版和英语版，后者用《纽约时报》的文本取代了原文引用的德国报纸。

［11］有关用于创作书籍所使用的窄条，其复杂分割和镜像系统的相关描述，参见迪特马尔·埃尔加（Dietmar Elger）著，《格哈德·里希特：条状和玻璃》（*Gerhard Richter: Strips and Glass*），这是为2013年德累斯顿国立美术馆（Staatliche Kunstsammlungen Dresden）“现代大师画廊”展览所做的画廊演讲。原著于2012年发行的4个小开本作品，其中一个为法语版（由蓬皮杜中心出版），并附有副标题《图案》。

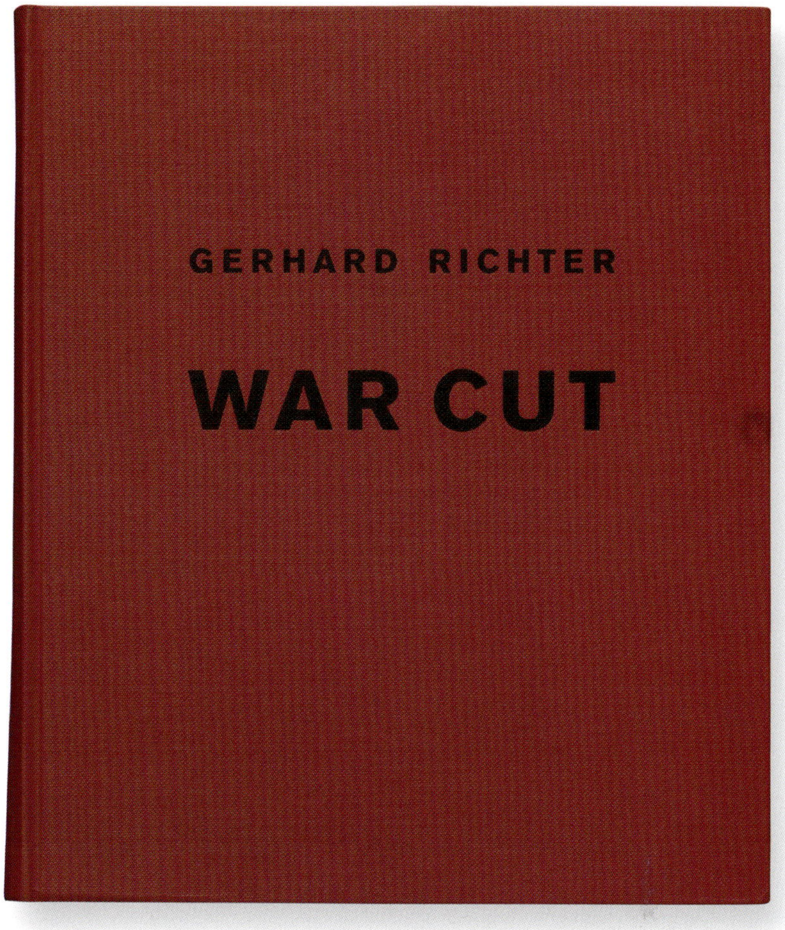

《战争剪报》

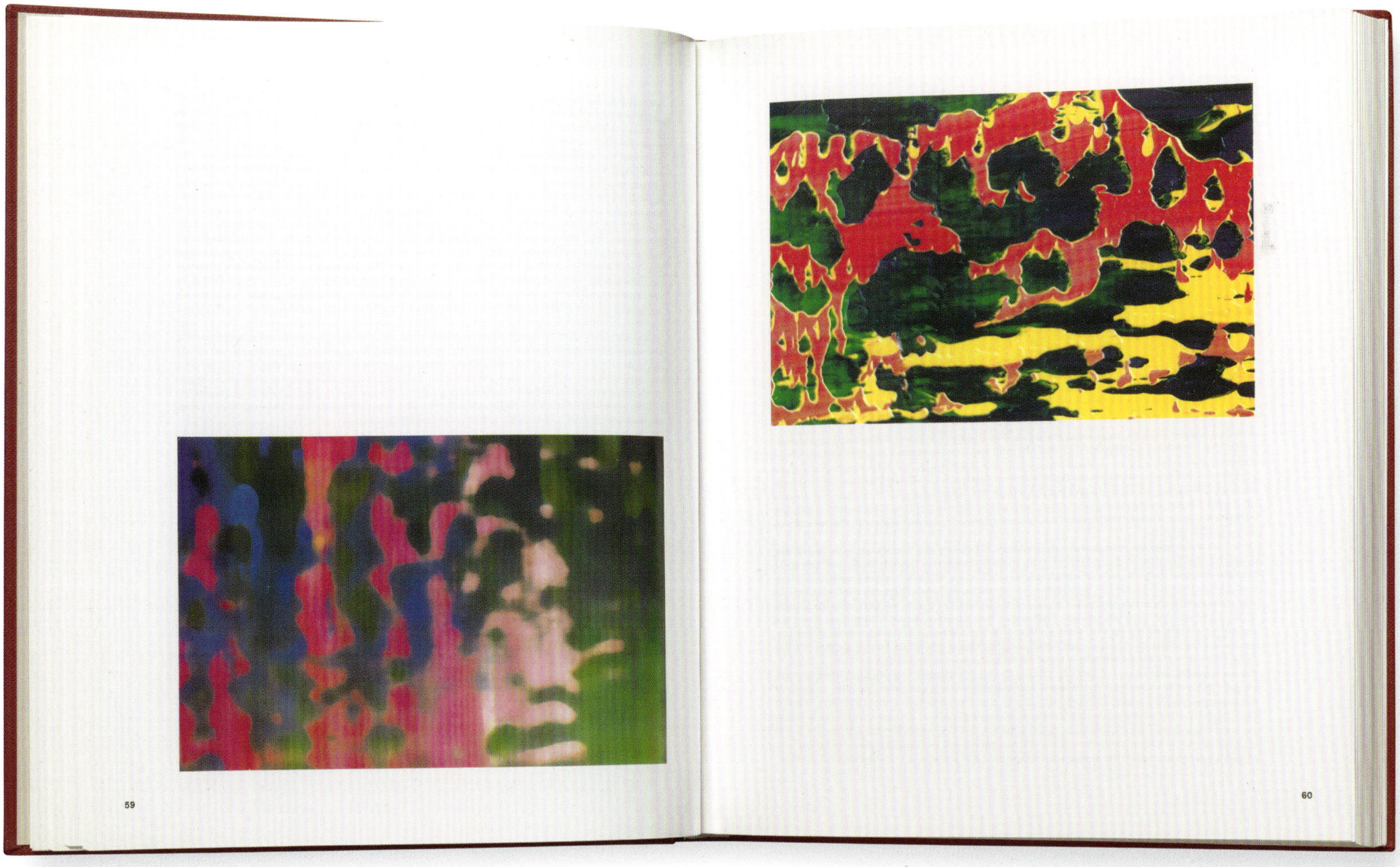

159

160

Klassische Eroberungskriege sind heute selten. Doch ist das verfassungsrechtliche Verbot des Angriffskrieges Ausfluß des Zweiten Weltkriegs. Bei den Beratungen zum Grundgesetz war darüber gestritten worden, ob nicht das Führen von Kriegen schlechthin untersagt werden sollte. Der SPD-Politiker Carlo Schmid wies darauf hin, daß der Unterschied zwischen Angriffskrieg und Verteidigungskrieg »weitgehend zu einer Flause« geworden sei. Man kam jedoch zu dem Schluß, daß letztlich kein Volk das Recht habe, sich der »Pflicht zu seiner Verteidigung« zu entziehen, und entschied sich gegen eine Fassung, die jede Kriegsvorbereitung untersagte.

Auch wenn es heute so scheint, als habe das Bundesverfassungsgericht mit seiner Awacs-Entscheidung Deutschland von sicherheitspolitischen Fesseln befreit, so hat es aus der Sicht der Exekutive eine zusätzliche Hürde geschaffen: die Zustimmung des Bundestages als Voraussetzung eines Einsatzes deutscher Streitkräfte. Anders als zum Beispiel in den Vereinigten Staaten muß das Parlament grundsätzlich vorab jeden Einsatz billigen. Hinter der Entscheidung des Gerichts, das zur Begründung bis zur Reichsverfassung von 1871 zurückgeht, steht immer noch die Sorge vor einer unverantwortlichen deutschen Kriegführung durch die Exekutive. Auch daran erinnert Artikel 26 des Grundgesetzes.

▸ Fast ein Tag wie jeder andere. Die Flugpassagiere, viele Urlaubsreisende darunter, stehen in Schlangen vor den Check-in-Schaltern, die Mitarbeiter der Fluggesellschaften sind freundlich, und auch vor den vielen Imbißstationen wird gelacht, gegessen und Small talk gehalten. Alles scheint wie immer. Nur eines fällt auf: Es sind viele Beamte des Bundesgrenzschutzes präsent. Sie haben Maschinenpistolen umgeschnallt, stets einsatzbereit. Diese Normalität wirkt nicht normal. »Das ist momentan doch Standard auf internationalen Flughäfen«, sagt ein 39 Jahre alter amerikanischer Geschäftsmann, der gerade am Check-in-Schalter für seinen Flug nach Chicago steht. Er wird von Angestellten gefragt, wann er eingereist ist, wie lange er in Deutschland war und warum. Er beantwortet die Fragen – selbstverständlich. Es diene ja der Sicherheit. Alle Gepäckstücke, auch das Handgepäck, werden durchleuchtet. Dieses sogenannte Profiling der Flug-

177

178

197
198

迪特尔·罗斯

（1930 年生于德国汉诺威，1998 年逝于瑞士巴塞尔）

《每日镜报》

迪特尔·罗斯（Dieter Roth）的作品特点是对各种各样的材料、影响和地点极具包容性。罗斯会用巧克力、奶酪、香肠、鸟食、猪油、香料、水果和垃圾制作艺术作品；他与有形诗（concrete poetry）[27]、动态艺术（kinetic art）、波普艺术、激浪派和新现实主义（Nouveau Réalisme）等相关艺术运动的实践者有过合作。罗斯在很多国家生活过，会说多种语言。在他丰富多彩、千变万化的作品中，包括从木刻版印刷到多媒体视频作品，再到精心制作的艺术装置，罗斯声称："我创作艺术只是为了支持我对写作和出版书籍的兴趣。"[1] 他对这种媒介的终身参与，促进了 20 世纪一些最具创造性和持久性的作品的诞生，也使他获得了艺术家书籍中"父亲、儿子和圣灵"的称号，更是我们今天所知的艺术家书这一形式的"始祖"[2]。罗斯在 20 世纪对一本书的物质可能性拥有极大的自由度。

罗斯的童年是在四处奔波中度过的。他在"二战"期间，离开德国到苏黎世避难，最终成为一名商业艺术家的学徒，并在瑞士伯尔尼的职业技术学校学习平面艺术，最终引发了对印刷工艺的长期兴趣。1953 年，罗斯与欧洲"有形诗"运动的创始人马塞尔·维斯（Marcel Wyss）和尤金·戈姆林格（Eugen Gomringer）共同创办了《螺旋》（*Spirale*）期刊，这是一本"国际青年艺术杂志"，它囊括了当时在欧洲占主导地位的抽象艺术形式，也是他最早涉足出版界的一次尝试，从而开启了令他痴迷一生的职业主题。不过这种痴迷在早期以失望告终：当罗斯想将他的一些诗歌《螺线》（spirale）杂志出版时，他的联合创始人拒绝了这些诗。

也许正是因为这个原因，罗斯的第一本真正的艺术家书完全不包含任何文字，而且是面向一个"无法抗议"的目标观众——儿童[3]。他的《儿童读物》（*Kinderbuch*），1954 年作为一本特别的图书出版，1957 年以更大尺寸的版本出版。该书以原色重叠的圆圈和正方形的图案为特征，中间穿插着一些模切页面，从而构成相邻作品的框架部分[4]。类似的切口使用则为罗斯的多卷本项目《书》（*Book*，1958—1964）的出版提供了参考，其中松散的页面被切割成一系列垂直、水平或对角线的书槽，读者可以通过这些书槽进行互动，观察者则可以通过修改书槽页的相互关系而产生光学图案[5]。这种未经装订的作品作为"书"的状态仅仅是由罗斯的书名来表示，但这种方法代表了

27　有形诗是一种语言要素的排列方式，强调在传达意义中排版本身比词语的意思更重要。在 20 世纪 50 年代早期，两个巴西艺术团体联合了圣保罗 *Noigrandes* 杂志的诗人一起创作了极度抽象且非人格化的作品，该杂志开始将语言看作一种同样抽象的方式。在和艺术家们一起在"全国有形诗艺术展"（1956/1957）上展出了这些作品后，他们的作品被冠以"有形诗"的名字。

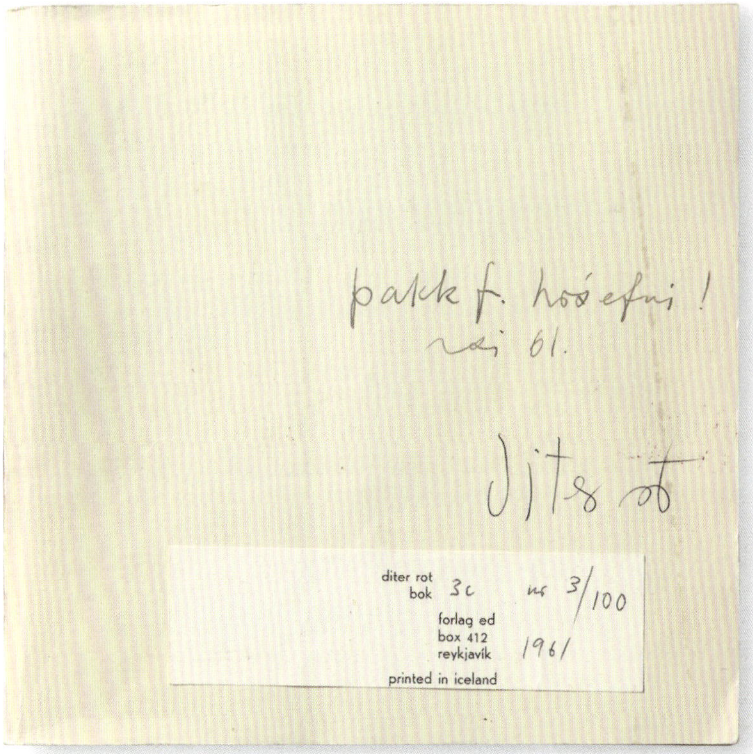

《bok 3c》

他关于一本书的开创性思维。事实上，一本书是“一种分层的东西集合起来，也就是说，将一组具有相似意向或目的的东西黏贴或缝合在一起”[6]。

罗斯还探讨了与这些纯视觉作品同时出现的书籍中，运用文字组成图形的可能性，以及在以重复、堆叠单词和重新定向字母为标记的卷册中，利用页面的几何形状的可能性。正如艺术家理查德·汉密尔顿所指出的，罗斯的书以其“明显的组合思维”而著称。罗斯是“把字体排序成诗歌，而不是将印刷形式抽象成艺术”的诗人，他的作品是一种具有视觉敏感性的诗歌[7]。

如果说罗斯在20世纪50年代的作品主要集中在图形和排版形式的实践上，那1961年则标志着他的一种审美转向。那一年，他开始使用挪用的印刷品。在1961年出版的名为《每日镜报》（*Daily Mirror*，1961）的系列丛书中，他剪下了150页同名小报，并将它们装订成顶针大小的卷册，几乎无法翻阅，更不用说阅读了，因为几乎没有完整的句子。罗斯用这些小书讽刺媒介所谓的内容、用途，甚至是书籍本身的类别。同时始于1961年的《文学香肠》（*Literaturwurst*）系列，延续了罗斯对于书籍出版的颠覆性思维。为了创作这些书，艺术家采用了“制作香肠”的方式，即把肉的成分换成从那些令他鄙视或嫉妒的作者（包括金特·格拉斯、罗伯特·肯尼迪在内的一群人）的书中撕下来的书页，使这些文学作品成为一种“读者文摘”，却不能被正确阅读[8]。罗斯将这种混合物装入一个管状的盒子里，然后在盒子的外部贴上从原著上剪下来的标题，到1970年这个系列结束时，他最终制作出近50个这样的“香肠”。

在整个20世纪60年代初，罗斯通过各种开放性设计方案使这种挪用出版物的实践复杂化：在纸上组装色彩缤纷的连环漫画和随机的模切孔，形成贯穿书页的炮眼或甬道，如《bok 3b》（1961）；装订从一家印刷店的地板上收集的现成纸张，再结合冬季风景、去皮虾和彩色玻璃窗的各种广告图案，如《bok 3c》（1961）；将4种不同的剪报排成一个版面，以形成一个拼贴的、不连续的头版，如《白雪公主》（*Snow White*，1965）；将剪报放大成近乎抽象的构图，如《正方形印相》（*Quadrat Print*，1965）。在同一时期，罗斯会定期创作一本不寻常的出版物，如《科普利书》（*Copley Book*）就是他在赢得了1960年威廉和诺玛·科普利基金会奖（William and Noma Copley Foundation Award）之后几年中推进的。虽然威廉和诺玛·科普利基金会通常会资助一个关于获奖者的重要专著，但罗斯选择创作一本全新的艺术家书。罗斯为此在他位于冰岛雷克雅未克的家中与汉密尔顿（汉密尔顿曾推荐他获奖，并担任《科普利书》的编辑）和这本书的印刷商进行了几年的通信，后两人都住在英国。

印刷机的材料可能性是《科普利书》不可或缺的一部分，但罗斯并没有像20世纪60年代早期的书籍那样使用挪用的印刷品，如漫画、小报或测试页，而是采用了多种先进的印刷技术。罗斯在给汉密尔顿的信中讲到了“扁平的物件被用作凸版印刷块（没有墨水）”“物体被对称切割”，以及“物件的图片被毁坏”，这封信本身也被复制，用到了书中。这本书由112张未装订的纸组成，仅用一根订书钉固定在封底上，读者必须抽出这种临时的“装订”，才能够仔细阅读这本书的内容页——有多种颜色和大小的书页，其中包括精美的线条图、罗斯设计的橡皮图案、他的书写片段，甚至还有一封来自印刷商的信件的传真——他很遗憾弄丢了罗斯送来复制的几页纸[9]。而另一处令罗斯充满开放性思维的点就是封面，包括未裁切的打印纸上由青色、品红色、黄色和黑色组成的条纹。《科普利书》证明了罗斯精湛的技艺和敏捷的头脑，其中一部分是概念笑话，一部分是印刷奇迹，一部分是个

人分类帐，它汇集了罗斯在20世纪60年代中书籍设计形式和观念思想的全部内容。

1971年，罗斯开始了另一个长期项目《卢塞恩市及周边地区的公告牌》（*Anzeiger Stadt Luzern und Umgebung*），并于书中加入了自己的写作实践，如将自己的兴趣与司空见惯的日常印刷品相结合，或者把一系列免费“广告”放在瑞士卢塞恩的当地销售公告上。但是，罗斯的广告文案并没有兜售服务或商品，而是表达了关于眼泪、文字、石头、海洋及其他神秘话题的忧郁格言，他还用自己姓名的首字母做了签名。这些格言偶尔会变成闹剧，如“如果一个小时过去了，肉就做好了”“给我吃两块牛排的人，从我这里得到一块牛排”“即使有人进来了，他仍然是个陌生人”……最后，由于读者的抱怨，公告牌开始拒绝罗斯的广告植入，读者不知道为什么这些晦涩的句子会出现在公告牌上。在项目实施过程中，罗斯保存了每期150份含有一句格言的副本，并最终将每一套完整的报纸干预整理装订成1973年出版的《泪湖》（*Das Tränensee*）[10]。而在另一卷中，他将248句话汇编成一个吸引人的文字以作为补充，书名为《泪海》（*Das Tränenmeer*）。罗斯接着出版了另外4个版本的《泪湖》，修改了它的布局，增加了插图，并纠正和注释了他原有的格言——这是一种他整个作品中都曾采用的单一主题的重复和修改作品的习惯。

罗斯在自己的职业生涯中共创作了超过500本艺术家书，他在一本挪用印刷品书的介绍中称赞了这一点：“我们展示的不是质量（惊人的质量），而是数量（惊人的数量）……所以，让我们做一次有质量的书吧！”[11]当然，罗斯确实创作出了“高质量”的作品，但最重要的是，正是这种对作品的开放性态度成就了他，正如汉密尔顿在罗斯死后所写的那样，“只有书才能让他在20世纪的艺术中占有一席之地”[12]。当他把自己对书页的痴迷转化成越来越离奇的创新时，所有东西都可以进入他的书籍作品中：被压扁的垃圾、肉排、布丁、尿液。在一些自嘲中，罗斯会把他的创作描述为一种简单的物质努力：“我做这些书就像一些人做桌子一样，我不是简单地用文字填满它们，而是自己做书。这甚至比写书更为享受。”[13]事实上，罗斯所做的是一个全新的范畴，书只是一个潜在的场域，可以提供比传统页面更多的材料、想法和形式。

——克莱尔·莱曼

[1] 引自莎拉·铃木（Sarah Suzuki）编，《等等，过会儿就没事了：迪特尔·罗斯的出版物》（*Wait, Later This Will Be Nothing: Editions by Dieter Roth*），展览画册。美国纽约：现代艺术博物馆，2013年，第9页。

[2] 艾拉·沃尔，引自巴斯·斯佩克特（Buzz Spector），《对话艾拉·沃尔》（*Interview with Ira Wool*），载于《烟道》（*The Flue*）杂志，第3期，第1卷（1983年冬季刊），第13页；莎拉·铃木编，《等等，过会儿就没事了》，第10页。

[3] 来自迪特尔·罗斯与艾拉·G.博士1978年在芝加哥访谈的录像记录，详见 http://www.moma.org /interactives/exhibitions/2013/dieter_roth /interview-with-the-artist.

[4] 只有《儿童读物》的特别版包含带有剪切的页面。

[5] 20世纪60年代中期，罗斯在美国耶鲁大学建筑系担任客座教授时，约瑟夫·阿尔伯斯（Josef Albers）提出以一本书为交换条件，但当他发现这本书没有装订时，他食言了。阿尔伯斯觉得艺术家有责任为读者确定观看顺序。

[6] 引自西奥多拉·维舍尔（Theodora Vischer）、伯纳黛特·沃尔特（Bernadette Walter）编，《罗斯时间：迪特尔·罗斯回顾展》（*Roth Time: A Dieter Roth Retrospective*），展览画册。美国纽约：现代艺术博物馆，2004年，第48页。

[7] 同上，第70页。

[8] 罗斯将他的第一本《文学香肠》献给了他的朋友、艺术家丹尼尔·施珀里（Daniel Spoerri），后者因其参与制作与食物残渣有关的作品而闻名。

[9] 最初就装订完好的《科普利书》是极其罕见的。

[10] 正如埃里卡·艾宾格（Erica Ebinger）所述，“他这样做是为了保护自己：2009年3月29日在卢塞恩与埃里卡·艾宾格、芭芭拉·韦恩（Barbara Wien）和吉安尼·帕拉维奇尼-托兹（Gianni Paravicini-Tönz）的对话”，引自弗鲁丽娜（Flurina）和吉安尼·帕拉维奇尼-托兹编，《卢塞恩的眼泪》（*Tears in Lucerne*），瑞士卢塞恩：边缘出版社（Edizioni Periferia），2010年，第118页。

[11] 出现在《正方形印相》，1965年。

[12] 理查德·汉密尔顿著，《精神食粮》（*Food for Thought*），载于《艺术论坛》，1998年10月，第91页。

[13] 1976年9月29日，罗斯与伊尔梅林·勒贝尔-霍斯曼（Irmelin Lebeer-Hossmann）的谈话，引自《迪特尔·罗斯与理查德·汉密尔顿：合作：关系—对抗》（*Dieter Roth, Richard Hamilton: Collaborations: Relations-Confrontations*），展览画册。英国伦敦：汉斯约尔格·梅尔出版社（Edition Hansjörg Mayer）；葡萄牙波尔图：塞拉尔夫基金会，2003年，第17页。

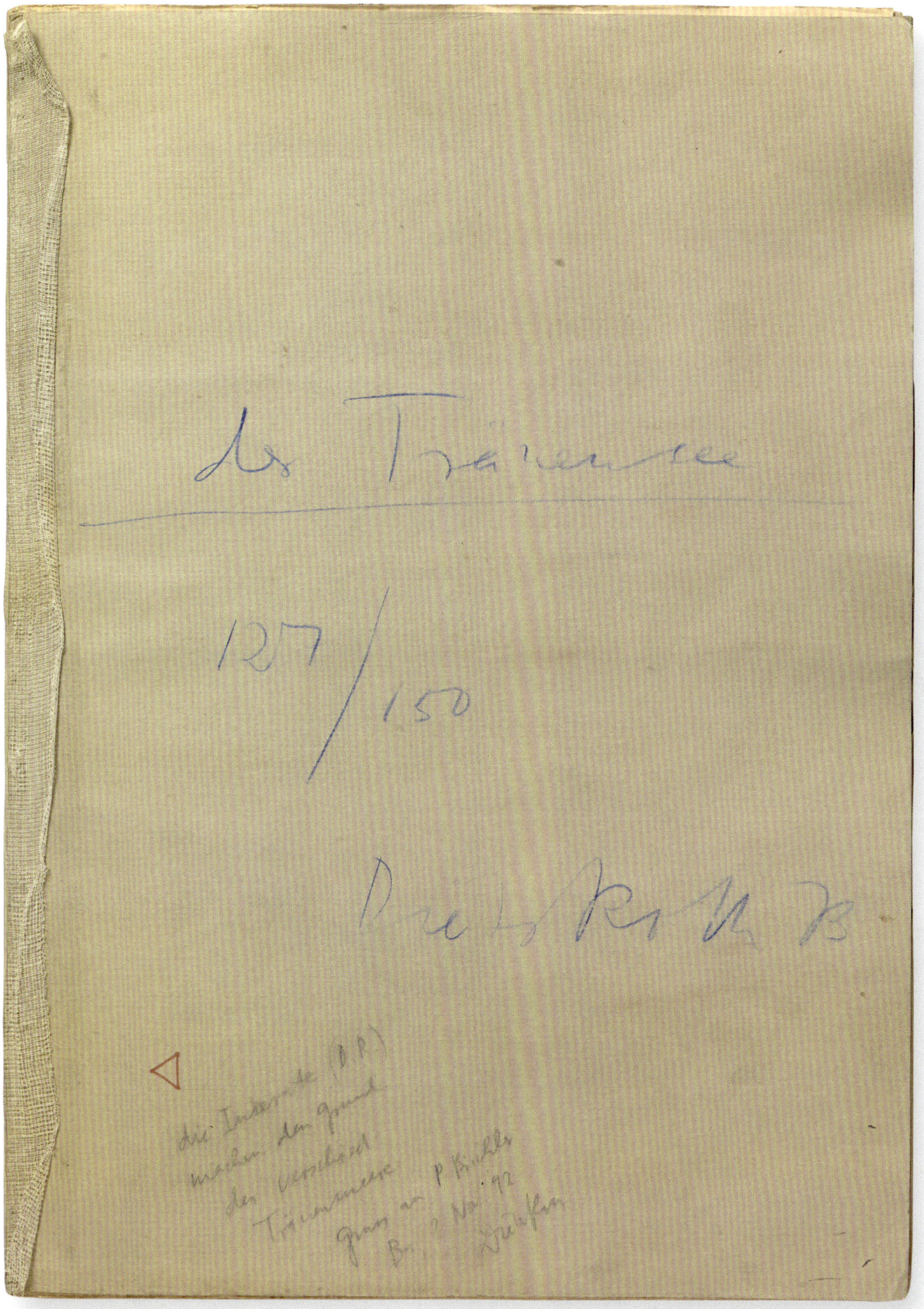

《泪湖》

Wolle
in allen modernen Farben
Gratis-Strickanleitung

Teppichknüpfen
Ein feines Hobby für alle —
Lassen Sie sich von uns beraten!

Gobelin-
Arbeiten — auch bei uns!
Die klassische Stickerei

Iril-Strümpfe
und -Strumpfhosen TV
Qualität — Silva-Checks

Alles erhältlich im Fachgeschäft der Altstadt,
1 Minute vom Schwanenplatz
Hedy Iten Hertensteinstr. 40

MODESCHAU
für
Braut,
Brautführerin und
Brautmutter
Samstag, 19. Februar 1972
ab 15 Uhr,
zeigen wir in unserem Haus die neuesten Modelle.
DE BOER
Interessentinnen sind freundlich eingeladen. Eintritt frei. Anmeldung erwünscht.
Telefon 041 - 23 88 22
Internationale Damen- u. Mädchenmode
im Zentrum von Luzern

immer gut frisiert
Aeusserst preisgünstig
Kontrolle und Ueberwachung durch kompetente Fachleute
Aelteste und grösste Coiffure-Fachschule der Zentralschweiz
Höhere Coiffeur-Fachschule François, Luzern
Löwengraben 14, 6000 Luzern, Tel. 041 - 23 86 75
Inhaber F. Ryser
Oeffnungszeiten: Montag bis Freitag
8.00 bis 12.00 und 13.30 bis 18.00 Uhr

Fernseh-Reparaturen
Tel. (041) 22 46 40
schnell, zuverlässig und fachmännisch durch den
eidg. dipl. Fachmann
otto schmid
hören sehen
radio tv
Luzern: Moosstr. 1, Bleicherstr. 25-27, Kriens: Fenkernstr. 29

LUZERNER CINEMAS
ABC 23 99 66 Hallwilerweg 12/14
Adios Sabata
mit Jul Brynner.
Einer der grossen Western der Saison.
Engl. gespr., deutsch-franz. Titel.
15, 17 und 20.30 Uhr.
Apollo 23 77 66 air cond. Hertensteinstrasse 33
Jetzt ist er bereits die 3. Woche da…
der NEUE BOND mit SEAN CONNERY
Diamantenfieber
tägl. 15, 17.15 u. 20.30 Uhr, engl.
Beachten Sie den Bucherer-Bond-Wettbewerb
Gewinner, 2. Woche, Hr. D. Fridez,
Capitol 23 88 88 am Bundesplatz
Jane Birkin, Serge Gainsbourg, Elsa Martinelli, in einem aufwühlenden Film über die entsetzlichen Gefahren des Rauschgiftes:
Heisse Spur nach Katmandu
«Les chemins de Katmandu»
15, 17 und 20.30 Uhr
Flora 22 18 34 Pilatusstrasse 4
Morgen letzter Tag!
Aquile sopra londra
(Teufel der Luft)
Ein dramatisches Geschehen, ein fesselndes Dokument aus dem 2. Weltkrieg.
Parl. ital., deutsch-franz. Text
Tägl. 15, 17 und 20.30 Uhr
ITA 23 04 04 Zürichstrasse 1
Jason Robards, Nino Manfredi, Martin Landau:
Rosolino Paterno, Soldato
(Situation normal: A.F.U.)
1943: der Kampf um Sizilien!
Der tempogeladene Kriegs- und Abenteuerfilm voller Spannung!
Parl. ital., deutscher Text.
15, 17, 20.30 — So: 14.30, 17, 20.30
Madeleine 22 22 20 Baselstrasse 15
Absolut neu für Luzern: Renate Larsen
Porno-Baby
Starker Sexfilm. Deutsch gesprochen. In Farben. Kein Zutritt unter 18 Jahren.
Spielzeiten: werktags 15, 17, 19, 21
sonntags: 14, 16, 18, 20.30 h.
Moderne 22 25 26 Pilatusstrasse 21
Heute 17 und 20.30 Uhr
Eine herrliche Schelmenkomödie
Le diable par la queue
mit Maria Schell, Yves Montand.
Temporeich inszeniert von Philippe de Broca.
Rex 22 43 43 am Pilatusplatz
Der grosse österreichische Jagd und Tierfilm, umrahmt von einer zarten Liebesgeschichte
Der Förster vom Silberwald
Einmalige Aufnahmen vom Lebenskampf in unserer Tierwelt.
Werktag: 15, 17, 20.30 Uhr
Sonntag: 14, 16, 18, 20.30 Uhr
Studio 22 56 26 Stadthofstrasse 5 b. Luzernerhof
Täglich 18 und 20.40 Uhr
Bo Widerbergs Protestballade
JOE HILL
Preis der Jury Cannes 1971.
Punkt 18 Uhr! J.-P. Melville
Le Deuxième Souffle

EMMENBRÜCKE CINEMA
Merkur 55 22 77 Emmenweidstrasse 4
John Wayne in einem dynamischen Western
Tennessee John
bis Donnerstag, je 20.30 Uhr, engl. gespr., deutsch-franz. Titel
Heute 15.00 Uhr, Kindervorstellung:
Ein farbenfroher, frischfröhlicher Zeichentrickfilm mit DUMBO dem fliegenden Elefanten: DUMBO
deutsch gespr., ab 6 Jahren.

Osterreisen
Auftakt zur grossen Reisezeit: wiedererwachende Natur, frohe Menschen.
Geführte Reisen mit einwandfreier Organisation.

Bahn- und Schiffsreisen	ab Fr.
Cavi – Riviera	215.—
Levanto – Cinque Terre	215.—
Alassio – Nizza	275.—
Follonica – Insel Elba	285.—
Toscana – Siena / Rom	290.—
Rom – Sardinien	360.—
Venedig, Lagunenstadt	275.—
Ravenna, Kunststadt	290.—
Kreuzfahrt Griechenland	699.—
Jugoslawien / Insel Rab	265.—
Marseille – Camargue	368.—
Paris – Versailles	297.—
Holland mit Schiff	310.—
Holland Floriade 72	368.—
Hamburg – Hafenrundfahrt	345.—
Wien – Donaustadt	285.—

Flugreisen

Berlin	218.—	Dalmatien	385.—
London	345.—	Portoroz	330.—
Wien	420.—	Dubrovnik	620.—
Rom	485.—	Barcelona	485.—
Prag	280.—	Warschau	430.—

Osterprogramm bei
popularis tours
6000 Luzern
Hirschmattstr. 26
Tel. 041 - 23 95 23

Ein einzigartiges Naturwunder
5 Millionen blühender Mandelbäume
unter dem ewig blauen Himmel von
MALLORCA
Die beliebten Jet-Sonderflüge.
Bisher immer ausverkauft.
5. bis 12. März
12. bis 19. März
19. bis 26. März
1 WOCHE Fr. 250.-
ab Genf und Fr. 270.- Basel/Zürich eingeschlossen Flug, Hoteltransfer und 7 Tage Vollpension
UNIVERSAL FLUGREISEN BASEL
Steinenvorstadt 40 Telephon 061 / 22 15 44

SALON AUTO
GENEVE 9-19 MARS 72
VOITURES
ACCESSOIRES

metzger MIET WAGEN
Morris 850 — VW 1300 — Ford 12 M
Opel Kadett — Fiat 128 — Opel Rekord
— Ford 17 M — Opel Admiral — Triumph
Spitfire und Ford Transit Kombi-Bus.
Telefon (041) 22 00 44
Filialen in:
Olten Telefon (062) 32 42 41
Reinach Telefon (064) 71 10 63
Sursee Telefon (045) 4 24 77

CAPITOL DANCING
Bundesplatz
Dir. Fam. Schaffner-Schai
täglich
von 20.30 bis 2.00 Uhr
Tanz — Unterhaltung
Stimmung
mit dem
Quartett Rayon X
CAPITOL DANCING

Barkredite
von Fr. 500.— bis 10.000.—
ohne Bürgen
Einfache Formalitäten. Prompte Bedienung. Volle Diskretion.
BANK COURVOISIER A.G.
2001 NEUCHATEL (038) 24 64 64
Faubourg de l'Hôpital 21
Senden Sie mir unverbindlich Ihre Unterlagen
Name
Strasse
Ort 31

Kinderbescherung 1972
Einladung 2127
Die Kinder im Alter von 5 bis 12 Jahren sind gebeten, die Gutscheine beim Zunftmeister **Hugo Kiener, Restaurant St.-Klara-Hof,** abzuholen.

Mietwagen
günstig
VW 1200, VW 1300,
VW 1302, Fiat 850/127,
Opel Kadett/Rekord,
Austin Mini 850/1000.
Nur neueste Modelle.
Müller, Baselstrasse 67
Tel. 22 13 84

VW-Kadett-Mietwagen
an Selbstfahrer, äusserst günstig im Preis.
Tel. 36 35 70

Kleintransporte
Umzüge
o. gretener
Tel. 41 13 33

Malerarbeiten
schnell und preiswert.
Tel. 41 02 27

Die Dame ist Ryf gepflegt
Schön und gut war sie schon immer — aber noch nie so preiswert: die Dauerwelle von RYF.
Fr. 27.50 ist unser Aktionspreis.
Haus z. Schwanen, Gerbergasse 6, Tel. 22 81 40
Kornmarkt 10, Tel. 22 30 44
Einkaufszentrum Schönbühl, Tel. 44 58 58
Montag, Dienstag, Mittwoch, 50 % für AHV-Berechtigte.
Parfumerie · Coiffure · Beauté · Boutique · Postiches

«Wenn auch manches und vieles besteht —
das meiste vergeht».
D. R.

Kredit nach Mass heisst nicht nur, dass wir Ihnen von einem unverhältnismässig hohen Kredit abraten.

Kredit nach Mass heisst, dass wir Ihre Wünsche respektieren und den Kredit nach Art, Höhe, Dauer und Rückzahlung Ihren Möglichkeiten anpassen.

Kredit nach Mass kann auf Landwirte und Arbeiter, Hausfrauen und Angestellte, Geschäftsinhaber und Freierwerbende abgestimmt werden.

Kredit nach Mass kann Kontokorrentkredit oder Darlehen, gedeckt oder ungedeckt bedeuten.

Wir beraten Sie gerne und unverbindlich.

D+I Bank
Darlehens- und Immobilien-Bank AG
Hirschmattstrasse 24 6002 Luzern Telefon 041 22 89 82
Senden Sie mir bitte Ihre Kredit-Unterlagen:
Name:
Adresse: 4

Hier inserieren Sie mit sicherem Erfolg!

Diverses
Top-Pianist
Professional, Unterhaltung und Konzert. 2125
Frei ab 1. Mai. Für Saison
Offerten unter Chiffre A 2125 an den Anzeiger

Motorradfahrer sucht zum Umkleiden jederzeit zugänglichen 2126
Raum
mit Waschgelegenheit. Baselstrasse bis Stadtzentrum bevorzugt.
Offerten unter Chiffre I 2126 an den Anzeiger

Berücksichtigt unsere Inserenten!

Kein Bild — kein Ton
wir kommen schon
Bucher, Horw, Tel. 41 21 60

Befreiung von Verstopfung
durch Elka-Kräuterpillen zuverlässig und mild.
Keine Gewöhnung.
Erhältlich in Apotheken und Drogerien. Schachtel 2.50, 4.50, 9.—
Apotheke Theo Stiller, Luzern
Pfistergasse 27, Tel. 22 55 21
ELKA

Hausfrauen
für Fleisch — im Preis — zu Wyss
Momentan offerieren wir **Rindfleisch I. Qual.** ohne Bein zum Sieden für Voressen und für Gulasch per ½ kg Fr. 6.—.
Hackfleisch gemischt per kg Fr. 7.—.
Greifen Sie zu!
Metzgerei Wyss, Luzern, unter der Egg
Tel. 22 45 78
Malters, Tel. 97 11 22

ontaktlinsen-Spezialisten

K+B Kost + Brechbühl dipl. Optiker
Kontaktlinsen + Brillen Tel. 22 10 04
Pilatusstrasse 19 (neben Kino Moderne)

Anzeiger Stadt Luzern und Umgebung

Wollen Sie ein Inserat aufgeben...?

23 46 33
ist Ihre Nummer!

ANZEIGER-
TELEFON-SERVICE

MONTAG + MITTWOCH
08.00—18.00 Uhr durchgehend
DIENSTAG + DONNERSTAG + FREITAG
08.00—12.00 Uhr und 13.00—18.00 Uhr

Diverses

Antike Uhren
repariert eidg. dipl. Uhrenmachermeister; werden abgeholt.
Tel. 41 84 33

Reinigung
von Zügel-Wohnungen Fenster, Böden und Büros, günstig.
Tel. 41 63 88

10 Prozent Winterrabatt
erhalten Sie jetzt wieder für das Reinigen und Neufassen von Decken und Kissen mit Dampf (kurze Lieferfristen).
Achtung!
Immer mehr Kunden entdecken, dass es sich bei dieser Teuerung doch lohnt, eine gebrauchte Polstergruppe mit einem qualitativ guten und modernen Stoff zu überziehen. Sie können bei mir selbstverständlich auch Ihre Betten zum Auffrischen geben.
Bitte rufen Sie mich an Tel. 55 63 23 od. 55 79 92
Studer
Schwanderhofstrasse 13 (bei der Sedelbrücke)

Wer würde
einem 60jährigen Witwer, der grosser Blumenfreund ist und allein in einem Chalet wohnt, die
Haushaltung
machen, Fernsehen usw. vorhanden. 2091
Offerten unter Chiffre A 2091 an den Anzeiger

Ohne Bürgen gewähren wir Bardarlehen
bis Fr. 15000.-
für jede Anschaffung, Schulden und Betreibungen. Diskretion zugesichert. Arbeiter, Angestellte und Selbständigerwerbende wendet Euch sofort an
INLAND-DARLEHENSDIENST
Höhenweg 4
4513 Langendorf
Tel. (065) 2 92 84
Bürozeit von 9—14 Uhr durchgehend

Inserate erschliessen den Markt
Inserate im ANZEIGER

Einen Barkredit von Fr. 2000.– zahlen Sie beispielsweise in 21 monatlichen Raten von Fr. 107.20 ab. Anzahl und Höhe der Raten bestimmen Sie selbst. Der Jahreszins und alle Spesen sind in den Abzahlungen eingerechnet.

2000.-
Barkredit

Name:
Adresse:
Ich interessiere mich für einen Barkredit und erwarte umgehend Unterlagen.

Bitte ausschneiden und einsenden an:
BKr-Zentrale Schweizerische Volksbank, Postfach, 3000 Bern 23.
Schweizerische Volksbank

SPANNTEPPICH-CENTER ULRICH
Hirschmattstrasse 40, Luzern, Telefon 22 61 84
Teppiche von Wand zu Wand — Muster in Grossformat
- Grösste Auswahl — über 1000 Muster und Farben
- Günstige Preise: per qm ab Fr. 18.— 22.— 25.— 27.— 29.— 32.— 35.— 38.— 42.— 45.— 48.— 49.— 52.— 55.— 58.— 62.— 65.— 68.— 71.— 74.— 76.— 78.— 82.— usw.
- Prompter Verlegungsservice
- Orientteppiche bis 20% billiger!
- Bettumrandungen ab Fr. 95.—
- Wollteppiche ab Fr. 150.—
- Kamelsättel, Party-Hocker, Berberdecken

Geschätzte Leserinnen und Leser

Wir erlaubten uns, Ihnen durch unser Vertragungspersonal den bekannten grünen Einzahlungsschein zu übergeben, mit der Bitte, uns unter Benützung desselben die Zustellungsgebühr von Fr. 4.— für den «Anzeiger Stadt Luzern und Umgebung» für das 1. Halbjahr 1972 zukommen zu lassen.

Für Ihre Postüberweisung danken wir Ihnen bestens und grüssen Sie freundlich

Anzeiger Stadt Luzern und Umgebung
Verlag und Expedition

Inseratenschluss

für die Mittwoch-Ausgabe — Montag 15.00 Uhr
für die Freitag-Ausgabe — Mittwoch 15.00 Uhr

Die frühzeitige Aufgabe Ihrer Inserate bewirkt eine sorgfältige Behandlung Ihres Auftrages und gewährleistet das rechtzeitige Erscheinen des

ANZEIGER STADT LUZERN UND UMGEBUNG
TEL. 23 46 33

tzt schneller
nd einfacher **Barkredit**

Bon für günstiges Bargeld
Ich wünsche einen Barkredit von Fr. (max. Fr. 25000.–)
rückzahlbar in monatlichen Teilbeträgen (max. 60 Monate)

	Geburtsdatum	Nebeneinkünfte pro Monat Fr.
ame	Zivilstand	(z. B. Verdienst Ehefrau, usw.)
Ort	Anzahl Kinder	Mietzins monatlich Fr.
	Nationalität	Darlehenszweck
wohnhaft seit	Beruf	Datum
rer Wohnort	Arbeitgeber	Unterschrift
	Monatslohn Fr.	

ausfüllen – einsenden – Bargeld kommt!

35 Jahre **Bank Rohner AG**
9001 St.Gallen, Neugasse 26, Telefon 071-23 39 22
8021 Zürich, Widdergasse 1, Telefon 051-23 03 30
Niederlassungen: Genf, Lugano, Chiasso

Unterricht

Ist Ihr Kind nervös? Hat es Schwierigkeiten in der Schule? Ist es gehemmt?
Ich bin ein junger Künstler, vorher Student) und gebe ab Mitte März in Luzern

Nachhilfestunden
(für Jugendliche bis ca. 15 Jahre) auf meine eigene, menschliche Art. Meine Methoden entnehme ich keinem Lehrbuch, sie sind das Ergebnis menschlicher Erfahrung und schöpferischen Denkens.
Anfragen bei: Fritz Zaugg, Gärtnerei
6170 **Schüpfheim**, Tel. (041) 76 12 41

DARLEHEN
von Fr. 200.— bis Fr. 10 000.— gewährt prompt, diskret, auch ohne Bürgen: **8201 Schaffhausen, Postfach 42621.** Senden Sie bei Kreditbedarf dieses Inserat ein!
Name
Strasse
Wohnort AL

Wer inseriert —
wird nicht vergessen!

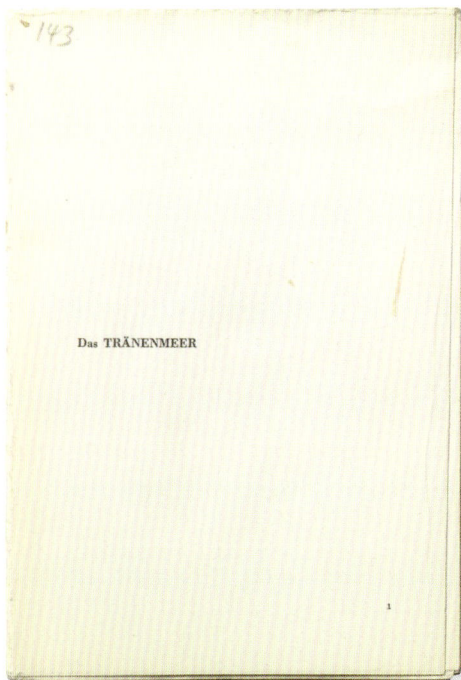

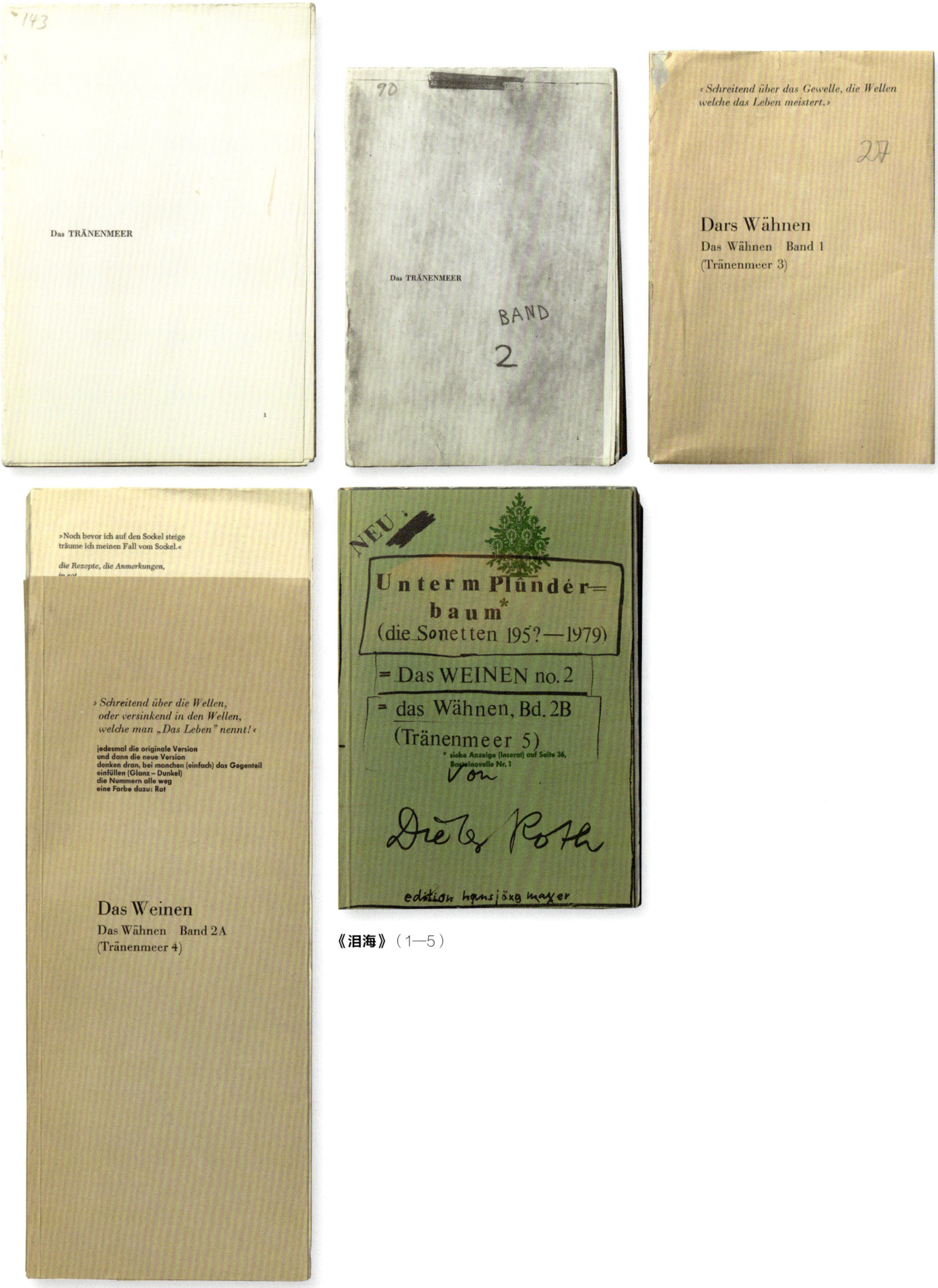
143
Das TRÄNENMEER
90
Das TRÄNENMEER
BAND
2
‹Schreitend über das Gewelle, die Wellen
welche das Leben meistert.›
27
Dars Wähnen
Das Wähnen Band 1
(Tränenmeer 3)
»Noch bevor ich auf den Sockel steige
träume ich meinen Fall vom Sockel.«
die Rezepte, die Anmerkungen,
› Schreitend über die Wellen,
oder versinkend in den Wellen,
welche man „Das Leben" nennt! ‹
jedesmal die originale Version
und dann die neue Version
denken dran, bei manchen (einfach) das Gegenteil
einfüllen (Glanz – Dunkel)
die Nummern alle weg
eine Farbe dazu: Rot
Das Weinen
Das Wähnen Band 2A
(Tränenmeer 4)
NEU!
Unterm Plünder=
baum*
(die Sonetten 195?—1979)
= Das WEINEN no. 2
= das Wähnen, Bd. 2B
(Tränenmeer 5)
* siehe Anzeige (Inserat) auf Seite 36,
Baselnovelle Nr. 1
von
Dieter Roth
edition hansjörg mayer

《泪海》（1—5）

埃德·鲁沙

（1937年生于美国内布拉斯加州奥马哈）

《二十六个加油站》

埃德·鲁沙（Ed Ruscha）曾经说："招牌总是以某种方式与我对话。"他还特别提到了自己年轻时在欧洲旅行中注意到的那些字迹工整的商店招牌[1]。20世纪60年代，鲁沙，这位来自美国俄克拉荷马，就读于加利福尼亚州乔纳德艺术学院（Chouinard Art Institute）的应届毕业生开始迷上了文字的图形效果，这一灵感来自贾斯帕·约翰斯所创作的字母、数字及其他常见符号所组成的画作。当鲁沙在城市中闲逛时，他开始拍摄如面包店、地铁入口等标识系统，随后创作了自己的第一幅字母画。后来，鲁沙扩大了他的绘画词库，包括惯用的和偶尔闪现于脑中的短语，而当这些短语叠加在现实主义氛围的风景图像上时，就发展出了一种带有强烈乡土气息的风格。批评家彼得·施耶达尔（Peter Schjeldahl）曾经写道："这是触发了一种被美国语言创造的灵魂吞噬的感觉，这种心灵和语言、意义和笑声被融洽地交汇在一起。"[2]

然而，这些语言却没有出现在鲁沙另一些具有里程碑意义的作品中，即1963年至1978年间创作的16本艺术家书。这些书中主要是黑白照片，展现了鲁沙对构图和布光模式的浓厚兴趣。他则将这些照片描述为"只是一些关注清晰度的快照"[3]，或仅仅是一些"技术数据"[4]，如果有文字出现的话，那便是简短的描述性标题了。鲁沙对一系列类似"数据"的冷漠的呈现，依赖于某些特定视觉类别的重复，包括停车场、公寓楼和烘焙食品等日常事物，仿佛在冷静地告诉观众解密这些日常现象的重要性。这位艺术家认为，他的书"像一只披着羊皮的狼"[5]。这些书被装扮成看起来一目了然的摄影信息，展示出的也是一种随处可见的平凡，从而掩盖那些沥青停车场所暴露出的独特性；通过油污的各种组合暗示它们可能是最受欢迎的地点；俗不可耐的公寓楼外墙通过使用庄园这一称谓仿佛变得高贵；加油站出售的松饼在塑料包装反射的强光下显得粗糙不堪。鲁沙评论道："我希望我的书能使人迷失方向的想法，与20世纪初维克多·什克洛夫斯基（Viktor Shklovsky）提出的'陌生化'（defamiliarization）的文学策略没有什么不同。在这种策略中，作者用语言将物体从知觉的常规思维中移除，让人们对习以为常的认知重新产生好奇。"[6]通过鲁沙书中的内容，观众开始注意到日常所见之物的神奇结构。

鲁沙的第一本书《二十六个加油站》，纯粹是根据标题中的词语构思出来的。当这一短语浮现在他脑海中的时候，他很感兴趣，决定做一本书来给这个想法赋予物理形式。《二十六个加油站》展现了从康菲石油公司、美孚石油公司到里米·吉姆（Rimmy Jim）的雪佛龙（Chevron）公司等天然气供应商的黑白照片，这些公司位于洛杉矶和俄克拉荷马之间的66号公路沿线，途经亚利桑那州、新墨西哥州和得克萨斯州。如果这些加油站的标识或建筑显得特别与众不同，鲁沙反而不会将它们包含在内，"特别的加油站是我首先排除在外的，我不想让它们看起来五花八门。"[7]虽然其中部分照片是黑暗中霓虹灯的模糊集合，但大多数照片都是在明亮的阳光下拍摄的，包括丰富的前

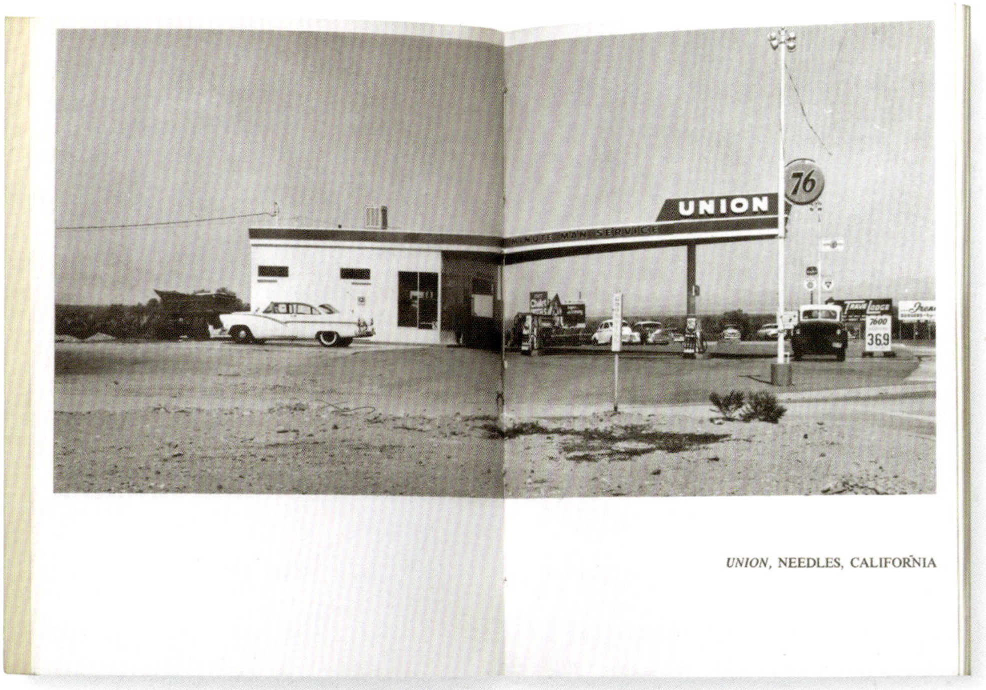

景，也暗示了艺术家与场景之间的距离。鲁沙对多样性的否定创造了一个不带感情色彩的分类法，就像那些以英语字母表中 26 个字母为特征的启蒙读物一样，《二十六个加油站》是道路建筑类型学的一种入门读物，在这一点上，单调的雷同反而会引起读者的好奇心。

鲁沙的很多艺术家书完全是由标题的文字游戏来塑造的。比如，1970 年出版的《婴儿、蛋糕与砝码》（*Baby Cakes with Weights*），书中充满了婴儿、蛋糕及其各自重量的图片[8]。蓝色简装本上有植绒字母拼写的“婴儿蛋糕”，并用粉红色的丝带扎成蝴蝶结，其颜色和材料都清楚地预示着一本婴儿读物的诞生。但书中的内容却带给人一种震撼：根据说明，一张婴儿的照片（鲁沙的儿子），15 磅 8 盎司；四层的婚礼蛋糕，有褶边装饰，8 磅 12 盎司；一种贴在包装纸上的看起来很悲伤的松饼，1½ 盎司。鲁沙准确地传达了标题中所承诺的内容，将对“婴儿蛋糕”一词的屈尊俯视调侃成了一个可笑的事实。

一个类似的文字游戏还出现在作品《有色人种》（*Colored People*，1972）中，这是鲁沙仅有的两本由彩色照片制成的书中的一本，其中没有人物肖像。相反，黄色封面后的照片描绘了在干燥气候下茁壮成长的植物：棕榈树、龙舌兰、多刺梨和仙人掌，它们在白色背景上形成了各种深浅不一的绿色轮廓。在照片之后，这本书的其余部分都是空白页面，似乎在暗示一望无垠的沙漠，或者只是让典型平装书中给定数量的签名展开。正如鲁沙所暗示的，他对标题主旨的偏离可能是将仙人掌作为墨西哥移民工人的替身[9]，但仙人掌也可以作为一种更广泛的隐喻（只是拍摄彩色照片，而非某个特定种族），它们采用了一种拟人化的幽默，棕榈树和龙舌兰更显示出一种滑稽的肢体语言。

《有色人种》的空白页面表明了鲁沙对大众市场对平装书接受程度的兴趣，这也是他制作书籍的一个重要框架。鲁沙声称，他会完全无视艺术家书作为珍贵物品的重要性，而更愿意通过将其定价为几美元来扩大其潜在的影响力，虽然在这一过程中经常会赔钱。为了拥有“清爽”的外观和“清晰的表面纹理”[10]，他常利用胶印机器进行大批量制作，使“最终产品给人一种非常商业化、专业化的感觉。我不赞同整个手工出版的领域，无论（艺术家们）多么真诚”[11]。

此外，鲁沙两本最有趣的出版物都采用了现成的尺寸。其中一本就是《日落大道上的每幢建筑》（1966），是一本风琴式的折叠书，展开后可以看到街道的两侧，全景照片彼此以 180° 角来呈现，偶数街道的数字朝上，奇数街道的数字朝下，中间则有一长段白色书页，标记着道路。《日落大道上的每幢建筑》都系统地展示了洛杉矶的乡土景观，这个地方由服务其中的散乱蔓延的车辆独特地塑造——通过安装在鲁沙汽车上的摄像头拍摄的日落大道建筑物的完美正面视图，将视野变平了。仔细观察后读者就可以发现一些有趣的并置：在 9000 街区，第一国家安全银行（First National Security Bank）非常不悦地坐落在诈骗餐厅

（Scam Restaurant）旁边；在其他地方，一座高悬的科林斯式圆柱和其宏伟的檐部被一座低矮的中世纪长街购物中心所环绕。每幢建筑的正面视图都符合鲁沙的兴趣，即“西部城镇的店面只是纸，背后的一切都是虚无的”。也就是说，暗示城市就像电影布景中的边境城镇，可能都只有建筑物的立面，而没有深度[12]。印制和装裱使得物理合成的照片形成了一个连续的图像，《日落大道上的每幢建筑》让我们联想起一个延伸于城市本身的跟踪镜头，其物理形式与一条电影胶片没有什么不同。

另一本有趣的作品则是《荷兰细节》（*Dutch Details*，1971），鲁沙以一种不同的格式和空间运动为其提供了细节。鲁沙记录了他在荷兰格罗宁根（Groningen）及其周边的桥梁上行走时的景观[13]。这个标题源于鲁沙对这个有名无实的短语本身的兴趣：“当我上飞机时，飞行员说他不知道阿姆斯特丹的天气是怎样的，但他会很快告诉我们细节……我立刻想到荷兰的细节，这让我开始着手整个项目。”[14]《荷兰细节》

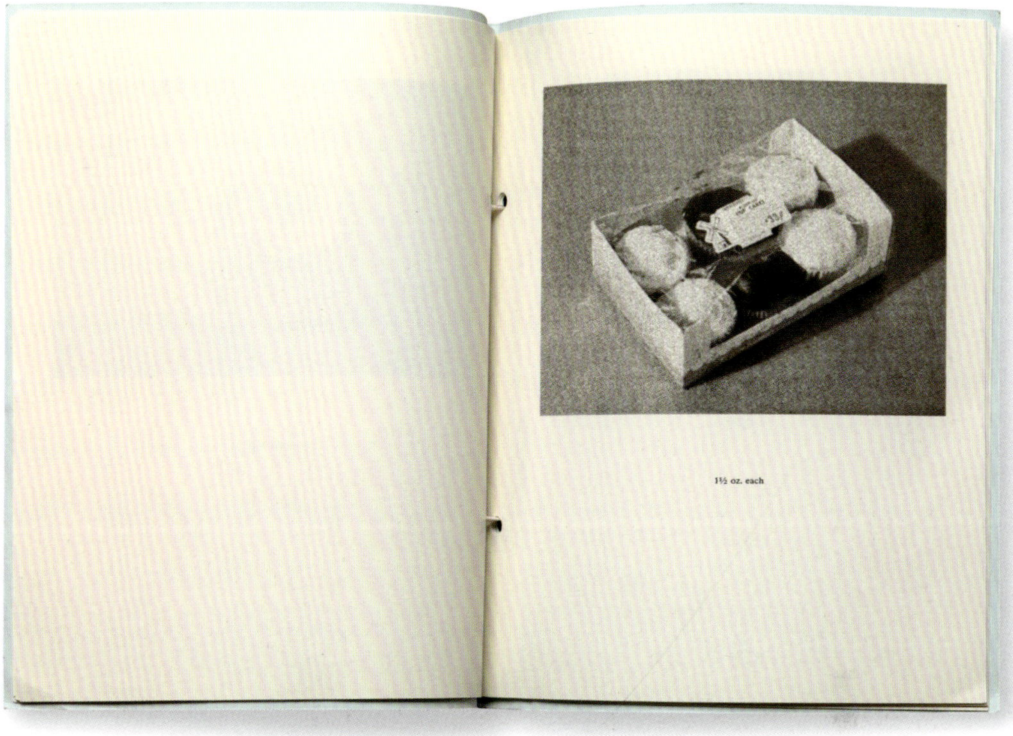

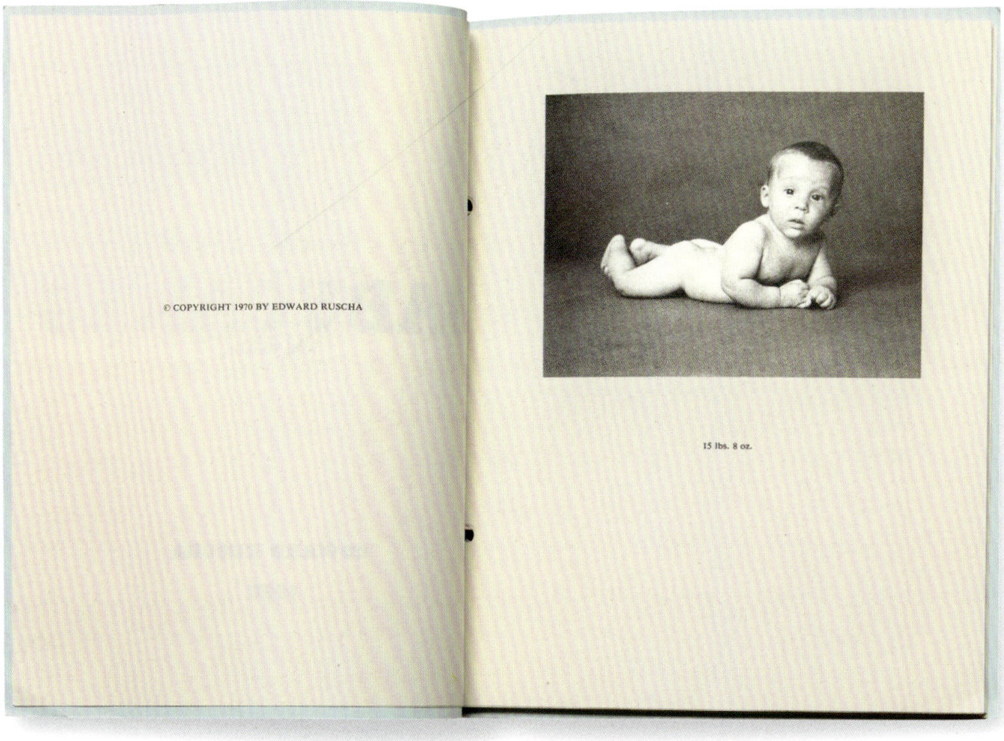

《婴儿、蛋糕与砝码》

《荷兰细节》

埃德·鲁沙

是一个长方形对开本的书，又长又窄，像一座桥，由一系列插入式胶印页面组成，其折叠宽度是封面的两倍，每一个页面都展示了10张或12张正方形黑白照片，且所有照片都位于特定的桥上。在照片序列的左边，是以一个特定细节的特写镜头为开端——圆点窗帘、连环栅栏，整齐地显示在大型落地窗前的一系列室内植物，然后继续进行焦距逐渐变长的拍摄。拍摄时，艺术家走过大桥，以获得与最初拍摄对象的距离感。跨页右手边的折页则以一个长镜头为开端，然后向位于同一座桥另一侧的不同细节移动拍摄。

当从远处观看时，荷兰视觉景观中的奇特之处好像消失了。但是，正如在《二十六个加油站》或《日落大道上的每幢建筑》中一样，鲁沙想让观众注意的是，通过持续观察所产生的易被忽视的奇观。如果说波普艺术家是通过尺度、色彩或材料转换的技巧把我们的注意力集中在日常事物的魅力上，那么鲁沙的书就迫使我们通过平庸的事物和创新的形式来关注日常事物。毫不奇怪，他的艺术家书被认为是观念艺术的先驱，尽管它们没有包含观念艺术中令人费解的艰涩。鲁沙书中的“技术数据”可能有些特殊，但它一直被这样一个特殊概念所激励：在普通的词汇、想法和景观中，仍然可以找到一些神奇的东西。

——克莱尔·莱曼

[1] 引自《旧版与新版：与埃德·鲁沙的对话》（*Nostalgia and New Editions: A Conversation with Edward Ruscha*），载于西尔维娅·沃尔夫（Sylvia Wolf）编，《埃德·鲁沙与摄影》（*Edward Ruscha and Photography*），展览画册。美国纽约：惠特尼艺术博物馆；德国哥廷根：施泰德（Steidl）出版社，2004年，第260—262页。

[2] 彼得·施耶达尔，《交通与欢笑》（*Traffic and Laughter*），载于《埃德·鲁沙》（*Edward Ruscha*），展览画册。法国里昂：圣皮埃尔当代艺术博物馆（Musée Saint-Pierre Art Contemporain），1985年，第48页。

[3] 埃德·鲁沙1966年2月25日写给出版商约翰·威尔科克（John Wilcock）的信，重印于安德鲁·罗斯（Andrew Roth）编，《关于摄影的书，第3卷》（*Books on Photography III*），美国纽约：罗斯·霍洛维茨（Roth Horowitz）出版社，1999年，第18页。

[4] 引自约翰·科普兰（John Coplans）著，《关于各种小火：埃德·鲁沙讨论他令人困惑的出版物》（*Concerning Various Small Fires: Edward Ruscha Discusses His Perplexing Publications*），载于亚历山德拉·施瓦茨（Alexandra Schwartz）编，《在信号处留下任何信息：写作、采访、小物件、书页》（*Leave Any Information at the Signal:Writings, Interview, Bits, Pages*），马萨诸塞州剑桥市和伦敦：麻省理工学院，2002年，第23—24页。

[5] 伯纳德·布利斯特（Bernard Blistène）著，《对话埃德·鲁沙》（*Conversation with Edward Ruscha*），载于亚历山德拉·施瓦茨，《在信号处留下任何信息：写作、采访、小物件、书页》，第303页。

[6] 同上； 维克多·什克洛夫斯基著，《艺术作为技术》（*Art as Technique*，1917）。

[7] 引自道格拉斯·M.戴维斯（Douglas M. Davis）著，《从普通场景中，鲁沙先生唤醒了艺术》（*From Common Scenes, Mr. Ruscha Evokes Art*），载于亚历山德拉·施瓦茨，《在信号处留下任何信息：写作、采访、小物件、书页》，第28页。

[8]《婴儿、蛋糕与砝码》由玛丽安·古德曼限量版艺术品公司（Marian Goodman' s Multiples，Inc.）出版，是盒装系列的一部分，其中包括罗伯特·史密斯森（Robert Smithson）、梅尔·博克纳（Mel Bochner）和索尔·勒维特等艺术家的作品，并附有劳伦斯·阿洛韦（Lawrence Alloway）的一篇文章。

[9]霍华德娜·平德尔（Howardena Pindell）著，《与鲁沙论战》（*Words with Ruscha*），载于亚历山德拉·施瓦茨，《在信号处留下任何信息：写作、采访、小物件、书页》，第62页。

[10] 引自约翰·科普兰著，《关于各种小火：埃德·鲁沙讨论他令人困惑的出版物》，第27页。

[11] 同上，第24页。

[12] 引自大卫·波登（David Bourdon）著，《鲁沙作为出版人（或全部售罄）》[（Ruscha as Publisher（or All Booked Up）]，载于约翰·科普兰著，《关于各种小火：埃德·鲁沙讨论他令人困惑的出版物》，第43页。

[13]《荷兰细节》是配合阿姆斯特丹市立博物馆策展人维姆·比伦（Wim Beeren）组织的一个以艺术家书和特定场域艺术作品为基础的专题展览“松斯贝克71”（Sonsbeek71）所制作的。

[14] 引自《对话蒂蒂亚·蒂布特，1971年5月27日》（*Interview with Titia Tybout, May 27,1971*）。载于亚历山德拉·施瓦茨，《在信号处留下任何信息：写作、采访、小物件、书页》，第34页。

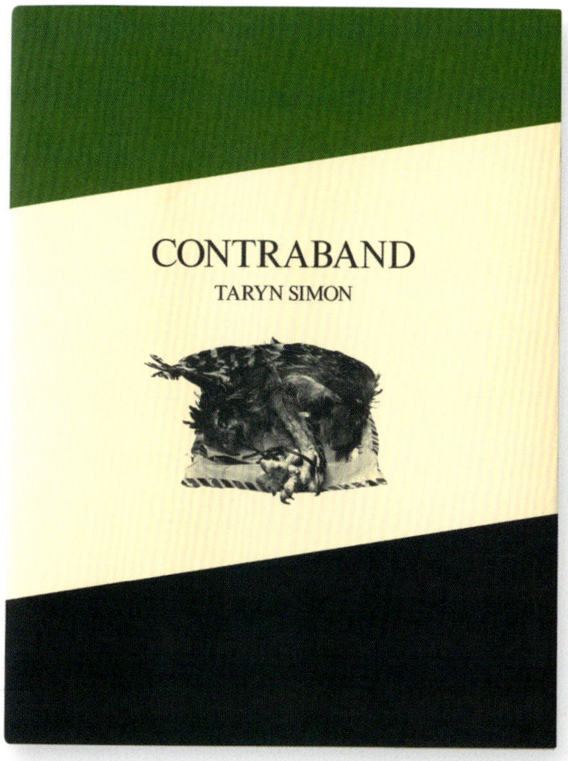
CONTRABAND
TARYN SIMON

《禁区索引》

FRUIT, MISC. (PROHIBITED)
FRUIT, MISC. (PROHIBITED)

HANDBAGS, MISC. (COUNTERFEIT)
HANDBAGS, MISC. (COUNTERFEIT)

器和车辆的通俗读物；而在第二本《西印度群岛的鸟类野外指南》（*Field Guide to the Birds of the West Indies*，2016）中，西蒙对出现在电影中的所有鸟类进行了类型学研究，根据它们出现的时间点、出现在特定电影叙述中的国家，以及出现的年份来识别它们。与此同时，她最近的一本书《文书工作与资本意志》（*Paperwork and the Will of Capital*），则是2016年冬天在纽约高古轩画廊（Gagosian Gallery）举办的同名展览的画册，通过对经常装饰条约桌的花卉摆件进行详细检查，以此来思考地缘政治的存在。

然而，在西蒙的所有出版物中，也许最能概括她的方法和关注点的著作，就是篇幅巨大、颇具权威性，且感人至深的《一位被宣告死亡的活人及其他章节一至十八》（*A Living Man Declared Dead and Other Chapters I-XVIII*）。这本书是艺术家为配合2011年在伦敦泰特现代美术馆和柏林新国家美术馆同名作品的首次展出而创作的，它是一部关于血缘关系，以及与

《西印度群岛的鸟类》

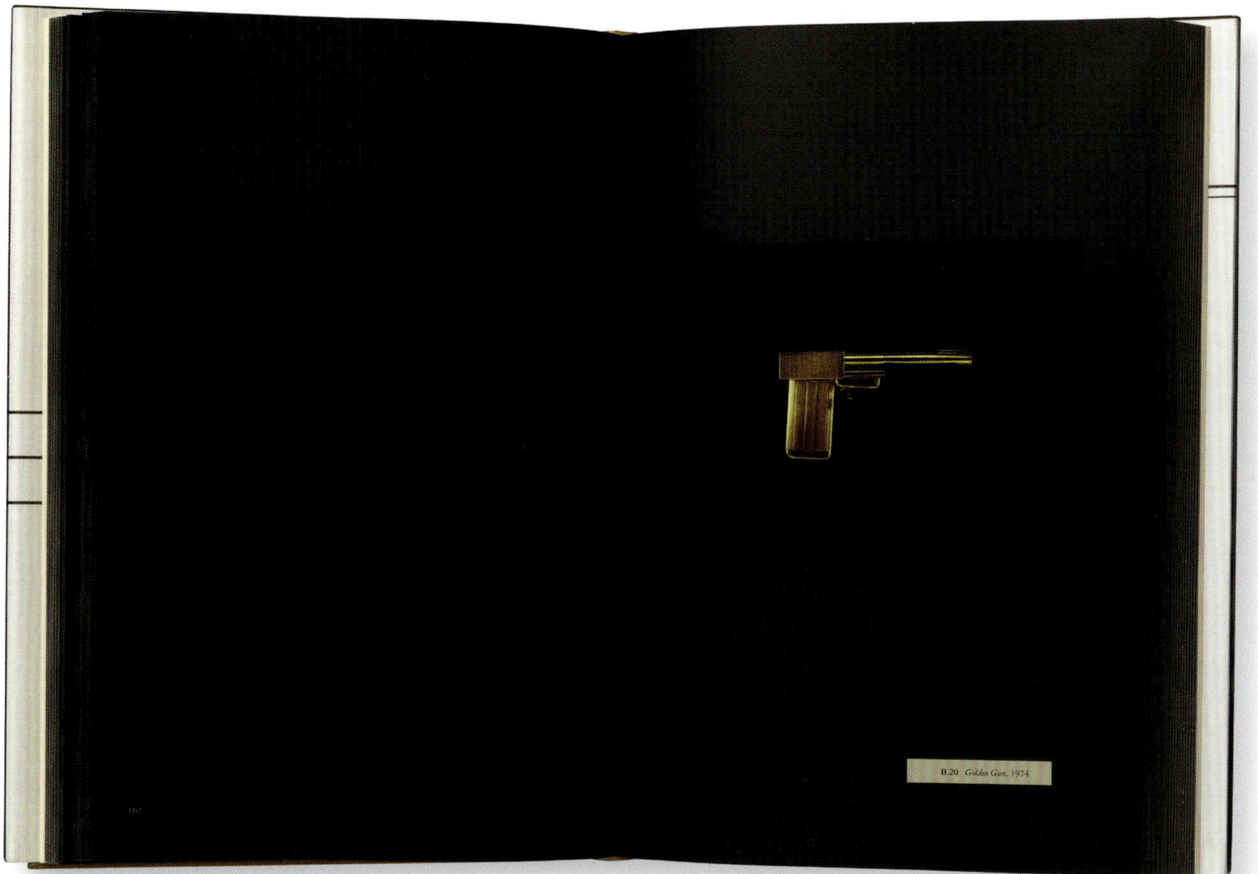

血缘关系相关的故事所展开的思考。书中有上千张照片，跨越 850 页，包括若干折叠页，是艺术家 4 年世界旅行的产物。在此期间，她采访并拍摄了与 18 个不同家庭故事有关的人群，每个家庭都有一系列关键人物肖像，以及为那些不愿意或无法被拍照的人所留出的空白空间。书中还包括解释所讲故事的文本、一系列补充证据，如艺术家为创作找到的照片和档案文件。在这些页面中，我们还见到了汉斯·弗兰克（Hans Frank）的后代，他是希特勒的私人律师，在担任被占领的波兰总督期间没收了列奥纳多·达·芬奇（Leonardo da Vinci）的画作《抱貂的女人》（*Lady with an Ermine*）；拉蒂夫·叶海亚（Latif Yahia）家族，自称是萨达姆·侯赛因的儿子乌代（Uday）的替身；1904 年在圣路易斯举行的世界博览会上，被作为展览部分展出的一名菲律宾男子卡布雷拉·安托（Cabrera Antero）尚在世的家人。该项目的题目来源于第一章的内容：

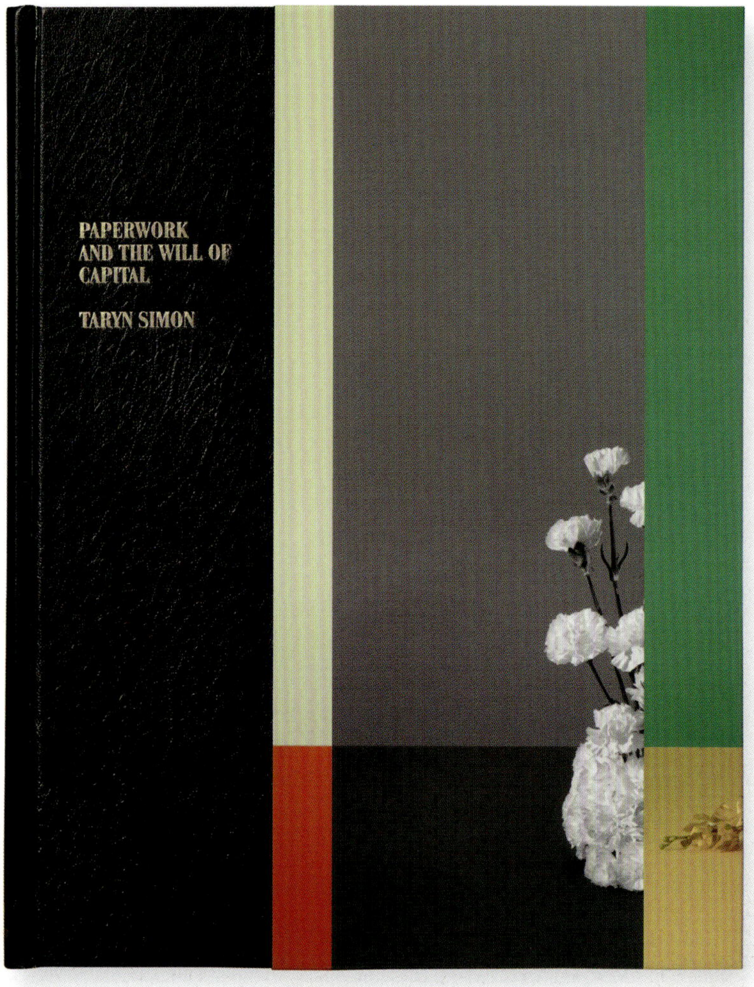

《文书工作与资本意志》

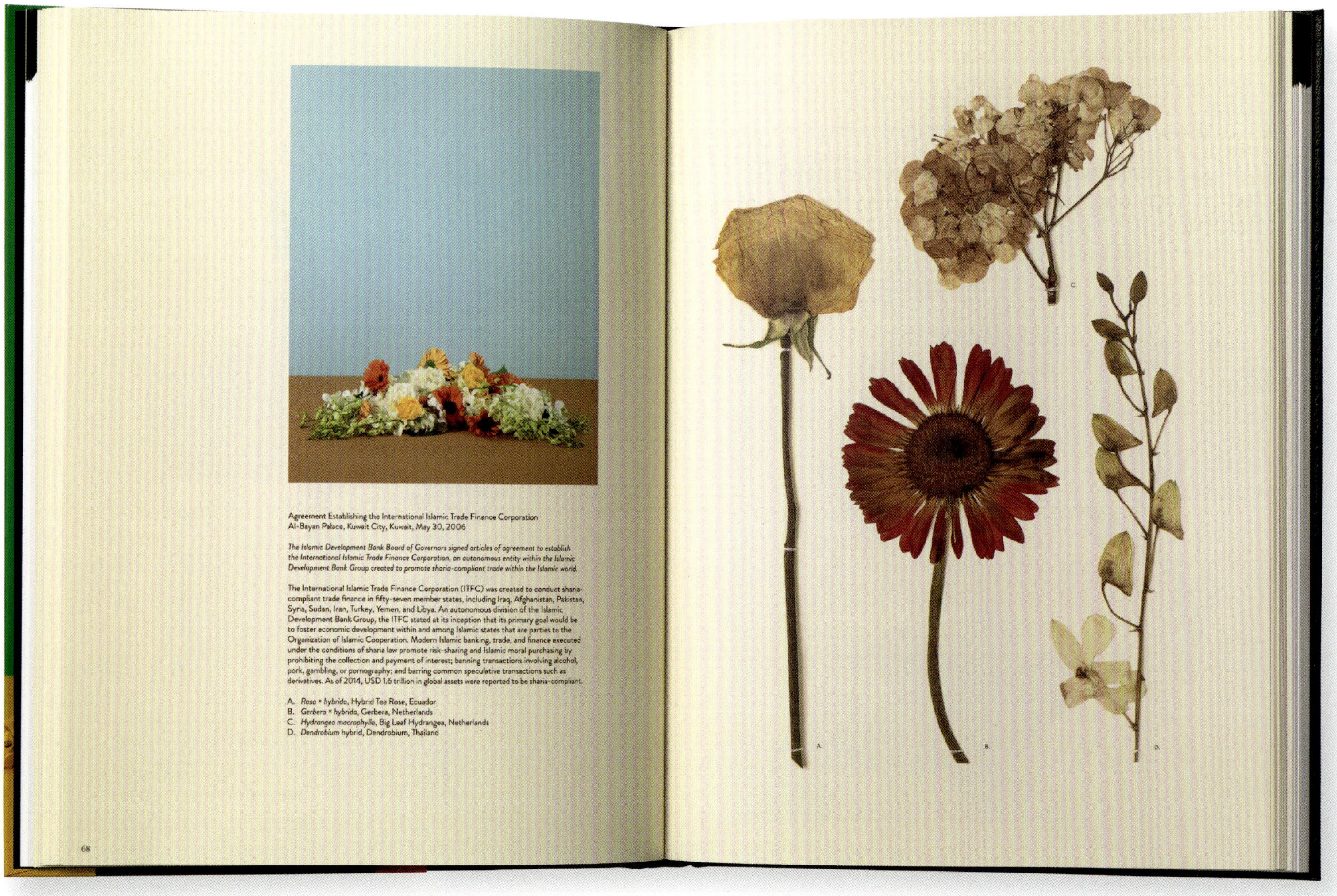

Agreement Establishing the International Islamic Trade Finance Corporation
Al-Bayan Palace, Kuwait City, Kuwait, May 30, 2006
The Islamic Development Bank Board of Governors signed articles of agreement to establish the International Islamic Trade Finance Corporation, an autonomous entity within the Islamic Development Bank Group created to promote sharia-compliant trade within the Islamic world.
The International Islamic Trade Finance Corporation (ITFC) was created to conduct sharia-compliant trade finance in fifty-seven member states, including Iraq, Afghanistan, Pakistan, Syria, Sudan, Iran, Turkey, Yemen, and Libya. An autonomous division of the Islamic Development Bank Group, the ITFC stated at its inception that its primary goal would be to foster economic development within and among Islamic states that are parties to the Organization of Islamic Cooperation. Modern Islamic banking, trade, and finance executed under the conditions of sharia law promote risk-sharing and Islamic moral purchasing by prohibiting the collection and payment of interest; banning transactions involving alcohol, pork, gambling, or pornography; and barring common speculative transactions such as derivatives. As of 2014, USD 1.6 trillion in global assets were reported to be sharia-compliant.
A. Rosa × hybrida, Hybrid Tea Rose, Ecuador
B. Gerbera × hybrida, Gerbera, Netherlands
C. Hydrangea macrophylla, Big Leaf Hydrangea, Netherlands
D. Dendrobium hybrid, Dendrobium, Thailand

《一位被宣告死亡的活人及其他章节一至十八》

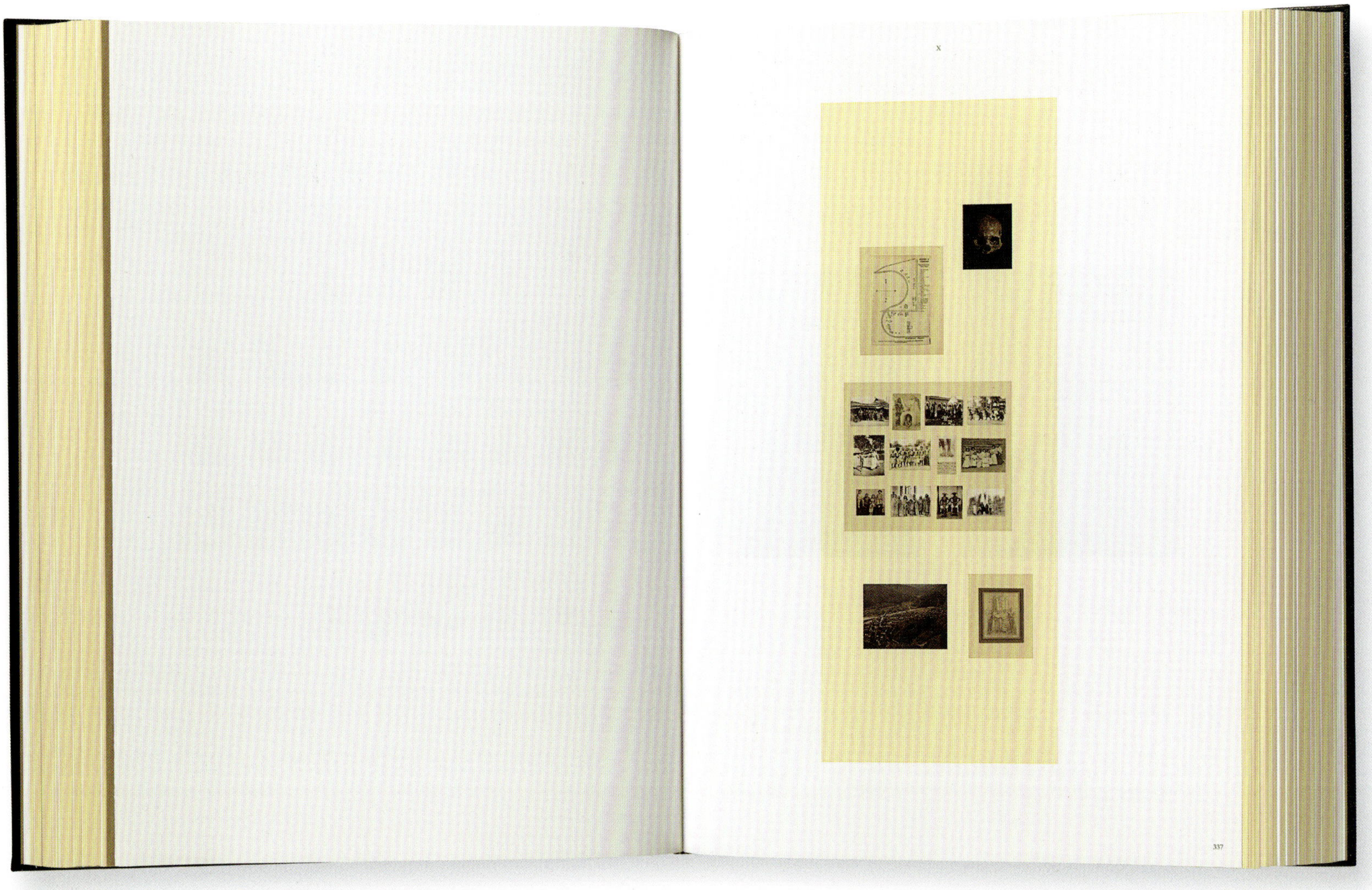
x
337

达奈·亚达夫（Dhanaiy Yadav）的亲人之间的长期不和，在这个故事中，他的儿子和侄子发现其他家庭成员与当地官员合谋，宣告他们（儿子和侄子）已经死亡，以征用他们的土地。

真实与虚假、在场与缺席、表面上活着的人与假定死去的人之间的这种震荡，构成了西蒙敏锐地从事艺术实践的概念及其情感力量的源泉，在这种艺术实践中，图像与文本紧密交织在一起。泰特美术馆策展人西蒙·贝克（Simon Baker）在介绍该馆最近出版的这本艺术家书时，提到了瓦尔特·本雅明在20世纪30年代中期提出的观点："我们必须要摄影师能够在他的照片下面加上这样一个标题，以赋予其革命性的使用价值。"[4]西蒙就是这样做的，拒绝她图像中的模棱两可。因此，贝克观察到，她是"一位难相处的艺术家。就好像是为了回应本雅明所说的大众传播图像中普遍存在的心不在焉，西蒙为她的观众提供了大量的材料记录和所积累的细节，无论是视觉上还是文字上，都能抵消图像日益快速的流动，吸引观众解释其存在并扩大其影响。"[5]

——杰弗里·卡斯特纳

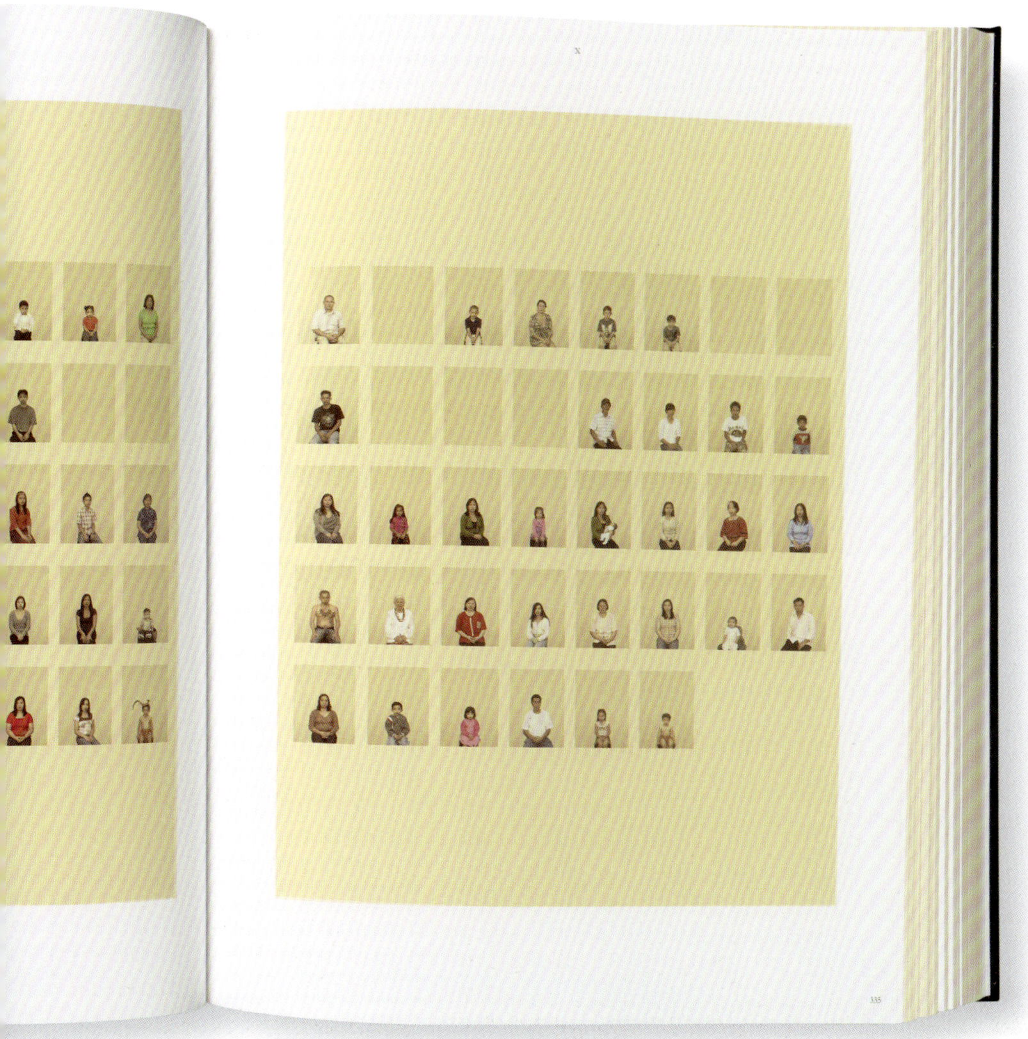

[1] 泰伦·西蒙著，《文书工作与资本意志》，载于查理·罗斯（Charlie Rose）采访，《查理·罗斯》（*Charlie Rose*），2016年4月27日，http://www .bloomberg.com/news/videos/2016-04-27 /-paperwork-and-the-will-of-capital-charlie -rose.

[2] 泰伦·西蒙写在《无辜者》的前言，美国纽约：树荫出版社（Umbrage），2003年，第7页。重印于泰伦·西蒙著，《后视图、恒星形成星云和对外宣传办公室：泰伦·西蒙的作品》（*Rear Views, A Star-Forming Nebula, and the Office of Foreign Propaganda: The Works of Taryn Simon*），英国伦敦：泰特出版社，2015年，第36—37页。该书是西蒙过去15年的一系列作品的选集。

[3] 泰伦·西蒙著，《后视图、恒星形成星云和对外宣传办公室：泰伦·西蒙的作品》，第15页。

[4] 西蒙·贝克著，《拒绝自由浮动的起源或目的地》（*Refusal to Float Free of Origin or Destination*），载于泰伦·西蒙著，《后视图、恒星形成星云和对外宣传办公室：泰伦·西蒙的作品》，第7页。参见瓦尔特·本雅明著，《作为生产者的作者》（*The Author as Producer*），载于安娜·博斯托克（Anna Bostock）译，《理解布莱希特》（*Understanding Brecht*），英国伦敦：维索（Verso）出版社，1998年，第95页。

[5] 西蒙·贝克著，《拒绝自由浮动的起源或目的地》，第7页。

乔希·史密斯

（1976 年生于美国田纳西州诺克斯维尔）

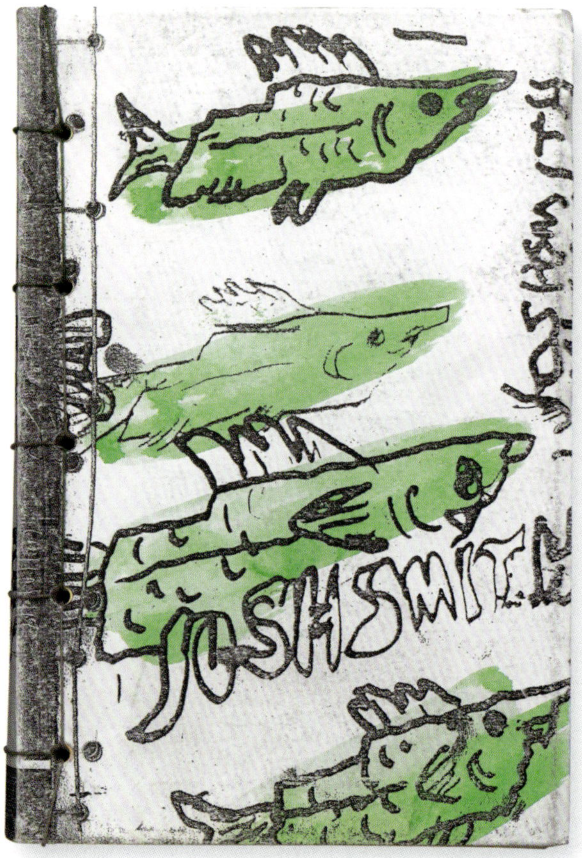

《田纳西州鱼书》

乔希·史密斯（Josh Smith）不停地让图像丰富多元。自 2000 年以来，他在绘画、版画、素描和书籍中加入了数百种甚至数千种简单视觉图案的变体，如跳跃的鱼、单片的叶子和他自己的名字。在史密斯的画板和页面上，这种传播很快就把一片孤立的叶子变成了森林，把一条鱼变成了一个巨大的鱼群，但这些形状和特征并不是他的主题。相反，它们的功能只是作为原型，允许艺术家专注于不同形式的增殖和排列。虽然史密斯被比作基思·哈林（Keith Haring）、让-米歇尔·巴斯奎特（Jean-Michel Basquiat）、恩斯特·路德维希·柯克纳（Ernst Ludwig Kirchner）这些艺术家，但他本人否认对表现主义有任何兴趣，声称“表现主义的想法令我难堪”[1]。而史密斯似乎是按照迪特尔·罗斯的豪言壮语“数量，而不是质量”，来指导他的书籍实践的。

史密斯接受过版画创作的训练，他解释说，他在大学里选择死记硬背的科目，以便自己能够专注于复制技术：“我不想把宝贵的时间花在印刷厂中的创意思考上。相反，我想通过修改和回收预先确定的设计，可以从技术上学习如何做事情，并记住它们。”[2] 史密斯的版画学习，还向他介绍了一种特别的日本书籍装订方法。在这种装订方法中，线是通过在一捆纸的边缘上打一系列孔后手工缠绕而成的。正如他所说，这是一种简单的技术，可以让他的书与“几乎所有我能找到的松散的纸张”都有所不同，从而让他感到自由[3]。史密斯的许多书籍（迄今为止超过 100 本书）都坚持这种态度，其中包括复印的垃圾邮件页、地铁地图上的涂鸦、用橡皮图章制成的图形图案，以及总统、飞机和不法分子的素描[4]。虽说这些看似被抛弃的主题看起来不值得以书籍（一种典型的表示其内容值得长久保存的媒介）的形式来纪念，但是这种悖论对书的意义却至关重要。史密斯通过对他独特的密码集合的整理、排序和扩散，一页一页地阐明他真正的艺术主题就是复制本身。

史密斯的书籍出版通常采用较小的印量，通常是四五十本。此外，他还经常会用水彩或铅笔的快速涂鸦来扩充每个版本。比如，《田纳西州鱼书》（*Tennessee Fish Book*，2004）就是一本手工缝制的书，封面上装饰着泼洒的水彩画（其中鱼的外部轮廓被修改成类似田纳西州的形状），内里收集了史密斯家乡鱼类的铅笔素描，且每一张都被详细编号。在书开头和结尾的黄页上还列出了相应的物种名称，其中许多名称令人惊叹，如“蓝光鱼”“眺望星星的鱵”“铜颊飞镖鱼”“南方星点底鲔”。与史密斯许多乱七八槽的涂鸦相比，这些鱼都被细致地渲染，就像是从野外指南中复制的一样，只是没有颜色，使得这些图画很难被识别。《田纳西州鱼书》是一本影印本，有种杂志书的感觉，而史密斯在 2008 年出版的《鱼书》（*Fish Book*）则展示了艺术家对手工艺品的浓厚兴趣。这是一部史密斯的木刻画复制品的汇编，其经折装的呈波

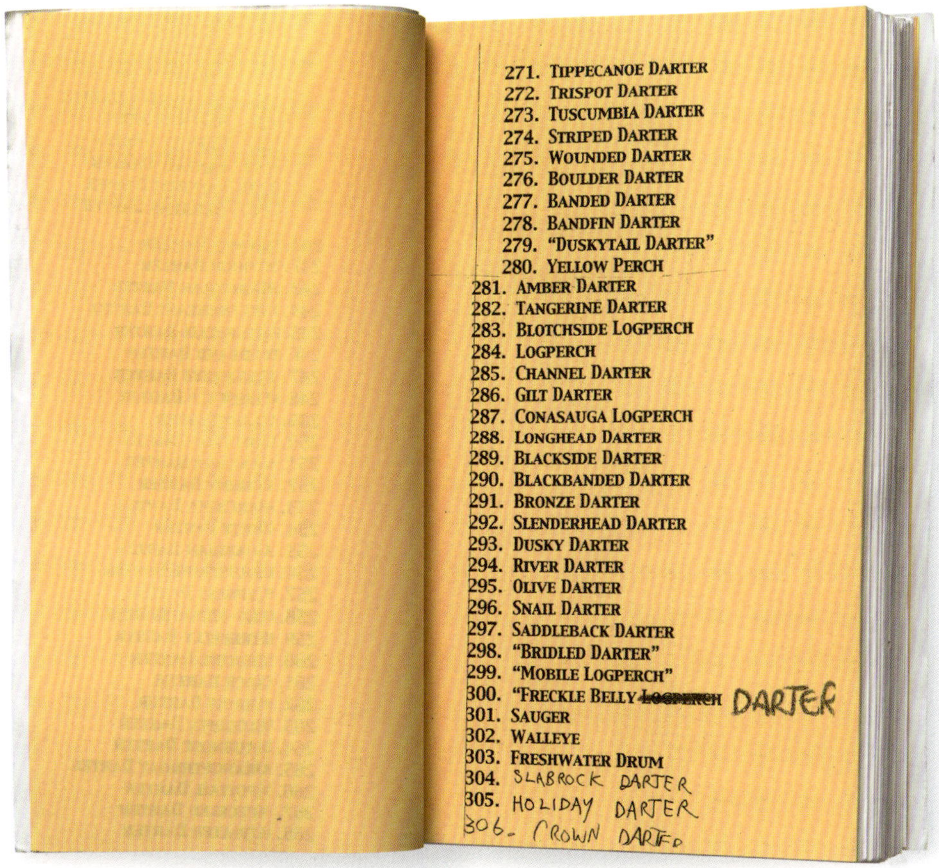

浪形和大理石花感，带有不同的棕褐色变化，仿佛它已经在茶浴中被做旧了。尽管木刻复制品是影印的，但这本书整体上仍与艺术家书籍设计传统相呼应，且此书是以豪华版规格制作的。在这里，史密斯通过影印木刻作品，使最后的书籍作品看起来像是从复印机中复印出来的手工珍品。

尽管史密斯的许多书都以这种手工干预为特色，但他也会将未经修改的印刷品装订成册以彰显其客观性。这种设计思路是罗斯在其系列《每日镜报》（1961年，第 242 页）中首创的，即全书是将报纸页面剪下来并装订成立方体的小卷。史密斯的《比萨饼书》（*Pizza Book*，日期不详）就包含一个用硬纸板包装的冷冻意大利辣香肠和蔬菜馅饼的封面，而内页则来自运输和绘画材料供应目录、《纽约邮报》（*New York Post*）和库存图像销售手册，这些小册子都被剪成了统一的大小后手工装订。

虽然专门为回收站设计的垃圾邮寄目录页对一本书来说显得微不足道，但在《梅西的书》（*Macy' s Book*，日期不详）中却是对挪用印刷品这一行为至关重要的描述。在黑白复印本中，史密斯将这家同名百货公司的广告统一缩小到 5.5 × 7.5 英寸（这种广告通常夹在周日报纸的版面中）。史密斯的传真版尤其引人注目，它甚至包括两张松散的广告卡（通常是为了防止它们脱落并引起注意而制作），它们被小心地剪成一定尺寸并放在订口附近。史密斯认为，用垃圾印刷品制作书籍看似琐碎（无论是手工装订书页，还是精心缩小原稿都很复杂），但这两种操作都突出了艺术家在挪用行为中的存在感。

史密斯以图像为基础的书页和他收集的印刷材料的匿名小册子之间，有大量的清单、涂鸦和签名。在装订成册的《波士顿书 2》（*Boston Book 2*，2003）中，史密斯用哥特式字体（取自该市报纸《环球》的标识）将“波士顿”一词的多个剪影以及一系列备用循环线（looping lines）重新混合在一起，使其行数看起来像是随机选择和标记的。类似的设计方案还有“纽约死亡之旅”（*New York Death Trip*，2003-2008）系列丛书。比如，在《纽约死亡之旅 3》（*New York Death Trip 3*，2003）中，绘制粗犷的头盖骨、晦涩难懂的涂鸦和作者的变体签名被叠加在地铁地图和美国交通管理局（MTA）时间表上。《OTB》（2001）和《OTB2》（2003）则以在空白纸上用大写字母写的“明星初次登场”“生姜舞者”“欺骗性魅力”“酷酷”等在场

ONE DAY SALE
don't stop till they turn out the lights
Wednesday, July 13 is the one!
Open 9am until 11pm!
preview day Tuesday, July 12
Plus, shop early for our
DOORBUSTERS
9am until noon Wednesday,
10am until 1pm Tuesday
macy's way to shop

BOSTON
BOOK
2

《波士顿书 2》

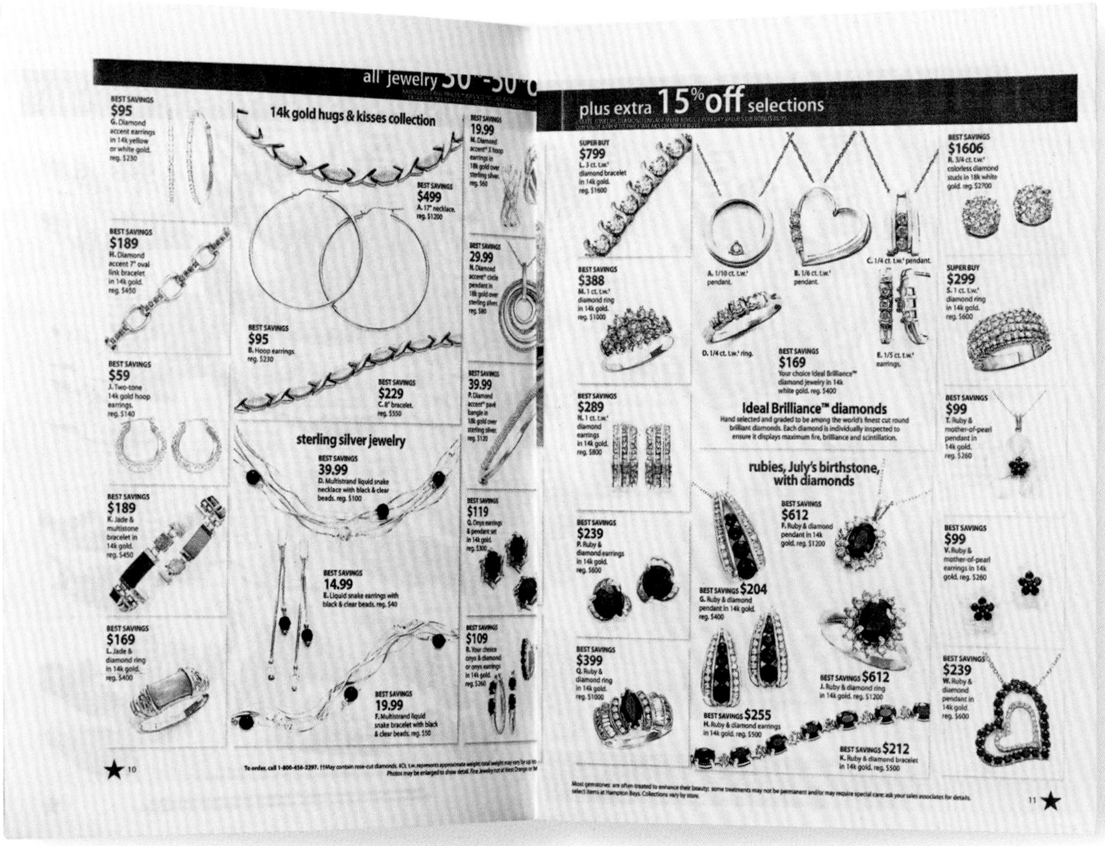
all jewelry
14k gold hugs & kisses collection
sterling silver jewelry
plus extra 15%off selections
Ideal Brilliance™ diamonds
rubies, July's birthstone, with diamonds

《梅西的书》

外投注赛马的名字为特色。《乔希·史密斯》（*Josh Smith*，2004），是史密斯出版物中多本同名书之一，均由带有艺术家姓名的书页组成，这些签名形状各异，有卷曲状的、边框状的、螺旋状的，这些螺旋甚至可以被组成眼镜蛇状。在这些干净、专业的图形漩涡中，史密斯的签名反而显得特别尴尬，就好像一个小学生在用一只不稳的手写的，且因笔尖挂住了页面，造成了污迹和污点。如果一个人的名字一遍又一遍地被誊写的行为会使人想起一些迷茫的边缘化少年，那么史密斯的书的制作思路却是使边缘成为中心，通过重述来提升无关紧要的事物的重要性。

史密斯与书籍的接触最终使他创建了自己的出版社，38 街出版社。如今，该出版社致力于销售那些对做书感兴趣的艺术家的作品，同时解决自出版的销售难题。38 街出版社迄今为止出版了理查德·黑尔（Richard Hell）、特里·温特斯（Terry Winters）、迈克尔·圣约翰（Michael St.John）、塞思·普莱斯（Seth Price）、罗布·普鲁伊特（Rob Pruitt）和乔伊斯·彭萨托（Joyce Pensato）等人的作品，以及史密斯自己的几本书。一位作家还曾因为“乔希的慷慨大方和他的

《纽约死亡之旅 3》

艺术兄弟情谊”向38街出版社表示致敬[5]。该出版社还强调了史密斯的信念，即书籍应该被广泛制作和消费——38街出版的所有书籍让读者都买得起，其价格与商业平装书相似。

史密斯在书籍创作中始终贯穿着自己制作的色彩。策展人安东尼·埃尔姆斯（Anthony Elms）曾经指出，这位艺术家的书籍实践让他想到了“痴迷地下朋克摇滚乐队所花费的时间，检查货物表，拼命想弄明白许多7英寸的单曲、录音带、手印衬衫、杂志和唱片”。而且，埃尔姆斯指出，就像朋克音乐的制作人一样，“史密斯将继续在小批量的生产中不断变化，没有可预测的发行日期……有些作品干净而紧凑，有些则拖沓而松散”[6]。这种异质性源于史密斯对内容的极度开放，正如这位艺术家所承认的，它“可以是任何东西”[7]。对史密斯来说，书只是提供了一个空间，在这个空间里，最简单的事物可以成倍增加、绑定并保存，最终使其成为存储空间和创意的繁殖地。

——克莱尔·莱曼

[1] 引自艺术家与阿希姆·霍克德尔（Achim Hochdörfer）的对话，载于阿希姆·霍克德尔编，《乔希·史密斯：隐藏飞镖读本》（*Josh Smith: Hidden Darts Reader*），展览画册。德国科隆：瓦尔特·柯尼格出版社；纽约：D.A.P./分销式艺术出版商，2008年，第32页。

[2] 麦克斯·费斯特（Max Fierst）执导，《乔希·史密斯：雕塑》（*Josh Smith: Sculpture*），2015年，数字视频，21:28，http://www.vimeo.com/140340945.

[3] 同上。

[4] 史密斯的精装复印本让人想起1970年荒木经惟（Nobuyoshi Araki）《复印书》（*Photocopy Books*）中的美学——这是一本25卷的黑白复印图像系列出版物，装订为手工缝制。

[5] 艾拉·G. 沃尔著，《乔希·史密斯并不害怕》（*Josh Smith Is Not Afraid*），载于《帕克特》杂志，第85期，2009年，第165页。

[6] 安东尼·埃尔姆斯，引自霍克德尔编，《隐藏飞镖读本》，第11—12页。

[7] 引自霍克德尔编，《隐藏飞镖读本》，第39页。

《乔希·史密斯》

沃尔夫冈·提尔曼斯

（1968 年生于德国莱姆斯希德）

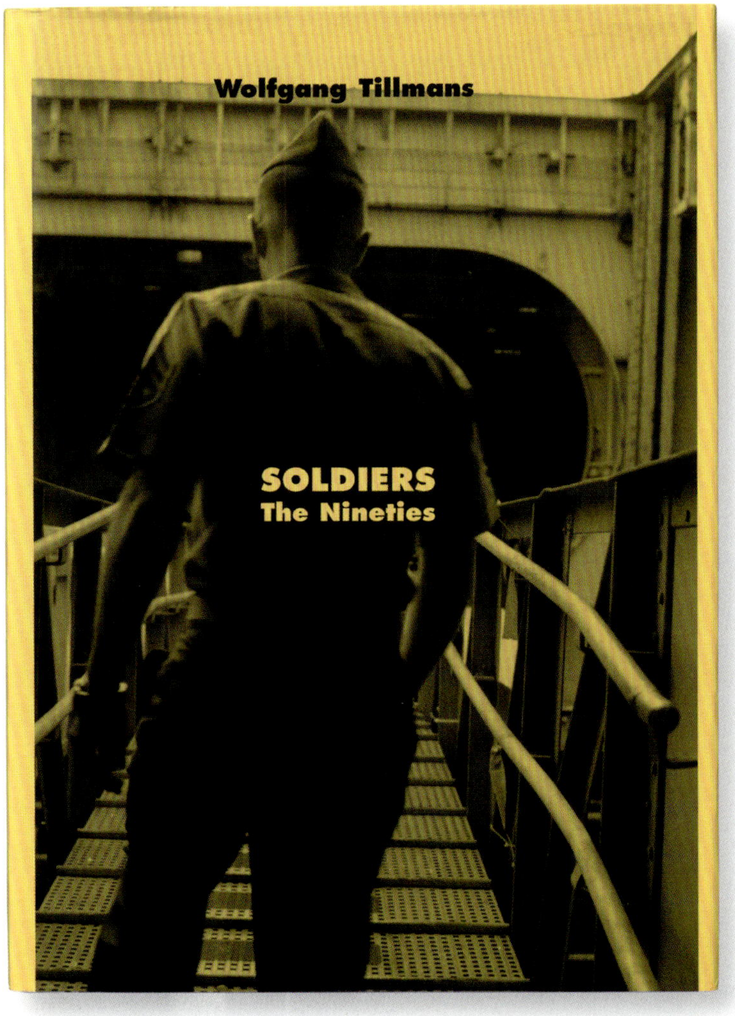

《士兵：九十年代》

沃尔夫冈·提尔曼斯（Wolfgang Tillmans）作品之所以著名，在于艺术家从世俗中召唤优雅的能力。透过镜头，一杯陈年的咖啡杯上破裂的表面变成了河流蜿蜒而过的景色；窗台上的烟蒂和过期的水果分解成了当代“虚空派”（vanitas）的静物绘画；沙滩上一群身体纠缠在一起的朋友形成了一个螺纹，其比例与贝壳的螺纹相似。但令人惊讶的是，他最初的一些艺术实践甚至没有涉及相机，那时的提尔曼斯是通过探索印刷页面的表面质感和古籍手抄本中的序列问题来创作艺术的。十几岁时，他在第一份办公室工作中就开始用复印机来进行艺术探索，如将从报纸上找到的图像放大到足够分散且色调模糊，然后将成品排列到杂志（zines）或未装裱的三联照中，并说服当地一家咖啡馆展示这些作品。

这种对出版和展览的双重兴趣反映了艺术家对观众接受程度和发行方式的关注。提尔曼斯在 20 世纪 90 年代初崭露头角，在《i-D》和《面孔》（*The Face*）等时尚杂志上展示了引人注目的艺术天分，并继续在艺术家书和画廊展览中探索视觉世界的惊人多样性：裸体和穿衣服的身体，纯粹抽象的色彩和线条，日落、彩虹、月亮和月食，汽车和超音速喷气式飞机。然而，无论摄影类型如何变化，提尔曼斯总是利用一切可用光线进行拍摄，从不做后期[1]。这种直接的技术方法可能暗示着他对无中介再现的坚持，但提尔曼斯又会通过完全不同的设计方案来积极改变他的图像。正如西蒙·沃特尼（Simon Watney）在提尔曼斯的第一部作品《沃尔夫冈·提尔曼斯》（*Wolfgang Tillmans*，1995）的序言中所写的那样，提尔曼斯艺术实践的核心是相信“照片可以按照排列和编辑的方式来叙述想法和价值”[2]。一个典型的装置可能在不同的支撑物上有不同比例的图像，杂志页面可以通过塑料照片角安装在墙上，复印报纸放大后也能在装订夹上悬挂，成为无边框喷墨打印图，以及在墙壁上呈现抽象的显色印相，或是以不规则的方式在桌面上堆叠作品，以鼓励观众用明显的三维方式在其周围走动。但作为一名书籍制作者，提尔曼斯的建议更具推进性。这位艺术家通过对照片的选择、设计和排序，试图通过“一种流动的（图像）流”来成为他所认为的观众的“动力”，这种流动性虽然在视觉上占据主导地位，但本质仍是一种“文本”[3]。

提尔曼斯早期对新闻图片的迷恋，最终成就了作品《士兵：九十年代》（*Soldiers：The Nineties*，1999），汇集了报纸上军人的照片。除了偶尔带有的剪报标题外，没有任何文字，黑白照片被复制在灰白色新闻纸样的材料上（尽管护封是黑色半色调，且印在带亮光的黄色纸上）。其中一张剪报中，一名士兵

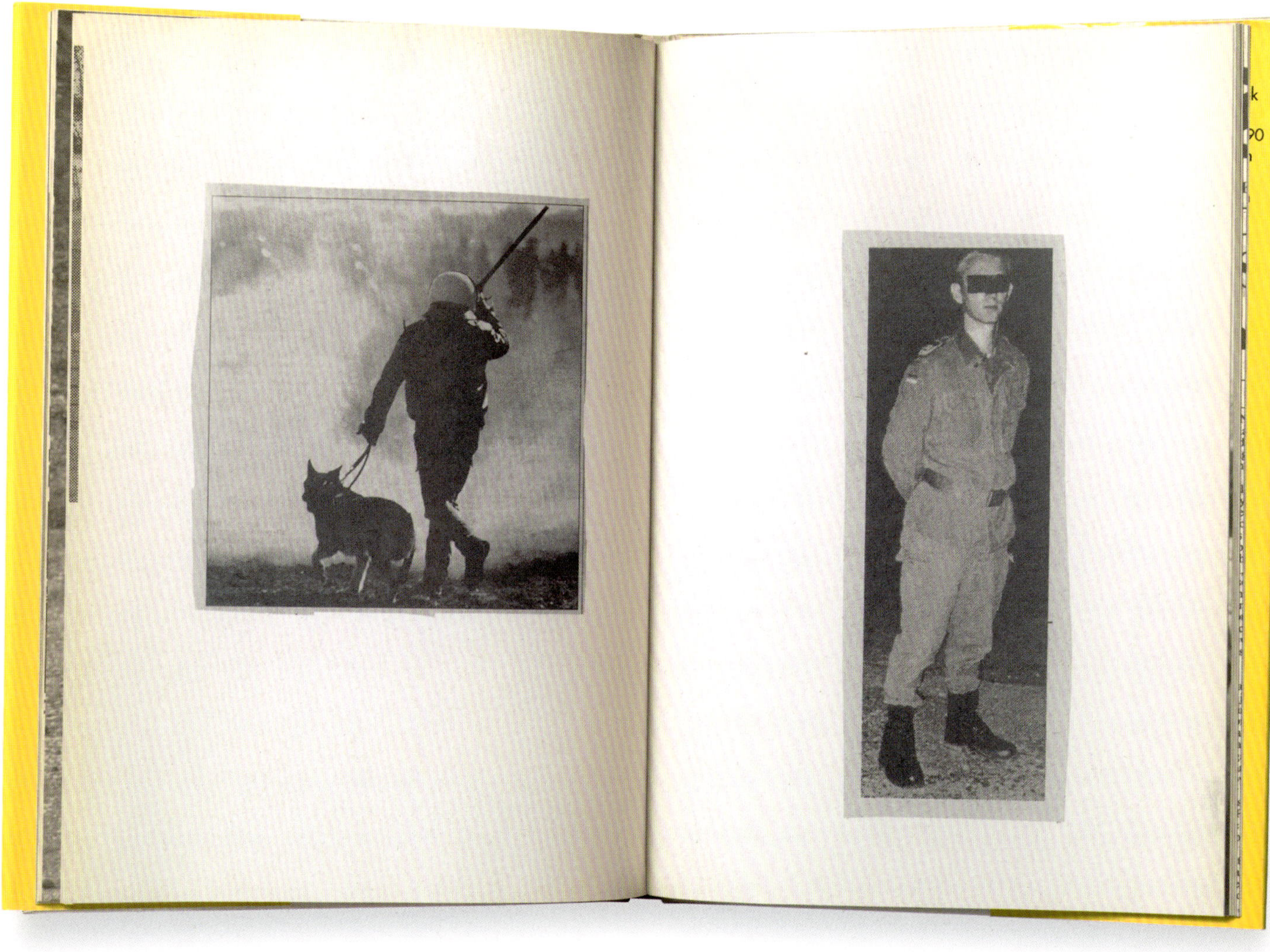

的眼睛被一条深色的修订条带遮住，双臂则交握于背后。另一张则是一个跨页，一边是一群疲惫的士兵伸出手来好像要触摸边框外的人，另一边一张小得多的翻印照片中一位孤独的士兵抱着一个黑发女人。后一张图片随即又出现在一个由4张新闻图片组成的更大的网格中，其标题保持不变：一名以色列士兵在自杀性爆炸后安慰一名女同事。这一系列展示了提尔曼斯对“如何改变我们对意义的感知”这一命题的理解，这种认识本身来自他对新闻中摄影媒介的批判。

提尔曼斯同年出版的另一本书《日全食》（*Totale Sonnenfinsternis — Total Solar Eclipse*）则探讨了另一种现象，即对清晰再现提出了一个挑战。这本优雅的小书集合了提尔曼斯最初拍摄的日食照片，包括数据传真、科学图纸以及太空中行星和卫星的图像。这位艺术家在孩提时代就痴迷于天文学，认为望远镜是他“观看的视觉启蒙：感知能力的问题，即区分此物和彼物的能力，一直是我的兴趣……这在政治上和科学上一样有趣。”[4] 在展览中，日食照片以栅格形式展现在美术馆的墙上；但在出版物中，提尔曼斯修改了图像的比例和顺序，小插图伴随着跨页的照片，将日食的两个阶段以略微不同的比例和方向并排展示。有一个跨页展示了两幅面向天空的画面，每张照片中的太阳都被电话线和树枝遮挡。在左页，太阳光极其强烈，其光线通过光圈形成6个衍射尖峰，然而令人费解的是，天空却是一种阴郁的深蓝色色调。在右页，月亮在太阳中心，看起来像是一个小圆点，就似一个完美的靶心。左页阴沉的图像后文很快就会解释，但提尔曼斯对“可见”事物的兴趣在这一配对中得以呈现，日食是通过镜头揭示的，它暴露了我们肉眼无法安全观察到的东西。

提尔曼斯耐心观察天空的特点也赋予了《协和式飞机》（*Concorde*，1997）一书的基本格调，这位艺术家在书的前勒口将其主题描述为“一种超现代的时代错误，一种通过技术克服时间和距离的渴望的图

Politik
ALLIES RESOLVE TO BOLSTER
U.N. PEACEKEEPING IN BOSNIA;
U.S. WEIGHS A GROUND ROLE

像”，这里的“技术”也可以说是指摄影本身[5]。提尔曼斯在多种场景中拍摄了协和式飞机的起飞和降落，如隔着铁丝网围栏，对着粉色、灰色或蓝色的天空，飞机攀升和下降。除了一张跨页照片外，这些图像仅出现在右页，且整页出血，常以3—7张图片简短、连续的分组来呈现，如飞机起飞、在特定的景观上飞行，或随着一股烟雾消失在远处的一团云中。这种排版让人想起了动画书（flipbook），也暗示人们可以快速翻阅页面，使飞机的前进具有动画效果。在一张照片中，飞机微小的轮廓与悬挂在前景中背光树上的果实比例相吻合，就像一只小鸟在树枝上滑翔降落。在这里，提尔曼斯强调了飞机的“环境梦魇”。正如他所说：“人类对个人能够独立行动的愿望是可以理解的，但其后果也可能是可怕的。”[6]

提尔曼斯对通勤上班如何填补人类数小时的集体时间充满兴趣，也激发他创作了一本类似《协和式飞机》的《汽车》（*The Cars*，2015），后者在20年后出版。当《协和式飞机》检验精英们的“通勤”选择时，《汽车》则集中于一台普通的机器上，正如提尔曼斯

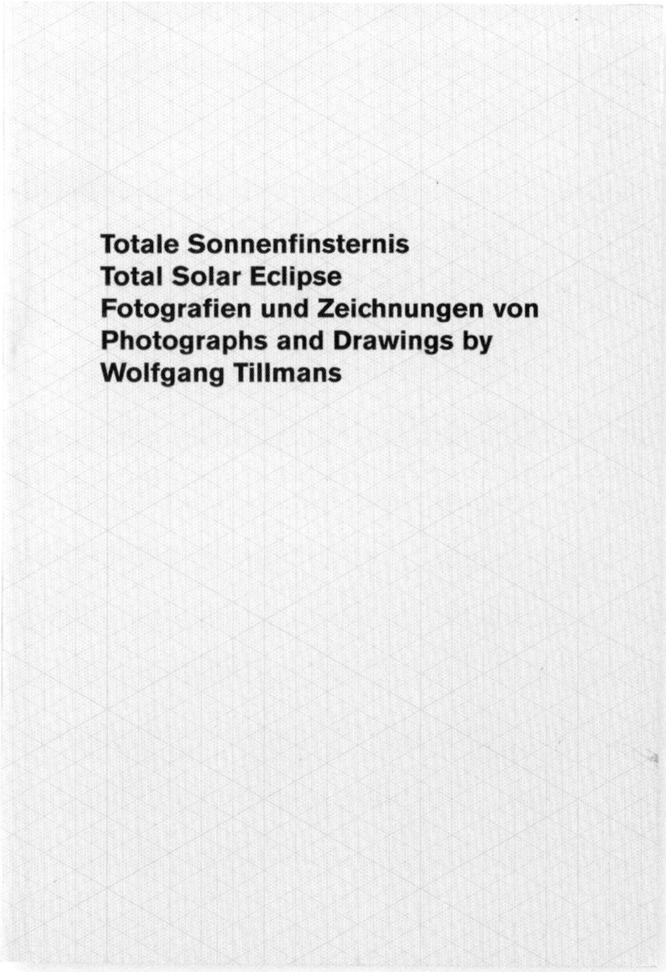
Totale Sonnenfinsternis
Total Solar Eclipse
Fotografien und Zeichnungen von
Photographs and Drawings by
Wolfgang Tillmans

《日全食》

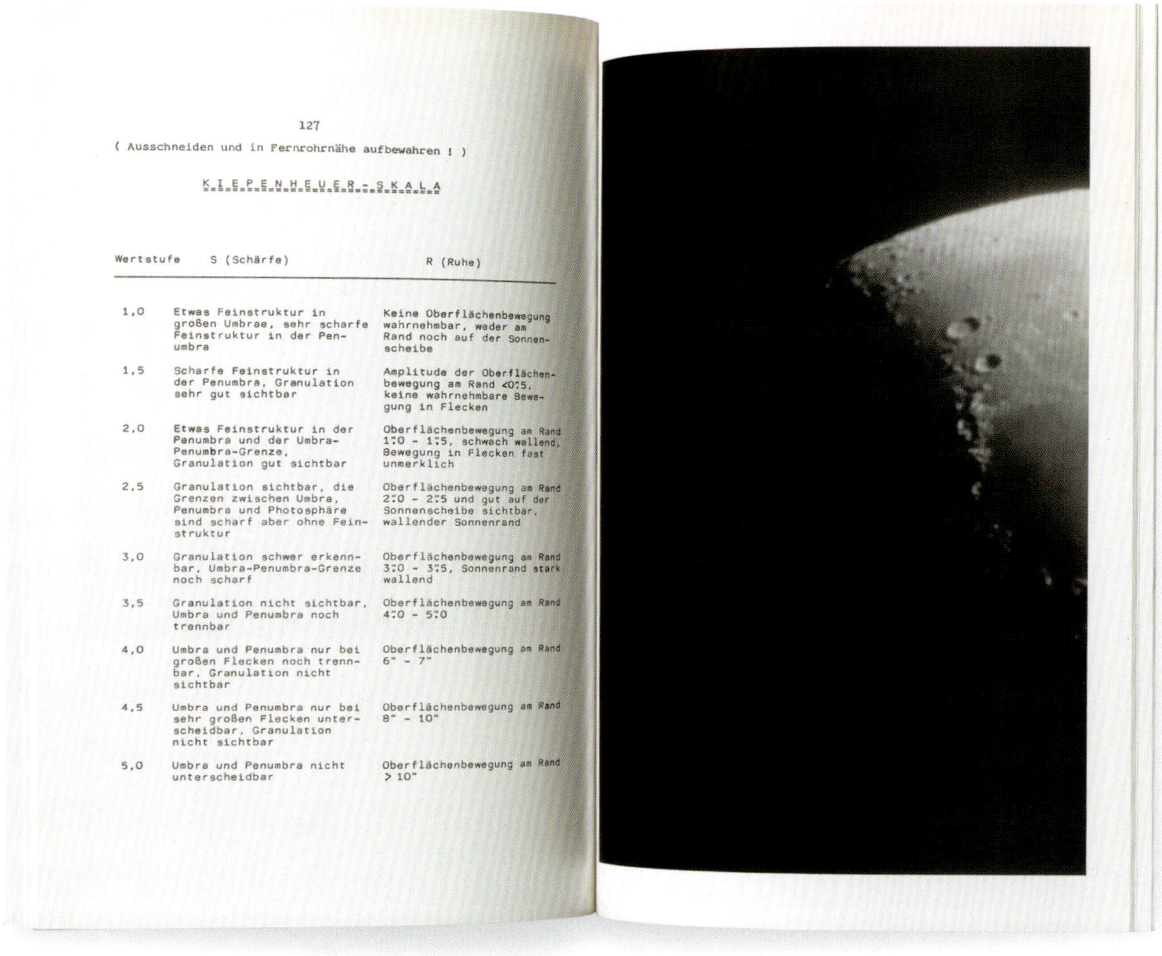
127

(Ausschneiden und in Fernrohrnähe aufbewahren !)

KIEPENHEUER-SKALA

Wertstufe	S (Schärfe)	R (Ruhe)
1,0	Etwas Feinstruktur in großen Umbrae, sehr scharfe Feinstruktur in der Penumbra	Keine Oberflächenbewegung wahrnehmbar, weder am Rand noch auf der Sonnenscheibe
1,5	Scharfe Feinstruktur in der Penumbra, Granulation sehr gut sichtbar	Amplitude der Oberflächenbewegung am Rand <0″5, keine wahrnehmbare Bewegung in Flecken
2,0	Etwas Feinstruktur in der Penumbra und der Umbra-Penumbra-Grenze, Granulation gut sichtbar	Oberflächenbewegung am Rand 1″0 - 1″5, schwach wallend, Bewegung in Flecken fast unmerklich
2,5	Granulation sichtbar, die Grenzen zwischen Umbra, Penumbra und Photosphäre sind scharf aber ohne Feinstruktur	Oberflächenbewegung am Rand 2″0 - 2″5 und gut auf der Sonnenscheibe sichtbar, wallender Sonnenrand
3,0	Granulation schwer erkennbar, Umbra-Penumbra-Grenze noch scharf	Oberflächenbewegung am Rand 3″0 - 3″5, Sonnenrand stark wallend
3,5	Granulation nicht sichtbar, Umbra und Penumbra noch trennbar	Oberflächenbewegung am Rand 4″0 - 5″0
4,0	Umbra und Penumbra nur bei großen Flecken noch trennbar, Granulation nicht sichtbar	Oberflächenbewegung am Rand 6" - 7"
4,5	Umbra und Penumbra nur bei sehr großen Flecken unterscheidbar, Granulation nicht sichtbar	Oberflächenbewegung am Rand 8" - 10"
5,0	Umbra und Penumbra nicht unterscheidbar	Oberflächenbewegung am Rand > 10"

在书中引言部分所提到的，摄影师通常会“等到一辆车驶出视野时再拍照”[7]。但在这里，汽车成为一个必要且明确的摄影主题，虽经常可见，但很少有人关注。如果说《协和式飞机》的布局相当直接，那么《汽车》的排序和编辑就显示出艺术家对设计更为复杂的参与。整页的侧页都有相同形式的重叠照片（圆形后视镜和尾灯），而不完整或不对齐的图像网格显示着同一张照片（汽车内部或公路视图）略有不同的视图效果。在其中一页上，一颗树莓窝在齿轮变速器的皮革褶皱中；而在对页，一条金属链与一个安装在天花板上的发动机相连，并悬挂在一个引擎密集的重工业海洋上，与占据这些车辆的人类形态的象征相邻。总的来说，《汽车》中的图像让我们生活中最平凡、最不引人注目的机器显得与众不同，它们部分是动物，部分是机械装置，充满个性，就像提尔曼斯所说的“无限丰富的感官体验”[8]。

可能没有什么比《FESPA 数码展 / 水果物流展》（*FESPA Digital/ Furit Logistica*，2012）更能充分探讨生物形态与机器之间的关系，该书将两个欧洲贸易展

《协和式飞机》

安迪·沃霍尔

（1928 年生于美国宾夕法尼亚州匹兹堡，1987 年逝于纽约）

《金色之书》

从安迪·沃霍尔（Andy Warhol）的绘画、版画和素描，到他的照片和电影，再到他一生中最伟大的表演作品，过去 50 年诞生的艺术作品可能都没有像沃霍尔的作品那样被更深入研究过。沃霍尔无疑是 20 世纪下半叶最重要的艺术家，留下了一系列打破学科界限的艺术遗产。而当他以各种方式制作的出版物都被清点后（数量接近 100 本），令人惊讶的一个发现是，这些书籍居然还没有被研究过[1]。对于这位艺术家来说，书籍是他整个职业生涯的试金石，尤其是在他于纽约生活的前 20 年和他艺术生涯的后期，沃霍尔作为一名作家、插画家和 / 或出版商，一直在与出版物打交道。最近，学者们对他的书籍作品重新燃起了兴趣，人们早就应该把注意力转向这一不太受重视却至关重要的方面[2]。

沃霍尔曾在卡内基工学院（即后来的卡内基梅隆大学）进行过“图像设计师”学习，1949 年从匹兹堡搬到纽约后找到了同时作为橱窗设计师和插画师的工作。自 1951 年起，他为双日出版集团（Doubleday）、西蒙与舒斯特公司（Simon & Schuster），以及新方向（New Directions）等出版商制作书籍封面。在此期间，沃霍尔创作了他的第一本重要的书籍作品，印数在 100 本左右的小册子。这些作品表面上被设计成“宣传品”，好似在向潜在客户展示其插画师的才能，但事实上，它们已经是成熟的艺术作品。

沃霍尔似乎在 1952 年到 1960 年间每年都会制作一种宣传品，在形式和内容上大都充满想象[3]。最初的两本书籍作品《爱情是粉色的蛋糕》（*Love is a Pink Cake*）和《A 是个字母表》（*A is an Alphabet*），均出版于 1953 年，也都是与作家拉尔夫·托马斯·沃德（Ralph Thomas Ward）共同创作完成的，并用沃德的昵称签上了“考克 & 安迪”。这些早期的书分别收集了一些略显粗俗的诗句和具有讽刺意向的初级读物集，它们显示了沃霍尔运用其标志性的吸墨纸技术绘制的文字和图像单词、面部线条图和数字之间的平衡，这些技艺将在下面几本书的创作过程中不断得到发展，如作品《25 只叫作山姆的猫咪和 1 只蓝色猫咪》。这是他的第一本精装书，也是第一本用色彩来突出角色的书。《25 只叫作山姆的猫咪和 1 只蓝色猫咪》介绍了一个非常受欢迎的主题——猫科动物，外加鞋子、仙女和花朵，而这些内容经常出现在沃霍尔这一时期的书中。

1957 年，沃霍尔和同伴查尔斯·利桑比（Charles Lisanby）去泰国旅行后，创作了一本《金色之书》（*A Gold Book*）。这本书是他迄今为止最全面和最复杂的

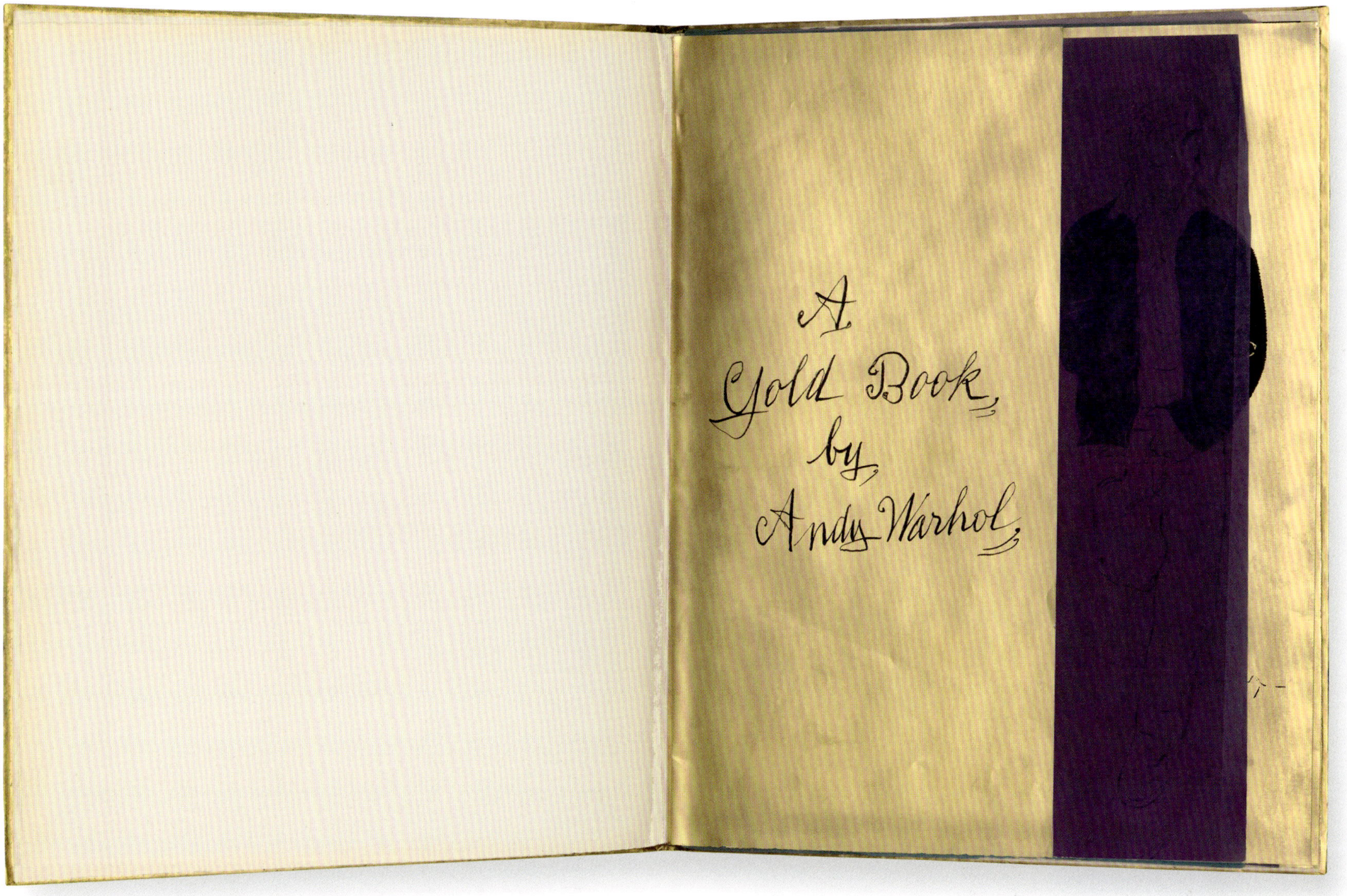

书籍项目，其中收集了大约 20 幅墨水画，胶印在白色和金色的纸上，偶尔也有手工着色。《金色之书》凝聚了将近 30 岁的沃霍尔觉得有魅力的所有事物——男孩、女孩、水果、鲜花、鞋……它们以一种全新又优雅的方式被印在书的结尾，字体则出自沃霍尔的母亲朱莉亚·沃霍拉（Julia Warhola）之手[4]。《金色之书》印了大约 100 本，但本质上每本都是手工制作的。这本书被设计成一个可能看起来高度复杂的彩色书，每一本都有不同，在页面之间还有手工插入的纸巾保护。因为其大部分都是作为礼物赠送的，所以现存版本常有艺术家的题字，使其在感觉上更加独一无二。与以往出版物不同，《金色之书》的素描对读者来说具有一种懒洋洋的浪漫感，完全是沃霍尔式的。这些图像无言地展示，描绘了一种欲望的类型学，从鞋子到男孩，这些东西的美丽与黄金和金银丝相得益彰，且具有一种相当古典的特质。

沃霍尔在 20 世纪 50 年代的 10 年里创作了大量书籍，1959 年的《野生覆盆子》（*Wild Raspberries*）被认为是一本同样珍贵的出版物，它预示着艺术家对上流社会及其（矫揉造作的）举止，以及后来在其“工厂”（The Factory）[28] 中投入很大精力的某些生产方式的迷恋[5]。这本书由著名女艺术家苏西·法兰克福

28 “The Factory”是安迪·沃霍尔在纽约的工作室，从 1962 年到 1984 年间换过 3 个地方。工作室成为嬉皮士、艺术家和社会学家们的聚集地，以及不同类型先锋实验的中枢。在 1968 年搬去联合广场之前，它曾坐落于曼哈顿市中心的东 47 街许多年，成为上层人士必去之地。

this is # 42
of a limited
edition of 100,
Copies signed
by the artist
Andy Warhol

Dedicated to
Boys
Filles
fruits and
flowers
and t C and e. W.
Book designed by
miss Georgie Duffee

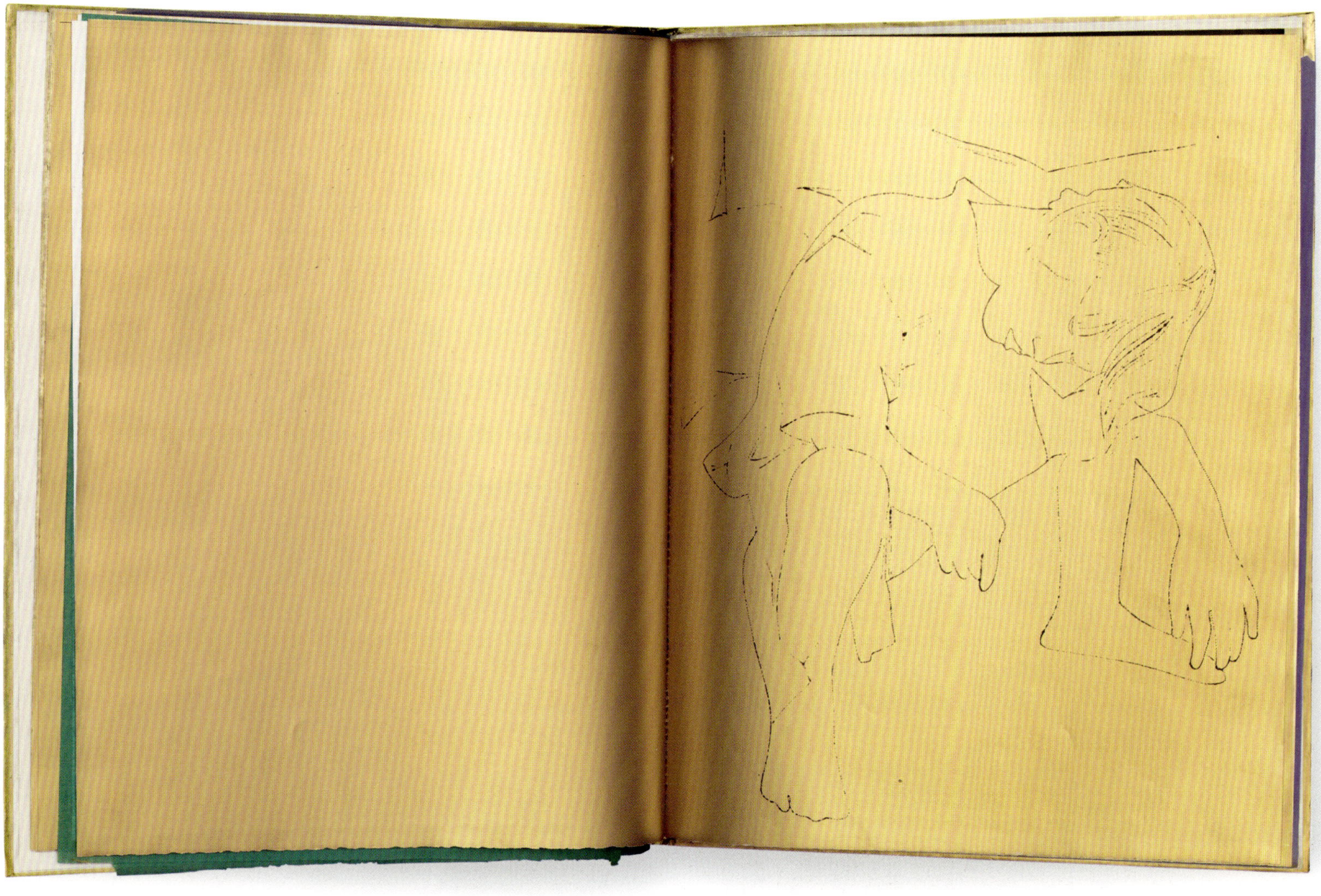

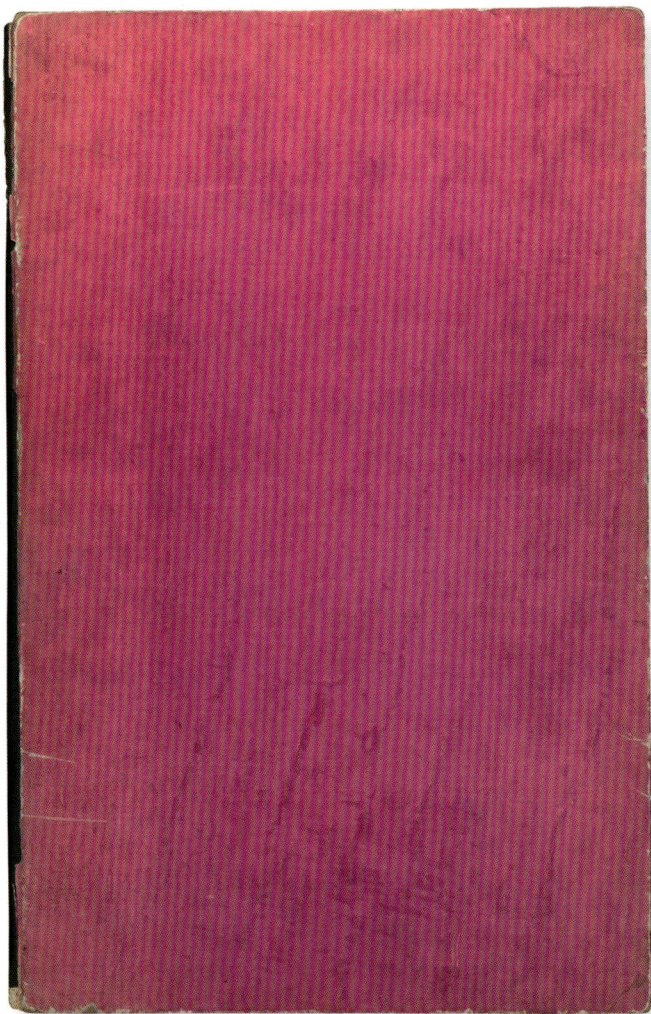

《野生覆盆子》

（Suzie Frankfurt，广告执行官斯蒂芬·法兰克福的妻子）共同制作，本质上是一本颇受赞誉的食谱，即 20 幅色彩鲜艳、精致的经典法国菜彩色插图，伴随着法兰克福的食谱，文字再一次由沃霍尔母亲执笔完成。正如法兰克福的儿子后来回忆的那样，制作这本书采用了流水线般的合作方式，与沃霍尔后来的艺术家书类似："安迪画画，一组助手给它们上色，我母亲写食谱，安迪的母亲把它们抄录下来。"[6]《野生覆盆子》的书名是对瑞典导演英格玛·伯格曼（Ingmar Bergman）的电影《野草莓》（*Wild Strawberries*，1957）的致敬。像葛丽泰·嘉宝（Greta Garbo）和格蕾丝·凯利（Grace Kelly）这样的女演员，和那些受欢迎的纽约商人一样，都被点了名，所有这些都是为了描述那看起来异常奢华的美味佳肴。这本书在某种意义上是沃霍尔对财富和名人文化的矛盾关系的早期表达，虽然有所抑制，但也表现出对其过度自命不凡的关注，这也成为沃霍尔后来以明星形象为基础的作品的特征。

尽管在沃霍尔的职业生涯中，像 20 世纪 50 年代那样密集的书籍制作活动未再重演，但随后的几十年

Andy Warhol
salade de alf Landon
Coat a bombe with very clear jelly and place in the bottom thin
slices of spiny-lobster tail decorated with capers. Fill the
mould with green asparagus tips, hard boiled plovers' egg and
sliced cock's kidneys mixed with bacon and dandelin dressing.
Chill thoroughly and turn out on a napkin. Very popular
as a First course at political dinners in the 30's.

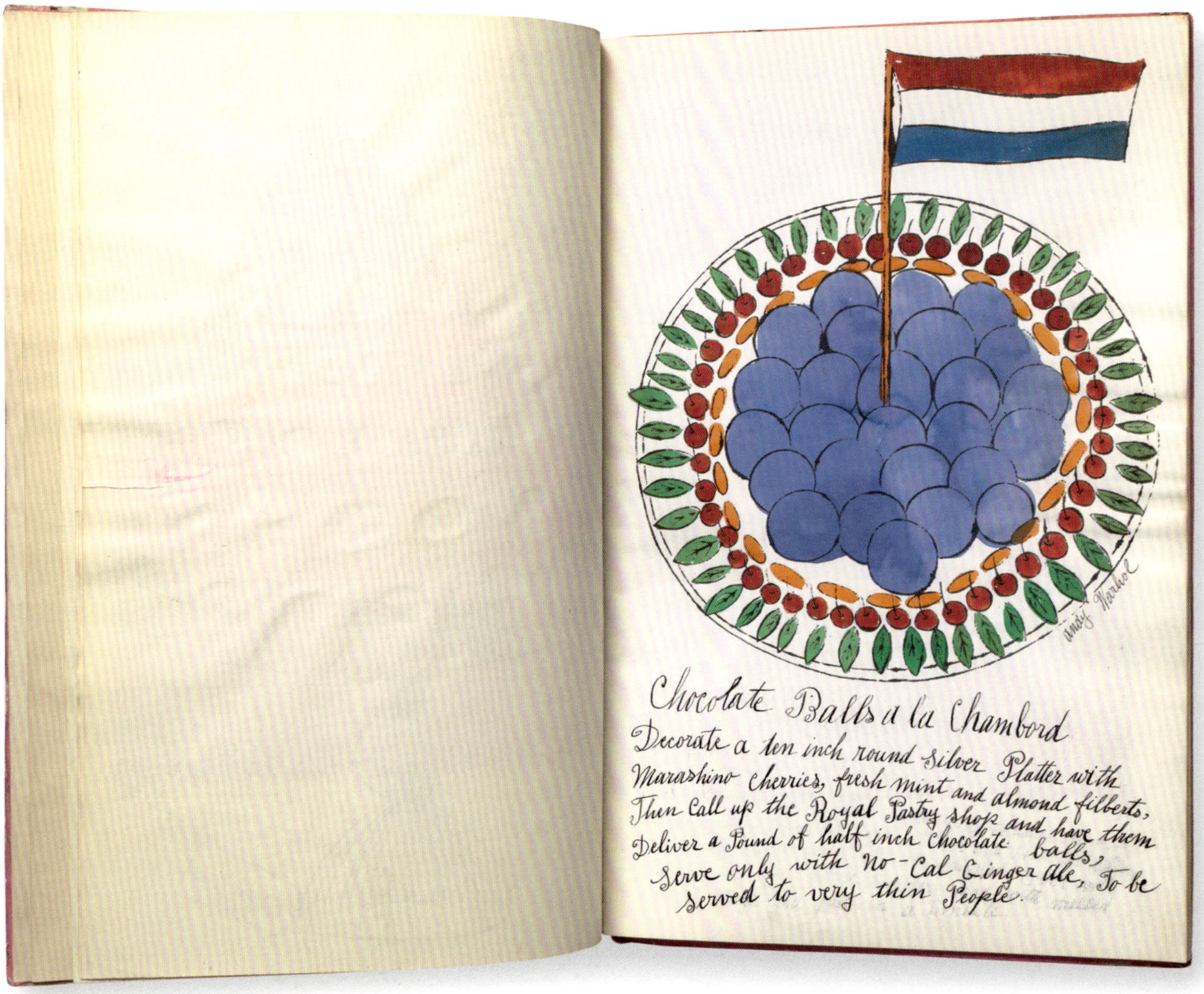
Andy Warhol
Chocolate Balls a la Chambord
Decorate a ten inch round silver Platter with
Marashino cherries, fresh mint and almond filberts,
Then Call up the Royal Pastry shop and have them
Deliver a Pound of half inch chocolate balls,
Serve only with No-Cal Ginger Ale, To be
served to very thin People.

Piglet

Contact Trader Vic's and order a 40 pound suckling pig to serve 15. Have Hanley take the Carey Cadillac to the side entrance and receive the pig at exactly 6:45. Rush home immediately and Place on the open spit for 50 minutes. Remove and garnish with fresh crabapples.

里，他仍在创作书籍作品，只是后来的他更专注于艺术创作。到20世纪60年代末，沃霍尔成熟的绘画风格和兴趣浓厚的绘画范围得到了确立，他的书籍作品也反映了这一点。《1963年11月22日》（*Flash-November 22*，1963，1968）是一组丝印图像和有线电视报道相结合的书籍作品，记录了肯尼迪遇刺的事件，或者，正如学者布兰登·约瑟夫（Branden Joseph）所描述的那样，是总统遇刺后“一个媒体事件的纪念物”。[7]其他书则集中在他自己的（工作和生活）环境中，如1967年的《安迪·沃霍尔的索引（书）》[*Andy Warhol' s Index（Book）*]，也是他的第一本独立出版的书，或许还是他最具形式化的一次尝试，其中“工厂”人群的照片——大多由比利·纳姆（Billy Name）拍摄，与插页、弹出元素和一张卢·里德（Lou Reed）7英寸唱片单曲交汇在一起。又如《曝光》（*Exposures*，1979），则是以沃霍尔自己拍摄的曼哈顿风月场的照片为特色，而他正是这个圈子的核心人物[8]。

沃霍尔曾是一位狂热的人类观察家，他所有的复杂性和矛盾性在其去世前两年出版的《美国》（*America*，1985）中得到了充分展现。这本书完全是由黑白两色印刷，图像大小和文字布局有一种松散、随意的节奏感，看起来像是一本私人剪贴簿，有沃霍尔为他的名人朋友拍摄的一系列35毫米照片，也有他在全国各地旅行时拍摄的“普通人”的照片，通常是匿名使用，以此来说明一个主题（“形体画报”“生活”）或一个特定地点（“新港”“加利福尼亚”“纽约市”）。这位艺术家所附加的评论，往往是极其真诚的、简单而富有智慧的，使沃霍尔处于一种谦逊和受人钦佩的地位——在“真的是美丽”的美国，一个旅行者既为同胞的奋斗而哀叹，又为他们的力量和美丽感到惊讶[9]。这是艺术家愤世嫉俗、善解人意和开放的一面，经常在他的书中有所表达，这可能与沃霍尔作为一位讽刺性的空洞媒体追逐的名人的标准形象形成鲜明对比。

——杰弗里·卡斯特纳

[1] 参见尼娜·施莱夫（Nina Schleif）著，《精心无计划：安迪·沃霍尔作品中的书籍》（*Carefully Un-planned: Books in Andy Warhol's Oeuvre*），载于尼娜·施莱夫编，《阅读安迪·沃霍尔》（*Reading Andy Warhol*），展览画册。德国奥斯特菲尔德恩：哈提耶·康茨出版社，2013年，第11页。这本书是对沃霍尔图书成果的权威性研究，其出版是为了配合慕尼黑布兰德霍斯特博物馆举办的同名展览，该展览由施莱夫策划。2015年，匹兹堡的沃霍尔博物馆和纽约摩根图书馆及博物馆共同组织了“沃霍尔的书”（Warhol by the Book）的展览，其中除了沃霍尔的出版作品，还汇集了130多个与出版有关的物件。根据沃霍尔博物馆的统计，这位艺术家创作了80多本图书作品，以及许多未实现的图书项目的创意。详情参见美术馆指南中针对这本书的简介，http://www.warhol.org /uploadedFiles/Warhol_Site/Warhol /Content/Exhibitions_Programs /Exhibitions/Warhol%20By%20the%20Book%20Gallery%20Guide.pdf.

[2] 艺术史学家雷纳·克罗宁（Rainer Crone）在1970年发表的关于沃霍尔的论文，集中论述了他在20世纪40年代末到50年代的作品，是第一位在学术上关注沃霍尔的人，参见尼娜·施莱夫著，《精心无计划：安迪·沃霍尔作品中的书籍》，第14页。

[3] 尼娜·施莱夫指出，这些书没有注明日期。她对这些问题的处理是第一次尝试按时间顺序系统地组织它们。除了8本已出版的书外，沃霍尔和沃德似乎还合作出版了另外7本书，但这些书都还只是手稿。这也表明，书籍形式在沃霍尔早期的艺术实践中所处的地位。尼娜·施莱夫著，《无可比拟的聪明、轻浮：沃霍尔的宣传书》（*Clever Frivolity in Excelsis: Warhol' s Promotional Books*），载于尼娜·施莱夫编，《阅读安迪·沃霍尔》，第79—80。

[4]《金色之书》在风格和内容上也借鉴了沃霍尔在同时间出版的另外3本书：《男孩之书》（*The Boy Book*）、《公鸡之书》（*The Cock Book*）和《脚之书》（*The Foot Book*），每一本都包含简单的身体照片和身体部位的线条图。研究沃霍尔的学者尼尔·普林茨（Neil Printz）指出，尽管他从未完成这些作品，也没有在1961年以后继续创作，但这些早期作品仍是沃霍尔艺术发展过程中的重要里程碑。他认为，这些作品标志着他作为一名同性恋和一名有创造力的艺术家的身份融合在了一起。参看尼娜·施莱夫，载于《精心无计划：安迪·沃霍尔作品中的书籍》，第30页。

[5] 在职业生涯后期，沃霍尔将他的分布式生产系统更充分地用于出版物的创作。这位艺术家于1968年在斯德哥尔摩当代美术馆展览的著名画册，就将薄薄的纸张和黑白复印的内饰与色彩鲜艳且图案化的包装纸并置在一起，完美地捕捉到艺术的美感，但这一策划理念是由卡斯帕·柯尼格提出的，由策展人蓬图斯·霍特恩、奥勒·格拉纳（Olle Granath），以及比利·纳和斯蒂芬·肖尔所拍摄的特写照片共同完成。沃霍尔审查并出版了这本书，但并未参与其创作。有关本书制作的详细信息参看http：//www.modernamuseetse/stockholm/en/exhibitions/andy-warhol-other-voices-other-rooms/willem-de-rooij-on-the-andy-wa.

[6] 杰米·法兰克福（Jaime Frankfurt）引自苏姗·M. 罗西·威尔科克斯（Susan M. Rossi-Wilcox）著，《伪装成烹饪书的社会讽刺：沃霍尔的〈野生覆盆子〉》（*Social Satire in the Guise of a Cookbook: Warhol' s "Wild Raspberries"*）。载于尼娜·施莱夫编，《阅读安迪·沃霍尔》，第158页。

[7] 布兰登·约瑟夫著，《你在那里：安迪·沃霍尔的〈闪光—1963年11月22日〉》（*You Are There: Andy Warhol' s Flash—November 22, 1963*），载于克雷根·伯恩（Craigen Bowen）、苏珊·达克曼（Susan Dackerman）和伊丽莎白·曼斯菲尔德（Elizabeth Mansfield）编，《亲爱的印刷迷：马乔里·B. 科恩的节日礼物》（*Dear Print Fan: A Festschrift for Marjorie B. Cohn*），马萨诸塞州剑桥：哈佛大学艺术博物馆，2001年，第179页。乔丹·特罗勒（Jordan Troeller）著，《照明损失：安迪·沃霍尔的〈闪光—1963年11月22日〉》（*Illuminated Loss: Warhol' s Flash—November 22, 1963*），载于尼娜·施莱夫编，《阅读安迪·沃霍尔》，第203页。沃霍尔对肯尼迪斯的《卡米洛特时刻》（*Camelot Moment*）中的人物有浓厚兴趣，这从他在出版物中对这些角色的运用，以及一本未完成的复杂风琴式折叠书的模型中也可以看到，这本书中展示了玛丽莲·梦露的照片，可能是1968年拍摄的。该书是在艺术家去世后被发现的。

[8] 欲了解更多信息，请参见布尔库·多格拉玛奇（Burcu Dogramaci）著，《垃圾、流言蜚语和色情：沃霍尔在摄影书籍中的越轨行为》（*Trash, Gossip, and Porn: Warhol's Transgressions in Photography Books*）；西蒙娜·弗斯特（Simone Förster），《爱情：安迪·沃霍尔的〈美国〉》（*Love Affair: Andy Warhol's "America"*），载于尼娜·施莱夫编，《阅读安迪·沃霍尔》，分别在第219—247页和第248—257页。

[9] 这一短语来自安迪·沃霍尔著，《美国》卷首。美国纽约：哈珀和罗出版社（Harper and Row），1985年。

劳伦斯·韦纳

（1942 年生于美国纽约）

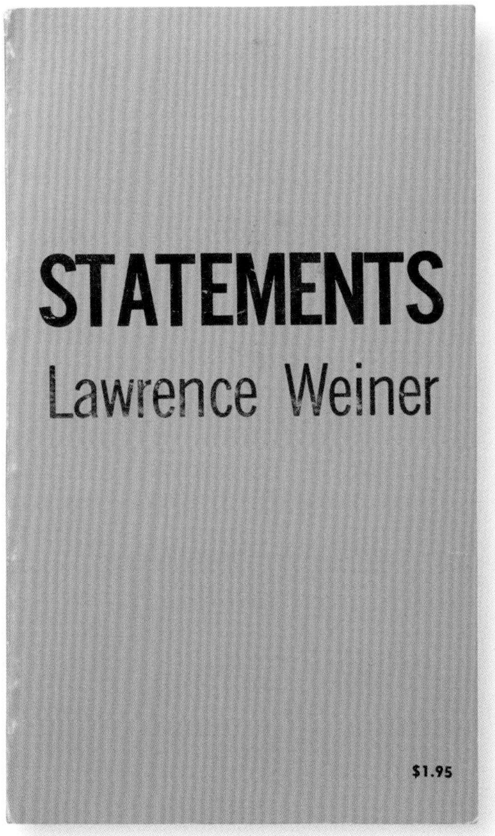

《陈述》

在当代艺术史上，很少有人比劳伦斯·韦纳（Lawrence Weiner）更能始终如一地深入使用文字，因此，他的标志性作品一旦出现在出版物上也就不足为奇了。韦纳的“意向声明”发表在艺术商塞思·西格尔劳布出版的《1969 年 1 月 5 日至 31 日》（*January 5-31*，1969）中，这是一本包含了韦纳、罗伯特·巴里、道格拉斯·休布勒和约瑟夫·科苏斯作品在内的展览画册。该展览由西格尔劳布策划，当时是在纽约的一个临时空间中展出。这一声明阐述了一个实用的方案和一个指导这位艺术家接下来半个世纪进行艺术创作的哲学立场：

1. 艺术家可以构造一件作品。
2. 这件作品可以被虚构。
3. 这件作品无需实现。

每件作品都是平等的且符合艺术家的意愿，关于取舍的决定取决于接收方在接收时的决定。

韦纳最初是一名画家，以表现主义的方式工作，并在整个 20 世纪 60 年代中期持续创作。然而，到了那个 10 年的后半期，他的作品已经转变为更多的空间干预，且开始制定一种关于物质条件的新方法[1]。比如，韦纳的第一本艺术家书《陈述》，也是和西格尔劳布合作，全书以 20 几个陈述声明为特色，在“一般陈述”（比如“一个标准染料被标记后扔进大海中”“大量的油漆被直接浇在地板上，然后晾干”）和“特定陈述”（比如“地面上一个长、宽、高都是约 1 英尺的洞，1 加仑水基白漆倒进这个洞”“一条 2 英寸宽、1 英寸深的沟渠横穿标准单车道”）之间平均分配[2]。韦纳的这些项目最初在风景、家庭空间，以及重要的博物馆展览中都有明确表达，但在这些年里，他还是完成了这些项目，比如哈拉尔德·舍伊曼 1969 年在瑞士库斯塔尔·伯尔尼策划的“当态度变为形式”。韦纳还曾在一个由他的画廊主持的，包括巴里、休布勒和科苏斯在内的圆桌讨论会上说过，“分享我的作品可以通过出版一本书来完成，书籍只是对作品本身的陈述，就好像这件作品是制造出来的一样”[3]。

韦纳的出版量是惊人的。在他现有的职业生涯中，他创作了 100 多部作品，包括与他密切相关的展览画册到限量版的艺术家书等[4]，后者因大多缺乏文本框架而著称。正如人们所期望的那样，它们的功能不是作为韦纳在空间中执行项目的附属物，而是独立存在的作品，就像艺术家所说的，这些作品“不需要序言，不需要解释”[5]。印刷在书页上的文字和刻在墙上的文字对韦纳来说具有相同的价值，而这两种形式之间的复杂关系，在他通过使用词语所产生的振荡和语言本身的常规操作中得到了呼应。学者迪特尔·施瓦茨就曾说：

“在韦纳作品中，一个词对应一个物件，一组词对应多个物件，其价值与一幅图片的价值相同。语言

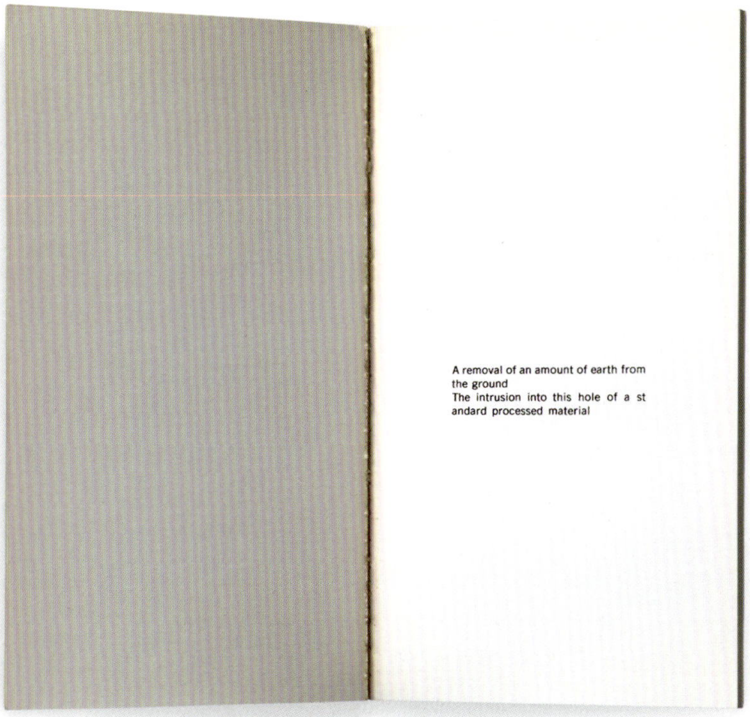
A removal of an amount of earth from
the ground
The intrusion into this hole of a st
andard processed material

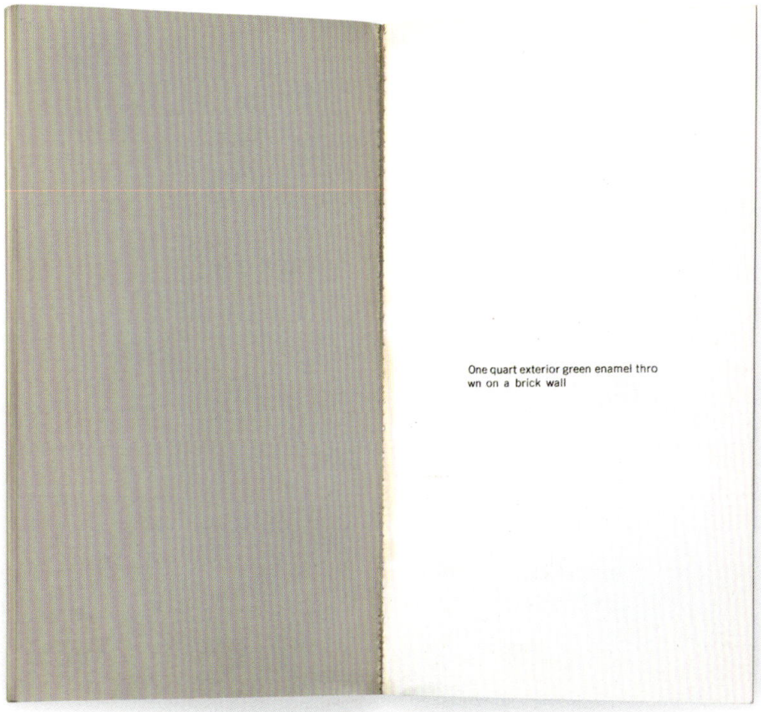
One quart exterior green enamel thro
wn on a brick wall

作品中任何诗意层面的根本否定，即任何超越场合的层面，均源于不创造超越句法秩序的任何暗示性语言形式的决心……韦纳否定了语言形式在物件与接受者之间、在设定与动机之间、在现在与历史之间的任何区别。”[6]

韦纳的书以对任何形式和概念性的调查作为出发点。很多作品，尤其是关于他职业生涯的作品，都是纯文本的，充分展现了艺术家对句法结构以及词与物、与行为关系的有条理的，甚至是有趣的探索。他早期的《受影响和/或影响的因果关系》（*Causality Affected and/ or Effected*，1971）就是这种理念的例证。这是一本 80 页螺旋装订的书，以各种描述场景的系统排序和重新排序为特征，围绕着一系列框架构建而成。比如，“压力和/或拉力的影响”，随后，艺术家进行了一系列重新配置：“压力和/或拉力减小”“拉力和/或压力减小”“压力和/或拉力的脱离”“拉力和/或压力的脱离”等。在他同年出版的《十件作品》（*10 Works*），诸如“下和上/下和下/上和上/上和下”等如魔咒般的句子逐页展开，复杂节奏中的词和短语开始暗示网络结构，这是一种语言排序，在如索尔·勒维特等从事序列性创作的艺术家的三维调查中发现了明显的痕迹。

尽管韦纳一直对语言有着浓厚的兴趣，但他也利

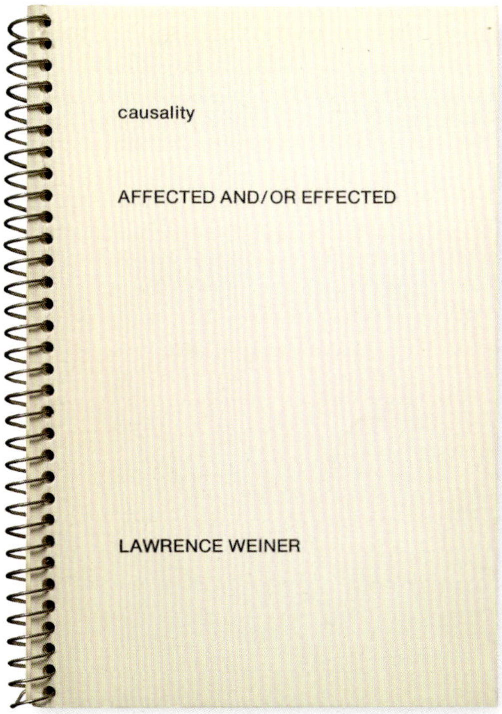
causality
AFFECTED AND/OR EFFECTED
LAWRENCE WEINER

《受影响和/或影响的因果关系》

用书籍的形式来尝试各种各样的媒介。他以图像为特色的出版物中，从《很久很久之前》（*Once Upon a Time/C' era uma volta*，1973）开始，将韦纳的文本（英语和意大利语，他的书通常是多语言的）与乔治·科伦坡（Giorgi Colombo）的意大利照片并置，并继续与埃德·鲁沙、约翰·巴尔代萨里和夏娃·松内曼（Eve Sonneman）等艺术家合作。其他作为电影和视频作品附属品的书籍，则几乎或完全不包含文字，如《走向合理的结局》（*Towards a Reasonable End*，1975）、《北方之行》（*Passage to the North*，1981）和《农夫的午餐漫画》（*Plowmans Lunch Comix*，1989）。

到了20世纪80年代和90年代，韦纳的作品越来越注重色彩，其实验性的排版和平面设计元素使得他的一些书籍外观越来越精致，比如《天空中的马瑞尔欧派》（*La Marelle ou Pie in the Sky*，1990），一部以法国儿童游戏为基础的对于“地点”进行思考的书。又如，《苹果与鸡蛋、盐与胡椒》（*Apples & Eggs, Salt & Pepper*，1999），一本与日本北九州当代艺术中心合作编写的双语书籍，通过大胆的色彩和几何形状，使韦纳的文字作品与日本文字展开了有趣的对话。再如，一本入门书《距离范围内的因素：劳伦斯·韦纳的结构》（*Factors in the Scope of Distance: A Structure of Lawrence Weiner*，1984），则是将英语字母表中的26个字母与神秘且色彩鲜艳的标识和符号进行了配对。

总之，韦纳的书籍作品其兴趣和灵感的多样性在概念上是平行的，并且从物理上封装了这位艺术家对提出和传播其想法的更大兴趣。1989年，韦纳向施瓦茨解释说：“你正在试图建立一个尽可能完整的场面调度。而对我来说，书籍，就像电影，甚至是展览，在事实上都试图营造一种‘氛围’。在这种氛围中，我的想法可以以更清晰、更易于理解的方式被呈现出来。在所有这些不同的介质中，书籍成了最理想的呈现方式。我自始至终都可以掌控它，设定它的基调。”[7]

——杰弗里·卡斯特纳

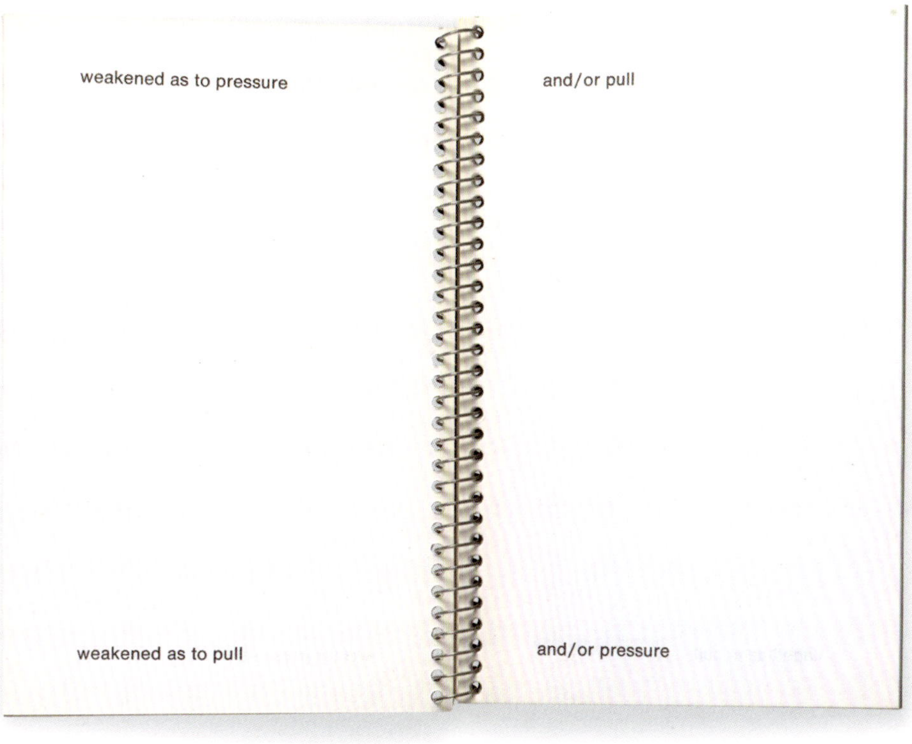
weakened as to pressure
and/or pull
weakened as to pull
and/or pressure

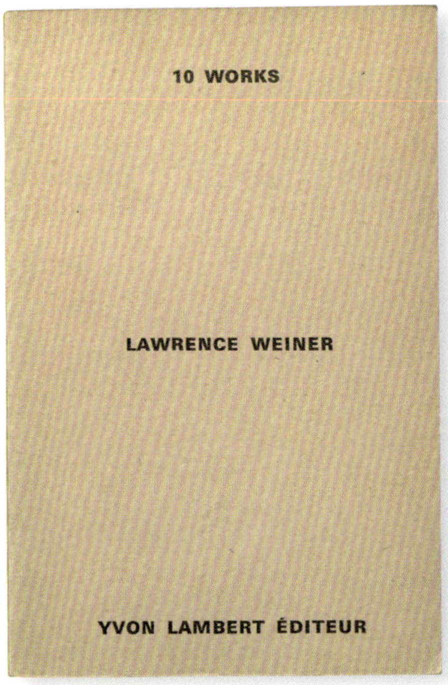

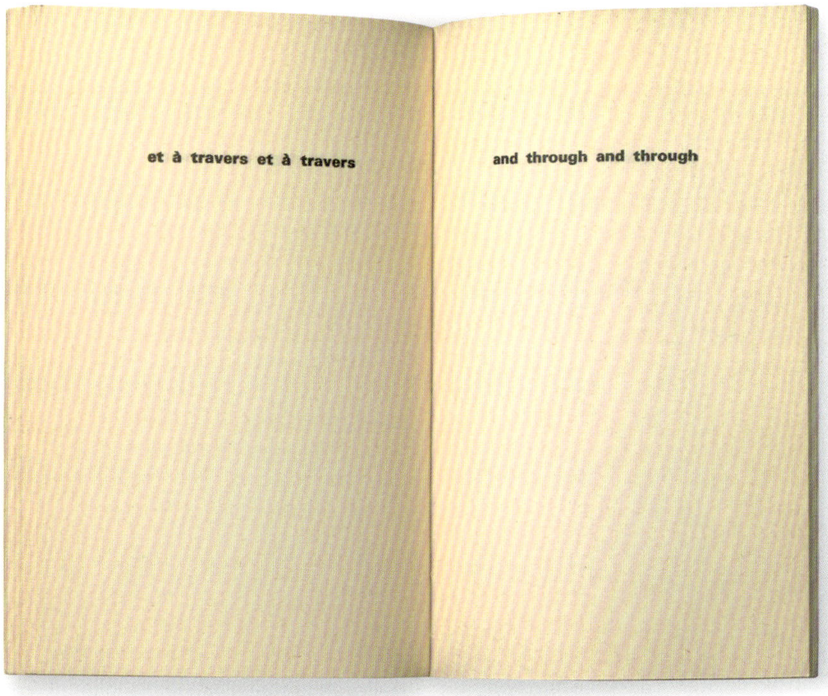

《10 件作品》

［1］1968 年，韦纳为西格尔劳布在佛蒙特州普特尼温德姆学院（Windham College）举办的一次户外展览上制作了一件作品，他提出："在地面上每隔一定的距离设置一个木桩，最终形成一个矩形；然后用绳子将木桩串起来，重新标记出一个网格，可能是从这个矩形中删除的一个矩形。" 当学生剪断连接木桩的绳子时（因为这阻碍了他们穿过草丛），韦纳得出的结论是，如果观众只是简单地阅读作品的口头描述，他们也会体会到有同样的效果。参见 http://www.guggenheim .org/artwork/artist/lawrence-weiner，另参见马亚 · 布洛姆（Marja Bloem）关于韦纳对温德姆项目的反应，"如果它看起来像鸭子，走路像鸭子，它可能是鸭子"，载于唐娜 · 德萨尔沃（Donna De Salvo）、安 · 戈德斯坦（Ann Goldstein）编，《劳伦斯 · 韦纳：就眼睛所见，1960—2007》（*Lawrence Weiner: As Far as the Eye Can See, 1960–2007*），展览画册。美国洛杉矶：当代艺术博物馆；美国纽约：惠特尼美国艺术博物馆，2007 年，第 110 页。布洛姆说，"意识到所涉及作品的条件并不重要。这件作品之所以存在，纯粹是因为它已公之于众。最终结果就是，用语言呈现作品就足够了"。

［2］对温德姆学院项目的常规性陈述是，"一系列的木桩以固定的间隔设置在地面上，形成一个矩形或一个线段，从一根木桩串到另一根木桩，再重新标记出一个网格"。

［3］引自《没有空间的艺术：与罗伯特 · 巴里、道格拉斯 · 休布勒、约瑟夫 · 科苏斯和劳伦斯 · 韦纳的研讨会，由塞思 · 西格尔劳布主持，1969 年 11 月 2 日》（*Art Without Space: Symposium with Robert Barry, Douglas Huebler, Joseph Kosuth, and Lawrence Weiner, moderated by Seth Siegelaub, November 2, 1969*），重印于格蒂 · 菲茨克（Gerti Fietzek）、格雷戈 · 斯坦姆里奇（Gregor Stemmrich）编，《曾有人说：劳伦斯 · 韦纳的作品与采访，1968—2003》（*Having Been Said: Writings & Interviews of Lawrence Weiner, 1968–2003*），德国奥斯特菲尔德恩：哈提耶 · 康茨出版社，2004 年，第 32 页。韦纳也是为著名的《施乐书》做出贡献的艺术家之一，该书由西格尔劳布和杰克 · 文德勒共同出版。

［4］1989 年，沃尔特 · 柯尼格和位于法国维尔班纳（Villeurbanne）的新博物馆合作出版了一本涵盖了韦纳前 20 年的著作的画册，由迪特尔 · 施瓦茨坦任编辑。关于韦纳的书籍和画册的目录列表，参见德 · 萨尔沃 · 戈尔茨坦（De Salvoand Goldstein）编，《就眼睛所见》（*As Far as the Eye Can See*），第 368—373 页。

［5］韦纳与朱迪思 · A. 霍夫伯格（Judith A. Hoffberg）的交谈，载于格蒂 · 菲茨克、格雷戈 · 斯坦姆里奇编，《曾有人说：劳伦斯 · 韦纳的作品与采访，1968—2003》，第 415 页。2002 年 10 月，他与艺术家就他的书籍创作实践进行了交谈，最早发表在《雨伞》（*Umbrella*）杂志，第 26 期，第 1 卷（2003 年 5 月），第 4—8 页。

［6］迪特尔 · 施瓦茨著，《隐喻问题，一次又一次：劳伦斯 · 韦纳的书和其他东西》（*The Metaphor Problem, Again and Again: Books and Other Things by Lawrence Weiner*），载于德 · 萨尔沃 · 戈尔茨坦，《就眼睛所见》，第 181 页。

［7］引自《对话迪特尔 · 施瓦茨》（*Interview by Dieter Schwarz*），一篇过去未曾发表的采访，载于格蒂 · 菲茨克、格雷戈 · 斯坦姆里奇编，《曾有人说：劳伦斯 · 韦纳的作品与采访，1968—2003》，第 195—196 页。

APPLES
&
EGGS
SALT
&
PEPPER
LAWRENCE WEINER
欲望
IS
DIGNITY
INHERENT
?
りんご
&
たまご
しお
&
こしょう
ローレンス・ウィナー
&
OR

《苹果与鸡蛋、盐与胡椒》

还写道："这本书象征着艺术家的魅力，记录了它们是如何被组织起来创建一个领域，并形成某种东西，无论是不是暂时的，都能像一幅画一样巧妙地结合在一起。"[4]

临时性也是伍尔大量以自己的照片为特色的艺术家书的组织原则，他从1989年开始认真研究这些图书。正如詹姆斯·隆多（James Rondeau）所指出的，伍尔的艺术家书最重要的创作年代是20世纪90年代到21世纪初，这要归功于威廉·克莱恩（Willian Klein）的开创性作品所提供的"重要的艺术理念"[5]。与克莱恩的作品一样，伍尔的照片也追寻"决定性的瞬间"，这一瞬间的图像制作，包含了所有曾经的"禁忌"，如模糊、颗粒、对比度、倾斜构图、意外事件，或者无论发生什么[6]。他的第一本以照片为基础的艺术家书《低与慢》（*Low and Slow*），共60页，1991年自行出版12册，是围绕1989年伍尔游览那不勒斯时拍摄的一张照片的翻版而创作的。与《猫在包里，包在河中》类似，《低与慢》也探讨了黑白照片（在这个例子中，一个神秘人站在城市繁忙的十字路口的商店

《低与慢》

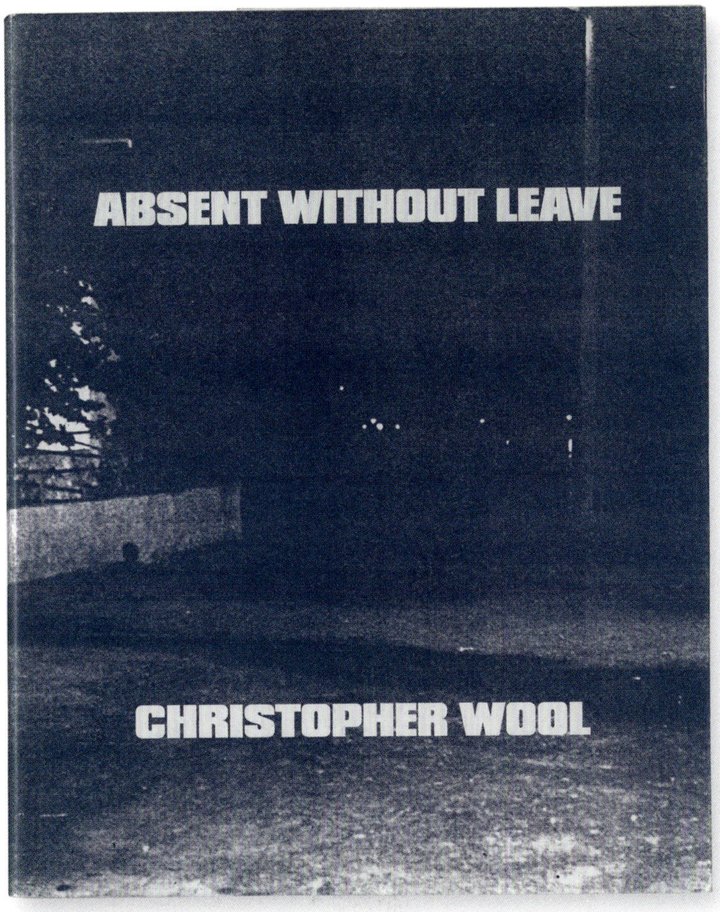

前）与彩色激光打印照片之间的关系，这些照片把注意力都集中在人物及其身后的建筑物上，看起来像是一张旧的油印纸被染上了淡紫色。

伍尔接下来的一个图书项目《擅离职守》（*Absent without Leave*，1993），则体现了他对街头摄影的投入。这本书是伍尔在 1989 年和 1992 年出国旅行期间制作的，最初是作为艺术家绘画的摄影资料来源，但最终成为高度抽象的游记。这 160 幅图像是用一台 35mm 的傻瓜相机拍摄的，后打印为 4×6 英寸的快照，又用复印机将其放大到约 8.5×11 英寸的标准尺寸。经过处理后，这些照片往往聚焦不准，构图粗拙。它们有时是在移动的车上抓拍的，几乎只关注地点和主题，在情感上就像调色板中的灰色一样。同时，这些照片在排序上也没有明显的顺序，只是垂直或水平排列，但从视觉效果上激活了读者对这本书的体验。《擅离职守》证实了伍尔对这种病态的反浪漫主义并不仅仅局限于画布的范围。

最近，伍尔与画家乔希·史密斯（他以前的工作室助理）合作制作了《你的猴子能做狗》（*Can Your*

《擅离职守》

艺术家及其图书名录

陶巴·奥尔巴赫

1. 《［2，3］》

美国纽约：陶巴·奥尔巴赫与“印刷品”出版社共同出版，2011 年
共 6 卷，20 × 16 英寸（50.8 × 40.6 厘米）
配有蓝色纸板滑套，书名选择黄色印刷，切口处有一个切开的三角形，便于取书。印量为 1000 册，有签名、编号，外加 100 张艺术家凭证。

2. 《50 ／ 50》

美国纽约：戴奇项目，2008 年
10 × 10 英寸（25.4 × 25.4 厘米）
1 个黑色厚板和 1 个白色厚板，书名模切后穿过两个封面，书脊为黑白布带。

3. **《所有真实的 1 号》**

美国纽约：自出版，2005 年
4¼ × 4¼ 英寸（10.8 × 10.8 厘米）
口袋书，风琴式折叠，仅单面印刷。封面和封底采用丝网印刷，其余页面为喷墨印刷。风琴式折叠书页的每一个跨页都用透明胶带连接，且在每个透明胶带上都画了两条平行的线段用以复制拼接，看起来像一个等号。本书共 150 册，艺术家在封底注有日期、编号和签名。

4. **《按字母顺序排序的圣经》**

美国纽约：自出版，2006 年
8 × 6 英寸（20.3 × 15.2 厘米）
激光打印页面。金箔精装书。

5. **《弯曲的玛瑙》**

美国纽约：自出版，2002 年
17 × 6½ × 6½ 英寸（43.2 × 16.5 × 16.5 厘米）
数码胶印，莫霍克超细纸、日本薄纸，手绘边。丹尼尔·凯尔姆设计的装订结构，陶巴·奥尔巴赫和伊万娜·斯托扬（Ioana Stoian）制作了边缘画。

6. **《网眼》**

美国纽约：对角线出版社，2014 年
17 × 11 英寸（43.2 × 27.9 厘米）
激光打印。嵌入式书名为 11 × 8½ 英寸（27.9 × 21.5 厘米）。书稿内部装有 28 个金属跳环。

7. **《大理石》**

美国纽约：自出版，2011 年
17¼ × 13 英寸（43.8 × 33 厘米）
数码胶印，莫霍克超细纸，手绘边。丹尼尔·凯尔姆设计的装订结构，陶巴·奥尔巴赫和利亚·休斯（Leah Hughes）制作了边缘画。

8. **《高等空间入门》**

美国纽约：阿尔弗雷德·克诺夫（Alfred A.Knopf）出版，1913 年；美国纽约：对角线出版社，2016 年
12½ × 8¼ 英寸（31.7 × 20.9 厘米）
白纸黑字影印。书籍护封丝网印刷。除了前言、护封和内部折页外，保留了克劳德·布拉登原书的所有内容。

9. **《投影装饰》**

罗切斯特，美国纽约：玛纳斯出版社，1915 年；美国纽约：

4页的活页，提供英文和德文翻译。所有内容都被装在一个金属盒子里，盖子上有用黑色毡尖笔手写的书名。出版500册，其中60册为豪华版，有艺术家在跋上进行编号和签名。

印刷文本描述了艺术家童年时期的插曲。由阿妮特·梅萨热拍摄的照片可知，克里斯蒂安·波尔坦斯基在1972年重述了当时的情景，那时他24岁。

［参考珍妮弗·弗莱（Jennifer Flay）著，《克里斯蒂安·波尔坦斯基：书籍图录、印刷品和其他短暂存在的印刷物》（*Catalogue of the Books, Printed Matter, Ephemera*），第27期，第70—73页；鲍勃·卡尔（Bob Calle）著，《克里斯蒂安·波尔坦斯基：1969—2007年间的艺术家书》（*Christian Boltanski: Livres d'artiste 1969–2007*），第24—25页。］

24. 《属于布瓦科隆布女人的物品清单》

巴黎：蓬皮杜艺术中心（CNAC），1974年
8¼ × 5½英寸（20.9 × 13.9厘米）
法国卡尚：索佩迪公司（SOPEDI）印刷。棕色封面，其上印有黑色书名。

在艺术家简短的前言之后，是295张照片的复制品，清点了一位来自巴黎郊区的单身女性的财产——这也是波尔坦斯基的众多记录之一，记录标准为随机挑选的个人的财产。这本书是在巴黎国家当代艺术中心（现蓬皮杜中心）举办的波尔坦斯基/莫诺里（Boltanski/Monory）展览期间出版的。

［参考马丁·帕尔（Martin Parr）、格里·巴杰（Gerry Badger）著，《世界摄影书史，第二卷》（*The Photobook: A History, Volume II*），第154—155页；安妮·莫格林－德尔克罗伊著，《艺术家书的美学1960—1980》，第192页；珍妮弗·弗莱著，《克里斯蒂安·波尔坦斯基：书籍图录、印刷品和其他短暂存在的印刷物》，第38期，第106页；鲍勃·卡尔著，《克里斯蒂安·波尔坦斯基：1969—2007年间的艺术家书》，第38—39页。］

25. 《欢乐中的死亡》

德国都德威勒：AQ出版社，1974年
8¼ × 5¾英寸（20.9 × 14.6厘米）
14张黑白照片。光滑的黑色硬质封面，书脊上印着银色的书名。黑色滑套。出版170册，20册为豪华版，其中有8篇由波尔坦斯基用白墨水手写的文字，并在跋上有编号和签名。

黑白照片分别排列成前后两对，一组为艺术家准备自杀，另一组则揭示这是一个骗局。比如，他抵在喉咙上的刀是纸做的，他抵在头上的枪是假的，他置于唇边的那瓶毒药的瓶盖并未打开。

［参考珍妮弗·弗莱著，《克里斯蒂安·波尔坦斯基：书籍图录、印刷品和其他短暂存在的印刷物》，第40期，第112—115页；鲍勃·卡尔著，《克里斯蒂安·波尔坦斯基：1969—2007年间的艺术家书》，第40—41页；安妮·莫格林－德尔克罗伊著，《艺术家书的美学1960—1980》，第190—191页。］

26. 《研究和展示我童年遗存的一切，1944—1950》

巴黎：自出版，1969年
7 × 10¼英寸（17.7 × 26.2厘米）
9张未轧花的白纸，单面印刷，并用透明塑料滑动夹装订。15张黑白照片复印件，胶印。出版150册。真正的第一版在第一页上有文本——死亡是一件可耻的事情，但我们必须这么做。

克里斯蒂安·波尔坦斯基的第一本书几乎记录了这位艺术家从出生到6岁时的全部生活——他的小床、衬衫、积木等，尽管事实上大部分物件都是虚构的或属于他人的。

［参考珍妮弗·弗莱著，《克里斯蒂安·波尔坦斯基：书籍图录、印刷品和其他短暂存在的印刷物》，第3期，第8—11页；鲍勃·卡尔著，《克里斯蒂安·波尔坦斯基：1969—2007年间的艺术家书》，第12—13页；安妮·莫格林－德尔克罗伊著，《艺术家书的美学1960—1980》，第187—188页。］

马塞尔·布达埃尔

27. 《查尔斯·波德莱尔可悲的比利时》（*Charles Baudelaire Pauvre Belgique*）

布鲁塞尔：赫尔曼·达雷德（Herman Daled）、伊夫·格瓦特和保罗·勒贝尔（Paul Lebeer）共同出版，1974年
13¼ × 9¾英寸（33.6 × 24.7厘米）
棕色封面，带有牛皮纸防尘套，正面和背面印有“ABC ABC ABCABC A.”，共44份，有艺术家的编号、标注日期和首字母签名。

一件印有字母表前三个字母重复序列的牛皮纸防尘套遮住了其下封面上查尔斯·波德莱尔诗歌标题的书名。在书中，波德莱尔的文字已经被删除，但是分页的标题仍存。虽然封面和封底都把巴黎和美国纽约作为出版地点，但跋中则指出，这本书是由赫尔曼·达雷德、伊夫·格瓦特和保罗·勒贝尔在布鲁塞尔出版的。

［参考《马塞尔·布达埃尔：平面作品与书籍全集》（*MARCEL BROODTHAERS: COMPLETE GRAPHIC WORK AND BOOKS*），乔斯·贾马尔画廊（GALERIE JOS JAMAR），编号

NO.42;《马塞尔·布达埃尔：1957—1975年的书籍目录》(*MARCEL BROODTHAERS: CATALOGUE OF THE BOOKS 1957 - 1975*)，迈克尔·沃纳画廊(GALERIE MICHAEL WERNER)，编号NO.19；罗尼·范·德·韦尔德(RONNY VAN DE VELDE)、扬·库勒斯(JAN CEULEERS)著，《马塞尔·布达埃尔：印刷品和书籍全集》(*MARCEL BROODTHAERS: CATALOGUE OF THE BOOKS 1957 - 1975*)，编号NO.43；《艺术家书Ⅰ》，克雷费尔德美术馆，编号NO.17，第39页。]

28. 《征服空间：艺术家和军队的地图集》

布鲁塞尔和汉堡：勒贝尔·霍斯曼出版社，1975年
1½ × 1英寸（3.8 × 2.5厘米）
平版印刷。白板，封面印有黑色书名，封底印有全球标志，配透明塑料护封。书被装在黑色纸板滑套后，又被放在一个透明的有机玻璃两件套里，其内还有一张印有艺术家姓名、头衔和出版商信息的单张印刷纸。出版50册，外加5册艺术家的校样。这一版本原是打算由艺术家签名的，但由于他英年早逝，复制品上仅盖有艺术家的印章。

每一个缩影页均按字母顺序以相等大小的黑色轮廓复制了32个国家/地区中的一个。

[参考《马塞尔·布达埃尔：平面作品与书籍全集》，乔斯·贾马尔画廊，编号第42条；《马塞尔·布达埃尔：1957—1975年的书籍目录》，迈克尔·沃纳画廊，编号第22条；罗尼·范·德·韦尔德和扬·库勒斯著，《马塞尔·布达埃尔：印刷品和书籍全集》，编号第42条；《艺术家书Ⅰ》，克雷费尔德美术馆，编号第20条，第39页。]

29. 《提醒》

布鲁塞尔：自出版，1964年
11½ × 8¾英寸（29.2 × 22.2厘米）
每一份都采用了艺术家个性化的闪亮彩色纸张来遮盖文本的某些部分。黑色封面，且封面上有钥匙孔的轮廓。其中部分副本贴在封底的小标签上有艺术家的签名。

马塞尔·布达埃尔撰写的诗集《提醒》已经被他自己的作品遮盖了部分文字，并进行了编辑。

[参考《马塞尔·布达埃尔：平面作品与书籍全集》，乔斯·贾马尔画廊，编号第29条；《马塞尔·布达埃尔：1957—1975年的书籍目录》，迈克尔·沃纳画廊画廊，编号第4条；罗尼·范·德·韦尔德、扬·库勒斯著，《马塞尔·布达埃尔：印刷品和书籍全集》，编号第30条；《艺术家书Ⅰ》，克雷费尔德美术馆，编号第4条，第38页。]

30. 《二十年后》

布鲁塞尔：理查德·卢卡斯（新史密斯画廊），1969年
2卷本，各6½ × 4¼英寸（16.5 × 10.8厘米）
环绕在大仲马1844年出版的《三剑客》(*Les Trois Mousquetaires*)续集袖珍版两卷本上半部分的荧光朱红色封面，用黑色印刷着艺术家和出版商的名字。布达埃尔使用的版本似乎是1965年至1968年间的印刷品。第一卷附有一张打印纸，贴在原有的标题页上，使其模糊不清[6¼ × 4英寸（15.5 × 10.1厘米）]，复制了这位画家与出版商理查德·卢卡斯进行的一次“访谈”的文字。出版75册，有编号，并在第二卷的第一页有出版社的标签。大多数副本的第一卷由出版商签名，日期为1969年10月13日，第二卷由布达埃尔签名。

为了完成这项工作，马塞尔·布达埃尔挪用了大仲马的一套两卷本的平装书《二十年后》，并在每本书的封面上都放上了印有自己姓氏的半护封，再次强调了布达埃尔本人的作者身份。

[参考《马塞尔·布达埃尔：平面作品与书籍全集》，乔斯·贾马尔画廊，编号第31条；罗尼·范·德·韦尔德、扬·库勒斯，《马塞尔·布达埃尔：印刷品和书籍全集》，编号第32条；《艺术家书Ⅰ》，克雷费尔德美术馆，编号第6条，第38页。]

斯坦利·布朗

31. 《100,000毫米》

布鲁塞尔：MTL画廊，1975年
6 × 6¼英寸（15.2 × 15.8厘米）
白色封面，且在封面和书脊上印有黑色书名。以250本未编号的版本出版。

这本书100页中的每一页都有文字“1000毫米”横跨天头，下面又有10行100毫米的垂直线，从而使书中线条的总长度加起来等于书名所标识的距离。

[参考迈克尔·莱拉赫著，《印刷品：柏林艺术图书馆的马尔佐纳收藏》(*Printed Matter: Die Sammlung Marzona in der Kunstbibliothek / The Marzona Collection at the Kunstbibliothek*)，第101页。]

32. 《布朗玩具，公元4000年》

自出版，1964年
4¼ × 4英寸（10.8 × 10.1厘米）
书名采用橡皮压印的方式印在扉页上，其余几页则用蓝紫色墨水油印。共24页，有2张白纸，每张被折叠成5折，且除扉页外，未裁切。黑色封面，订书钉装订。

多数页面上都印着相同的两段文字，“将微生物和病毒放大500万倍”“交给你的孩子玩”，两个句子之间画着一个圆圈。第二页和最后一页上则写着“在公元4000年之前不要使用这些布朗玩具”。

［参考迈克尔·莱拉赫著，《印刷品：柏林艺术图书馆的马尔佐纳收藏》，第101页。］

33.《步数》

阿姆斯特丹：阿姆斯特丹市立现代美术馆，1971年
5¼ × 8¼ 英寸（13.3 × 20.9 厘米）
阿姆斯特丹市印刷所印刷。白色封面，封面印有黑色书名。出版2200册。

在一个月的时间里，斯坦利·布朗从荷兰出发到比利时、法国、西班牙、摩洛哥和阿尔及利亚旅行，并记录下自己所走的步数，每天向阿姆斯特丹市立现代美术馆报告。在那里，有一名工作人员会把他的步数连同日期、国家一起转录到索引卡上。

［参考杰尔马诺·切兰特著，《书籍作为艺术品，1960—1970》，第85页；安妮·莫格林－德尔克罗伊著，《艺术家书的美学1960—1980》，第148页；迈克尔·莱拉赫著，《印刷品：柏林艺术图书馆的马尔佐纳收藏》，第101页。］

34.《这边走，布朗》图形1

科隆与美国纽约：柯尼格兄弟出版社，1971年
9½ × 8 英寸（24.1 × 20.3 厘米）
科隆路奇公司印刷。雅黄色封面，正面和书脊处印有黑色书名。以500张邮票编号的版本出版。前7本豪华版有艺术家的签名和一幅原创的《这边走，布朗》的画。

这本书中复制的49幅画都是1961年2月25日和26日在阿姆斯特丹水坝广场完成的。为了制造这些东西，斯坦利·布朗走近随机的行人，让他们在一张纸上画出去某个特定地点的方向，然后在图上盖上“这边走，布朗”的字样，而且这些画的开头都是德文和英文的介绍性文字。

［参考迈克尔·格拉斯迈尔（Michael Glasmeier）著，《艺术家的书：20世纪60年代以来在德国的出版物和限量本》（*Die Bücher der Künstler: Publikationen und Editionen seit den sechziger Jahren in Deutschland*），编号第14条；迈克尔·莱拉赫著，《印刷品：柏林艺术图书馆的马尔佐纳收藏》，第101页。］

詹姆斯·李·拜厄斯

35.《100,000分钟，或拜厄斯的大样本，或1/2自传，或第一篇哲学论文》

安特卫普：安娜·德·戴克（Anny de Decker）与宽白空间，1969年
10½ × 8¼ 英寸（26.6 × 20.9 厘米）
用黑色平版印刷在粉红色纸上。粉红色封面，书脊上印有黑色书名。出版250册，不包括有艺术家签名的40册豪华版。

詹姆斯·李·拜厄斯在其第一本艺术家书的跋上写道：“这本书是詹姆斯·李·拜厄斯于1969年4月在安特卫普W.W.S.展出时创作的。”当时，艺术家37岁，约为男性平均寿命的一半（他65岁去世）。他的笔记在整本书都被复制了。

［参考詹姆斯·李·拜厄斯著，《书籍—限量本—其他短暂存在的印刷物》（*Bücher-Editionen-Ephemera*），韦瑟堡不来梅新博物馆（Neues Museum Weserburg Bremen），编号第1条；安妮·莫格林－德尔克罗伊著，《艺术家书的美学1960—1980》，第329页。］

36.《黑书》

布鲁塞尔：赫尔曼·戴雷德（Herman Daled），1971年
19½ × 14½ 英寸（49.5 × 36.8 厘米）
一张薄薄的黑色纸中间印有极小的金色文字。

这本带有“假想封面”的概念书实际上是一大张纸，上面印有的100个问题从中间往下排列，其尺寸近乎微观。

［参考詹姆斯·李·拜厄斯著，《书籍—限量本—其他短暂存在的印刷物》，韦瑟堡不来梅新博物馆，编号第4条。］

37.《金色的尘埃是我的藏书》（立方体书）

荷兰埃因霍温：凡·艾伯美术馆，1983年
6½ × 6½ × 6 英寸（16.5 × 16.5 × 15.2 厘米）
埃因霍温Lecturis B.V.公司印刷，雅黄色封面。出版500册。

《金色的尘埃是我的藏书》（立方体书）是詹姆斯·李·拜厄斯和皮特·德·琼格（Piet de Jonge）的一本由三组书装订而成的展览画册。其中间部分的纸张略有不同，页面是嵌入的文字、艺术装置的照片和艺术家个人作品的照片，顺序不定。

［参考安妮·莫格林－德尔克罗伊著，《艺术家书的美学1960—1980》，第370页；安妮·莫格林－德尔克罗伊、莉莉安娜·德玛蒂、乔治·马菲和安娜丽莎·里玛杜著，《观察、讲述、思考、保存：60年代至今艺术家书的四条路径》，第110页。］

索菲·卡莱

38.《地址簿》

洛杉矶：西格利奥出版社，2012 年
7½ × 5¼ 英寸（19 × 13.3 厘米）
《地址簿》包含 26 张黑白照片、2 张彩色照片。封面为红色纸板，封底是黑布，且封面和书脊有烫金的书名。有一条垂直的黑丝松紧带固定在纸板的右侧边缘，以地址簿或日记的形式固定。该书的第一本为英文版。

索菲·卡莱在巴黎的一条街上发现了一名男子的通讯录，接着她开始联系里面列出的人，并向他们询问了有关这本通讯录主人的一些事情。关于这本通讯录的书面文字和照片于 1983 年作为连载在法国《解放》上发表。当事人知道后要起诉，卡莱随即同意在他去世前不再出版这部作品。

39.《布朗克斯》

巴黎：项目出版社（Item Éditions），2002 年
12¼ × 9¾ 英寸（31.1 × 24.7 厘米）
本书有艺术家的 9 张喷墨鸢尾花照片（包括群展的照片），以及随照片附带的 9 个打印文本页的照片。照片和文字页分别放在单独的透明塑料文件夹中，而一份 8 页的法语译文和展览计划则一起装订在最后。封面为柔软的橙色皮革，并用两个金属扣固定在书脊上。出版 280 册，有艺术家用铅笔在跋页上书写的签名和编号。

为了 1980 年在美国纽约南布朗克斯的 Fashion Moda 空间举办的一个名为“一个想法”（Une Idée en l' Air）的群展，索菲·卡莱邀请陌生人带她去该区有趣的地方。然后，她拍摄了想要拍摄的每一个主题，并写了一篇随笔。展览开幕的前一天晚上，有人闯入了 Fashion Moda 空间，卡莱的照片被涂鸦覆盖。这本书就复制了这些受影响的照片及其所附带的文本页。

40.《入睡者》

法国阿尔勒：南方文献出版社，2011 年
共两卷，各 3¾ × 7½ 英寸（9.5 × 19 厘米）
包含一个水平格式的照片复制品和一个垂直格式的文本，一起放在一个有照片说明的滑套中。印花封面，照片边缘则被镀银。

1979 年，索菲·卡莱为她的第一件作品邀请朋友、陌生人和邻居睡在她的床上拍照，并回答几个问题。这两本书包括图片、艺术家的笔记和针对参与者的采访记录。这组原始照片是 1980 年在巴黎第十一届双年展上展出的。

41.《真实的故事》

法国阿尔勒和图卢兹：南方文献出版社与盖尔·索勒蒂斯（Galerie Sollertis）画廊，1994 年
7½ × 4 英寸（19 × 10.1 厘米）
4 张彩色照片和 18 张黑白照片的复制品。黑色的折边封面。封面和封底印有艺术家的照片插图。封面和书脊印有白色书名。

这本自传由两部分组成：“真实的故事”（Des histoires vraies）部分包含了艺术家 25 年间的 16 张照片插图，而“丈夫：10 个反应”（Le Mari：10 rections）则完全讲述了她与美国艺术家格雷格·谢泼德（Greg Shephard）的短暂婚姻。

42.《酒店》

巴黎：星星出版社，1984 年
8¼ × 7 英寸（20.9 × 17.7 厘米）
170 张黑白照片的复制品。白色封面配有光滑的黑色纸质护封，正面印有单色图像。

1981 年，索菲·卡莱做了 3 个星期的酒店女服务员，拍摄了酒店客人的私人物品和他们离开房间时的情况。随附的文本包括来自私人日记和房间里找到的信件的引用，以及艺术家自己的分析文字。

43.《请跟踪我》

西雅图：海湾出版社，1988 年
8¼ × 7 英寸（20.9 × 17.7 厘米）
75 张黑白照片的复制品。雅黄纸印刷的封面上印有照片的复制品。

索菲·卡莱在一次聚会上遇见一个男人，他说自己要去威尼斯旅游，于是她也跟去了那里，开始尾随他。这本记录这一项目的书于 1983 年由星星出版社在巴黎首次出版，这里的是第一个美国版本，包括了让·鲍德里亚的一篇文章。

44.《铁托》

巴黎：自出版，1980 年
6 × 4¼ 英寸（15.2 × 10.8 厘米）
用黑色人造革装订的笔记本，每一页都有穿孔，可拆卸。艺术家还修改了达勒－鲁尼（Daler–Rowney）制作的一本空白书，其名字以镀金的方式印在封底上。每本书在出售时都是手工拼凑的，共出版 10 册，由艺术家在封底签名、编号，并附有 10 张艺术家的校样。

索菲·卡莱的第一本艺术家书附有一系列关于南斯拉夫领导

人约瑟普·布罗兹·铁托装裱好的影印剪报，以及关于铁托死亡和葬礼的电视广播照片，外加3张原版彩色宝丽莱照片。

毛里齐奥·卡泰兰

《查理》第1—5期和《查理独立杂志》

这本杂志由毛里齐奥·卡泰兰与策展人马西米利亚诺·焦尼和阿里·苏博蒂尼克共同创办，汇集了各种画册、剪报、明信片和其他资料组成的拼接页面。

45. 《查理01》

法国第戎：真实出版社（Les presses du réel），2001—2011年
7¾×6英寸（19.6×15.2厘米）
全书彩色插图，带有光泽的彩色摄影封面。

这一刊物于2001年出版，包含由一批国际艺术家、策展人、评论家和艺术专业人士评选出的400名来自世界各地的新兴艺术家。其中包括乔纳森·米斯（Jonathan Meese）、亚历山大·佩里格特（Alexandre Perigot）、乔·斯堪兰（Joe Scanlan）、翠莎·唐纳利（Trisha Donnelly）、卡斯滕·尼科莱（Carsten Nicolai）、布利斯（Bless）、法布里斯·吉吉（Fabrice Gygi）、马修·麦西尔（Mathieu Mercier）、韦德·盖顿、卡尔·霍尔姆奎斯特（Karl Holmqvist），以及马克·莱基（Mark Leckey）作品照片的印刷品。

46. 《查理03》

法国第戎：真实出版社，2001—2011年
11¾×8¾英寸（29.8×22.2厘米）
300张彩色照片的复制品。带有光泽的彩色摄影封面。

这本杂志于2003年出版，内容包括大卫·罗宾斯（David Robbins）、苏珊·索拉诺（Susan Solano）、埃里卡·罗斯滕贝格（Erika Rothenberg）、马特·穆利康（Matt Mullican）、托马斯·劳森（Thomas Lawson）、杰克·戈德斯坦（Jack Goldstein）、伊米·诺贝尔（Imi Knoebel）、安歌·莱契亚（Ange Leccia）、艾伦·麦克科尔姆（Allan McCollum）、杰西卡·戴蒙德（Jessica Diamond）、罗纳德·琼斯（Ronald Jones）、安德列亚斯·舒尔茨（Andreas Schulze）、桑德罗·贾西亚（Sandro Chia）、西蒙·林克（Simon Linke）、艾伦·鲁珀斯伯格（Allen Ruppersberg）、热拉尔·加罗什（Gérard Garouste）等艺术家的杂志和画册中的页面复制品。

47. 《永久食品》第4期

空闲时间协会（L' Association des Temps Libérés），1996年
9¼×6½英寸（23.4×16.5厘米）
彩色封面，装帧精美。约出版3000册，其中48册为特别版，封底内侧印有黄色印章和“永久黄色”字样。

48. 《厕纸》

雅典：德斯特当代艺术基金会（Deste Foundation for Contemporary Art），2010年至今
11½×8¾英寸（29.2×22.2厘米）
彩色摄影封面，由订书钉装订。

《厕纸》是由毛里齐奥·卡泰兰和摄影师皮埃尔保罗·费拉里共同创作的一份以图像为基础的半年刊杂志。共出版了14期定期刊物，其中4期（第1、2、5和6期）还制作了特别版封面。2011年出版了两期未编号的《芭莎艺术》（*Bazaar Art*）和《焦油》（*Tar*）特刊。杂志内不包含文字，它完全是由出血的彩色照片复制品组成，极具特色和挑逗性。

陈佩之

49. 《新新约全书》

巴塞尔与美国纽约：绍拉格博物馆（Schaulager Museum）、劳伦兹基金会（Laurenz Foundation）和荒地无限出版社，2014年
10½×7½英寸（26.6×19厘米）
1010幅彩色插图。定染紫色仿皮革装帧，封面和书脊印有金色书名，封面和封底还有成对的盲压花矩形截面。整部书装在一个丝网印刷的保护纸板盒中。

《新新约全书》完整记录了陈佩之具有里程碑性质的项目。这是一系列由废弃和拆除的书皮制成的1000多幅绘画作品，且每幅作品都有电脑辅助的ASCII文本。这本书是在瑞士巴塞尔夏拉夫（Schaulager）博物馆举办的“陈佩之：精选作品”（Paul Chan: Selected Works）展览期间制作的。

50. 《你第一次遇见杜尚是什么时候？》

美国纽约：荒地无限出版社，2012年
11×8½英寸（27.9×21.5厘米）
数字印刷。沿左边缘装订。艺术家和卡尔文·汤姆金斯（Calvin Tomkins）在扉页上签名。每个副本都是独一无二的。

陈佩之和卡尔文·汤姆金斯谈了他1964年对马塞尔·杜尚的采访，并把最近的谈话叠加在谷歌搜索图片和其他网页上。陈佩之还将儿童贴纸作为拼贴元素贯穿始终，包括封面，还用彩色毡尖笔突出了几页随意的儿童素描。

51. 《什么是欲望？》

美国纽约：荒地无限出版社，2011年

8½ × 7 英寸（21.5 × 17.7 厘米）
封面为数字印刷，订书钉装订。封底有艺术家的签名和日期。

这本书的主要章节来自陈佩之的《论爱》（*Phaedrus Pron*），内容是柏拉图关于艺术、性爱和传奇对话的翻版。这些引文被他印在地图、《美国纽约时报》的旧版面和其他找到的图像上。

52.《绘画和思考有什么不同？》

与汉斯·乌尔里希·奥布里斯特合著
美国纽约：荒地无限出版社，2013 年
10½ × 8¼ 英寸（26.6 × 20.9 厘米）
激光打印在艺术家找到的页面上。封面、封底以及几个内页上都有拼贴元素。日式风格的缝合装订，由凯西·赖尔（Cassie Raihl）和尼克拉斯·卡拉布雷斯（Nickolas Calabrese）手工制作。封底上有艺术家的签名和日期。每个副本都是独一无二的。

翻开的旧书页都是手工缝制的，还有陈佩之与小汉斯的对话片段印在风景图片、汉斯·霍尔拜因的肖像画上，用彩板装饰，配有各种各样的附文。封面上还有一幅伊恩·程绘制的小汉斯的肖像。

汉纳·达尔博文

53.《00 → 99，1 个世纪，I → XII，1 加 1 等于 2，2 等于 2，等等》

汉堡：自出版，1976 年
8¼ × 6 英寸（20.9 × 15.2 厘米）
蓝色封面，且封面和书脊印有白色书名。出版约 200 册，未编号。

数字以不断变化的顺序被重复拼写和打印。艺术家在页面空白处的批注中将每个月的第一天和最后一天的数字相加。

［参考埃尔克·比普斯（Elke Bippus）、奥特鲁德·韦斯特海德（Ortrud Westheider）著，《汉纳·达尔博文：带有注释的书籍目录》（*Hanne Darboven: Kommentiertes Werkverzeichnis der Bücher*），编号第 17 条；安妮·莫格林－德尔克罗伊著，《艺术家书的美学 1960—1980》，第 264—265 页。］

54.《2=1，2；1+1=1，2；等》

汉堡：自出版，1976 年
11½ × 8¼ 英寸（29.2 × 20.9 厘米）
由 Sost & Co. 印刷厂印制，雅黄色封面，封面上印有书名，封底类似圆形邮票的位置印有达尔博文的地址和电话号码。书脊是用布面胶带黏在一起的。页面仅为单面打印。
书名中的公式经常出现在汉纳·达尔博文的作品中，偶尔也被用在她的艺术家印章上。

［参考埃尔克·比普斯、奥特鲁德·韦斯特海德著，《汉纳·达尔博文：带有注释的书籍目录》，编号第 18 条。］

55.《四重奏 >88<》

科隆：瓦尔特·柯尼格出版社，1990 年
9¼ × 6¾ 英寸（23.4 × 17.1 厘米）
782 份复制品，其中 746 份是彩色的。红色布面封面，书脊印有白色书名。印花防尘书封。

这本书是献给 20 世纪的 4 位杰出女性——玛丽·居里、罗莎·卢森堡、格特鲁德·斯坦因和弗吉尼亚·伍尔夫，与 1990 年在美因河畔法兰克福波蒂库举行的展览同期出版。

［参考埃尔克·比普斯、奥特鲁德·韦斯特海德著，《汉纳·达尔博文：带有注释的书籍目录》，编号第 37 条。］

56.《世界剧场 >79<》

汉堡：自出版，1979 年
8¼ × 11¾ 英寸（20.9 × 29.8 厘米）
366 张胶印平版纸被松散地放置在一个折叠的灰色卡套后，又被装在了一个斑驳的灰色纸板箱里。艺术家用钢笔在贴在盒子背面的印刷标签上签字。出版 250 册。

总共 366 张 A4 纸，1979 年每天 1 张，前面还有一个标题页。大部分的报纸都展示了一个有插图的玩具雕像的剧场舞台，但近百页的中间部分是 1979 年的 K 数字。

［参考埃尔克·比普斯、奥特鲁德·韦斯特海德著，《汉纳·达尔博文：带有注释的书籍目录》，编号第 20 条。］

汉斯－彼得·费尔德曼

57.《照片手册》

希尔登、海德堡和都灵：汉斯－彼得·费尔德曼、克劳斯·斯塔克（Klaus Staeck），与吉安·恩佐·斯佩罗内合作出版，1968—1974 年
尺寸不等，从 3¾ × 3¾ 英寸（9.5 × 9.5 厘米）到 8¾ × 8¼ 英寸（22.2 × 20.9 厘米）
共 35 本小册子，编成 4 组手工纸板。前 10 本小册子为第 1 组，由艺术家于 1968 年至 1971 年间在德国希尔登出版。第 2 组 4 本小册子是由克劳斯·斯塔克于 1971 年至 1972

年在德国海德堡编辑出版。第3组和第4组共计18本小册子，是费尔德曼自己在1972年至1974年间出版的。最后3本小册子1973年由吉安·恩佐·斯佩罗内在都灵出版。

这些小册子，形式各异，但都有灰色的纸板封面，上面印着作者的姓氏和书名的橡皮图章，标明了书中所包含的图片数量，如3张或5张。这些图画书用黑色胶版纸印刷，没有文字，复制了所能找到的和原始的黑白照片，从而把日常生活中的各种现象汇集在一起。

［参考安妮·莫格林－德尔克罗伊著，《艺术家书的美学1960—1980》，第204页。］

58. 《一座城市：埃森》

德国埃森：民俗博物馆，1977年
8×6英寸（20.3×15.2厘米）
胶印318张黑白照片复印件。黄色封面，封面和书脊印刷黑色书名。

汉斯－彼得·费尔德曼在德国埃森和鲁尔区待了6个多星期，开车旅行的途中拍摄了数百张黑白照片。像往常一样，他没有为这本书挑选任何壮观的照片。相反，我们看到的多是模糊而阴暗的画面，反映了艺术家周围平凡的现实：普通的住宅区、空旷的田野、电塔、停着的汽车、随意倾斜的特写镜头等断断续续的景色。

［参考汉斯·迪克（Hans Dickel）著，《自1960年以来摄影艺术家书籍》（*Künstlerbücher mit Photographie seit 1960*），第91页；维尔纳·利珀特（Werner Lippert）著，《费尔德曼：头航的博物馆》（*Feldmann: Das Museum im Kopf*），第100页。］

59. 《肖像》

慕尼黑：席尔默／莫塞尔出版社（Schirmer/Mosel），1994年
8½×6英寸（21.5×15.2厘米）
324张黑白照片复印件。带光泽白色封面，且封面和封底也有黑白照片复印件。

本书包含艺术家朋友的家庭相册中的私人快照。

60. 《电话簿》

德国杜德韦勒（Dudweiler）：汉斯－彼得·费尔德曼与AQ共同出版，1980年
9½×7¼英寸（24.1×18.4厘米）
白色封套，订书钉装订，封面上有照片复制品。

这本书不是一本标准的电话簿，而是黑白照片的复制品，画面中一个小女孩穿着迷你裙在电话亭，背对着观众。这些图像几乎都是理想化的，汉斯－彼得·费尔德曼把读者带入了一个看似日常的环境中，但整体效果却带着些许不安，因为它带有偷窥的意味。

［参考汉斯·迪克著，《自1960年以来摄影艺术家书籍》，第91页；维尔纳·利珀特著，《费尔德曼：首航的博物馆》，第100页。］

61. 《抢劫案》

科隆：沃尔夫冈·哈克出版社（Wolfgang Hake Verlag），1975年
9¾×9¾英寸（24.7×24.7厘米）
26份黑白照片的传真复印件。出版350册。

《抢劫案》采用了剪贴簿的形式。在剪贴簿中，可以看到真实的报纸照片和剪报，这些材料记录了德国希尔登（Hilden）镇发生的一次银行抢劫，却出了错。当时出版的一系列文章都是围绕着罪犯的一枪而展开的，且在其所附的文章中，这些罪犯被认为是意大利人、希腊人或土耳其人。

［参考马丁·帕尔、格里·巴杰著，《世界摄影书史，第二卷》，第157页；安妮·莫格林－德尔克罗伊著，《艺术家书的美学1960—1980》，第205页。］

韦德·盖顿

62. 《黑色绘画》

苏黎世与美因河畔法兰克福：J.R.P.林格与波蒂库斯共同出版，2010年
12×9英寸（30.4×22.8厘米）
22张彩色照片与332张黑白照片的胶印复制品。封面由柔软的灰色帆布装订，封面和书脊均印有黑色书名。内有约翰·凯尔西的文章。出版1500册。

这本书与韦德·盖顿的作品在佩策尔画廊（2007）、巴黎尚塔尔·克鲁塞尔画廊和美因河畔法兰克福的波蒂库斯画廊（2008）的个展一起出版，书名的第一个字是“黑色”，印在封底中央；第二个字是“绘画”，印在封面中央。内文中，则展出了用激光打印机创作的盖顿单色绘画的复制品，以及展览装置的照片。

63. 《一个月前》

美国纽约：卡玛出版社（Karma），2014年
10¾×8英寸（27.3×20.3厘米）
彩色数字复制品印在每个书页的右侧，带有Tumblr帖子的截图。除了1英寸宽的白条外，每一页都是黑色的。封面则为纯白色，且封面和书脊印有黑色书名，有防尘封套，背面印有出版商的印记。出版500册，其中10册为豪华版，有签名和原版编号。

一个月前，在韦德·盖顿的一幅作品出现在他的帖子中一个月后，光头党同性恋（skinhead gay）的博客 sfcrewcut 记录了它的内容。原封不动的帖子以 Tumblr 的顺序复制，从最近的一篇到“1 个月前”，最后是意外出现的盖顿的绘画。

64. 《WG3031》

苏黎世：J.R.P. 林格出版社，2015
11¼ × 9½ 英寸（28.5 × 24.1 厘米）
360 张数字复印图像，且每页都采用了全出血版式。唯一一页印刷文本是出版商的说明页。出版 700 册。

这本书以一比一的比例复制了一幅大型绘画。翻过 360 页后，我们看到了这幅画的碎片，这些碎片有可能通过将这些书页拼接在一起来重建。

65. 《大图像的图纸》

科隆：瓦尔特·柯尼格出版社，2010 年
10¼ × 7½ 英寸（26 × 19 厘米）
全出血数码彩色照片复制品。浅蓝色的环衬，纯蓝色的护封，蓝色有光泽的防尘封套。

韦德·盖顿 2010 年在科隆路德维希博物馆的展览画册中，有他在蓝色油毡铺陈的厨房地板上堆积的绘画照片。因为他在拍摄每一张新照片之前都会把最上面的那张去掉，所以堆叠的大小会随着书的进展而逐渐缩小。

66. 《小房间的图纸》

科隆：瓦尔特·柯尼格出版社，2011 年
10¼ × 7½ 英寸（26 × 19 厘米）
全出血数码彩色照片复制品。淡红色的环衬，红色的护封，红色有光泽的防尘封套。

2011 年，韦德·盖顿在维也纳格拉菲什·卡比涅特（Grafisches Kabinett）分离展的展览画册，他将美国纽约的厨房地板上铺上了红色油毡，并拍下了一堆不断减少的画作。

67. 《小房间的图纸》（第二卷）

科隆：瓦尔特·柯尼格出版社，2014 年
10¼ × 7½ 英寸（26 × 19 厘米）
全出血数码彩色照片复制品。淡红色的环衬，红色的护封，红色有光泽的防尘封套。

这本书是为了配合 2014 年至 2015 年在威尼斯多加那角（Punta della Dogana）举行的展览而出版的，它再次以韦德·盖顿厨房地板的颜色为主题。继蓝、红、黄之后，他又推出了第二卷红：一组叠加了几何图形的杂志页堆叠在厨房地板上。

68. 《长图像的图纸》

科隆：瓦尔特·柯尼格出版社，2013 年
10¼ × 7½ 英寸（26 × 19 厘米）
全出血数码彩色照片复制品。浅黄色的环衬，黄色的护封，黄色有光泽的防尘封套。

韦德·盖顿在 2013 年于苏黎世美术馆展览期间出版了这本书，他拍摄了杂志页面的照片，而这些页面照片又被几何图形叠加在他铺着黄色瓷砖的工作室厨房地板上。

河原温

69. 《日期绘画 1981—1983》

东京：……在星期日出版社（...on Sundays Publications），1983 年
9¾ × 7¼ 英寸（24.7 × 18.4 厘米）
由中村喜良（Yoshira Nakamura）和秋山正美（Masami Akiyama）设计。黑色折页封面，封面用白色印刷书名，封底有艺术家在东京迁徙（Watari）画廊展览的开展日期。书脊上印有白色书名。彩色印刷，黑白胶印。有日语和英语版本。

这本书与 1983 年东京迁徙画廊的“一百万年（未来）”展览一起出版，包含了河原温在 1981 年至 1983 年间创作的 95 幅日期绘画的图像，这些图像以原画作 1/7 的比例再现，是他长期创作的“今天”系列作品的一部分。此外，它还包括一张插入的文字页和一份由 100 张模切彩色贴纸组成的小册子，小册子上印有日期绘画的小型复制品。《日期绘画》是未经艺术家授权而出版的。

70. 《我依然活着》

柏林：雷内·布洛克出版社（Edition René Block），1978
8¼ × 9½ 英寸（20.9 × 24.1 厘米）
203 封黑白电报的复制品。灰色布料封面，书脊印有白色书名，且有灰色布面滑套。出版 800 册，其中 450 册为灰色布面精装带手工编号，350 册平装无编号。

这本书是在艺术家的电报展览举办之际出版的。1969 年，河原温开始发电报并声明：“我不会自杀，不用担心。”这些电报在 1970 年 1 月 20 日突然发生改变，成了更积极的信息“我还活着”。在接下来的 30 年里，河原温给朋友、艺术收藏家、策展人和其他艺术家发了近 900 封电报，每封都写着：“我还活着。”

［参考迈克尔·莱拉赫，《印刷品：柏林艺术图书馆的马尔佐纳

收藏》，第 132 页。］

71.《我去了，我遇见了，我读了，年刊：1969》

科隆：瓦尔特·柯尼格出版社，1992 年
11 × 8½ 英寸（27.9 × 21.5 厘米）
共 4 卷，每卷用灰色封面装订，封面和书脊用黑色印刷书名（1969 年除外，当时的书名用黄色印刷）。在一个纸箱里，盖子内外都有灰色的印刷标签。出版 300 册，未编号。

这 4 卷是为庆祝河原温收到亚琛艺术奖（Kunstpreis Aachen）而出版的，它们再现了 4 个不同的长期项目中一年的产出。

72.《一百万年》

安特卫普和布鲁塞尔：米其林·西瓦杰（Editions Micheline Szwajcer）和米谢勒·迪迪埃（Michèle Didier）共同出版，1999 年
2 卷本，各 5¾ × 4¼ 英寸（14.6 × 10.8 厘米）
黑色仿皮革装订，封面和书脊饰有金色和银色的镀金浮雕书名。黑色滑套。出版 570 册，前 60 册有艺术家签名。

《一百万年》由庞大的印刷文本组成：一个跨越《一百万年（过去）》和《一百万年（未来）》的日期列表。第 1 卷《过去》，是“写给所有的生者与死者”，始于公元前 998031 年，止于公元 1969 年；第 2 卷《未来》，是写给“最后一个人”，始于公元 1993 年，止于公元 1001992 年。

马丁·基彭贝格尔

73.《今生不能成为下一个人生的借口》

奥地利格拉茨：约尔格·施利克（Jörg Schlick）和城市公园论坛（Forum Stadtpark）共同出版，1991 年
21¾ × 19¼ 英寸（55.2 × 48.8 厘米）
完全印在仿羊皮纸上。用普通的纯棕色牛皮装订，6 格带状书脊，封面用德语盲印，书脊用英语盲印。艺术家吉姆·洛格勋爵的徽章“太阳、胸、锤子”（Sonne Busen Hammer）印在封底中央。所有页面边缘均打印为绿色，放在亚麻滑套里，用盲文印有一个插页。初始说明页用西班牙语黑色印刷，第二个法语说明页用绿色印刷。出版 37 册，另有 10 份艺术家的校样，注明了编号、日期，并由艺术家用钢笔在最初的扉页上签名。前 12 册是用棕色小牛皮装订的，有金边的书页和一张照片。

这本书每一页的右侧都复制了同一封信，即艾拉·G. 沃尔寄给吉塞拉·卡皮坦，日期为 1990 年 10 月 16 日。在信中，收藏家感谢经销商送给他的马丁·基彭贝格尔的书。沃尔写道，基彭贝格尔的书应该与迪特尔·罗斯和简·沃斯（Jan Voss）的书并列。在每一个对开页上，同一个字母的反向镜像用绿色打印，并且由于前一页上的黑色文本的重压而突起。

［参考乌威·科赫（Uwe Koch）著，《马丁·基彭贝格尔图书目录说明，1977—1997》（*Annotated Catalogue Raisonné of the Books by Martin Kippenberger 1977–1997*），编号第 105 条，第 244—245 页。］

74.《堂·吉诃德》

自出版，1989 年
8¾ × 7 × 1¾ 英寸（22.2 × 17.7 × 4.4 厘米）；尺寸对应于图示的体积
出版 12 册，编号、签名和日期均位于封面内侧

这本书实际上是一个软木制作的盒子，封面和书脊都有彩色浮雕样印刷。封面下是一页薄薄的软木，上面印着米格尔·德·塞万提斯作品第一章的开头；下面有一个隔间，里面有 50 张艺术家展览开幕和假期的快照（每张照片各不相同），以及一个与本书相关的印制计划。

［参考乌威·科赫著，《马丁·基彭贝格尔图书目录说明，1977—1997》，编号第 80 条，第 200—201 页。］

《最后的 1》《最后的 2》与《最后的 3》

这三本名为《最后的 1》《最后的 2》与《最后的 3》的画册是为了配合马丁·基彭贝格尔 1986 年在德国波恩的哈勒德·克莱恩画廊（Galerie Erhard Klein）举办的展览“给我一个愚蠢的季节”（Gib mir das Sommerloch）而出版的。每本书都揭示了基彭贝格尔于 1986 年早些时候在巴西之行中的收获，这是一次被艺术家称之为“神奇的苦难之旅”的旅行。

75.《最后的 1：德国纸牌的结果》

德国波恩：哈勒德·克莱恩画廊，1986 年
8½ × 6¼ 英寸（21.5 × 15.8 厘米）
39 幅黑白插图和 3 个彩色插页。绿色封面，黑色书名。

除了在巴西拍摄的 7 张现场照片之外，第 1 卷还收录了 1986 年 2 月 14 日至 3 月 1 日期间，马丁·基彭贝格尔在旅途中玩的 200 多场德国纸牌比赛的结果。

76.《最后的 2：24 张照片》

德国波恩：哈勒德·克莱恩画廊，1986 年
8½ × 6¼ 英寸（21.5 × 15.8 厘米）
35 幅黑白插图。黄色封面，黑色书名。

这本书包含艺术家于 1985 年 12 月 15 日至 1986 年 1 月 28

日在巴西拍摄的照片的复制品。

77. 《最后的 3：两本书和两顶帽子》

德国波恩：哈勒德·克莱恩画廊，1986 年
8½ × 6¼ 英寸（21.5 × 15.8 厘米）
44 幅黑白插图，外加 1 个彩色插页。

这本书包含了两幅版画的插图（Copa 和 Ipa 以及年轻的海滩信徒）；一系列的丝网印刷和拼贴的组合，即“预期是错误的：我必须待在家里”（Vorfreude seiten- verkehrt: Ich muß zuhause bleiben）。此外，还有马丁·基彭贝格尔在里约热内卢除夕派对上制作的两顶帽子的插图。

［参考乌威·科赫著，《马丁·基彭贝格尔图书目录说明，1977—1997》，编号第 38—40 条，第 113—117 页。］

78. 《酒店—酒店》

科隆：瓦尔特·柯尼格出版社，1992 年
11¾ × 8¼ 英寸（29.8 × 20.9 厘米）
246 张黑白胶印插图。浅蓝色有光泽封面，封面和书脊均印有橙色书名。出版 950 册，带印章。前 100 册有艺术家签名，其中前 30 册还包括有艺术家签名的绘画和宝丽莱照片。
《酒店—酒店》是三部曲中的第一部，按比例复制了马丁·基彭贝格尔在世界各地的酒店用具上的绘画。这些图画包括旅馆房间的景色，以及朋友和熟人的肖像，不同的纸张还被用来模拟酒店用具的不同质量。

［参考乌威·科赫著，《马丁·基彭贝格尔图书目录说明，1977—1997》，编号第 109 条，第 252—253 页。］

79. 《MOMAS：锡罗斯现代艺术博物馆》

科隆：卢卡斯·鲍姆韦尔德（Lukas Baumewerd）出版，1994 年
11½ × 16½ 英寸（29.2 × 41.9 厘米）
共 12 页，包括一个说明页，且每一页都是建筑师卢卡斯·鲍姆韦尔德用彩色喷墨打印而成。螺旋装帧，带有透明塑料软封面和白色卡纸封底。

1993 年，马丁·基彭贝格尔宣布建立锡罗斯现代艺术博物馆。该博物馆位于希腊锡罗斯岛上一家前屠宰场的废墟上。在这里，他组织了克里斯托弗·伍尔、斯蒂芬·普林纳（Stephen Prina）、海莫·佐贝尼克（Heimo Zobernig）等艺术家的展览。这本书的版本包含了楼层和场地平面图，以及现代艺术博物馆的透视图。

80. 《MOMAS：锡罗斯现代艺术博物馆》（第二版）

科隆：卢卡斯·鲍姆韦尔德出版，1994 年
11½ × 16½ 英寸（29.2 × 41.9 厘米）
共 16 页，包括一个说明页，且每一页都是建筑师卢卡斯·鲍姆韦尔德用喷墨打印而成，但这本里没有彩色照片，平面图也只是简单勾勒。螺旋装订，带有透明塑料软封面和白色卡纸封底。

这本书包含了楼层和场地的平面图，以及现代艺术博物馆的透视图。此外，这一副本还包括 4 张喷墨打印的现场航拍照片和 1993 年 9 月 10 日的开幕照片。

81. 《MOMAS：锡罗斯现代艺术博物馆》（第三版）

科隆：卢卡斯·鲍姆韦尔德出版，1994（2005）年
5½ × 8¼ 英寸（13.9 × 20.9 厘米）
赤陶色封面，黑色书名。订书钉装订，胶版印刷。最初出版约 30 册，后在 2005 年再版了一个开本更大的、没有具体说明的版本。1994 年的原版是在关于锡罗斯现代艺术博物馆图书项目的《逻辑目录注释》（*Annotated Catalogue Raisonné*）中引用的唯一一本书。这本书包含了楼层和场地平面图，以及锡罗斯现代艺术博物馆的透视图和场地照片的复制品，包括港口和建筑立面图。

［参考乌威·科赫著，《马丁·基彭贝格尔图书目录说明，1977—1997》，编号第 136 条，第 304—305 页。］

82. 《未处理和未打印的纸张》

美国纽约：“印刷品”出版社，1990 年
9½ × 6¼ × 2¼ 英寸（24.1 × 15.8 × 5.7 厘米）
一令普通纸，用棕色牛皮纸包裹，并用牛皮纸胶带密封。将白色打印的书名标签粘贴到铰孔的前部。最后整体装入一个配套的牛皮纸滑套中，附加的书名标签粘贴在前边缘。出版 50 册，书名标签上有艺术家的签名、编号。

正如书名所标示的，马丁·基彭贝格尔没有处理这些纸张或打印的书名标签，而是一起邮寄到“印刷品”出版社进行粘贴。

［参考乌威·科赫著，《马丁·基彭贝格尔图书目录说明，1977—1997》，编号第 86 条，第 213 页。］

83. 《T. O. T. 》

科隆：瓦尔特·柯尼格出版社，1988 年
11¾ × 9¼ 英寸（29.8 × 23.4 厘米）
106 幅插图，其中彩色 42 幅。印刷的白色封面。封面上印着“T.O.T.”以及艺术家和出版商的名字。出版 9 册，封

面有艺术家用笔书写的编号和签名；外加的 3 册为有编号和签名的非商业版（hors commerce）。

马丁·基彭贝格尔在美国纽约惠特尼美国艺术博物馆为罗伯特·梅普尔索普 1988 年的回顾展重新制作了 12 本平装画册，在每一本的版面和封面上都印上了“T.O.T.”（tot 是德语中“死亡”的意思）。罗伯特·梅普尔索普于 1989 年去世。

［参考乌威·科赫著，《马丁·基彭贝格尔图书目录说明，1977—1997》，编号第 64 条，第 168—169 页。］

84. 《你能做些什么？》

与阿尔伯特·厄伦合著
科隆：丹尼尔·布赫霍尔兹（Daniel Buchholz）出版，1986 年
16 × 20 英寸（40.6 × 50.8 厘米）
纯黑布背板，黄色护封，正面印有绿色和黑色书名。一张黑白照片。出版 15 册，在最后一页的左页上有艺术家和厄伦的签名，并注明了日期、编号。

《你能做些什么？》主要是针对艺术家的同胞安瑟姆·基弗。这本书包括深居简出的基弗参加舞蹈班年度舞会的一张照片，随后是马丁·基彭贝格尔和阿尔伯特·厄伦的文字。这本书的大部分篇幅是 50 页，用燕麦片和赭石色的乳液手工绘制，是对基弗作品的嘲讽。

［参考乌威·科赫著，《马丁·基彭贝格尔图书目录说明，1977—1997》，编号第 42 条，第 120—22 页。］

索尔·勒维特

85. 《自传》

与露易丝和迈克·K. 托夫（Lois and Michael K.Torf）合作
美国纽约与波士顿：多版限量艺术品公司，1980 年
10¼ × 10¼ 英寸（26 × 26 厘米）
封面和书脊上印有黑色书名的白色封面，带有光泽的白色护封。

《自传》包括了 1000 多张索尔·勒维特的曼哈顿阁楼黑白照片的复制品，并对其周围环境进行了分类，包括管道装置和墙壁插座。艺术家本人只出现在一张照片中。

［参考马丁·帕尔、格里·巴杰著，《世界摄影书史，第二卷》，第 155 页；《艺术家书 I》，克雷费尔德美术馆，编号第 36 条，第 93 页；乔治·马菲、伊曼纽尔·德·唐诺（Emanuele De Donno）著，《索尔·勒维特的艺术家书》（*Sol LeWitt Artist's Books*），第 70—71 页；迈克尔·莱拉赫著，《印刷品：柏林艺术图书馆的马尔佐纳收藏》，第 138 页；安妮·莫格林－德尔克罗伊著，《艺术家书的美学 1960—1980》，第 245 页。］

86. 《砖墙》

美国纽约：坦格伍德（Tanglewood）出版，1977 年
10 × 8¾ 英寸（25.4 × 22.2 厘米）
16 张跨页全出血黑白照片。封面和书脊印有黑色书名，带有光泽的白色封面。

《砖墙》重现了索尔·勒维特从早到晚定期拍摄他美国纽约工作室对面砖墙的黑白照片。

［参考《艺术家书 I》，克雷费尔德美术馆，编号第 27 条，第 93 页；乔治·马菲、伊曼纽尔·德·唐诺著，《索尔·勒维特的艺术家书》，第 70—71 页；迈克尔·莱拉赫著，《印刷品：柏林艺术图书馆的马尔佐纳收藏》，第 137 页；安妮·莫格林－德尔克罗伊著，《艺术家书的美学 1960—1980》，第 240 页。］

87. 《4 种基本样式的直线》

伦敦：国际工作室出版，1969 年
8 × 8 英寸（20.3 × 20.3 厘米）
每一页都有黑白线条图。白色封面，订书钉装订。在这本书的最后一页，有勒维特的题字。

这本书的每个书页上都有平行于 4 个方向的线条。第 1 页则是揭示内容的书名和缩略图。

［参考《艺术家书 I》，克雷费尔德美术馆，编号第 4 条，第 92 页；乔治·马菲、伊曼纽尔·德·唐诺著，《索尔·勒维特的艺术家书》，第 32—33 页。］

88. 《序列项目 #1，1966》

美国纽约：《阿斯彭》杂志，1967 年
8 × 8 英寸（20.3 × 20.3 厘米）
白色封面，订书钉装订。

索尔·勒维特在他的第一本艺术家书中描述了他的系列组合结构背后的原理，这本书最初仅是 1967 年《阿斯彭》杂志第 5—6 期的一部分。

［参考《艺术家书 I》，克雷费尔德美术馆，编号第 1 条，第 92 页；乔治·马菲、伊曼纽尔·德·唐诺，《索尔·勒维特的艺术家书》，第 28 页。］

理查德·朗

89. 理查德·朗 [约翰·巴雷库恩]

阿姆斯特丹：市立博物馆，1973 年
8 × 11¾ 英寸（20.3 × 29.8 厘米）
14 张黑白照片插图。白色封面，且封面上印有黑色歌词，订书钉装订。

这本书的封面与理查德·朗 1973 年在阿姆斯特丹市立博物馆举办的展览一同出版，上面有标题为“英国传统民歌”的歌词。复制的照片是朗在亚利桑那州、爱尔兰康纳马拉（Connemara）、肯尼亚图尔卡纳（Turkana）和英格兰格拉斯顿伯里（Glastonbury）风景区拍摄的照片。

［参考《艺术家书 I》，克雷费尔德美术馆，编号第 5 条，第 101 页；迈克尔·莱拉赫著，《印刷品：柏林艺术图书馆的马尔佐纳收藏》，第 139 页。］

90. 《埃文河泥书》

伦敦：安东尼·德奥菲画廊（Anthony d' Offay Gallery），1979 年
6¼ × 5½ 英寸（15.8 × 13.9 厘米）
黑色纸覆盖的木板，封面有艺术家用白色铅笔手写的书名。装在配套的滑套里。出版 120 册，无编号，但每一份都是独一无二的。

为了创作这本书，理查德·朗把几张纸浸在英国布里斯托尔埃文河的泥里。晒干书页后，他用手把它们装订成书。

［参考《艺术家书 I》，克雷费尔德美术馆，编号第 13 条，第 102 页。］

91. 《两只牧羊犬从阴影中穿过，乌云随着暴风雨飘过山坡》

伦敦：利森画廊，1971 年
11 × 7¼ 英寸（27.9 × 18.4 厘米）
白色封面，黑色书名，订书钉装订

这本书结合黑白照片复制品再现了理查德·朗在散步时遇到的风景，并用文字描述了地质特征。

［参考《艺术家书 I》，克雷费尔德美术馆，编号第 4 条，第 101 页；迈克尔·莱拉赫著，《印刷品：柏林艺术图书馆的马尔佐纳收藏》，第 139 页。］

戈登·马塔–克拉克

92. 《分割》

美国纽约：格林街 98 号阁楼出版社，1974 年
7 × 11 英寸（17.7 × 27.9 厘米）
黑白照片插图贯穿始终，包括内封底的折叠板。带光泽的白色封面，黑色书名，订书钉装订。

《分割》由照片拼贴组成，记录了戈登·马塔–克拉克于 1974 年对新泽西一所废弃房屋的分割，即用锯子在中心进行了两个平行的直线切割。

［参考迈克尔·莱拉赫著，《印刷品：柏林艺术图书馆的马尔佐纳收藏》，第 140 页；安妮·莫格林 – 德尔克罗伊著，《艺术家书的美学 1960—1980》，第 256 页。］

93. 《墙纸》

美国纽约：布法罗出版社（Buffallo Press），1973 年
10 × 8 英寸（25.4 × 20.3 厘米）
页面按设计被水平分成两个部分。每一页都复制了一张彩色照片。封面和封底也印有照片。

《墙纸》中的照片捕捉到的是美国纽约布朗克斯区废弃公寓大楼的内墙。戈登·马塔—克拉克没有对建筑进行物理改造，但将书页进行了水平分割，这样观者在翻页的同时也在“分割”建筑物。

［参考安妮·莫格林 – 德尔克罗伊著，《艺术家书的美学 1960—1980》，第 148—149 页；迈克尔·莱拉赫著，《印刷品：柏林艺术图书馆的马尔佐纳收藏》，第 140 页；安妮·莫格林 – 德尔克罗伊著，《艺术家书的美学 1960—1980》，第 226 页。］

阿妮特·梅萨热

94. 《阿妮特·梅萨热收藏集》

巴黎：市现代艺术博物馆、ARC 2 出版社，1974 年
8¼ × 5¾ 英寸（20.9 × 14.6 厘米）
黑白复制品。白色封面，订书钉装订。

这本书是为配合 1974 年的一次展览出版的，它是阿妮特·梅萨热根据不同主题编辑的 56 张剪报和绘画专辑的精选集。

［参考让–多米尼克·卡雷（Jean–Dominique Carré）著，《阿妮特·梅萨热艺术家书图录》（*Annette Messager: Livres d' artistes et catalogues*），编号第 7 条。］

95.《女人与……》

日内瓦：缺口（Ecart）出版社，1975 年
5½ × 7¾ 英寸（13.9 × 19.6 厘米）
26 张黑白照片。棕色封面，封底有薄衬纸。黑色书名。出版 500 册，有印章、编号。

这名艺术家的裸体照片上常常有绘画，并附有标题。这些图像从滑稽的“女人与胡子”到荒诞的戏剧感，从艺术家对画在自己皮肤上的蜘蛛和蜘蛛网假装恐惧的“女人与恐惧”，到她把阴毛当作胡须画上了一张男人的脸。

［参考让－多米尼克·卡雷著，《阿妮特·梅萨热艺术家书图录》，编号第 8 条。］

96.《我的谚语集》

米兰：吉安卡洛·波里蒂（Giancarlo Politi）出版，1976 年
4½ × 6½ 英寸（11.4 × 16.5 厘米）
白色封面，封面和书脊上印有黑色书名。出版 1500 册，未编号。

1973 年，阿妮特·梅萨热开始从世界各地收集厌恶女性的谚语和语录。这本书复制了其中的一部分，在每一页的中央打印了法语手写文本的传真件，并在法语文本的上和下分别打印了意大利语和英语译文。

［参考让－多米尼克·卡雷著，《阿妮特·梅萨热艺术家书图录》，编号第 12 条；安妮·莫格林－德尔克罗伊著，《艺术家书的美学 1960—1980》，第 202—203 页。］

97.《我目睹的陈词滥调》

比利时列日：Yellow Now 出版社，1973 年
5¾ × 4¼ 英寸（14.6 × 10.8 厘米）
24 张黑白胶印照片。采用门式折叠的雅黄色封面，黑色书名，订书钉装订。出版 75 册，艺术家用铅笔在书籍扉页上编号。

阿妮特·梅萨热展示了一系列偷窥情侣拥抱的照片。书名指的是法语单词“陈词滥调”的双重含义，既可以作为打印机的墨盘翻译，也代表一种陈腐的想法。每张图片的标题都在封面上，如“板凳上的忏悔”“窗户上的混乱”，以及“突然的启示”。

［参考让－多米尼克·卡雷著，《阿妮特·梅萨热艺术家书图录》，编号第 5 条。］

98.《我们的证词》

德国斯图加特：八角形（Oktagon）出版社，1995 年
6½ × 4¾ 英寸（16.5 × 12 厘米）
黑白照片的复制品。蓝色纸板封面，两张明信片插在卷后。出版 900 册，艺术家用钢笔在书籍扉页上编号。

《我们的证词》分为 4 个选项卡式的章节“我们的旅程”“我们的故意折磨”“我们的目击者照片”和“我们的面具”。这些小型复制品包含了情侣拥抱、街头抗议、身体器官，以及女性接受痛苦美容治疗的过程再现。

杰克·皮尔森

99.《天使青年》

科隆：奥里尔·沙伊布勒出版，1992 年
8¼ × 5¾ 英寸（20.9 × 14.6 厘米）
彩色照片插图，除了内封底的出版商印记外，没有文字。有照片插图的封面，封面和书脊上印有红色和黑色书名。出版 1200 册，前 100 册有艺术家的签名和编号。

杰克·皮尔森的第一本艺术家书里的许多图像都曝光过度或失焦，且色彩鲜艳、花哨，主题从平庸的路人到亲密的个人。

100.《自拍照》

美国纽约：谢姆和里德画廊（Cheim & Read Gallery），2003 年
11¾ × 9¼ 英寸（29.8 × 23.4 厘米）
15 张彩色照片。燕麦色布面装订，封面和书脊印有黑色书名。

尽管选用了《自拍照》这个书名，但是照片中的 15 个人——从最小到最大——都不是艺术家本人。

101.《星尘（藏书版）》

科隆：沙龙出版社（Salon Verlag），2012 年
12¼ × 8¾ 英寸（31.1 × 22.2 厘米）
用数码技术复制的杂志页面，且带有签名和编号的藏书版。金色的衬页，黑色纸质封面。出版 150 册，其中 40 册为收藏版，限量发行。

这是沙龙出版社的藏书版版本中的第 21 号。在这个版本中，艺术家被邀请修改他或她自己选择的以前出版的书籍。杰克·皮尔森挑选了一期《星尘》杂志，这是一本 20 世纪 60 年代好莱坞的同性恋粉丝杂志，他将其页面重新拍照，并按实际尺寸将它们打印到稍大一些的黑纸上。艺术家还把自己的名字和电影明星

的名字，如洛克·哈德森、泰布·亨特等放在封面上，藏书版藏书者标签上则是一张现代好莱坞男星查宁·塔图姆（Channing Tatum）的照片。

西格玛·波尔克

102.《1972 年联邦议院选举：杜塞尔多夫和科隆的奇异照片》

德国海德堡：斯塔克（Staeck）出版社，1972 年
8 × 11¾ 英寸（20.3 × 29.8 厘米）
44 张黑白照片复印件。胶版印刷。用白色塑料梳装订，以固定原来透明的 PVC 封面。PVC 封面还印有“奇异”唱片公司的唱片标签标志。出版 500 册。

在这本书的第一页上，西格玛·波尔克展示了一张《与野人菲舍尔共度夜晚》（*An Evening With Wild Man Fischer*）的照片，这是弗兰克·扎帕（Frank Zappa）1968 年制作的双 LP 专辑，在扎帕的“奇异”（Bizarre）唱片公司发行。这本书的其余部分记录了西德右翼政党的政治海报。波尔克在封面上用红笔签名，并用红笔在一根香肠上画了一个小图，显然是被野人菲舍尔手中的刀切开的。

［参考于尔根·贝克尔（JürgenBecker）、克劳斯·冯·德·奥斯汀（Claus von der Osten）著，西格玛·波尔克：1963—2000 年间的多版号作品（Sigmar Polke：The Editioned Works 1963–2000），编号第 19 条。］

103.《日复一日……他们拿走了一些大脑》

与阿希姆·杜霍合著
科隆：威南（Wienand）出版社，1975 年
16½ × 11¾ 英寸（41.9 × 29.8 厘米）
每页都有彩色插图，包括关于艺术家的报纸、展览目录和一些活页。黄色宽腰封，黑色文本“西格玛·波尔克·第十三届圣保罗双年展，1975·德意志联邦共和国”，出版 800 册。

这些报纸是为 1975 年圣保罗双年展印刷的，当时西格玛·波尔克代表西德获得了大奖，它们是一系列名为《日复一日》的印刷品和绘画作品的一部分，以及一篇由伊芙琳·韦斯（Evelyn Weiss）用德语和葡萄牙语写的介绍性文章。

［参考于尔根·贝克尔、克劳斯·冯·德·奥斯汀著，西格玛·波尔克：1963—2000 年间的多版号作品，编号第 46 条。］

104.《弗朗兹·李斯特喜欢过来看电视》

与阿希姆·杜霍合著
德国明斯特：西法里亚艺术联盟出版，1973 年
11½ × 8¼ 英寸（29.2 × 20.9 厘米）
在白纸和彩色纸上用黑色胶版印刷。封面印有蛇皮特写照片和橙色书名。

这本书和展览画册是伴随着 1973 年西法里亚艺术联盟的展览“西格玛·波尔克 / 阿希姆·杜霍：原件与仿制”（Sigmar Polke / Achim Duchow.Original + Fälschung）所出版。展览由 24 幅绘画、186 张照片、14 张拼贴画和照片箱、各种圆形袖珍镜子和 15 个彩色荧光灯管组成，是波尔克的第一次大型博物馆展览。这本书以著名艺术家弗里茨·豪巴赫（Fritz Heubach）、让－克里斯托夫·安曼、安东尼奥·夸塔（Antonio Quarta）、凯瑟琳娜·西维尔丁（Katharina Sieverding）、詹姆斯·李·拜厄斯、迈克尔·韦纳、康拉德·施尼兹勒（Conrad Schnitzler）等，以及各种常用于报刊杂志的图像和文字为特色。

［参考于尔根·贝克尔、克劳斯·冯·德·奥斯汀著，西格玛·波尔克：1963—2000 年间的多版号作品，编号第 35 条。］

理查德·普林斯

105.《成人喜剧动作剧》

苏黎世、柏林与美国纽约：斯卡罗（Scalo）出版社，1995 年
11¾ × 8 英寸（29.8 × 20.3 厘米）
在 240 页中，除 7 页外的所有图像都为彩色复印件，其中大多数为蓝色。蓝色的纸覆盖的木板，护封印有照片。

《成人 喜剧 动作 戏剧》的书名会让人想起一家视频租赁店的各个部分，这本书提供了理查德·普林斯痴迷的自传之旅，从笑话画和挪用的图像到他的书、杂志、漫画、磁带和购买的其他照片。其后还有一个 4 页的列表，用以详细说明每页显示的内容。

［参考安德鲁·罗斯（Andrew Roth）著，《关于 101 本书的书：20 世纪的开创性摄影书籍》（*The Book of 101 Books：Seminal Photographic Books of the Twentieth Century*），第 274—275 页；米歇尔·奥尔（Michele Auer）著，《M.+ M. 奥尔藏品中的 802 本摄影书》（*802 photo books from the M.+ M.Auer collection*），第 727 页；乌韦·科赫、萨宾·罗德、多萝西娅·克莱因、克劳斯·波尔和梅丽塔·克里格著，《凡士林中的沙子：1980—2002 年的艺术家书》，第 74 页。］

106.《鲍勃·克拉内：他来了》

化名约翰·道格出版
美国纽约：富尔顿·赖德出版社，2012 年
9¼ × 6¼ 英寸（23.4 × 15.8 厘米）
19 张数码复制的插图。精装金色布面纸板封面。出版 500 册。

《鲍勃·克拉内：他来了》由理查德·普林斯设计，并由他名下的富尔顿·赖德出版社出版，化名约翰·道格。20世纪60年代热门电视剧《霍根的英雄》的主演鲍勃·克莱恩1978年遇害后，人们发现他多年来一直在秘密拍摄自己与女性发生性行为的一些片段。普林斯的书复制了克莱恩个人视频中的清晰剧照，克莱恩的儿子在 www.bobcrane.com 网站上发布了这些视频，上面有数字水印。

107.《麦田里的守望者》

美国纽约：美国纽约之所（American Place）出版社，2011年
8 × 5½ 英寸（20.3 × 13.9 厘米）
布面装帧，带印花护封。

书籍扉页上的免责声明写道："这是理查德·普林斯的作品。与一本书的任何相似之处都是巧合，并非出自艺术家的本意。© 理查德·普林斯。"然而这本书保留了 J.D. 塞林格（J. D. Salinger）小说的全部内容，甚至模仿了第1版的原稿和字体。书籍封面的图案与旋转木马相同，但作者的名字已改为理查德·普林斯。

108.《笑话 帮派 头罩》

科隆：贾隆卡·盖雷里（Jablonka Galerie）和吉塞拉·卡皮丹（Galerie Gisela Capitain）画廊，1990年
10¼ × 7 英寸（26 × 17.7 厘米）
74本全出血彩色照片复制品。带有光泽的摄影插图封面，有勒口。红色书名。出版2000册，未编号。

这本画册与1990年的两次科隆画廊展览同时出版，其中的照片再现了艺术家美国纽约工作室的拍摄成果、进行中的作品，以及他收藏的其他人的作品。

［参考乌韦·科赫、萨宾·罗德、多萝西娅·克莱因、克劳斯·波尔和梅丽塔·克里格著，《凡士林中的沙子：1980—2002年的艺术家书》，第73页。］

109.《松饼尝试》

美国纽约：自出版，1976年
8¾ × 7¾ 英寸（22.2 × 19.6 厘米）
仅在奇数页上打印。两张原版黑白照片［4¼ × 3 英寸（10.8 × 7.6 厘米）和 3 × 4¼ 英寸（7.6 × 10.8 厘米）］，由艺术家拍摄，分别放在书页上，用防护片保护。单张印刷本。

理查德·普林斯的这本独一无二的书，是他还在"时代生活"（Time Life）办公室工作时制作的，由一个单面打印的5页短篇故事组成，讲述的是一位年轻艺术家把一个女孩带回了工作室，却被一个有点痛苦的吻挫败了："我当时就知道'这将是又一次松糕尝试'。"普林斯用黑笔在排字线上方重新书写了所有文字，逐字逐句，甚至是标题和打印的版权页，并在上面签名并注明了日期。两张照片中的一张是肖像照，照片中普林斯从紧闭的嘴唇间伸出一把图钉；另一张是他在工作室拥抱和亲吻一个年轻女子。

110.《理查德·普林斯》

美国纽约：芭芭拉·格拉德斯通画廊（Barbara Gladstone Gallery），1988年
10½ × 7¾ 英寸（26.6 × 19.6 厘米）
有彩色照片的封面

这份48页的目录是结合美国纽约芭芭拉·格拉德斯通画廊的展览出版的，内容包括理查德·普林斯的一篇无题散文、大量彩色照片和黑白照片的复制品，展示了摄影作品、笑话和艺术家的工作室。

［参考乌韦·科赫、萨宾·罗德、多萝西娅·克莱因、克劳斯·波尔和梅丽塔·克里格著，《凡士林中的沙子：1980—2002年的艺术家书》，第73页。］

111.《战争图片》《薄荷醇图片》和《薄荷醇战争》

美国纽约：艺术家空间，1980年；美国纽约州水牛城：CEPA画廊，1980年；美国纽约：自出版，1980年
共3卷，每卷约 8½ × 5½ 英寸（21.5 × 13.9 厘米）
黑白照片封面，白色书名。

理查德·普林斯的三部曲书籍发行于1980年（2月份的《战争图片》、6月份的《薄荷醇图片》、10月份的《薄荷醇战争》），其中有类似封面插图的肖像照片和短小的情节故事。第3卷是为配合美国纽约"印刷品"书店橱窗布置而出版的，是3卷中篇幅最长的一卷，也是唯一一卷有页码和目录的。

格哈德·里希特

112.《冰》

罗马：皮耶罗尼画廊（Galleria Pieroni），1981年
7¾ × 4¾ 英寸（19.6 × 12 厘米）
213幅黑白照片作为插图。带勒口的白色封面。出版90册，有艺术家的签名、编号，外加16份艺术家的校样。

这本书再现了1972年格哈德·里希特在格陵兰岛旅行时拍摄的黑白照片，灵感来自卡斯帕·戴维·弗里德里希（Caspar David Friedrich）。每本书的封面、封底和内页都被艺术家折叠成不同的样式便于用彩色漆创作一幅新画，因此，每本书都是独

一无二的。这一版本中有少量未编号的书是用胶印的彩色封面出版的。这本书还被设计成前后都可开始阅读的形式。

［参考胡伯图斯·布廷（Hubertus Butin）、斯特凡·格罗内特（Stefan Gronert）和托马斯·奥尔布里希特（Thomas Olbricht）著，《格哈德·里希特：出版物 1965—2013》（*Gerhard Richter: Editions 1965－2013*），编号第 58 条，第 227 页。］

113.《一幅画中的 128 个细节（哈利法克斯，1978）》

加拿大哈利法克斯：新斯科舍艺术与设计学院，1980 年
10½ × 7½ 英寸（26.6 × 19 厘米）
128 张黑白照片的复制品。黑黄相间的硬质封面。

1978 年夏天，格哈德·里希特拍摄了哈利法克斯的照片，这是他最近在新斯科舍艺术与设计学院的安娜·利昂欧文斯画廊（Anna Leonowens Gallery）展出的一幅油画。这本书是新斯科舍省小册子的第 2 卷，书中有 128 幅图像，这些图像对画作的表面进行了仔细观察。书中还有里希特的一篇文章，详细描述了这些照片是如何制作并成为一本书的。

［参考胡伯图斯·布廷、斯特凡·格罗内特和托马斯·奥尔布里希特著，《格哈德·里希特：出版物 1965—2013》，编号第 56 条，第 225 页。］

114.《里希特／波尔克：波尔克／里希特》

德国汉诺威：h 画廊，1966 年
9½ × 6¼ 英寸（24.1 × 15.8 厘米）
13 张黑白照片的复制品。活页装订，红色封面，黑色打印书名。出版 500 册，无编号。

这本书由格哈德·里希特和西格玛·波尔克设计，是他们在德国汉诺威举办联合展览时出版的。它只包含两张里希特的画，其余图片有些是从家庭相册中翻拍的，有些是由艺术家为这本书专门制作的。所附文字片段取自德国科幻小说、报纸剪辑和艺术家的自述。

［参考胡伯图斯·布廷、斯特凡·格罗内特和托马斯·奥尔布里希特，《格哈德·里希特：出版物 1965—2013》，编号第 3 条，第 148 页。］

115.《战争剪报》

科隆：瓦尔特·柯尼格出版社，2004
10 × 8½ 英寸（25.4 × 21.5 厘米）
柔软的红色布封。出版 2400 册，前 150 册有艺术家签名。

这本书包含了 218 张格哈德·里希特 1987 年的油画《抽象绘画［CR648-2］》的彩色细节照片，并附有 2003 年伊拉克战争前两天发表在《法兰克福汇报》上的文字。它还包含了这些印刷文本的索引和里希特的评论。

［参考胡伯图斯·布廷、斯特凡·格罗内特和托马斯·奥尔布里希特著，《格哈德·里希特：出版物 1965—2013》，编号第 124 条，第 295 页。］

迪特尔·罗斯

116.《bok 3c》

雷克雅未克：自出版（forlag 版本许可下），1961 年
7¾ × 7¾ 英寸（19.6 × 19.6 厘米）
从打印机的彩色胶印成品纸上剪下大约 300 张。雅黄色封面，胶订。封面贴有压印标签，有艺术家手写的书名、年份和编号。罗斯还在封面上用其名字的变体拼写了“迪特尔·罗斯”签名。尽管从表面上看是 100 个编号，但实际制作的册数远小于此，最终编号可能不超过 40 个。

迪特尔·罗斯为了制作《bok 3c》使用了三台不同的雷克雅未克印刷机的底材制成的可印刷胶版纸。

［参考德克·多伯（Dirk Dobke）著，《迪特尔·罗斯：书籍与限量版艺术品：目录注释》（*Dieter Roth*, Books + Multiples: Catalogue Raisonné），第 156 页。］

117.《科普利书》

芝加哥：威廉和诺玛·科普利基金会，1965 年
10 × 9 英寸（25.4 × 22.8 厘米）
由伦德·汉弗莱斯（Lund Humphries）印刷。112 张不同大小的纸张和各种纸样（有些还是折叠的）：文本、图纸、照片、拼贴画、浮雕、凸版、胶印、穿孔、压花。光面彩色胶印卡纸封面。印刷的页面没有装帧，而是用订书钉在一起，穿过每张纸的中间，并装订到封底上。出版约 1750 册。

在 1960 年，迪特尔·罗斯赢得了威廉和诺曼·科普利基金会奖，该奖由包括马塞尔·杜尚、马克斯·恩斯特（Max Ernst）和赫伯特·里德（Herbert Read）在内的评委选出。罗斯没有提议出版一本新的专著，而是要求基金会提供资金来创作这本书。《科普利书》由艺术家理查德·汉密尔顿担任编辑，其封面再现了罗斯的一本笔记本的正面，他把这个笔记本送给了汉密尔顿以示感谢。

［参考德克·多伯著，《迪特尔·罗斯：书籍与限量版艺术品：目录注释》，第 166 页。］

118.《每日镜报书》（*Daily Mirror Book*）

雷克雅未克：自出版（forlag 版本许可下），1961 年
¾ × ¾ 英寸（1.9 × 1.9 厘米）
黏合而成的粗棉布装帧。出版约 220 册，有艺术家签名并注明了日期。

《每日镜报书》约有 150 个剪裁过的部分，且每一部分的面积约为 2 厘米，均是从英国小报《每日镜报》上剪下。

［参考德克·多伯著，《迪特尔·罗斯：书籍与限量版艺术品：目录注释》，第 159 页。］

《泪海》

1973 年，迪特尔·罗斯在《泪海》一书中发表了他的 248 条来自《泪湖》的格言，每一条右侧都印上了一句话。在第 2 卷第 2 段的《泪海》中，他在原本空白的左页添加了文本插图。在接下来的 3 个版本中，他将原有的句子与图画、其他短语、诗歌等交错编排在一起。

119.《泪海 1》（1973）

斯图加特、伦敦、雷克雅未克以及瑞士祖格：汉斯约格·梅耶出版机构（Edition Hansjörg Mayer）与迪特尔·罗斯共同出版，1973—1979
7¾ × 5¾ 英寸（19.6 × 14.6 厘米）

Prentsmi ju Jóns Helgasonar（冰岛语）印厂印刷。缝合，白色封面与蓝纸质腰封。出版 200 册，有艺术家签名、编号。

120.《泪海，Band 2》（1973）

斯图加特、伦敦、雷克雅未克以及瑞士祖格：汉斯约格·梅耶出版社（Edition Hansjörg Mayer）与迪特尔·罗斯共同出版，1973—1979
7¾ × 5¾ 英寸（19.6 × 14.6 厘米）

Prentsmi ju Jóns Helgasonar & Grafik HF（冰岛语）印厂印刷。黏合，白色封面。出版 200 册，有艺术家签名、编号。

121.《（泪海 3）. Das Wähnen，Das Wähnen，Band 1》（1974）

斯图加特、伦敦、雷克雅未克以及瑞士祖格：汉斯约格·梅耶出版社（Edition Hansjörg Mayer）与迪特尔·罗斯共同出版，1973—1979
7¾ × 5¾ 英寸（19.6 × 14.6 厘米）

Grafik hf.Reykjav í k & Staib + Mayer，Stuttgart（冰岛语）印厂印刷。缝合，雅黄色封面。出版 200 册，有艺术家签名、编号。

122.《（泪海 4）. Das Weinen / Das Wähnen, Band 2A》（1978）

斯图加特、伦敦、雷克雅未克以及瑞士祖格：汉斯约格·梅耶出版社（Edition Hansjörg Mayer）与迪特尔·罗斯共同出版，1973—1979
14½ × 5¼ 英寸（36.8 × 13.3 厘米）

Staib + Mayer, Stuttgart（冰岛语）印厂印刷。缝合，棕褐色封面。出版 400 册，有双签名和编号。

123.《（泪海 5）. Unterm Plunderbaum，Fax Hundetraum（die Sonetten 195? - 1979）= Das Weinen no. 2 = Das Wähnen，Bd 2B》（1979）

斯图加特、伦敦、雷克雅未克以及瑞士祖格：汉斯约格·梅耶出版社（Edition Hansjörg Mayer）与迪特尔·罗斯共同出版，1973—1979
6¾ × 5 英寸（17.1 × 12.7 厘米）

缝合，且每份都由艺术家手绘。出版 200 册，有艺术家签名、编号。

［参考德克·多伯著，《迪特尔·罗斯：书籍与限量版艺术品：目录注释》，第 212—214 页。］

124.《泪湖》

雷克雅未克：自出版，1973 年
18½ × 13 英寸（46.9 × 33 厘米）
凸版报纸印刷。朴素的棕色封面，胶钉书脊。罗斯还用蓝色铅笔在封面写下了书名、编号、日期和签名。出版 150 册。

1971 年，迪特尔·罗斯开始在卢塞恩的安泽格市及其周围的免费广告牌上发表言论，署名“D.R.”。这本书就是把刊登了他发言稿的报纸版面全部装订在一起。

［参考德克·多伯著，《迪特尔·罗斯：书籍与限量版艺术品：目录注释》，第 215 页。］

埃德·鲁沙

125.《婴儿、蛋糕与砝码》

美国纽约：多版限量艺术品公司，1970 年
7½ × 6 英寸（19 × 15.2 厘米）
22 幅黑白照片插图。婴儿蓝哑光封面，绿色毛毡状植绒书名，用粉红色丝带打孔装订的书页。出版 1200 册，未编号。

这本书以埃德·鲁沙的儿子的照片开场，照片的标题只标注了他的体重，如15磅8盎司；接着是连续23张各种蛋糕的图片，且每个蛋糕的标题也都是各自的重量。这本书最初是多版限量艺术品公司出版的《艺术家与照片盒》（*Artists and Photographs box*）的一部分。

［参考西里·恩伯格（Siri Engberg）、克莱夫·菲利普（Clive Phillpot）著，《埃德·鲁沙的出版物》（*Ed Ruscha Editions*），编号第B11条。］

126.《荷兰细节》

荷兰德文特："松斯贝克71"名下的章鱼基金会（The Octopus Foundation），1971年
4¼×15英寸（10.8×38.1厘米）
10页横向折页，每一页折叠成书宽的两倍，116张黑白胶印插图。用带黏胶的白布胶带绑订，放在硬涂层雅黄色卡片夹内。最终折页板的一半粘贴到文件夹的内封底上。封面印有黑色书名。出版3000册，据悉其中只有200册被保存下来。大部分版本都在库房意外丢失。

与荷兰"松斯贝克71"展览一起制作的《荷兰细节》记录了艺术家穿越不同运河桥梁的旅程。每一页都是在两个方向上显示，通过6张照片可以从远处看房子的特写效果。每一页都是一个门夹，上面是一座桥上拍摄的两组照片。

［参考西里·恩伯格（Siri Engberg）、克莱夫·菲利普（Clive Phillpot）著，《埃德·鲁沙的出版物》（*Ed Ruscha Editions*），编号第B14条。］

127.《二十六个加油站》

洛杉矶：国家优秀出版社（National Excelsior），1963年
6¾×5½英寸（17.1×13.9厘米）
由加州阿罕布拉坎宁安出版社（Cunningham Press）印刷。
26张黑白照片的胶印插图（3张跨页）。白色封面，封面和书脊上印有红色书名。玻璃纸护封。第1版只有不到50册发行了一个手工制作的黑纸封套。第2版于1967年出版，第3版于1969年出版。第1版共出版400册，艺术家用红色铅笔在扉页上手工书写了编号。

《二十六个加油站》展示了埃德·鲁沙在洛杉矶的家，与他在俄克拉荷马父母家之间公路沿线加油站的照片。标题包括每个加油站的名称和位置（如得克萨斯州、日落大道、洛杉矶或亚利桑那州金曼市的"飞天A"）。

［参考西里·恩伯格（Siri Engberg）、克莱夫·菲利普（Clive Phillpot）著，《埃德·鲁沙的出版物》（*Ed Ruscha Editions*），编号第B1；马丁·帕尔、格里·巴杰著，《世界摄影书史，第二卷》，第140页；里瓦·卡斯曼（Riva Castleman）著，《一个世纪的艺术家书籍》（*A Century of Artists Books*），第167页。］

泰伦·西蒙

128.《美国之隐匿和陌生地索引》

德国哥廷根：施泰德出版社，2007年
13×9¾英寸（33×24.7厘米）
70张彩色照片的复制品。灰色布面封面，封面和书脊的黑色凹陷处印有金色书名。

这本书是在美国纽约惠特尼美国艺术博物馆和美因河畔法兰克福现代博物馆展出的"泰伦·西蒙：美国之隐匿和陌生物索引"展览之际出版的，以图书馆参考书和公众无法进入的文献空间的形式呈现。它包括萨尔曼·拉什迪（Salman Rushdie）的前言、伊丽莎白·萨斯曼（Elisabeth Sussman）和蒂娜·库基尔斯基（Tina Kukielski）的介绍，以及罗纳德·德沃金（Ronald Dworkin）的评论。

129.《西印度群岛的鸟类》及《西印度群岛的鸟类野外指南》

德国奥斯特菲尔德恩：哈提耶·康茨出版社，2013 / 2016年
共两卷，各12×8英寸（30.4×20.3厘米）
659张照片，其中彩色照片563张。黑色布封，第1卷有透明印花护封。第2卷封面印有绿色书名。

《西印度群岛的鸟类》一书取材于美国鸟类学家詹姆斯·邦德（James Bond，一位活跃的鸟类观察者，为其小说中的主角取名伊恩·弗莱明）的同名插画作品。泰伦·西蒙作品的第1卷是过去50年邦德电影中的女性、武器和车辆的照片集合。在第2卷中，西蒙将自己塑造成鸟类学家詹姆斯·邦德，对电影中出现的所有鸟类进行识别、拍照和分类。该项目包括丹尼尔·鲍曼（Daniel Baumann）和尼科·鲍曼巴赫（Nico Baumbach）的文本。

130.《禁区索引》

德国哥廷根和加利福尼亚州比佛利山庄：施泰德出版社与高古轩画廊，2010年
9½×6½英寸（24.1×16.5厘米）
1075张彩色照片的复制品。白色封面，有蓝色、雅黄色和黑色护封。

《禁区索引》复制了在美国纽约肯尼迪国际机场的美国海关、边境保护联邦检查点和美国邮政服务国际邮件设施拍摄的照片。在一周的时间里，泰伦·西蒙一直在机场拍摄乘客被扣留的物品，以及从国外进入美国的特快专递。这本书提出了"关于什么是官方认为的对当代社会权威和安全造成威胁"的问题，其中包括汉

斯·乌尔里希·奥布里斯特的一篇文章。

131.《一位被宣告死亡的活人及其他章节一至十八》

伦敦和柏林：高古轩画廊，威尔逊摄影中心（Wilson Centre for Photography）和新国家美术馆（Neue Nationalgalerie）共同出版，2011 年
13 × 9¾ 英寸（33 × 24.7 厘米）
有很多折角页为两侧向内折的设计，3 种不同的纸张和 1080 张彩色照片的复制品。封面为黑色布面，封面和书脊印有白色书名。

在 4 年的时间里，泰伦·西蒙周游世界，记录了血脉和他们的相关故事，这部作品包含了由此产生的所有图像和故事，以及霍米·K. 巴巴（Homi K. Bhabha）和杰弗里·巴钦（Geoffrey Batchen）的文本。

132.《文书工作与资本意志》

柏林与美国纽约：哈提耶·康茨出版社与高古轩画廊共同出版，2016 年
13¼ × 10¼ 英寸（33.6 × 26 厘米）
1006 幅插图。黑色仿皮封面印有照片。封面和书脊印有镀金书名。

泰伦·西蒙与一位植物学家合作，从荷兰最大的花卉拍卖会上获得了 4000 多件花卉和植物的标本，以重建档案图像。然后，她在五颜六色的背景前重新拍照，而这些照片及其背景试图解释政治和经济力量是如何创造、营销和维持的。这本书包括丹尼尔·阿塔（Daniel E.Atha）的植物学著作，凯特·福勒（Kate Fowle）和尼古拉斯·库利什（Nicholas Kulish）的散文，以及哈南·沙伊赫（Hanan al-Shaykh）的短篇小说。

乔希·史密斯

133.《波士顿书 2》

美国纽约：自出版，2003 年
9 × 5¾ 英寸（22.7 × 14.6 厘米）
白色卡纸封面，白色布带书脊。书名用黑色毡尖笔写在封面上。

从 2003 年 4 月起，以缩小尺寸的影印件在波士顿的报纸上复制乔希·史密斯的图画和草图。

134.《乔希·史密斯》

美国纽约：自出版，2004 年
8¾ × 6 英寸（22.2 × 15.2 厘米）
白色卡纸封面，封面采用黑色影印。日式缝合装订。艺术家在书脊用蓝色墨水写下了自己的名字。出版 30 册，有史密斯在封底用蓝色墨水书写的签名、编号，并注明了日期。

乔希·史密斯早期的许多作品只涉及一个主题：他的名字。在这些影印的图画中，组成“乔希·史密斯”的字母作为书法练习被拉长、缩短和扭曲。

135.《梅西的书》

美国纽约：自出版，2005 年
7½ × 5½ 英寸（19 × 13.9 厘米）
全部为影印书页，订书钉装订，并带有两个额外的剪纸插页。出版 50 册，封底用红色铅笔编号。

这本书完全由寄到乔希·史密斯在布朗克斯的地址的梅西百货公司邮购目录的影印书页组成。

136.《纽约死亡之旅 3》

美国纽约：自出版，2003 年
9 × 5¾ 英寸（22.8 × 14.6 厘米）
白色卡纸封套，封面用黑色影印，订书钉装订。出版 30 册，封面有艺术家用铅笔书写的签名，封底为编号。

乔希·史密斯的头骨图或他自己的签名，在美国纽约各种旅行时间表上重复出现，均为缩小了尺寸的影印件。

137.《田纳西州鱼书》

美国纽约：自出版，2008 年
8½ × 5½ 英寸（21.5 × 13.9 厘米）
影印的封面，日式缝合装订。这位艺术家用绿色的水洗布把封面上的插图加高了。

《田纳西州鱼书》审视了我们对自然和野生动物的理解，以及我们对分类的需要。一份长达 10 页的清单列出了 300 多种原产于田纳西州河流的鱼类，这些鱼类的名字，如割喉鳟鱼、斑点鲑、楚布斯克湖与斑点鲈鱼一样具有地方特色，随后是乔希·史密斯鱼类素描本中大约 300 页的影印件。艺术家在书中回避了科学细节而采用了发散式思维。

沃尔夫冈·提尔曼斯

138.《协和式飞机》

科隆：瓦尔特·柯尼格出版社，1997 年
9½ × 6¼ 英寸（24.1 × 15.8 厘米）

63 张彩色照片的复制品，除 1 张跨页外，均印在右手页。
带有光泽的折叠封面。

超音速协和式飞机的彩色照片都是从地面拍摄的（许多是在希思罗机场拍摄的），显示了这架标志性的客机起飞、着陆和飞行的过程。这本书与沃尔夫冈·提尔曼斯在伦敦奇森哈尔画廊（Chisenhale Gallery）举办的展览"我没有吸气"同时出版。这本书仅封面有德语和英语文字。

139.《FESPA 数码展／水果物流展》

科隆：瓦尔特·柯尼格出版社，2009 年
9½ × 6¼ 英寸（24.1 × 15.8 厘米）
120 张彩色照片的复制品。折叠封面。

沃尔夫冈·提尔曼斯将在柏林举行的国际水果贸易展上的图像与数字宽幅印刷展上的照片混编而成。

140.《士兵：九十年代》

科隆：瓦尔特·柯尼格出版社，1999 年
11¾ × 8½ 英寸（29.8 × 21.5 厘米）
灰色卡纸封面，封面和书脊印有黑色书名，且护封带有照片说明。

1990 年至 1999 年间，沃尔夫冈·提尔曼斯收集或者拍摄了无数士兵在冲突中和日常生活中的照片。这本书呈现了其中的 83 张黑白照片、剪报的复制品，以及电影和电视的剧照。

［参考萨宾·罗德著，《凡士林中的沙子：1980—2002 年的艺术家书》。］

141.《日全食》

科隆：布赫霍尔茨画廊（Galerie Buchholz），1999 年
12¼ × 8 英寸（31.1 × 20.3 厘米）
14 张彩色照片和 18 张黑白照片，以 13 幅图文复制品。有光泽的封套，带有印刷的图形纸设计。封面和书脊印有黑色书名。

这本书出版于 1999 年 5 月沃尔夫冈·提尔曼斯在科隆布赫霍尔茨画廊展出之际，它包括提尔曼斯从 1979 年到 1999 年 20 年间拍摄的照片，以及他制作或汇编的有关日食的图表和文字。

安迪·沃霍尔

142.《安迪·沃霍尔的索引（书）》

美国纽约：兰登书屋（Random House）与黑星星出版社（Black Star），1967 年
11¼ × 8½ 英寸（28.5 × 21.5 厘米）
黑色衬布支撑的白色书壳，封面镶嵌着银色双凸透镜状蒙太奇。书脊印有镀银书名。配透明塑料袋，书名用紫色印刷。

这本书包括记录安迪·沃霍尔工厂的比利·纳姆的照片复制品，以及斯蒂芬·肖尔和纳特·芬克尔斯坦的其他照片。一些页面仍然空白，而另一些则转载了沃霍尔和一名德国记者之间的一个采访。书中还穿插了 10 个附加项目，包括立体书页和折叠书页。

［参考安德鲁·罗斯著，《关于 101 本书的书：20 世纪的开创性摄影书籍》，第 188—189 页；马丁·帕尔、格里·巴杰著，《世界摄影书史，第二卷》，第 144—145 页；乌苏拉·布劳克（Ursula Block）、迈克尔·格拉斯迈尔（Michael Glasmeier）著，《破碎的音乐：艺术家的唱片作品》（*Broken Music: Artists' Recordworks*），第 250 页。］

143.《金色之书》

美国纽约：自出版，1957 年
14½ × 11½ 英寸（36.8 × 29.2 厘米）
13 张胶印版，用黑色印刷在金纸上；6 张印在雅黄纸上，其中 5 张由艺术家手工着色。原始色彩的保护薄纸被松散地插入其中。金纸覆盖的板以及其中一张金纸印刷品的印记粘贴在前板上。在出版的 100 册中，艺术家在正面装订的垂直半页树脂上用墨水签名。

《金色之书》的许多图画都是基于安迪·沃霍尔的朋友爱德华·莫里奇（Edward Wallowitch）的照片绘制的。这本书还包括爱德华的姐姐安娜·梅·莫里奇（Anna Mae Wallowitch）的素描，她曾一度担任沃霍尔的经纪人。

［参考弗雷达·费尔德曼（Frayda Feldman）、约尔格·谢尔曼（Jörg Schellmann）著，《安迪·沃霍尔印刷品：目录注释 1962—1987》（*Andy Warhol Prints: A Catalogue Raisonné 1962 - 1987*），第 4 版，编号第 106—124 条，第 342 页。］

144.《野生覆盆子》

美国纽约：自出版，1959 年
17½ × 11 英寸（44.4 × 27.9 厘米）
由西摩·柏林（Seymour Berlin）用胶版印刷了书名、正文页和 17 个图页（包括 1 个跨页），其中 15 个是手工着色的。与发行的 8 张紫红色薄纸交错。紫红色的纸覆盖在纸板上。

安迪·沃霍尔的这本早期手工制作的书是对当时流行的法国烹饪书籍的讽刺，也是和他的朋友苏西·法兰克福的玩笑之作。

原创的食谱文字是由艺术家的母亲朱莉亚·沃霍尔（朱莉亚的一些拼写错误也被刻意保留）编写并加以说明。这些插图则是在艺术家的监督下手工上色的。

［参考弗雷达·费尔德曼（Frayda Feldman）、约尔格·谢尔曼（Jörg Schellmann）著，《安迪·沃霍尔印刷品：目录注释 1962—1987》（*Andy Warhol Prints: A Catalogue Raisonné 1962–1987*），第 4 版，编号第 126—143 条，第 344—347 页。］

劳伦斯·韦纳

145.《苹果与鸡蛋、盐与胡椒》

日本北九州：当代艺术中心与劳伦斯·韦纳合作出版，1999 年
8¼ × 5¾ 英寸（20.9 × 14.6 厘米）
已发行的版本，其页面沿外缘未被裁切。彩色印刷封套，日式缝合装帧。

《苹果与鸡蛋、盐与胡椒》是劳伦斯·韦纳 1999 年 5 月在日本北九州当代艺术中心制作的特定地点的艺术装置，只是使用语言作为物质材料。

146.《受影响和／或影响的因果关系》

美国纽约：利奥·卡斯特利（Leo Castelli）和闻达出版社（Eminent Publications）合作出版，1971 年
6½ × 4¼ 英寸（16.5 × 10.8 厘米）
螺旋装订，带有光泽的白色硬质封面，黑色书名。出版 1000 册。

这本书由名词和动词配对而成，产生的也是对比鲜明的结构，而不是预期中的平行关系。

［参考《艺术家书 I》，克雷费尔德美术馆，编号第 6 条，第 170 页；迈克尔·莱拉赫著，《印刷品：柏林艺术图书馆的马尔佐纳收藏》，第 167 页；安妮·莫格林－德尔克罗伊著，《艺术家书的美学 1960—1980》，第 173—174 页。］

147.《陈述》

美国纽约：路易斯·凯尔纳基金会（Louis Kellner Foundation）与塞思·西格尔劳布合作出版，1968 年
7 × 4 英寸（17.7 × 10.1 厘米）
灰色封面，黑色书名。出版 1000 册。

《陈述》是劳伦斯·韦纳的第一本书，包含了 24 个用文字表述的艺术作品的制作过程：12 种“一般陈述”和 12 种“特定陈述”。

［参考《艺术家书 I》，克雷费尔德美术馆，编号第 6 条，第 170 页；迈克尔·莱拉赫著，《印刷品：柏林艺术图书馆的马尔佐纳收藏》，第 167 页；安妮·莫格林－德尔克罗伊著，《艺术家书的美学 1960—1980》，第 140 页。］

148.《十件作品》

巴黎：伊冯·兰伯特出版社（Yvon Lambert Éditeur），1971 年
6¾ × 4¼ 英寸（17.1 × 10.8 厘米）
棕色封面，黑色书名。

在这本关于语言游戏的双语出版物中，劳伦斯·韦纳用英语打印了一对单词，并在接下来的每一页都有法语翻译。

［参考《艺术家书 I》，克雷费尔德美术馆，编号第 6 条，第 170 页；迈克尔·莱拉赫著，《印刷品：柏林艺术图书馆的马尔佐纳收藏》，第 167 页；安妮·莫格林－德尔克罗伊著，《艺术家书的美学 1960—1980》，第 173—174 页。］

克里斯托弗·伍尔

149.《擅离职守》

柏林：DAAD 出版社，1993 年
11 × 8½ 英寸（27.9 × 21.5 厘米）
硬质白色封面，带有照片说明的护封。160 张黑白照片复制品，影印后印刷。出版 1000 册，艺术家用铅笔在扉页上签名。

20 世纪 80 年代后期，克里斯托弗·伍尔开始将摄影融入他的艺术创作。《擅离职守》就首先以书的形式公之于众。伍尔在 1989 年至 1993 年的旅行中拍摄了这些照片。

150.《猫在包里，包在河中》

荷兰鹿特丹：博伊曼·范·布宁根博物馆，1991 年
11 × 8¾ 英寸（27.9 × 22.2 厘米）
92 幅彩色和黑白插图，只印在书的右手页上。白色封套，深蓝灰色护封，白色书名。

这本书与克里斯托弗·伍尔 1991 年从鹿特丹的博伊曼·范·布宁根博物馆到科隆的克尔尼舍·昆斯特韦林，再到瑞士的库斯塔莱·伯恩的回顾展上同时出版。这本书包含色彩饱满的彩色复印机复制的羊毛模版文本、花卉图案的绘画和铝画，有全尺寸也有特写。

151.《东百老汇的崩坏》

美国纽约：自出版，2002 年
11 × 8½ 英寸（27.9 × 21.5 厘米）
198 张黑白照片。柔软的仿皮革封套，书页沿左手边装订。带有摄影原作一分为二影印的护封。出版 18 册，并由艺术家用铅笔在最初的空白页上签名、编号并注明日期。商业版由汉斯·维尔纳·霍尔兹沃思（Hans Werner Holzwarth）于 2003 年出版。

《东百老汇的崩坏》是伍尔从夜间用闪光灯拍摄的数千张照片中选出的，这些照片拍摄了他位于美国纽约的东村工作室和唐人街住宅之间的破败地区。

152.《低与慢》

罗马：自出版，1991 年
12¼ × 8½ 英寸（31.1 × 21.5 厘米）
扉页、60 张影印件和激光打印的图像。灰布装订。出版 12 册，外加 3 份艺术家校样，由伍尔在最后一页的空白处签名、编号并标注日期。

《低与慢》始终重复着同样的画面：一个穿着西装的年轻人站在罗马繁华街道上的商店前，但大小在变化，从展示整个场景到放大到接近抽象的细节。

153.《墙上的 93 幅啤酒图》

美国纽约：自出版，1984 年
11 × 8½ 英寸（27.9 × 21.5 厘米）
艺术家用铅笔手写的书名。白色封面，且封面和封底印有《美国纽约时报》体育版影印图像。所有页面都沿左边缘打孔，并用 3 个八字形铜钉装订。由艺术家在扉页签名、编号并标注日期。出版 5 册。

克里斯托弗·伍尔的第一本手工书由 93 页单面影印而成，插图来自他的水彩画素描。不知他是如何把素描本放在复印机上的，排序后的下一幅水彩画总是可以通过它前面的图纸被看到。

作者简介

菲利普·阿伦斯是艺术家书、艺术家杂志和艺术资料的热情收藏者，长期担任“印刷品”书店理事会主席，也是纽约现代艺术博物馆图书馆和档案托管委员会（Archive Trustee Committee）成员，还是国家房地产开发公司“千年合作伙伴”（Millennium Partners）的创始合伙人。

本雅明·布赫洛是哈佛大学现代艺术安德鲁·梅隆讲席教授（Andrew W. Mellon Professor）。他是《十月》杂志的编辑，也是麻省理工学院出版的《新前卫与文化产业》（*Neo-avantgarde and Culture industry*，2000）和《形式主义与历史性》（*Formalism and Historicity*，2015）的作者，还是即将出版的《格哈德·里希特：历史题材后的绘画》（*Gerhard Richter: Painting after the Subject of History*，瓦尔特·柯尼格出版社／泰晤士&哈德森出版社，2017）一书的作者。2007年，他被威尼斯双年展授予金狮奖，表彰他作为评论家和艺术史家对当代艺术的贡献。

杰弗里·卡斯特纳是《珍奇柜》（*Cabinet*）杂志的资深编辑，他的作品曾出现在《终究》（*Afterall*）、《艺术论坛》（*Artforum*）、《书籍论坛》（*Bookforum*）、《经济学家》（*The Economist*）、《新共和》（*New Republic*）、《弗里兹》（*Frieze*）和《纽约时报》（*New York Times*）等出版物上。他为展览画册出版了许多专著，包括经他编辑的《大地与环境艺术》（*Land and Environmental Art*，费顿出版社，1998）和《自然》（*Nature*，麻省理工学院／白教堂画廊，2012）。

克莱尔·莱曼是位来自纽约的艺术家和作家。她为《艺术论坛》《帕克特》《三层华盖》（*Triple Canopy*）等出版物，以及纽约新博物馆和现代艺术博物馆的目录制作做出了贡献。她曾是《珍奇柜》杂志的编辑，2003年在纽约现代艺术博物馆共同策划了“伊莲娜·索纳本德——新艺术大使”（Ileana Sonnabend: Ambassador for the New）展览。

琳达·莫里斯是英国诺维奇艺术大学艺术史和策展学教授。她曾在北欧撰写概念艺术作品，并于2010年在泰特、利物浦策划“毕加索：和平与自由”（Picasso: Peace and Freedom）展览。

安德鲁·罗思，PPP出版社所有者，自1999年以来已经出版了25种以上的书籍。PPP出版社曾出版过《101本书：20世纪的开创性摄影书籍》（*The Book of 101 Books: Seminal Photographic Books of the Twentieth Century*，2001）和《数字：自1955年以来的艺术家序列出版物》（*Numbers: Serial Publications by Artists Since 1955*，2009）。这两本书主要侧重于以书为媒介所创造的历史。1998年至2017年，他在纽约拥有并经营罗斯画廊，并继续担任私人珍本书籍和艺术品经销商。